Linux系统管理与自动化运维

黑马程序员/编著

清華大學出版社
北京

内 容 简 介

运维指对设备环境中软件、硬件的运行和维护，因为各类型企业常使用 Linux 系统作为服务器主机中软件的运行环境，所以基于 Linux 系统的运维技术成为运维人员应掌握的基本技能。

本书分为 9 章：第 1 章介绍了 Linux 的背景、开发环境、网络配置等知识；第 2 章讲解了 Linux 系统的基本命令与常用工具；第 3、4 章讲解了 Shell 编程的基本语法、内核的编译与管理；第 5 章对 Linux 环境中常见的网络服务进行介绍；第 6～9 章讲解了 Linux 环境下实现集中化、自动化运维的方式，并对网络安全和虚拟化技术进行了讲解。本书中的每个章节都以理论与案例结合的模式，在理论知识后通过切实可行的案例帮助读者在学习的同时，实践、巩固所学知识。

本书附有配套视频、源代码、习题、教学课件等资源。同时，为了帮助初学者更好地学习本书中的内容，还提供了在线答疑，希望得到更多读者的关注。

本书既可作为高等院校本、专科计算机相关专业的 Linux 课程专用教材，也可以作为 Linux 系统管理的培训教材，是一本非常适合 Linux 技术人员的教材。

图书在版编目(CIP)数据

Linux 系统管理与自动化运维/黑马程序员编著. —北京：清华大学出版社，2018(2025.1 重印)
ISBN 978-7-302-50761-1

Ⅰ. ①L… Ⅱ. ①黑… Ⅲ. ①Linux 操作系统 Ⅳ. ①TP316.85

中国版本图书馆 CIP 数据核字(2018)第 177383 号

责任编辑：袁勤勇 李 晔
封面设计：马 丹
责任校对：焦丽丽
责任印制：丛怀宇

出版发行：清华大学出版社
网 址：https://www.tup.com.cn，https://www.wqxuetang.com
地 址：北京清华大学学研大厦 A 座 **邮 编：**100084
社 总 机：010-83470000 **邮 购：**010-62786544
投稿与读者服务：010-62776969，c-service@tup.tsinghua.edu.cn
质量反馈：010-62772015，zhiliang@tup.tsinghua.edu.cn
课件下载：https://www.tup.com.cn，010-83470236
印 装 者：北京同文印刷有限责任公司
经 销：全国新华书店
开 本：185mm×260mm **印 张：**25 **字 数：**612 千字
版 次：2018 年 10 月第 1 版 **印 次：**2025 年 1 月第 18 次印刷
定 价：59.90 元

产品编号：078158-03

前言

前些年，由于运维行业技术要求相对较低，为了节省开支，部分企业选择由开发人员兼顾运维岗位，运维行业逐渐没落。随着云服务的发展，运维对工作人员的专业程度要求越来越高，运维不再是普通开发人员可以兼任的岗位，IT 行业对专业运维人员的需求逐渐增加，运维再次成为 IT 行业中可与开发比肩的、必不可少的分支，掌握专业运维知识的人员也成为 IT 职场中备受青睐的稀缺人才。

然而，黑马程序员在近些年的观察和研究中发现：面临就业的高校学子虽然已经学习了编程语言与操作系统等的相关课程，但缺乏动手能力，难以将理论联系实践，这皆因他们所用教材的体系结构不够系统，或者知识不够全面，或者讲解的知识较深奥，以至于学生难以掌握切实可用的技能。

针对这种现象，黑马程序员决定推出一本更符合学生实际需求的教材。为保障学生在学习的过程中能学有所得，在学习之后能学以致用，黑马程序员经过大量调研，推出了 Linux 运维课程中的初级教材——《Linux 系统管理与自动化运维》。

本书在修订过程中，结合党的二十大精神“进教材、进课堂、进头脑”的要求，在设计每个任务时优先考虑贴近实际工作，让学生在学习新兴技术的同时掌握日常问题的解决，提升学生解决问题的能力；在章节描述上加入素质教育的相关描述，引导学生树立正确的世界观、人生观和价值观，进一步提升学生的职业素养，落实德才兼备的高素质卓越工程师和高技能人才的培养要求。此外，作者依据书中的内容提供了线上学习的视频资源，体现现代信息技术与教育教学的深度融合，进一步推动教育数字化发展。

为什么要学习本书

Linux 操作系统自诞生至今，逐步发展并日渐完善，因其开源、安全、稳定等特性，成为众多企业与政府部门搭建服务器的首选平台，此外，Linux 在移动应用与嵌入式开发领域也被广泛应用，因此，Linux 系统的使用与 Linux 环境的维护成为众多计算机从业人员需要掌握的必备技能。

本书是由黑马程序员编写的 Linux 系统管理与运维的入门书籍，主要涵盖 Linux 常用命令、Shell 编程基础、内核、网络服务原理与服务器配置、常用运维工具、网络安全以及虚拟化技术等知识。在环境选择上，本书选用符合企业需求的常用工具搭建运维环境；在内容安排上，本书从 Linux 系统基础入手，先引领读者熟悉 Linux 系统，掌握 Linux 系统的使用方法，再对网络服务、运维工具、网络安全等进阶内容进行介绍；在讲解方式上，本书将理论与实践相结合，为大多知识点配备相应案例，保证读者在掌握理论知识的同时强化动手能力。

如何使用本书

本书以与企业中所用环境Red Hat Enterprise Linux较为接近的Linux版本——CentOS 7.3为开发环境,并选用各企业常用且适用的批量运维工具Ansible、SaltStack,系统监控工具Zabbix实现Linux系统的日常维护。本书中涉及的命令、语法与工具都配备了具体的案例,旨在让读者了解并掌握Linux系统的管理与维护。

若本书用于课堂教学,建议教师在讲解理论知识后,先引导学生自主动手实现教材中提供的案例,培养学生思考问题、分析问题、解决问题的能力,以帮助学生更深刻地理解、掌握相应知识。

若读者为自主学习者,则建议读者勤思考、勤练习、勤总结,尽量完成并熟练掌握教材中配备的案例,并通过章节配套测试题进行自我检测,查漏补缺。

本书分为9章,每章的大体内容如下。

- 第1章首先介绍了Linux系统的背景,包括Linux的起源、发展、GNU与GPL、Linux系统版本、应用领域;其次介绍了Linux环境搭建过程、Linux系统启动流程;再次介绍了VMware虚拟网络配置、目录结构;最后介绍了Linux的远程终端访问和远程文件管理。通过本章的学习,读者可对Linux系统的背景有所了解,并能顺利搭建Linux环境、配置网络,掌握Linux的远程终端访问方式及远程文件的管理。
- 第2章讲解了Linux系统中的基本命令与开发工具,其中命令分为与用户、文件、存储、进程、服务、软件包相关的命令,开发工具主要是Vi编辑器。掌握本章所讲知识,可提高Linux系统使用的效率。
- 第3章讲解了与Shell相关的知识,包括Shell概述、Shell中的变量及符号、正则表达式、文本处理工具以及Shell脚本基础语法等。
- 第4章讲解了Linux内核编译与管理等知识,主要包括Linux内核简介、内核的编译安装、内核模块的管理等。
- 第5章先对计算机网络基础知识进行了介绍,然后讲解了Linux系统中常见网络服务的原理与安装配置,包括DHCP服务、DNS服务、电子邮件服务以及FTP服务。
- 第6章陈述了运维的意义,并对企业中常用的集中化运维工具——Ansible和SaltStack的安装与使用方法进行了介绍。
- 第7章讲解了监控系统的架构、常见监控软件,并介绍了如何在Linux系统中通过监控软件Zabbix监控设备环境。
- 第8章讲解了与网络安全相关的知识,包括网络安全的定义、常见的网络攻击与防御方式、防火墙、IDS、IPS等,最后对CentOS系统中使用的防火墙工具——iptables、firewalld的使用方式进行了介绍。
- 第9章主要讲解了与KVM虚拟化技术相关的知识,包括虚拟化简介、KVM虚拟化原理与架构、如何搭建KVM虚拟化环境、KVM核心配置以及KVM管理工具——Libvirt。

读者若不能完全理解教材中所讲知识,可登录高校学习平台,配合平台中的教学视频进行学习。此外,读者在学习的过程中,务必要勤于练习,确保真正掌握所学知识。若在学习的过程中遇到无法解决的困难，建议读者不要纠结于此，继续往后学习，或可豁然开朗。

本书配套服务

为了提升您的学习或教学体验，我们精心为本书配备了丰富的数字化资源和服务，包括在线答疑、教学大纲、教学设计、教学 PPT、教学视频、测试题、源代码等。通过这些配套资源和服务，我们希望让您的学习或教学变得更加高效。请扫描下方二维码获取本书配套资源和服务。

致谢

本书的编写和整理工作由江苏传智播客教育科技股份有限公司完成。全体编写人员在编写过程中付出了辛勤的汗水，此外，还有很多人员参与了本书的试读工作并给出了宝贵的建议，在此向大家表示由衷的感谢。

意见反馈

尽管我们尽了最大的努力，但书中难免会有不妥之处，欢迎各界专家和读者朋友们提出宝贵意见，我们将不胜感激。您在阅读本书时，如发现任何问题或有不认同之处可以通过电子邮件与我们取得联系。

请发送电子邮件至：itcast_book@vip.sina.com。

黑马程序员

2024 年 12 月于北京

目 录

第 1 章

Linux系统简介与环境搭建

学习目标

- 了解 Linux 系统的版本
- 了解 Linux 系统的应用领域
- 掌握 Linux 虚拟机的安装方法
- 掌握 Linux 网络配置方法
- 理解 Linux 系统启动流程
- 掌握远程访问 Linux 系统的方式

Linux 操作系统是一款免费使用且开源的类 UNIX 操作系统,它支持多用户、多任务、多线程及多 CPU。Linux 自诞生至今,经过世界各地无数计算机爱好者的修改与完善,功能越来越强大,性能越来越稳定,已经成为应用领域最广泛的操作系统。

1.1 Linux 系统简介

在日常生活中,大家习惯将 Linux 系统简称为 Linux,但实际上 Linux 仅代表 Linux 系统的内核。Linux 系统由 4 个主要部分组成:内核、Shell、文件系统和应用程序,这 4 个部分相辅相成,使得用户可以运行程序、管理文件并使用系统。关于这 4 个部分的讲解将在后续章节中陆续展开。本节先对 Linux 系统的背景与版本等知识进行简单介绍。

1.1.1 Linux 系统的起源与发展

Linux 操作系统的诞生和发展与 UNIX 操作系统、MINIX 操作系统、GNU 计划、POSIX 标准以及 Internet 息息相关。

UNIX 诞生于一个开放的、相互学习研究的时代,UNIX 系统的源码在世界各地流传、分享,一些热衷于 UNIX 的人,在源码的基础上不断研究 UNIX,并对其进行改善,极大地促进了 UNIX 的发展与优化。

20 世纪 80 年代,AT&T 将 UNIX 商业化,UNIX 不再开放源代码。为了方便教学与研究,荷兰阿姆斯特丹 Vrije 大学的 Andrew Tannebaum 教授开发了 MINIX 操作系统,并将其发布在 Internet 上,免费供给学生使用。

出于对早期源码开放、互利共享风气的怀念,为了“重现当年软件界合作互助的团结精神”,1983 年 9 月 27 日,Richard Stallman 公开发起了 GNU 计划。GNU 是“GNU is Not UNIX”的递归缩写,该计划的目标是创建一套完全自由的操作系统。

MINIX 过于简单，若用户想要使用自己的设备，必须自行编写代码，而为了维持代码的“纯洁”，MINIX 的作者拒绝添加这些代码。与此同时，芬兰赫尔辛基大学的一名学生——Linus Torvalds（林纳斯·托瓦兹）接触到了 MINIX 操作系统，随着对 MINIX 操作系统的学习和改善，Linus 对 MINIX 操作系统的兴趣越来越浓，逐渐萌生了自主开发操作系统的想法并付诸实践。1991 年 10 月 5 日，Linus 在 comp. os. minix 新闻组上发布消息，正式对外宣布 Linux 内核的诞生。此时 GNU 已经几乎完成了除系统内核之外各种必备软件的开发，在 Linus 与其他开发人员的共同努力下，GNU 项目组件可以在 Linux 内核之上运行，Linux 操作系统诞生了。

POSIX（Portable Operating System Interface of UNIX，可移植操作系统接口）定义了操作系统应该为应用程序提供的标准接口，其意愿是获得源码级别的软件可移植性。在 Linux 操作系统的研发过程中，为了保证之后尽可能获得大量应用软件的支持，Linux 非常明智地选择了 POSIX 作为 API 设计的标准。

Linux 内核的源码是开放的。自 1991 年之后，越来越多的开发人员参与到了 Linux 内核代码的编写、修改和维护工作中。1994 年 4 月，Linux 1.0 发布，代码量达到了 17 万行；1996 年 6 月，Linux 2.0 发布，代码量达到了 40 万行，并可支持多个处理器，此时的 Linux 进入了实用阶段，全球有约 350 万人使用这个系统。

1.1.2 GNU 与 GPL

20 世纪 80 年代，人们开始认识到软件的商业价值，越来越多的软件被商业化，为了与这种现象抗争，Richard Stallman 发起了 GNU 计划，希望能建立一套完全自由的、可移植的类 UNIX 操作系统。但一个完整的操作系统不仅需要内核，还需要有指令处理器、汇编程序等众多组件，因此 Richard 决定尽可能使用已有的自由软件组装系统。

为了避免自己开发的开源自由软件被其他人做成专利软件，1989 年，他与一群律师起草了现在广泛使用的 GNU GPL 协议（GNU General Public License，GNU 通用公共协议证书），并将 GPL 协议作为自己软件的版权说明。

虽然 GPL 用于宣告版权，但这个协议的核心概念却是“反版权”，任何挂上 GPL 协议的自由软件仍是自由的，使用者可以自由地学习软件，对软件再次进行开发，甚至可以通过再开发软件牟利，但必须公开软件的源码，以供他人学习和使用。

1.1.3 Linux 系统版本

Linux 系统自诞生至今衍生出了诸多分支，并发行了不同版本。Linux 的发行版本大体可分为两类：一类是由商业公司维护的商业版本，代表版本为 RHEL；另一类是由社区维护的社区版本，代表版本为 Debian。下面分别对这两类 Linux 系统中的常用版本进行介绍。

1. 商业版本

Red Hat Enterprise Linux 和 SUSE Linux Enterprise Server 几乎占据了商业 Linux 的全部份额，其中 Red Hat Enterprise Linux 占据的市场份额尤多，是企业中最常使用的商业版 Linux 系统，此处仅对 Red Hat Enterprise Linux 进行介绍。

Red Hat Enterprise Linux 简称 RHEL，是由 Red Hat（红帽）公司研发的 Linux 系统，该版本致力于商业应用，主要特点是稳定。虽然 RHEL 是商业版本，但因 Linux 系统加入了 GNU 计划，RHEL 系统本身免费且源码开放，只对由 Red Hat 公司提供的各种服务收费。

2. 社区版本

社区版本是由志愿者自愿开发、维护且免费提供的 Linux，Linux 的社区版本众多，常见的有 Fedora、CentOS、Debian、Ubuntu、Gentoo 等，下面分别对这些社区版本进行介绍。

1）Fedora

Red Hat 公司自 2004 年 5 月开始致力于商业应用领域的 Linux——RHEL 的开发，但在此之前，该公司曾开发过一款致力于个人桌面应用领域、名为 Red Hat Linux 的免费 Linux 系统。Fedora 正是以 Red Hat Linux 为基础，由 Fedora Project 社区开发、Red Hat 公司支持的一款新颖、功能丰富、自由且开源的操作系统。对个人用户而言，Fedora 功能完备、更新迅速且免费，对赞助者 Red Hat 公司而言，它是许多新技术的测试平台，测试通过的技术将会被加入到 RHEL 中。

2）CentOS

CentOS（Community Enterprise Operating System）由 RHEL 源码编译而来，与 RHEL 源码相同，但 CentOS 不包含闭源软件，亦无 Red Hat 的商业技术支持。目前 CentOS 由 CentOS 项目组负责维护，可以免费下载使用，是国内用户最多的 Linux 发行版本。

3）Debian

Debian 是由 GPL（General Public License，通用公共许可证）等自由软件许可协议授权的软件组成的操作系统，由非营利组织 Debian 社区维护。Debian 最早由 Lan Murdock 于 1993 年创建，分为 unstable（不稳定版）、stable（稳定版）和 testing（测试版）这 3 个分支。其中 unstable 是处于开发阶段的测试版本，以快照方式发布，其优点是软件包版本比较新，缺点是 Bug 较多，不够稳定；stable 是推荐正式产品使用的发行版本，该版本的 API 已经固定，只做一些 Bug 的修复；testing 是推荐新开发项目中使用的版本，该版本用于搜集用户的反馈和建议，修复错误，研发新特性。

4）Ubuntu

Ubuntu 属于 Debain 系列，该版本是 Debian 系列 unstable 版本的加强版，它有着友好的用户界面、完善的包管理系统、强大的软件源支持，且对大多数硬件有着良好的兼容性，是一个相当完善的 Linux 桌面系统。

5）Gentoo

Gentoo 首个稳定版本发布于 2002 年，是“最年轻”的 Linux 系统。因为这个版本的 Linux 系统吸收了在它之前所有发行版的优点，所以 Gentoo 也被称为最完美的发行版本之一。Gentoo 使用 Portage 管理软件包，Portage 基于源码分发，必须编译后才能运行，对大型软件而言速度较慢，但这种方式可以通过定制各种编译参数进行优化，充分发挥硬件性能，因此 Gentoo 虽然是 Linux 发行版本中安装最复杂的，但也是安装后管理最方便、同等硬件环境下运行效率最高的 Linux 版本。

1.1.4 Linux 系统的应用领域

自诞生至今，Linux 系统经过无数人的开发与完善，逐渐发展成了与 UNIX、Windows 并列的操作系统，且应用于人类生活的诸多领域，包括服务器领域、嵌入式领域和桌面应用领域等。

1. 服务器领域

Linux 系统最显著的优点便是稳定，这是企业服务器对系统的首要要求。此外，Linux 系统是自由软件，还具备体积小、价位低、可定制等优点，可用于搭建 Web、数据库、邮件、DNS、FTP 等各种服务器。总的来说，使用 Linux 搭建的服务器不仅功能齐全、稳定性高、运营成本小，还无须考虑版权问题，因此 Linux 系统逐渐渗入到了电信、政府、教育、银行、金融等各个行业，在服务器领域的应用也越来越广泛。

2. 嵌入式应用领域

由于具有成本低廉、可设定性强等特点，Linux 在嵌入式应用领域的使用也极其广泛，从路由器、交换机、防火墙等 Internet 设备，到冰箱、空调等各种家用电器，以及自动贩卖机等专用的控制系统都有 Linux 系统的身影。此外，Linux 也是目前移动设备上最常用的操作系统之一。

3. 个人桌面领域

虽然 Linux 系统还是一个侧重于命令行的系统，但近些年 Linux 系统也在向桌面系统领域靠拢，如今的 Linux 系统大多都搭建了图形界面，大大降低了普通用户的操作难度，如 Ubuntu 系统已经拥有了良好的桌面，完全可以满足日常办公需求。

1.2 安装 Linux 系统

在 Linux 的各个社区版本中，Ubuntu 和 CentOS 是相对来说更为出色的两个版本，其中 CentOS 在国内用户更多，且与企业中常用的 Linux 版本 RHEL 的使用习惯更为相似，因此本书将以 CentOS 为例对 Linux 系统进行讲解。

1.2.1 安装虚拟机软件

为了不影响日常生活中计算机的正常使用，本书考虑以 Linux 虚拟机为基础环境，因此前期需要先安装虚拟机软件。

虚拟机软件可在物理主机的系统中虚拟出多个虚拟计算机设备，并为每台设备安装独立的操作系统，实现在一台物理机上同时运行多个系统的效果。常见的虚拟机软件有 VMware Workstation 和 Virtual Box，其中 VMware Workstation 可在 Windows 平台使用，Virtual Box 可在 MAC 平台使用。本书采用 VMware 搭建虚拟环境。

VMware 的安装步骤比较简单，此处不再展示安装过程。本书使用 VMware 12，该版本的虚拟机主界面如图 1-1 所示。

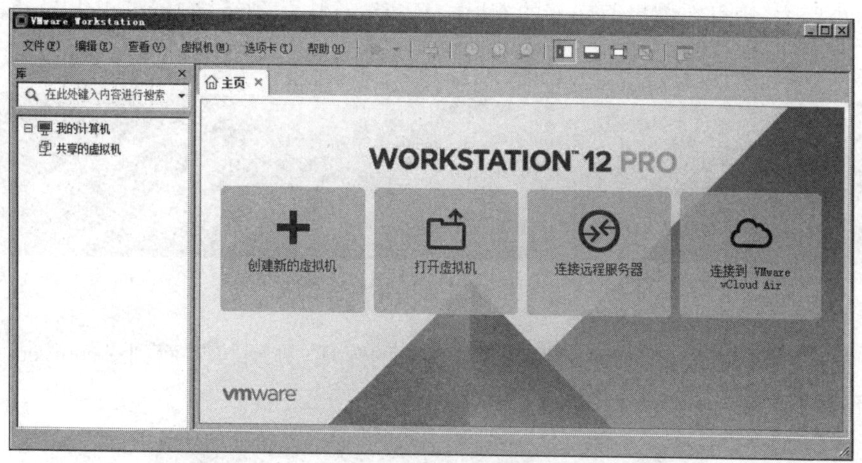

图 1-1　VMware 12 主界面

需要注意的是，虚拟机的性能取决于物理机的性能，且虚拟化技术本身会使虚拟机的性能有所下降，因此若物理机硬件配置较低，那么在使用虚拟机时可能会出现卡顿、死机等现象。

1.2.2　下载 CentOS

CentOS 的版本非常多，当前 CentOS 最高版本为 7.3，市面上常见的版本大多为 6.x。从 CentOS 7 开始，CentOS 集成了 Docker 虚拟化技术，支持 XFS 文件系统，兼容微软的身份管理，并且采用 systemd 作为系统的初始化进程，其性能和兼容性都较之前的版本有了很大的改善。这里选择 CentOS 7 中的 7.3 版作为本书的教学环境，读者可根据以下步骤获取 CentOS 7.3 的镜像包文件。

(1) 进入 CentOS 官网 https://www.centos.org/，单击上方的 GET CENTOS，进入下载页。

(2) 进入下载页后，可看到 3 个选项：DVD ISO、Everything ISO、Minimal ISO，如图 1-2 所示。

图 1-2　新版 CentOS 快捷入口

如图 1-2 所示的 3 个选项都可下载最新版的 CentOS，其中第一个选项 DVD ISO 为标准安装版，一般选择这个安装即可；第二个选项 Everything ISO 在标准安装版的基础上集成了所有软件；第三个选项 Minimal ISO 为迷你镜像版，只包含官方系统所需的软件包，若物理主机配置较低，可选择此版本进行安装。从这 3 个选项中获取的安装包都为最新版，若要安装历史版本，则可在该界面底部的 Older Versions 中找到链接 then click here，如图 1-3 所示。

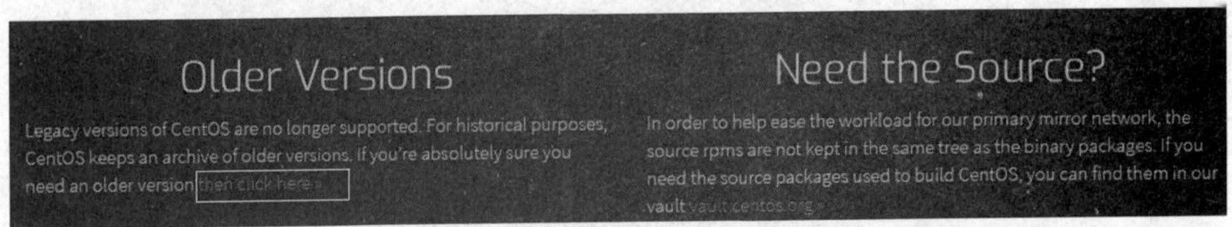

图 1-3　历史版本下载入口

(3) 单击链接 then click here 将会跳转到新的界面，拖动该界面到 Archived Versions 部分，找到存档列表 CentOS Linux 7，如图 1-4 所示。

Archived Versions		
CentOS Linux 7		
Release	Based on RHEL Source (Version)	Archived Tree
7 (1611)	7.3	Tree
7 (1511)	7.2	Tree
7 (1503)	7.1	Tree
7 (1406)	7.0	Tree

图 1-4　CentOS 7 各版本存档列表

(4) 单击图 1-4 中 7.3 版 Archived Tree 项的链接，跳转到存档树界面，在该界面中可看到 CentOS 7.3 相关的资源目录。单击进入“isos/”目录，在该目录中单击子目录“x86_64/”，进入镜像文件下载界面，选择该界面的镜像链接 CentOS-7-x86_64-DVD-1611.iso，开始下载镜像包。

1.2.3　安装 CentOS

镜像包下载完成后，用户可通过虚拟机软件新建虚拟机，并在虚拟机中安装 CentOS 7 操作系统。下面分别讲解如何新建虚拟机，以及如何在虚拟机中安装操作系统。

1. 新建虚拟机

虚拟机是对物理机的一种模拟，用户可自行对虚拟机的参数，如内核数量、内存容量、磁盘大小等进行设置。下面将演示如何通过 VMware 新建一台虚拟机。

(1) 在 VMware 12 主界面菜单栏中选择“文件”→“新建虚拟机”命令，新建一台虚拟机，如图 1-5 所示。

(2) 在弹出的“新建虚拟机向导”对话框中选择“自定义(高级)”单选按钮，单击“下一步”按钮，如图 1-6 所示。

(3) 随后弹出“选择虚拟机硬件兼容性”界面，单击该界面下拉列表框中的选项，可选择不同版本的 VMware，并查看对应兼容产品以及对虚拟机的限制。此处保持默认选项，如

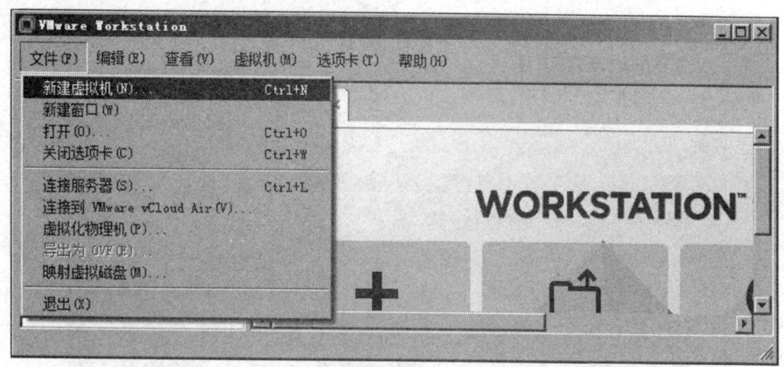

图 1-5　“新建虚拟机”命令

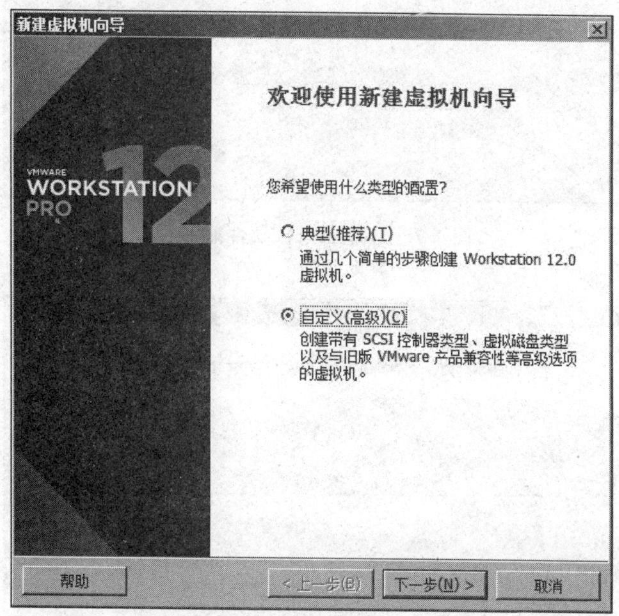

图 1-6　“新建虚拟机向导”对话框

图 1-7 所示。

由图 1-7 可知，VMware Workstation 12.0 兼容 Fusion 8.x 和 Workstation 12，但对虚拟机有如下限制。

- 内存最大为 64GB。
- 最多可有 16 个处理器。
- 最多可有 10 个网络适配器(网卡)。
- 磁盘最大容量为 8TB。

(4) 单击图 1-7 所示界面中的“下一步”按钮，弹出“安装客户机操作系统”界面，选择“安装程序光盘映像文件(iso)”单选按钮，并单击“浏览”按钮，找到映像文件所在位置，如图 1-8 所示。

(5) 单击如图 1-8 所示界面中的“下一步”按钮，进入“命名虚拟机”界面。在此界面可为虚拟机命名，并设置虚拟机的安装路径。本机的相关设置如图 1-9 所示。

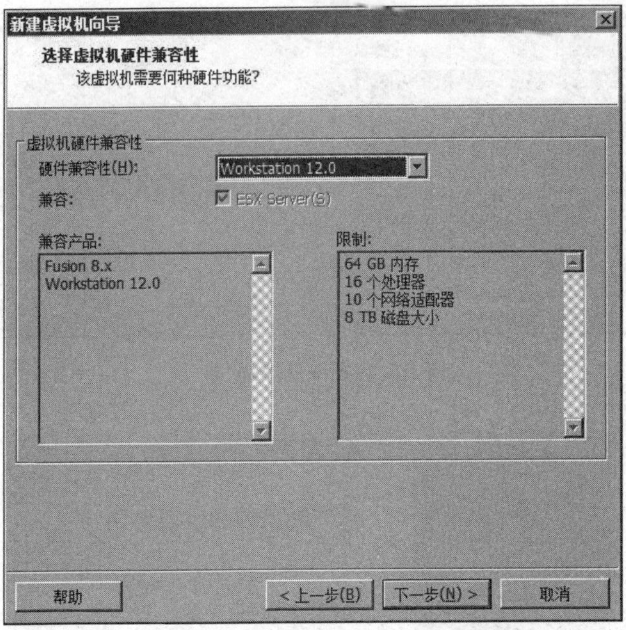

图 1-7　选择虚拟机硬件兼容性

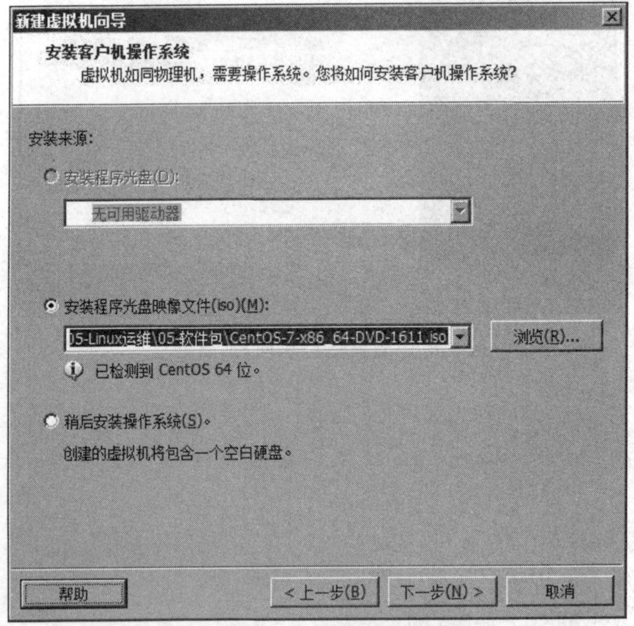

图 1-8　安装客户机操作系统

(6) 单击如图 1-9 所示界面中的"下一步"按钮，进入"处理器配置"界面。在该界面可设置处理器的数量和每个处理器的核心数量。此处保持默认设置 1 即可，具体如图 1-10 所示。

(7) 单击如图 1-10 所示界面中的"下一步"按钮，进入"此虚拟机的内存"界面。在该界面可配置虚拟机的内存，其默认设置为 1024MB。后续安装中会选择带有图形界面的

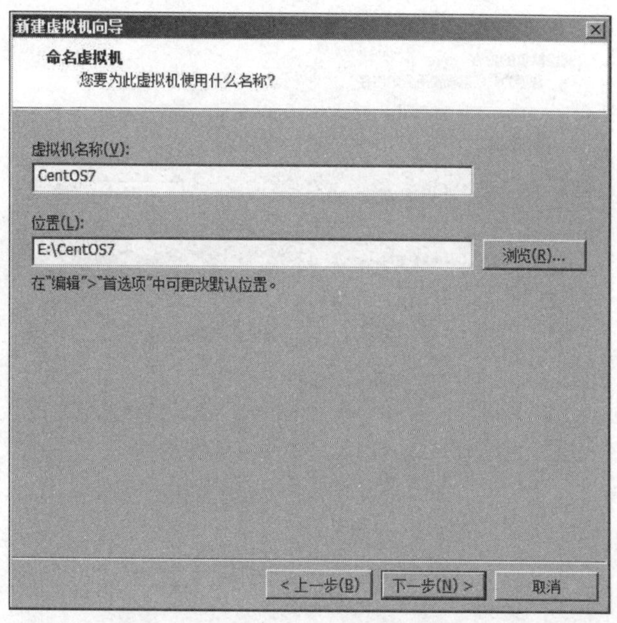

图 1-9　命名虚拟机

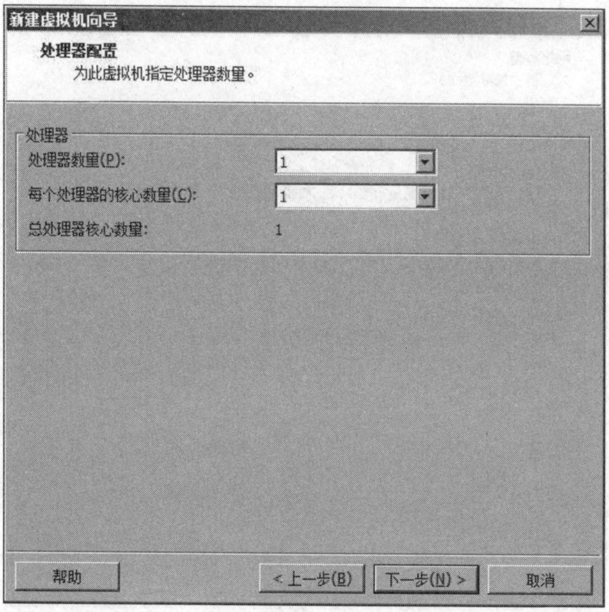

图 1-10　处理器配置

CentOS 系统，这种系统启动后将会占用约 500MB 的内存，为保证虚拟机性能，在物理机允许的情况下，可将虚拟机的内存设置为 2048MB，如图 1-11 所示。

(8) 单击如图 1-11 所示界面中的“下一步”按钮，进入“网络类型”界面。在该界面可以选择要添加的网络类型，如图 1-12 所示。

在如图 1-12 所示的界面中共有 3 种网络连接方式，此处保持原有设置“使用网络地址转换(NAT)”。这几种网络类型以及网络的选择与配置将在 1.4 节讲解。

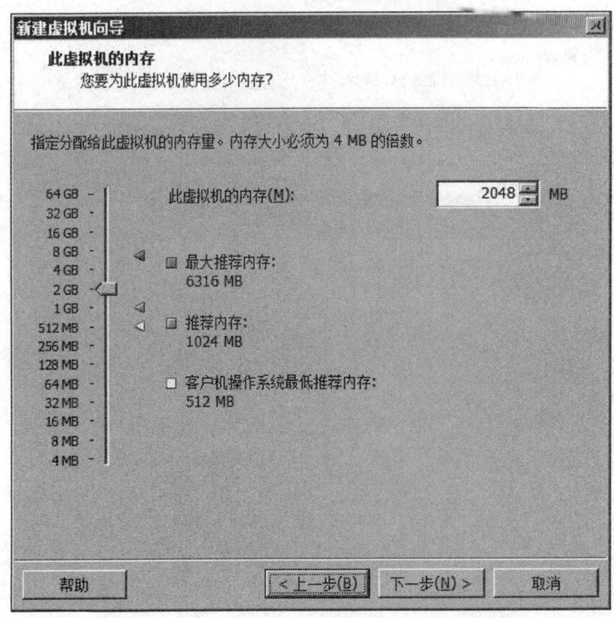

图 1-11 此虚拟机的内存

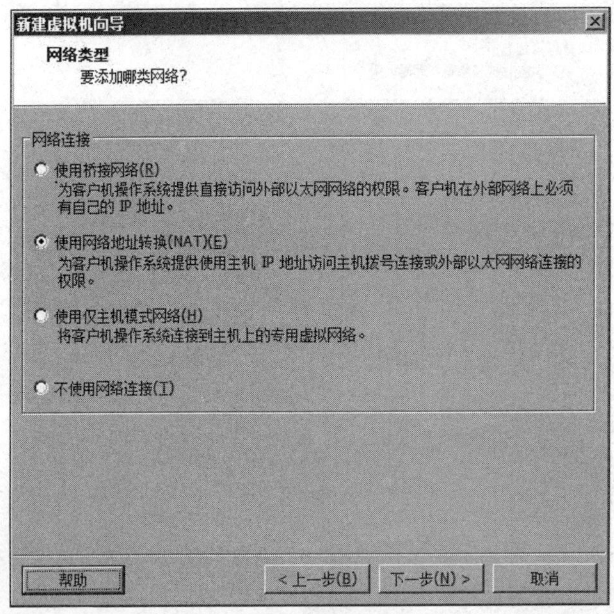

图 1-12 网络类型

(9) 单击如图 1-12 所示界面中的“下一步”按钮,进入“选择 I/O 控制器类型”界面,保持该界面的默认设置即可,如图 1-13 所示。

(10) 单击如图 1-13 所示界面中的“下一步”按钮,进入“选择磁盘类型”界面。在该界面可以选择要创建的磁盘种类,此处保持默认设置即可,如图 1-14 所示。

(11) 单击如图 1-14 所示界面中的“下一步”按钮,进入“选择磁盘”界面。在该界面可选择要使用的磁盘,保持默认选项“创建新虚拟磁盘”即可,如图 1-15 所示。

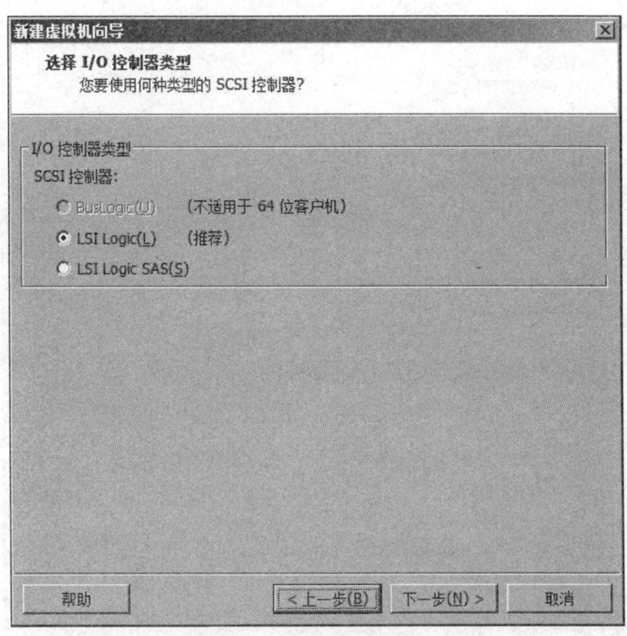

图 1-13　选择 I/O 控制器类型

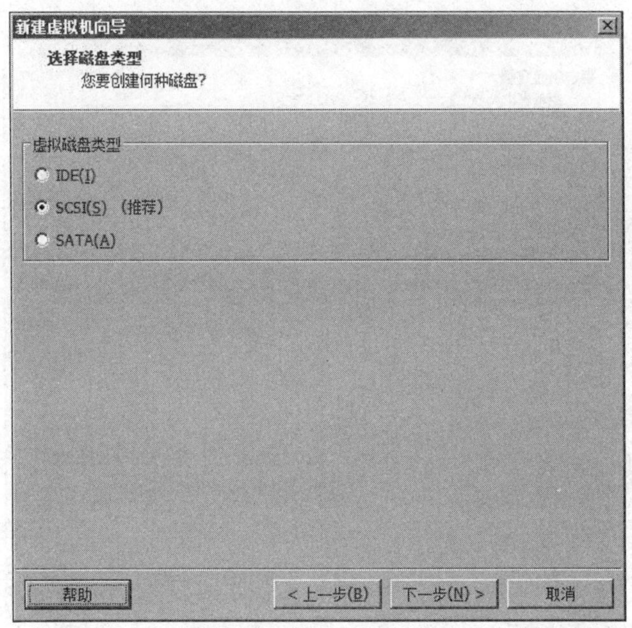

图 1-14　选择磁盘类型

(12) 单击如图 1-15 所示界面中的“下一步”按钮,进入“指定磁盘容量”界面。该界面的默认设置为:最大磁盘大小默认为 20GB,虚拟磁盘被拆分为多个文件。保持此设置即可,如图 1-16 所示。

(13) 单击如图 1-16 所示界面中的“下一步”按钮,进入“指定磁盘文件”界面。在此界面可选择磁盘文件的存储位置,保持默认设置,如图 1-17 所示。

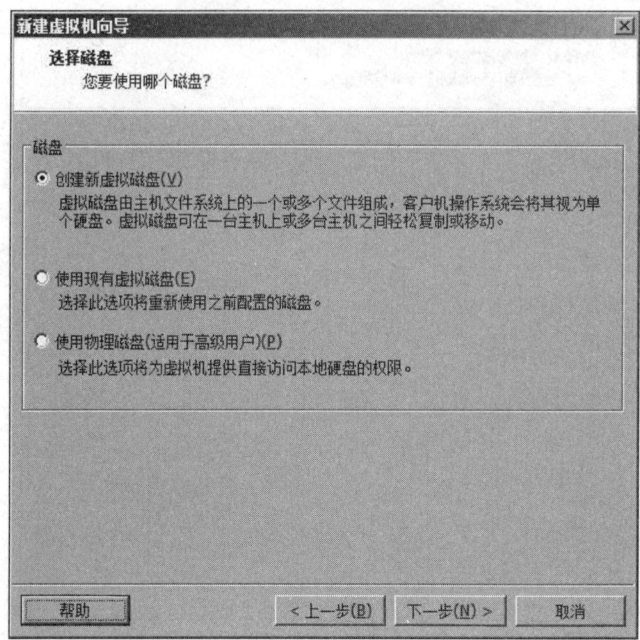

图 1-15 选择磁盘

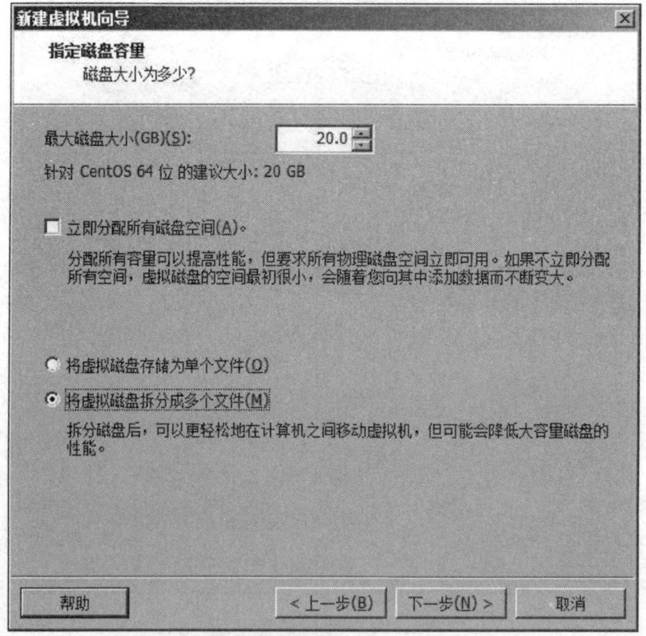

图 1-16 指定磁盘容量

(14) 单击图 1-17 所示界面中的“下一步”按钮，进入“已准备好创建虚拟机”界面。在此界面可查看之前各界面对虚拟机的配置，若仍需更改硬件设置，可单击界面中的“自定义硬件”按钮，再次设置硬件信息，如图 1-18 所示。

在如图 1-18 所示界面中有选项“创建后开启此虚拟机”，此项默认为选中状态，表示虚

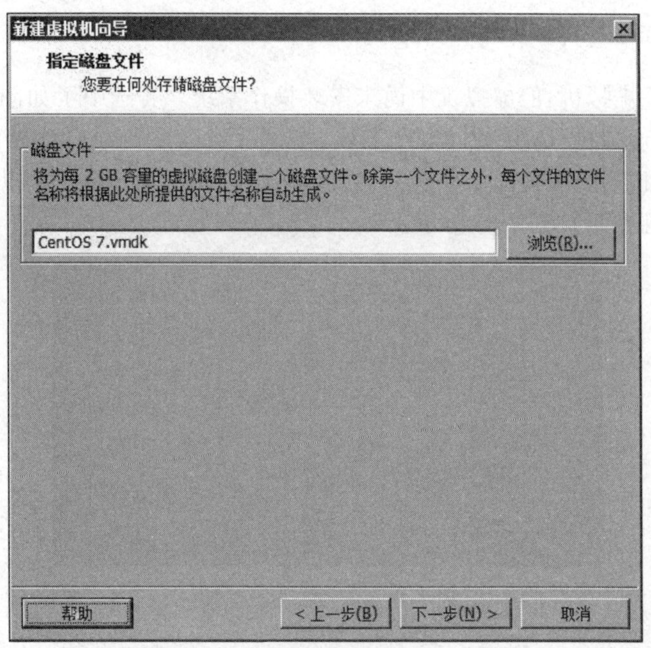

图 1-17　指定磁盘文件

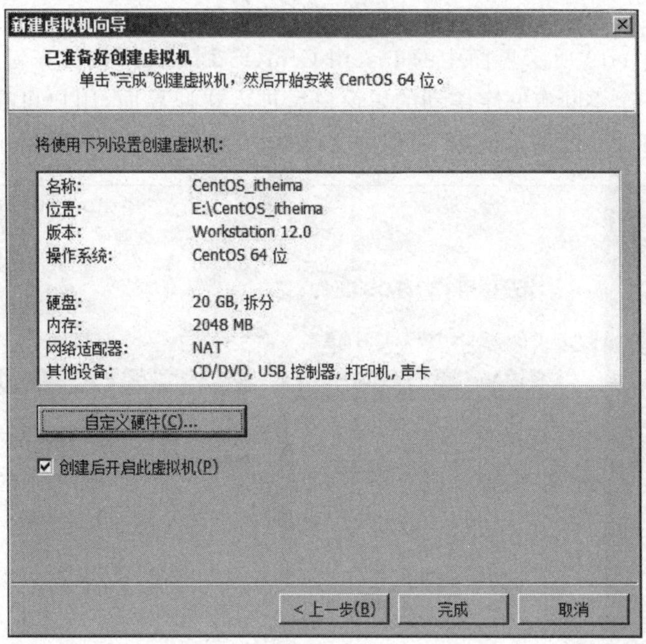

图 1-18　当前虚拟机各项配置信息

拟机创建完成后将自动开启。若取消选中，则虚拟机在创建后不会自动开启。

(15) 若不再更改虚拟机的配置信息，则单击"完成"按钮即可完成虚拟机的创建。之后在 VMware 主界面中"我的虚拟机"之下会增加一台新建的虚拟机——CentOS 7。

至此，虚拟机创建完成。

2. 安装操作系统

此时只创建了虚拟机，但虚拟机中尚未安装操作系统。若选中了如图 1-18 所示界面中的“创建后开启此虚拟机”选项，则单击“完成”按钮后将会跳转到启动界面；若未选中该选项，用户可在虚拟机列表中选择要开启的主机，单击界面中的“开启此虚拟机”按钮启动虚拟机。虚拟机的开机界面如图 1-19 所示。

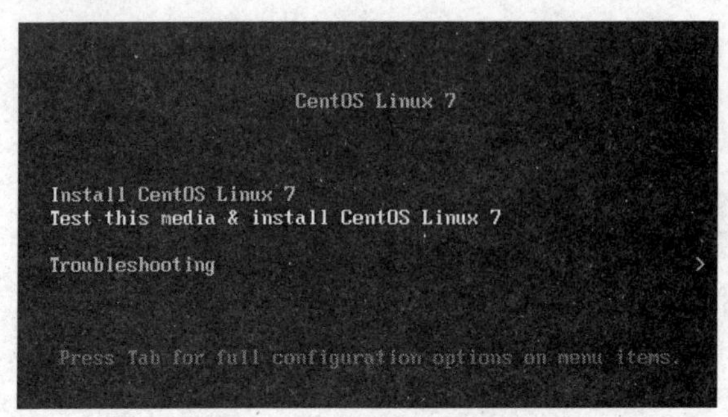

图 1-19 虚拟机安装选项

若不对此界面进行操作，1 分钟之后系统开始安装。用户也可单击黑色窗口进入该界面(使用快捷键 Ctrl+Alt 回到物理机桌面)，再通过↑、↓键选择要执行的选项，按回车键立刻开始执行指定选项。下面展示安装操作系统的过程。

(1) 选择如图 1-19 所示界面中的 Install CentOS Linux 7，按回车键，立即开始安装操作系统。在跳过一个不断有文字滚动的黑窗口后进入欢迎界面，用户可在此界面选择安装过程中使用的语言。此处选择使用“简体中文(中国)”选项，如图 1-20 所示。

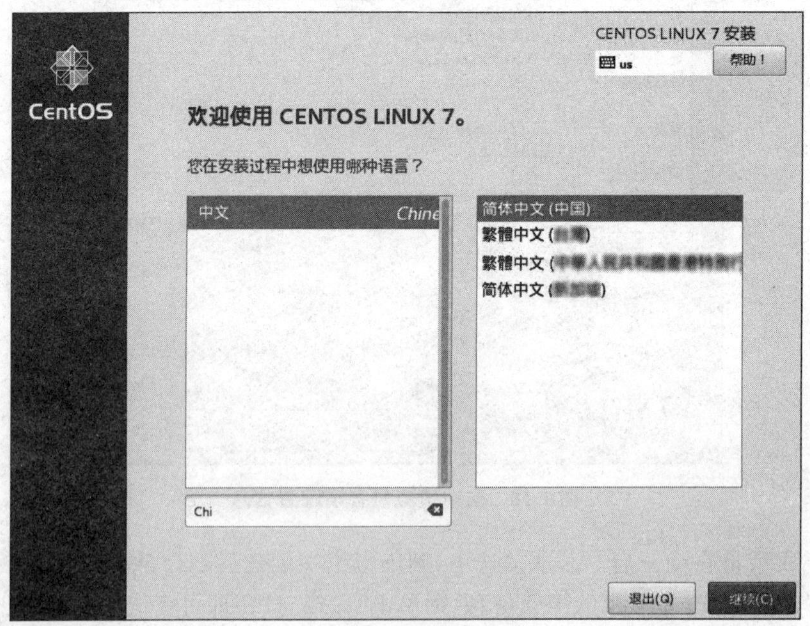

图 1-20 欢迎界面

(2) 单击如图 1-20 所示界面右下角的“继续”按钮，进入“安装信息摘要”界面。在该界面可以对系统的相关选项进行设置，包括本地化、软件和系统选项。在该界面中将时区设置为“亚洲/上海”，调整系统时间，在“语言支持”中选中简体中文为系统支持的语言，如图 1-21 所示。

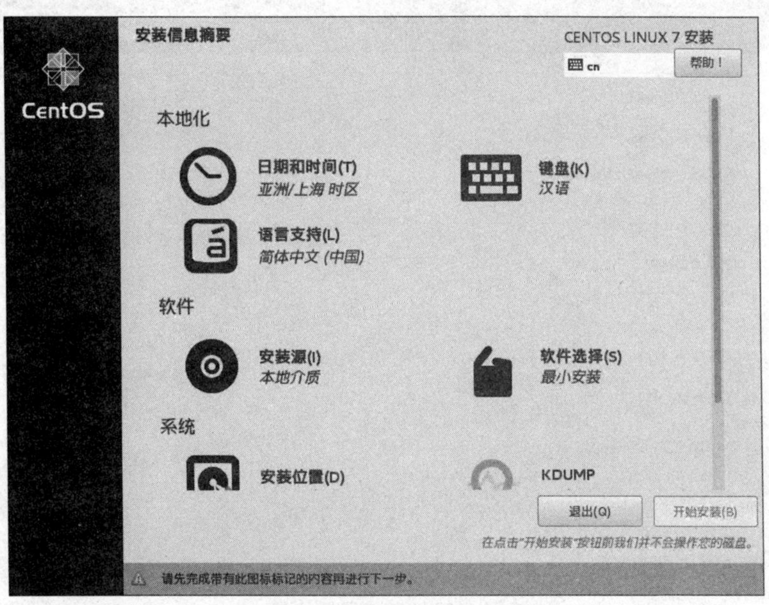

图 1-21　安装信息摘要

(3) 单击如图 1-21 所示界面中的“软件选择”，进入“软件选择”界面，选择系统的基本环境。在该界面中选择“GNOME 桌面”作为基本环境，并在附加选项中选中除“备份客户端”以外的所有选项，如图 1-22 所示。

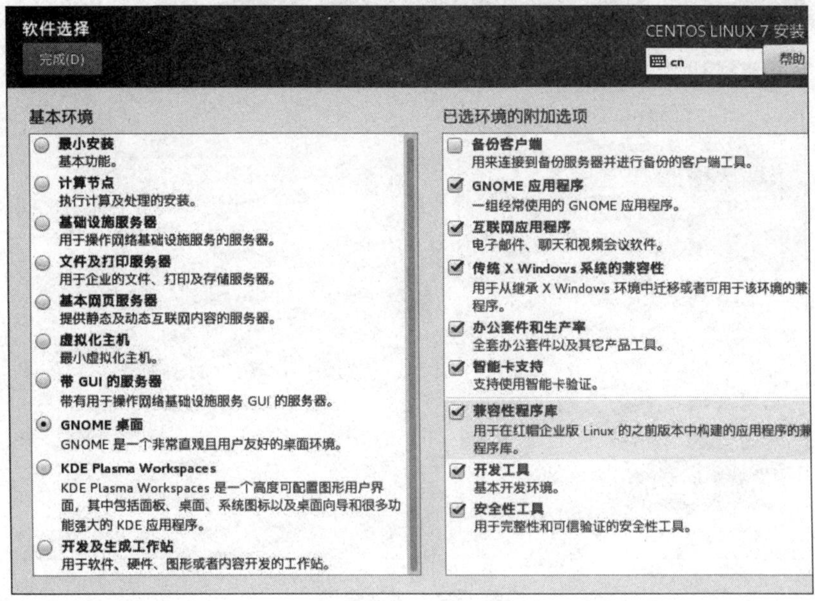

图 1-22　软件选择

(4) 单击如图 1-22 所示界面左上角的“完成”按钮回到“安装信息摘要”界面,在“安装信息摘要”界面单击“安装位置”选项,进入“安装目标位置”界面。在该界面的“其他存储选项”中选择“我要配置分区”,手动为操作系统创建分区,如图 1-23 所示。

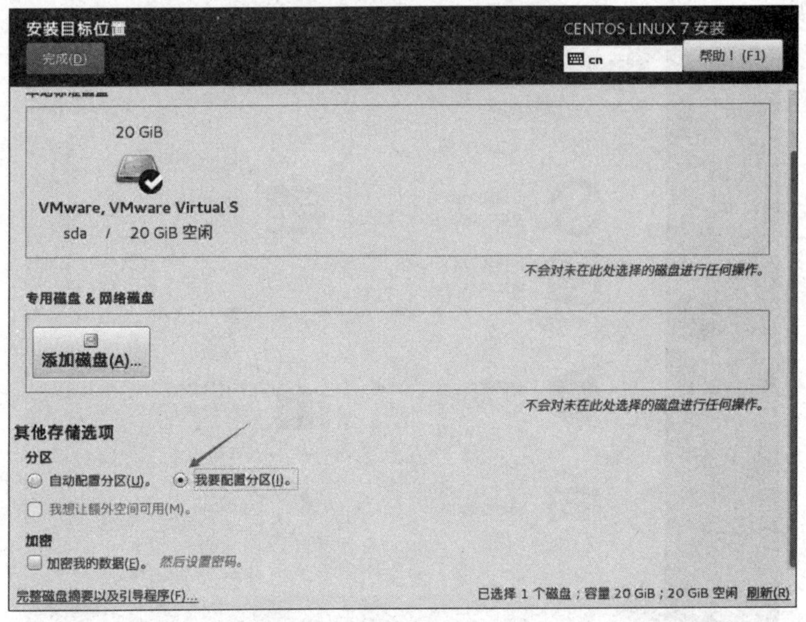

图 1-23 安装目标位置

(5) 单击如图 1-23 所示界面中的“完成”按钮,进入“手动分区”界面。单击该界面的“+”按钮可以创建新的挂载点,如图 1-24 所示。

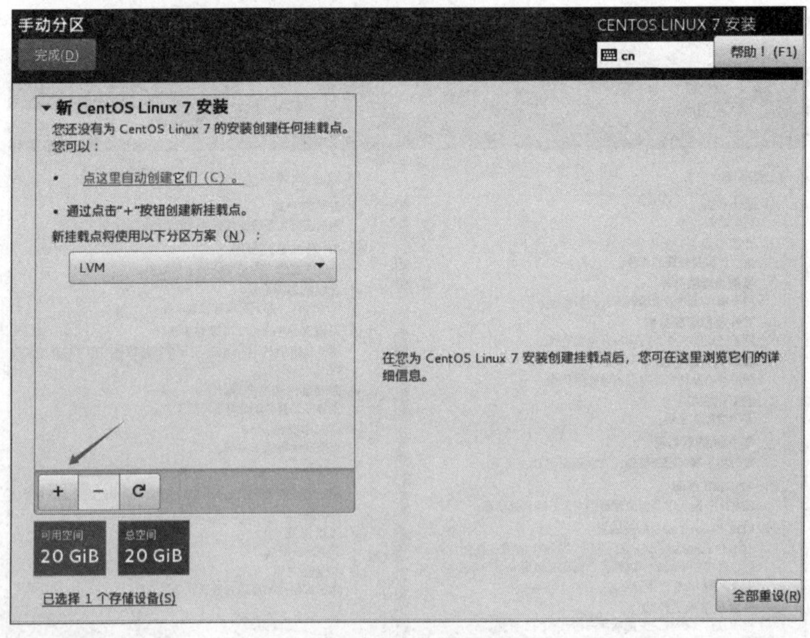

图 1-24 手动分区

“挂载”即将物理设备与文件系统建立连接，而“挂载点”指文件系统的入口目录。物理存储设备只有被挂载到挂载点中，系统才能读取到其中的内容。

选择挂载点中的根目录“/”，设置其“期望容量”为 10G，如图 1-25 所示。

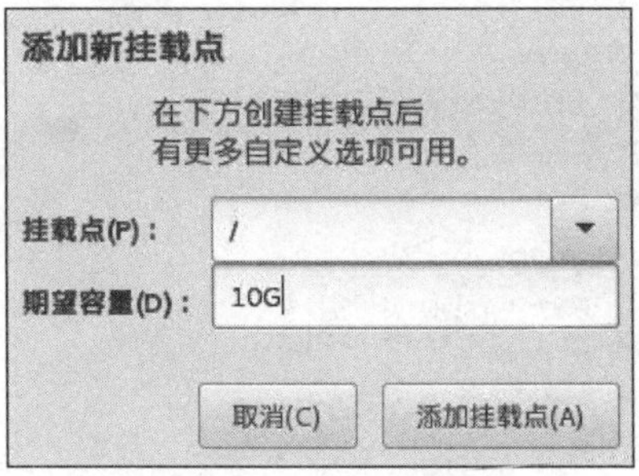

图 1-25　添加新挂载点

Linux 系统的目录结构为树形结构，根目录“/”位于目录结构的顶端，只存储目录，不存储文件，是所有 Linux 系统必不可少的目录。之后再添加两个挂载点/boot 和 swap，其中/boot目录存放操作系统启动时会用到的文件，swap 目录存放虚拟内存交换时所用的文件。将/boot 和 swap 的容量分别设置为 300MiB 和 3.5GiB(3584MiB)，添加结果如图 1-26 所示。

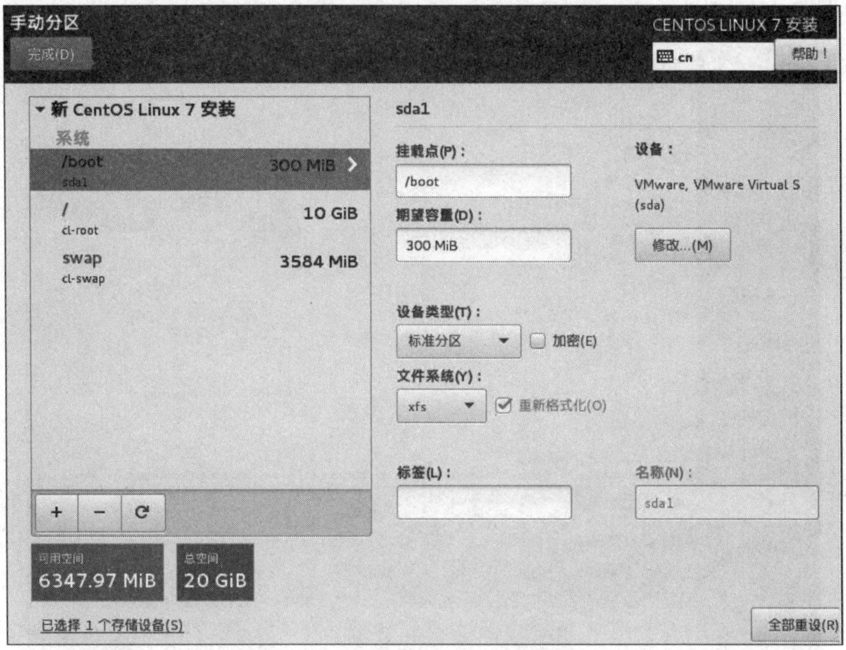

图 1-26　挂载点添加结果

选择已创建的挂载点，可以查看挂载点对应的设备，以及设备中的分区类型和分区使用的文件系统。由图 1-26 可知，挂载点/boot 对应的设备名称为 sda1，分区类型为“标准分区”，分区使用的文件系统为 xfs。

(6) 单击图 1-26 左上角的“完成”按钮，会弹出“更改摘要”界面，在该界面中可查看到自定义设置带来的改变与生效时间，如图 1-27 所示。

更改摘要

您的自定义更改将产生以下变更，这些变更将会在您返回到主菜单并开始安装时生效：

顺序	操作	类型	设备名称	挂载点
1	销毁格式	Unknown	sda	
2	创建格式	分区表 (MSDOS)	sda	
3	创建设备	partition	sda1	
4	创建格式	xfs	sda1	/boot
5	创建设备	partition	sda2	
6	创建格式	physical volume (LVM)	sda2	
7	创建设备	lvmvg	cl	
8	创建设备	lvmlv	cl-swap	
9	创建格式	swap	cl-swap	
10	创建设备	lvmlv	cl-root	
11	创建格式	xfs	cl-root	/

取消并返回到自定义分区(C)　接受更改(A)

图 1-27　更改摘要

（7）单击如图 1-27 所示界面中的"接受更改"按钮，回到"安装信息摘要"界面（见图 1-21），单击该界面右下角的"开始安装"按钮，开始安装操作系统。此时将会跳转到"配置"界面，如图 1-28 所示。

图 1-28　配置

在如图 1-28 所示的"配置"界面中，可观察到系统的安装进度，还可为系统设置 ROOT 用户的密码以及创建用户。

（8）单击如图 1-28 所示界面中的"ROOT 密码"，可在弹出的新界面中为 ROOT 用户设置密码，如图 1-29 所示。

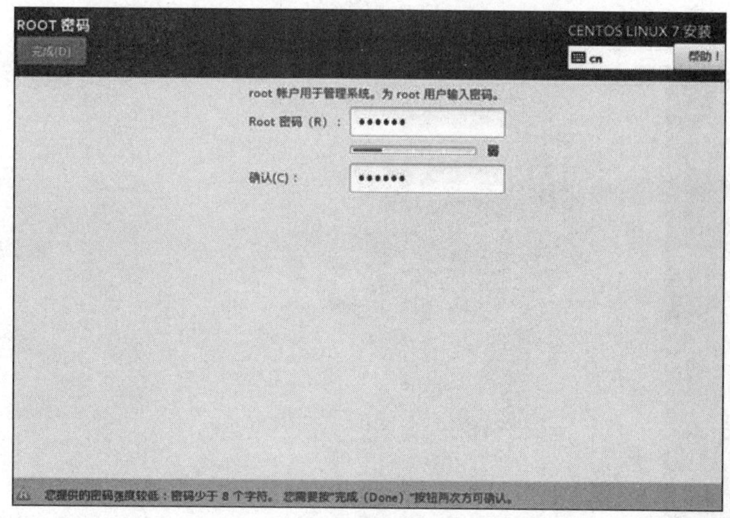

图 1-29　设置 ROOT 密码

设置 ROOT 用户的密码时，若密码的长度少于 8 位，将会出现警告信息，此时可以重新设置安全等级更高的密码，或忽视警告，双击"完成"按钮完成密码设置。

(9) ROOT 用户是 Linux 系统默认的超级管理员，该用户权限非常大。为了防止因不当操作造成的系统损坏，一般通过普通用户管理和使用 Linux 系统。双击如图 1-29 所示界面的"完成"按钮后会返回如图 1-28 所示的"配置"界面，单击该界面中的"创建用户"，将会跳转到"创建用户"界面。在"创建用户"界面可以为 Linux 系统新建普通用户。普通用户密码长度不足 8 位时同样会出现警告，如图 1-30 所示。

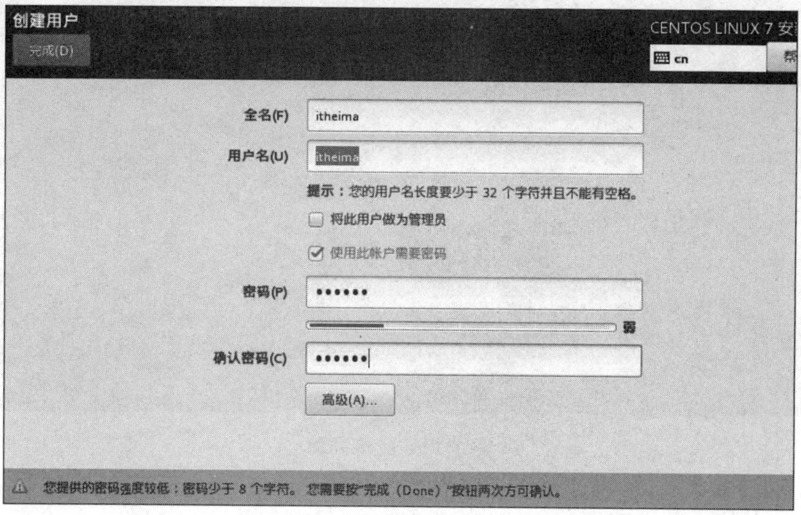

图 1-30　创建用户

这种情况下同样需要双击"完成"按钮才能完成创建。

(10) 普通用户配置完毕后，单击左上角的"完成"按钮返回"配置"界面，等待系统安装。安装过程将会耗费一定时间。当"配置"界面的右下角出现"重启"按钮时表示系统安装完毕。单击"重启"按钮，使虚拟机重新启动。

系统再次启动的过程中会弹出“初始设置”界面，如图 1-31 所示。

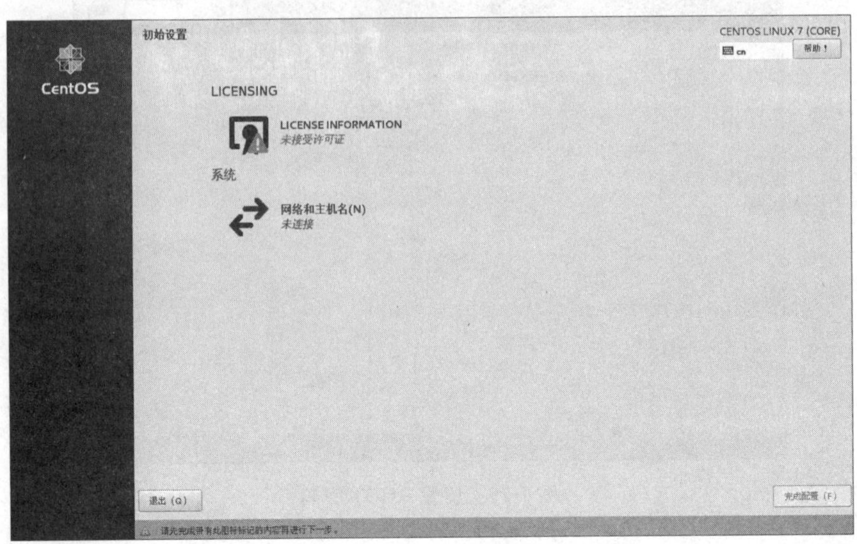

图 1-31　初始设置

用户需在 LICENSING 选项中接受许可证书，方可单击该界面的“完成配置”按钮，继续开机。当出现如图 1-32 所示的用户登录界面时，说明系统安装成功，此时用户可通过已创建的用户登录并使用操作系统。

图 1-32　登录界面

至此，CentOS 7 安装完毕。

3. 登录 CentOS

如图 1-32 所示的界面为 CentOS 7 的登录界面，若系统中有多个用户，则此处会显示一个用户名列表。单击用户名，将跳转到如图 1-33 所示的界面，在该界面输入密码，单击“登录”按钮，若密码验证成功，便可成功登录 CentOS。

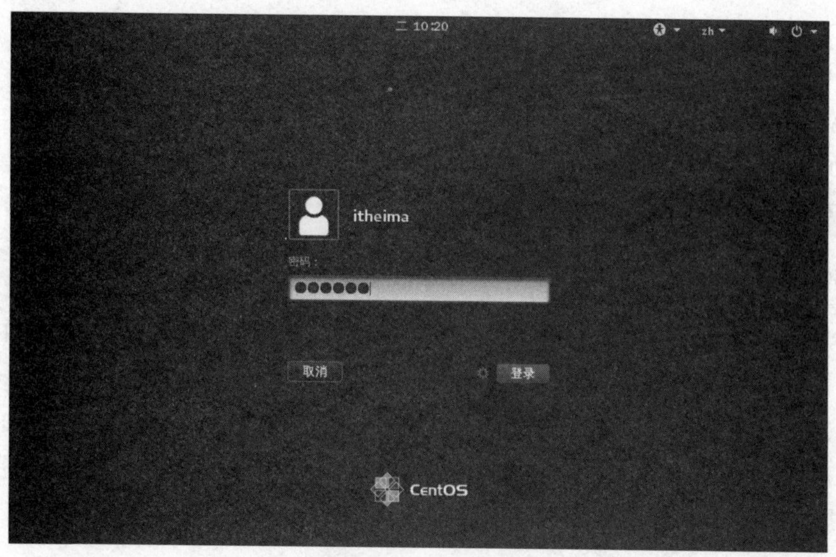

图 1-33　密码验证

若如图 1-33 所示界面中的用户列表没有给出要使用的账户，用户也可单击登录界面中的"未列出"选项，此时将跳转到如图 1-34 所示的界面，在此手动输入用户名，再单击"下一步"按钮验证密码。若账户名和密码匹配成功，同样可成功登录系统。用户可通过此种方式在登录界面使用 ROOT 用户进入系统。

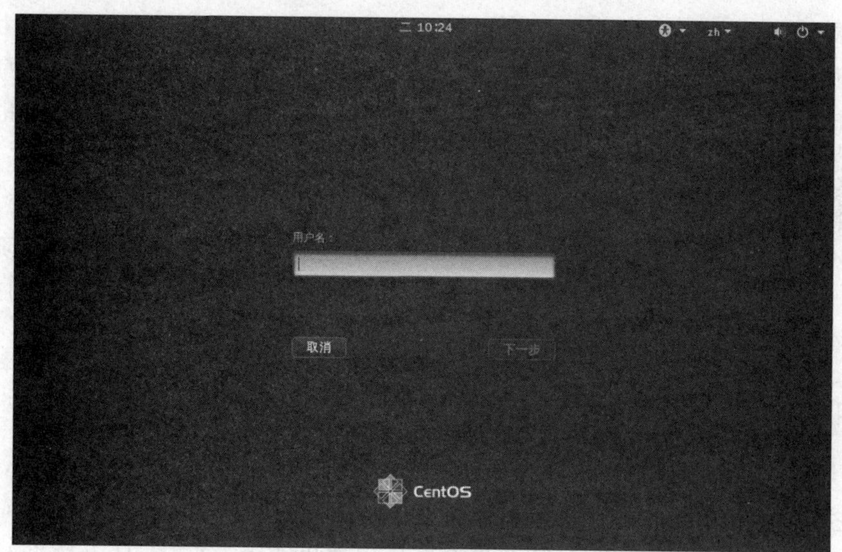

图 1-34　手动输入用户名

1.3　Linux 系统启动流程

对计算机用户来说，启动一台配置有操作系统的计算机很简单，只需在按下开机按钮后等待片刻，计算机便可开启并自动启动操作系统。然而从计算机的角度分析，接通电源后，需经过如下步骤，操作系统才会启动。

(1) BIOS 加电自检。

(2) MBR 系统引导。

(3) 加载内核。

下面对 Linux 系统的启动流程进行简单介绍。

1. BIOS 加电自检

BIOS 与加电自检存在包含关系：BIOS 全称 Basic Input/Output System，即基本输入输出系统，是一个永久刻录在 ROM 中的软件；加电自检原意为 Power On Self Test (POST)，是 BIOS 的一个主要部分。计算机在接通电源后 BIOS 通过 POST 来加载硬件信息，进行内存、CPU、主板等的检测，若硬件设备正常运作，BIOS 会寻找硬盘第一个扇区中存储的数据，使用 MBR 中的数据激活引导加载程序。

2. MBR 系统引导

MBR 全称 Master Boot Recode，是一种磁盘分区格式，也是以此种格式的磁盘中 0 盘片 0 扇区中存储的一段记录——主引导记录。磁盘中扇区的大小为 512B，主引导记录 MBR 占据第一个扇区的前 446B，剩余的空间依次存储一个 64B 的磁盘分区表，和一个用于标识 MBR 是否有效的 2B 的魔数。

主引导记录 MBR 中包含一个实现引导加载功能的程序——Boot Loader。由于 BIOS 只能访问很少量的数据，所以 MBR 中的引导加载程序其实只是一段初始程序的加载程序 (Initial Program Loader，IPL)，这段程序唯一的功能就是定位并加载 Boot Loader 的主体程序。

基于以上原因，引导加载分为两个阶段：第一阶段，BIOS 引导 IPL(此时系统启动的控制权由 BIOS 转移到 MBR)，获取 Boot Loader 主体程序在磁盘中的位置；第二阶段，Boot Loader 主体程序获取操作系统对应的内核，定位到内核文件所在位置，并将其加载到计算机内存中(此时系统启动的控制权由 MBR 转到内核)。

3. 加载内核

内核是操作系统的核心，Linux 操作系统的内核即 Linux。内核以一种自解压的压缩格式存储，它与一个初始化的内存映像和存储设备映像表一起存储在/boot 目录中。在选定的内核被加载到内存中并开始执行之前需先从压缩格式中解压，一旦内核自解压完成，systemd 进程(早期版本中为 init 进程)便被启动。

systemd 进程的启动标识着引导过程的结束，也标识启动过程的开始。在系统启动之初，由于系统中没有除 systemd 之外的程序执行，系统初始化工作尚未完成，因此计算机不能执行任何与用户相关的功能性工作。系统初始化需要做的事情非常多，如挂载文件系统、启动后台服务等，这些初始化工作都由 systemd 进程完成。对用户而言，系统初始化完成后，系统才算正式启动。

多学一招：systemd 单元类型

systemd 进程将初始化过程中的每一步抽象为一个配置单元，并将配置单元归纳为不同的类型，常见的单元类型如下。

- 系统服务(.service)：封装后台服务进程，如 httpd.service、network.service 等，是最常使用的单元类型。
- sockets(.sockets)：封装系统和互联网中的套接字。
- 系统设备(.device)：封装存在于 Linux 设备树中的设备。
- 挂载点(.mount)：封装文件系统结构层次中的挂载点。
- 自挂载点(.automount)：封装系统结构层次中的自挂载点。
- 交换分区(.swap)：封装管理交换分区。
- 启动目标(.target)：该配置单元为其他配置单元进行逻辑分组，自身不具备什么功能，只是引用其他配置单元，方便对配置单元进行统一控制。
- 计时器(.timer)：封装计时器。

systemd 封装的每个配置单元都有一个对应的配置文件。

1.4　网络配置

Linux 系统可以提供包括 Web、FTP、DNS、DHCP、数据库和邮箱等多种类型的服务，这些服务与网络环境息息相关，因此网络环境的配置方法是 Linux 运维人员的必备知识。下面将对基于 VMware 虚拟机配置 Linux 系统网络环境的方式进行讲解。

1.4.1　网络模式

在 Linux 系统的安装过程中，我们已经了解到 VMware 为虚拟机提供了 3 种网络模式：桥接模式、NAT 模式和仅主机模式。在 VMware 的菜单栏选择“编辑”→“虚拟网络配置”命令，可以打开“虚拟网络编辑器”对话框，在该对话框中可查看与编辑虚拟机的网络配置信息，如图 1-35 所示。

由图 1-35 可知，VMware 提供的桥接、NAT(网络地址转换)和仅主机 3 种网络模式对应的名称分别为 VMnet0、VMnet8 和 VMnet1。下面分别对这 3 种网络模式的工作原理进行讲解。

1. 桥接模式

当虚拟机的网络处于桥接模式时，相当于这台虚拟机与物理机同时连接到一个局域网，这两台机器的 IP 地址将处于同一个网段中。以目前家庭普遍使用的宽带上网环境为例，其网络结构如图 1-36 所示。

图 1-36 中的两台虚拟机(VMware 支持同时运行多个虚拟机)和一台物理机同时处于一个局域网中，若路由器已经接入网络，则图中的 3 台计算机都可以访问外部网络。

2. NAT 模式

NAT 是 VMware 虚拟机中默认使用的模式，在该模式下，只要物理机可以访问网络，

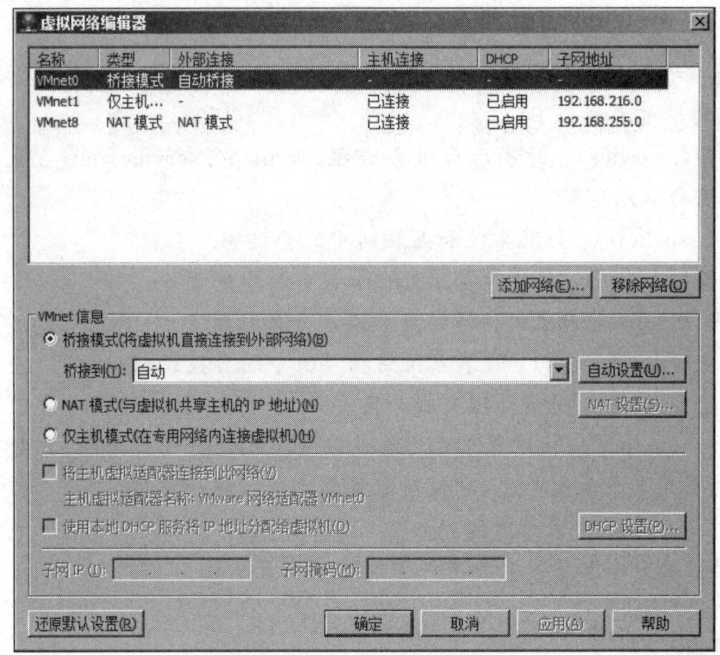

图 1-35 VMware 虚拟网络编辑器

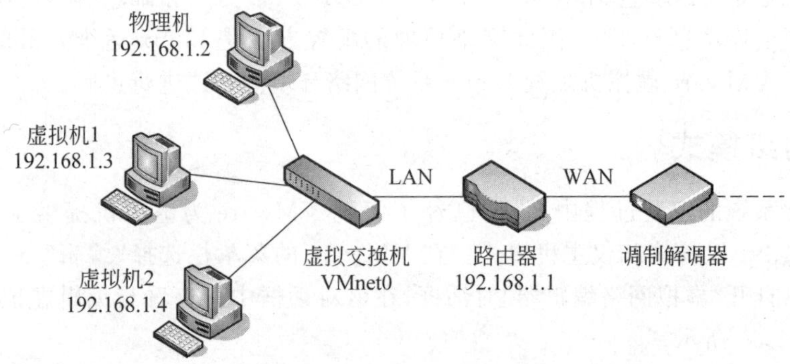

图 1-36 VMnet0 虚拟网络

虚拟机就可以访问网络。其网络结构如图 1-37 所示。

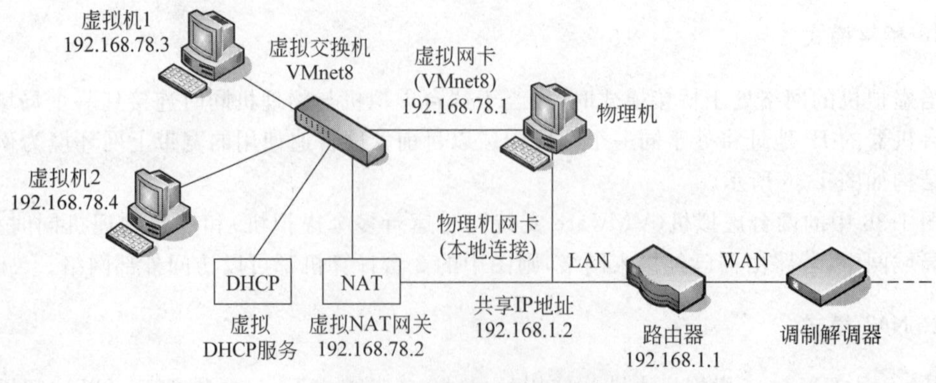

图 1-37 VMnet8 虚拟网络

图 1-37 中的物理机网卡和 VMnet8 虚拟网络中的 NAT(网络地址转换)网关共享同一个 IP 地址 192.168.1.2,因此只要物理机联上网,虚拟机便能上网。为了让物理机和虚拟机能够直接互访,需要在物理机中增加一个虚拟网卡接入到 VMnet8 虚拟交换机中。

3. 仅主机模式

仅主机模式与 NAT 模式相似,但是在该网络中没有虚拟 NAT,因此只有物理机能上网而虚拟机无法上网,只能在 VMnet1 虚拟网内相互访问。其网络结构如图 1-38 所示。

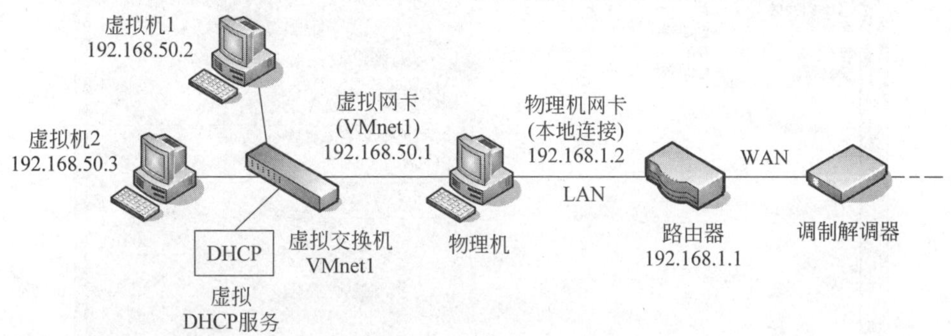

图 1-38　VMnet1 虚拟网络

VMnet8 和 VMnet1 这两种虚拟网络都需要通过虚拟网卡实现物理机和虚拟机的互访,VMware 在安装时自动为这两种虚拟网络安装了虚拟网卡。在物理机(Windows 系统)中打开命令提示符,输入命令 ipconfig 查看网卡信息,从这些信息中可以找到 VMnet8 和 VMnet1 虚拟网卡,如图 1-39 所示。

```
管理员: C:\Windows\system32\cmd.exe

以太网适配器 VMware Network Adapter VMnet1:

   连接特定的 DNS 后缀 . . . . . . . : localdomain
   本地链接 IPv6 地址. . . . . . . . : fe80::7dbd:f159:3224:37a4%14
   IPv4 地址 . . . . . . . . . . . . : 192.168.216.1
   子网掩码  . . . . . . . . . . . . : 255.255.255.0
   默认网关. . . . . . . . . . . . . :

以太网适配器 VMware Network Adapter VMnet8:

   连接特定的 DNS 后缀 . . . . . . . : localdomain
   本地链接 IPv6 地址. . . . . . . . : fe80::c0eb:e6d0:ebbd:f994%15
   IPv4 地址 . . . . . . . . . . . . : 192.168.255.1
   子网掩码  . . . . . . . . . . . . : 255.255.255.0
   默认网关. . . . . . . . . . . . . :
```

图 1-39　查看 VMware 虚拟网卡

由图 1-39 可知,VMnet1 的 IP 地址为 192.168.216.1,VMnet8 的 IP 地址为 192.168.255.1。这两个 IP 地址是 VMware 根据 VMware 虚拟网络编辑器中的子网 IP 自动生成的,如果更改了子网 IP,这两个网卡的 IP 地址会由 VMware 自动更新。

1.4.2　模式更改

在 VMware 中,桥接、NAT 和仅主机 3 种模式是共存的,但是一台虚拟机只能使用一种模式,用户可通过 VMware 的菜单栏更改虚拟机的网络模式。

在 VMware 菜单栏中右击一台虚拟机，选择“设置”选项，在弹出的“虚拟机设置”对话框中选择“网络适配器”，可以查看或更改虚拟机的网络模式，如图 1-40 所示。

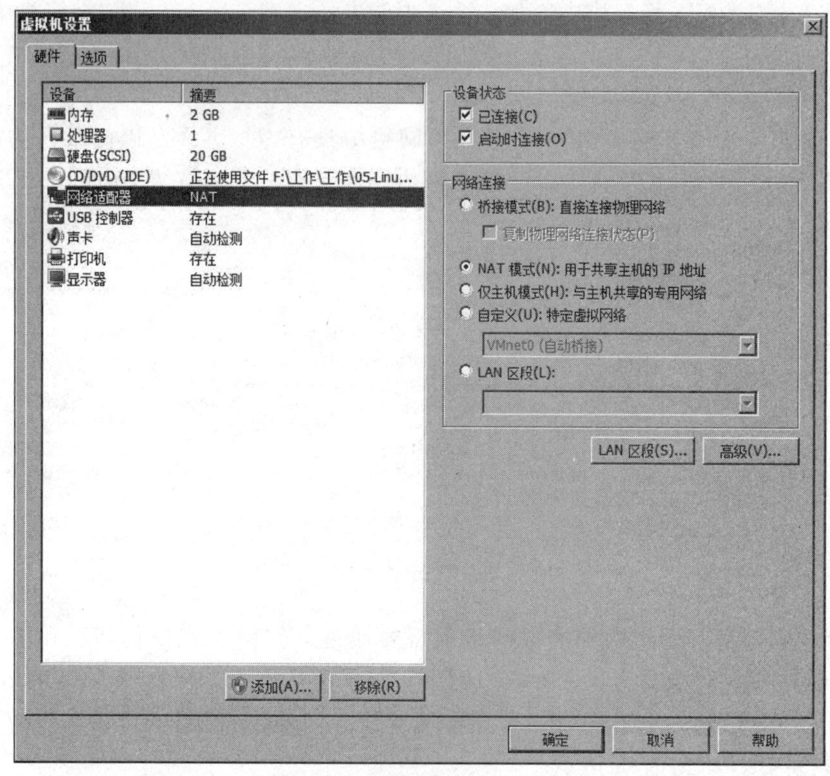

图 1-40 “虚拟机设置”对话框

如图 1-40 所示的窗口右侧有一个“高级”按钮，单击后可以打开“网络适配器高级设置”对话框，在该对话框中可查看或更改虚拟机网卡的 MAC 地址，如图 1-41 所示。

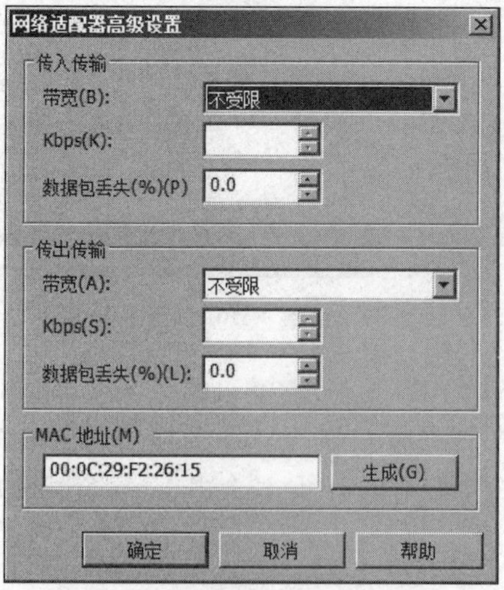

图 1-41 “网络适配器高级设置”对话框

1.4.3　网络配置

网络是 Linux 服务器必须具备的条件之一，但仅仅更改了虚拟机的网络模式，虚拟机仍然无法联网，这是因为，此时虚拟机的网卡还没有获取到 IP 地址。

在 CentOS 虚拟机的桌面上右击，在弹出的快捷菜单中找到“打开终端”选项，单击该选项可打开一个终端设备，即用于操作 Linux 系统的“命令窗口”。在终端中输入 ifconfig 命令，可查看所有的网卡信息，具体如图 1-42 所示。

```
[root@localhost ~]# ifconfig
ens33: flags=4163<UP,BROADCAST,RUNNING,MULTICAST>  mtu 1500
        ether 00:0c:29:81:09:f5  txqueuelen 1000  (Ethernet)
        RX packets 3851  bytes 542767 (530.0 KiB)
        RX errors 0  dropped 0  overruns 0  frame 0
        TX packets 3051  bytes 549035 (536.1 KiB)
        TX errors 0  dropped 0 overruns 0  carrier 0  collisions 0

lo: flags=73<UP,LOOPBACK,RUNNING>  mtu 65536
        inet 127.0.0.1  netmask 255.0.0.0
        inet6 ::1  prefixlen 128  scopeid 0x10<host>
        loop  txqueuelen 1  (Local Loopback)
        RX packets 4  bytes 340 (340.0 B)
        RX errors 0  dropped 0  overruns 0  frame 0
        TX packets 4  bytes 340 (340.0 B)
        TX errors 0  dropped 0 overruns 0  carrier 0  collisions 0

virbr0: flags=4099<UP,BROADCAST,MULTICAST>  mtu 1500
        inet 192.168.122.1  netmask 255.255.255.0  broadcast 192.168.122.255
        ether 52:54:00:43:5a:af  txqueuelen 1000  (Ethernet)
        RX packets 0  bytes 0 (0.0 B)
        RX errors 0  dropped 0  overruns 0  frame 0
        TX packets 0  bytes 0 (0.0 B)
        TX errors 0  dropped 0 overruns 0  carrier 0  collisions 0
```

图 1-42　查看网卡

由图 1-42 可知，目前系统中共有 3 个网卡：第一个网卡名为 ens33(不同主机上此网卡的名称可能不同)，用于接入外网，该网卡默认关闭；第二个网卡名为 lo，用于访问本地网络，IP 地址为 127.0.0.1(该地址称为 Loopback Address，即本机回送地址)；第三个网卡名为 virbr0，是一个虚拟的网络连接端口。

若使用 VMware 的 NAT 模式或仅主机模式，那么网络中的虚拟机可以通过 DHCP(动态主机配置协议)自动获取 IP 地址。但是在真实环境中，应为所有的虚拟机配置静态 IP 地址，以确保通过一个 IP 地址便能找到一台主机。下面分别介绍如何配置动态和静态 IP 地址。

1. 配置动态 IP 地址

通过修改网卡 ens33 的配置文件 ifcfg-ens33，可以使该网卡自行启动。该网卡配置文件保存在/etc/sysconfig/network-scripts/目录中。首先切换到配置文件所在的目录：

```
[root@localhost itheima]# cd /etc/sysconfig/network-scripts/
```

为防止因配置出错而导致一系列问题，在更改配置文件之前，建议先备份配置文件，具体方法如下：

```
[root@localhost network-scripts]# cp ifcfg-ens33 ifcfg-ens33.bak
```

备份完成后，打开源配置文件：

```
[root@localhost network-scripts]# vi ifcfg-ens33
```

配置文件中的具体内容如下：

```
TYPE=Ethernet
BOOTPROTO=dhcp
DEFROUTE=yes
PEERDNS=yes
PEERROUTES=yes
IPV4_FAILURE_FATAL=no
IPV6INIT=yes
IPV6_AUTOCONF=yes
IPV6_DEFROUTE=yes
IPV6_PEERDNS=yes
IPV6_PEERROUTES=yes
IPV6_FAILURE_FATAL=no
IPV6_ADDR_GEN_MODE=stable-privacy
NAME=ens33
UUID=aa74a943-d0a3-4f2b-82e1-48c6a36a725b
DEVICE=ens33
ONBOOT=yes
```

在以上配置信息中需要着重关注的是 BOOTPROTO 和 ONBOOT。BOOTPROTO 用于设置主机获取 IP 地址的方式，若值为 dhcp，则表示动态地获取 IP；若值为 static，则表示使用手动设置的静态 IP。ONBOOT 用于表示网卡的状态，当其值为 no 时系统启动后网卡处于关闭状态，当其值为 yes 时系统启动后网卡处于开启状态。此处将 ONBOOT 值修改为 yes，其他选项保持默认即可。

修改完成后，按下 Esc 键，输入"：wq"，按回车键，保存修改，退出编辑器，回到终端。在终端执行"systemctl restart network"命令重启网络服务，使以上配置生效。之后在终端输入 ifconfig 命令再次查看网卡信息，终端显示的信息如图 1-43 所示。

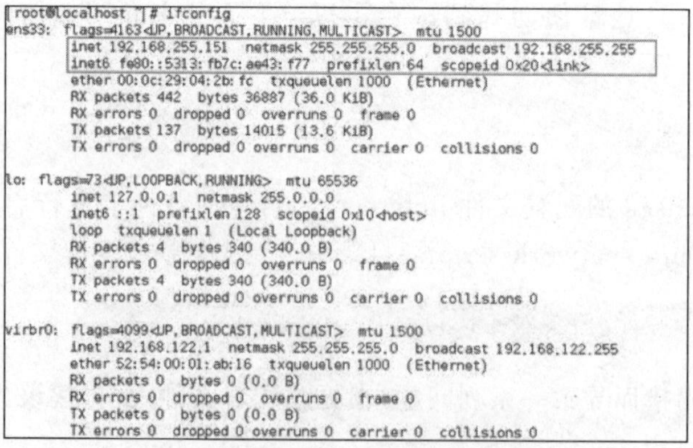

```
[root@localhost ~]# ifconfig
ens33: flags=4163<UP,BROADCAST,RUNNING,MULTICAST>  mtu 1500
        inet 192.168.255.151  netmask 255.255.255.0  broadcast 192.168.255.255
        inet6 fe80::5313:fb7c:ae43:f77  prefixlen 64  scopeid 0x20<link>
        ether 00:0c:29:04:2b:fc  txqueuelen 1000  (Ethernet)
        RX packets 442  bytes 36887 (36.0 KiB)
        RX errors 0  dropped 0  overruns 0  frame 0
        TX packets 137  bytes 14015 (13.6 KiB)
        TX errors 0  dropped 0 overruns 0  carrier 0  collisions 0

lo: flags=73<UP,LOOPBACK,RUNNING>  mtu 65536
        inet 127.0.0.1  netmask 255.0.0.0
        inet6 ::1  prefixlen 128  scopeid 0x10<host>
        loop  txqueuelen 1  (Local Loopback)
        RX packets 4  bytes 340 (340.0 B)
        RX errors 0  dropped 0  overruns 0  frame 0
        TX packets 4  bytes 340 (340.0 B)
        TX errors 0  dropped 0 overruns 0  carrier 0  collisions 0

virbr0: flags=4099<UP,BROADCAST,MULTICAST>  mtu 1500
        inet 192.168.122.1  netmask 255.255.255.0  broadcast 192.168.122.255
        ether 52:54:00:01:ab:16  txqueuelen 1000  (Ethernet)
        RX packets 0  bytes 0 (0.0 B)
        RX errors 0  dropped 0  overruns 0  frame 0
        TX packets 0  bytes 0 (0.0 B)
        TX errors 0  dropped 0 overruns 0  carrier 0  collisions 0
```

图 1-43　动态 IP 配置结果

对比图 1-42 与图 1-43，可知网卡 ens33 获取到了 IP 地址 192.168.255.151，说明虚拟机已经通过 NAT 方式成功连接到了网络。

2. 配置静态 IP 地址

静态 IP 地址需要用户手动设置，同样通过修改 ens33 网卡对应的配置文件实现。配置静态 IP 地址时，只需将配置 ifcfg-ens33 中 BOOTPROTO 项的值设置为 static，将 IPADDR 的值设置为其所在子网中正确的、无冲突的 IP 地址即可。

假设 VMware 使用 NAT 模式，子网中 IP 为 192.168.255.0，网关 IP 为 192.168.255.2，DHCP 地址池为 192.168.255.160～192.168.255.254，则 192.168.255.3～192.168.255.159 范围内的无冲突 IP 地址都可作为静态 IP 使用，ens33 的配置文件将做如下修改（只给出需修改的项和新增项）：

```
...
BOOTPROTO=static
ONBOOT=yes
IPADDR=192.168.255.132
NETMASK=255.255.255.0
GATEWAY=192.168.255.2
DNS1=192.168.255.2
```

以上配置将 BOOTPROTO 项修改为 static，表示使用静态方式配置 IP 地址；将 ONBOOT 修改为 yes，表示开启网卡；之后增加了 IPADDR、NETMASK、GATEWAY 和 DNS1 这 4 项，分别用于设置虚拟机的 IP 地址、子网掩码、网关地址和首选域名服务器。其中，若不设置网关，则虚拟机只在访问局域网，无法访问外部网络；若不设置 DNS，则无法解析域名。

修改配置文件并保存，在终端执行 systemctl restart network 命令重启网络服务，使以上配置生效。再次使用 ifconfig 命令查看网卡信息，此时网卡 ens33 的信息如图 1-44 所示。

```
[root@localhost network-scripts]# ifconfig
ens33: flags=4163<UP,BROADCAST,RUNNING,MULTICAST>  mtu 1500
        inet 192.168.255.132  netmask 255.255.255.0  broadcast 192.168.255.255
        inet6 fe80::5313:fb7c:ae43:f77  prefixlen 64  scopeid 0x20<link>
        ether 00:0c:29:04:2b:fc  txqueuelen 1000  (Ethernet)
        RX packets 2668  bytes 207729 (202.8 KiB)
        RX errors 0  dropped 0  overruns 0  frame 0
        TX packets 489  bytes 49757 (48.5 KiB)
        TX errors 0  dropped 0 overruns 0  carrier 0  collisions 0
```

图 1-44 静态 IP 配置结果

由以上信息可知，虚拟机的 IP 地址成功被修改为 192.168.255.132。

1.4.4 访问测试

无论使用静态方式还是动态方式配置 IP 地址，成功配置网络后，处于 NAT 模式虚拟机都应能访问本地主机、外部网络，同时也应能被本地主机访问。Linux 系统和 Windows 系统中都提供了 ping 命令用于测试网络的连通情况，根据命令执行结果，可判断虚拟机是否可以访问指定网址。

1. 虚拟机访问本地主机

处于 NAT 模式的虚拟机应能够与本地的 Windows 主机进行通信。打开 Windows 主机的终端，通过 ipconfig 命令获取 Windows 主机的地址，如图 1-45 所示。

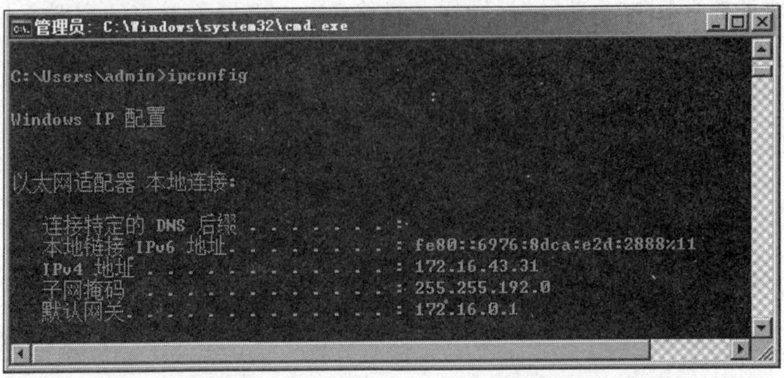

```
管理员: C:\Windows\system32\cmd.exe

C:\Users\admin>ipconfig

Windows IP 配置

以太网适配器 本地连接:

   连接特定的 DNS 后缀 . . . . . . . :
   本地链接 IPv6 地址. . . . . . . . : fe80::6976:8dca:e2d:2888%11
   IPv4 地址 . . . . . . . . . . . . : 172.16.43.31
   子网掩码 . . . . . . . . . . . . : 255.255.192.0
   默认网关. . . . . . . . . . . . . : 172.16.0.1
```

图 1-45　获取 Windows 主机的 IP 地址

由图 1-45 可知，Windows 主机的 IP 地址为 172.16.43.31。在虚拟机的终端中通过 ping 命令测试虚拟机与物理机的连通性，测试结果如下：

```
[root@localhost network-scripts]# ping 172.16.43.31
PING 172.16.43.31 (172.16.43.31) 56(84) bytes of data.
64 bytes from 172.16.43.31: icmp_seq=1 ttl=128 time=3.06 ms
64 bytes from 172.16.43.31: icmp_seq=2 ttl=128 time=1.05 ms
...
```

由以上的第 3、4 行信息可知，虚拟机可成功获取来自物理机的消息，正常访问本地主机。

2. 虚拟机访问外网

在终端输入 ping www.baidu.com，向百度的主页发送 ping 请求，ping 命令的测试结果如下所示。

```
[root@localhost network-scripts]# ping www.baidu.com
PING www.a.shifen.com (119.75.213.61) 56(84) bytes of data.
64 bytes from 119.75.213.61 (119.75.213.61): icmp_seq=1 ttl=128 time=3.17 ms
64 bytes from 119.75.213.61 (119.75.213.61): icmp_seq=2 ttl=128 time=3.86 ms
...
```

以上信息的第 3、4 行均为来自百度主页的回复信息(主页 IP 地址为 119.75.213.61)，说明虚拟机可正常访问外网。

3. 物理机访问虚拟机

在物理机的终端使用 ping 命令测试与虚拟机的连通性，测试结果如下：

```
C:\Users\admin>ping 192.168.255.132

正在 Ping 192.168.255.132 具有 32 字节的数据:
来自 192.168.255.132 的回复: 字节=32 时间<1ms TTL=64
来自 192.168.255.132 的回复: 字节=32 时间<1ms TTL=64
...
```

由以上测试结果可知，物理机可正常访问虚拟机。

1.5 目录结构

目录结构是磁盘等存储设备上文件的组织形式，主要体现在对文件和目录的组织方式上。Linux 系统使用标准的目录结构，在操作系统安装的同时，安装程序会为用户创建文件系统，并根据文件系统目录标准(File system Hierarchy Standard，FHS)建立完整的目录结构。FHS 采用树状结构组织文件，它定义了系统中每个区域的用途、所需要的最低限量的文件和目录等。

Windows 系统以磁盘为树状组织结构的根节点，每个磁盘都有各自的树状结构，而 Linux 系统中只有一个树状结构，根目录“/”位于所有目录和文件的顶端，是唯一的根节点。Linux 操作系统中的目录树结构如图 1-46 所示。

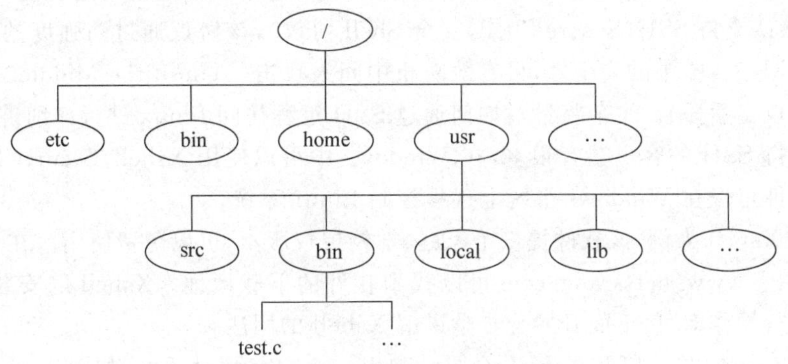

图 1-46 目录树状结构示意图

Linux 系统是一个多用户的系统，制定一个固定的基础目录结构，能方便对系统文件与不同用户文件的统一管理。Linux 目录结构固有的目录中按照规定存放功能相似的文件，其发行版本中常用的目录以及目录中存放的文件分别如下。

- /：根目录，只包含目录，不包含具体文件。
- /etc：主要包含系统管理文件和配置文件。
- /bin：存放可执行的文件，如常用命令 ls、mkdir、rm 等的二进制文件都存放在该目录中。
- /home：普通用户的工作目录，每个用户都有一个/home 目录。
- /usr：包含所有的用户程序(/usr/bin)、库文件(/usr/lib)、文档(/usr/share/doc)等，是占用空间最大的目录。
- /dev：存放设备文件，包括块设备文件(如磁盘对应文件)、字符设备文件(如键盘对应文件)等。

- /root：超级用户，即管理员的工作目录。
- /lib：主要存放动态链接共享库文件，类似于 Windows 中的.dll 文件，该目录中的文件一般以.a、.dll、.so 结尾(后缀不代表文件类型)，也会存放与内核模块相关的文件。
- /boot：存放操作系统启动时需要用到的文件，如内核文件、引导程序文件等。
- /mnt：存储挂载存储设备的挂载目录。
- /proc：存放系统内存的映射，可直接通过访问该目录来获取系统信息。
- /opt：存放附加的应用程序软件包。
- /tmp：存放临时文件，重启系统后该目录的文件不会被保存。每个用户都能创建该目录，但不能删除其他用户的/tmp 目录。
- /swap：存放虚拟内存交换时所用文件。

掌握 Linux 系统中的目录结构，有助于用户掌握 Linux 系统的文件组织方式，因此读者应对目录结构有所了解，并掌握 Linux 系统中常用目录中存储的文件种类。

1.6 远程终端访问

当服务器部署好以后，除了直接在服务器上操作，还可以通过网络进行远程连接访问。CentOS 7 默认支持 SSH(Secure Shell，安全 Shell 协议)，该协议通过高强度的加密算法提高了数据在网络传输中的安全性，可有效防止中间人攻击(Man-in-the-Middle Attack，一种黑客常用的攻击手段)。本节将针对如何通过 SSH 远程访问 Linux 进行详细讲解。

目前支持 SSH 的客户端有很多，在 Windows 中可以使用 Xshell、SecureCRT 等软件，通过这类软件可以在 Windows 系统上远程控制 Linux 系统。

本书以 Xshell 为例，该软件提供了家庭、学校授权版本，可以免费使用。在 Xshell 的官方网站 http://www.netsarang.com 可以找到软件的下载地址。Xshell 的安装非常简单，按照提示进行操作即可，下面开始分步骤讲解 Xshell 的用法。

(1) 安装完成以后，打开 Xshell，会自动弹出一个“会话”对话框，如图 1-47 所示。如果关闭了此对话框，也可通过在菜单栏中执行“文件”→“打开”命令再次打开此对话框。

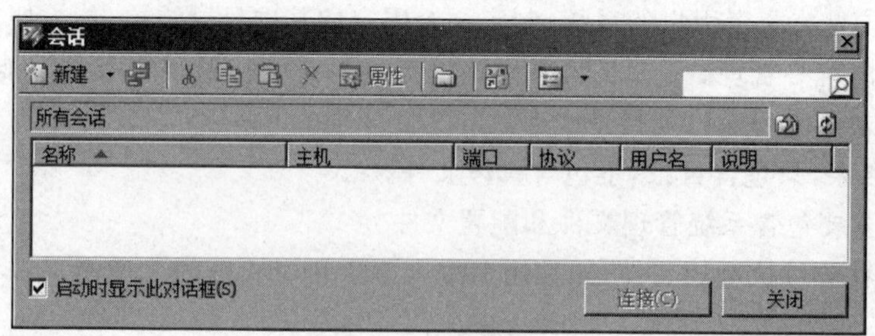

图 1-47 新建会话

(2) 在如图 1-47 所示的对话框中，单击工具栏的“新建”按钮，或在 Xshell 窗口的菜单栏执行“文件”→“新建”命令，会弹出一个用于新建会话属性的对话框，如图 1-48 所示。

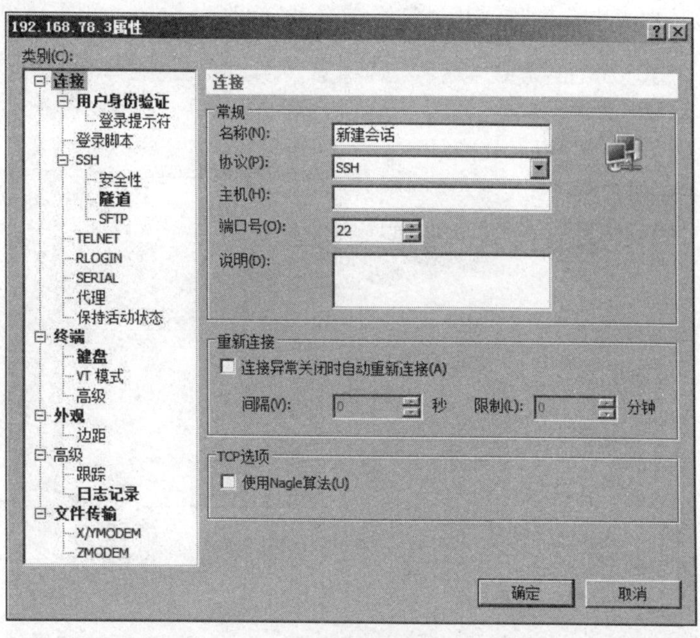

图 1-48　新建会话属性

(3) 在“常规”选项组中输入“名称”和“主机”，其中“名称”可以随意填写，“主机”填写服务器的 IP 地址，“协议”选择默认的 SSH 即可，“端口号”保持默认值 22。

(4) 在左侧的“类别”列表中选择“用户身份验证”，然后输入 Linux 服务器的用户名(root)和密码(123456)，如图 1-49 所示。此处输入的用户名和密码会保存到客户端，用于快捷登录。如果考虑安全性，此处可以留空，在每次登录时输入用户名和密码。

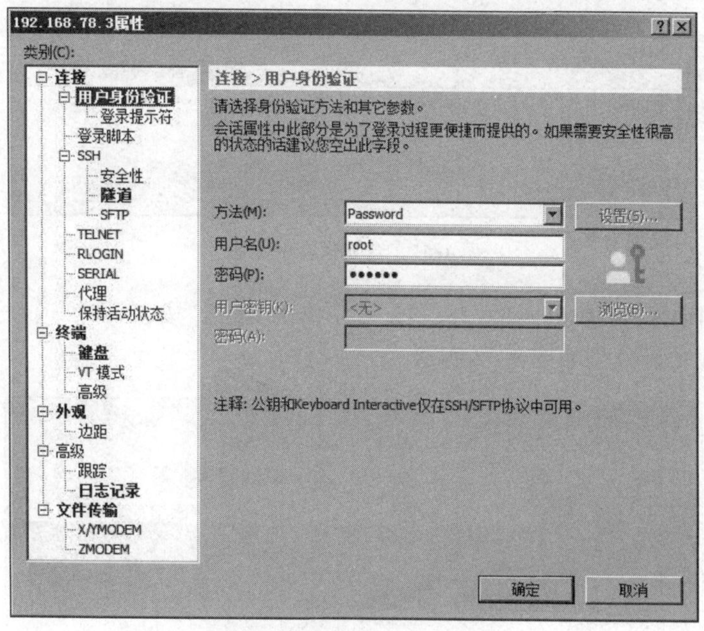

图 1-49　输入用户名和密码

(5) 在“类别”列表中选择“终端”，将“终端类型”修改为 linux，如图 1-50 所示。

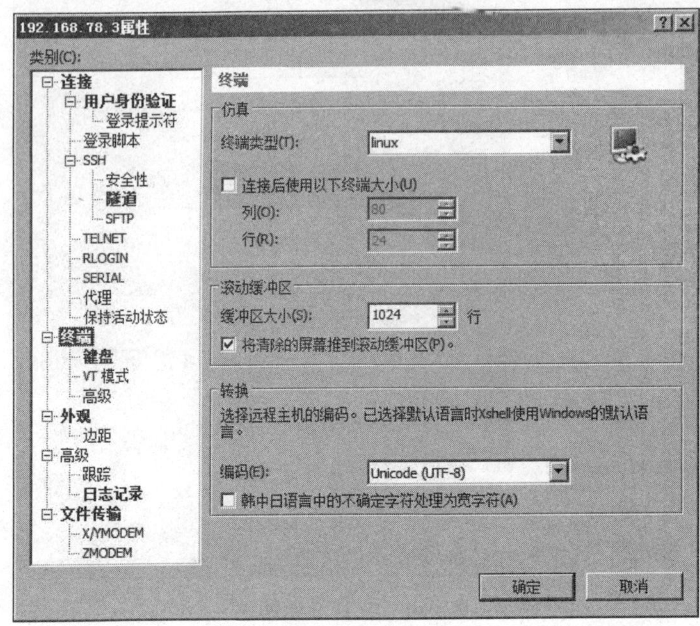

图 1-50　选择终端类型

需要注意的是，此处使用默认值 xterm 亦可，但键盘中的 Num Lock 数字小键盘区的映射会出现问题。

(6) 设置完成后，单击“确定”按钮保存会话并返回原来的“会话”对话框，如图 1-51 所示。

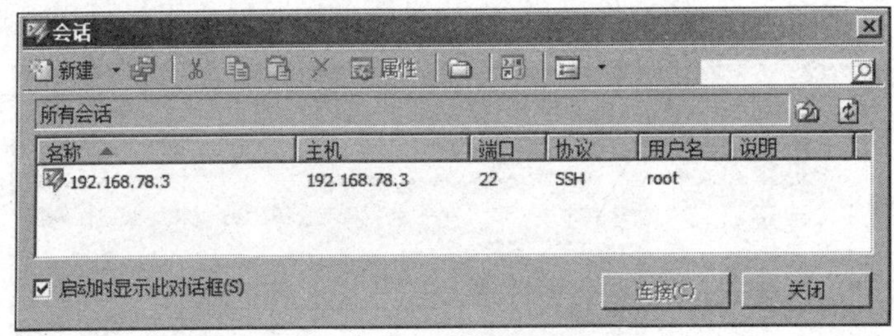

图 1-51　查看保存的会话

(7) 选中刚才保存的 192.168.78.3 会话并单击“连接”按钮，即可远程连接到服务器。在连接并登录成功后效果如图 1-52 所示。

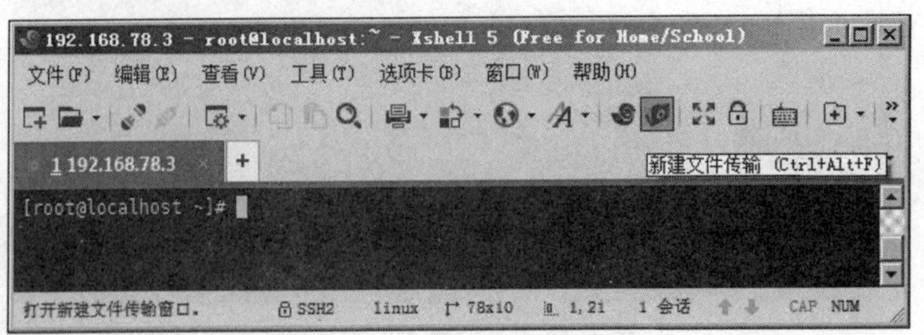

图 1-52　远程登录

值得一提的是，在如图 1-52 所示的窗口中，工具栏中有一个“新建文件传输”按钮，通过该按钮可以打开 Xftp 远程文件管理工具。Xftp 需要额外安装，若没有安装，程序会提示到官方网站中进行下载。安装 Xftp 以后可以用图形化的方式远程管理服务器中的文件。

1.7　SFTP 远程文件管理

SFTP(Secure File Transfer Protocol，安全文件传送协议)是一种安全的远程文件传输协议，和 SSH 协议类似，在传输过程中会进行加密。前面提到的 Xftp 就是一种 SFTP 的客户端，可以与 Xshell 配合一起使用。下面将以 Xftp 为例讲解远程文件管理的方法。

(1) 在使用 Xftp 之前需先进行安装，安装 Xftp 后，在 Xshell 远程服务器登录成功的状态下单击工具栏中的“新建文件传输”按钮可以自动打开 Xftp 并登录服务器，如图 1-53 所示。

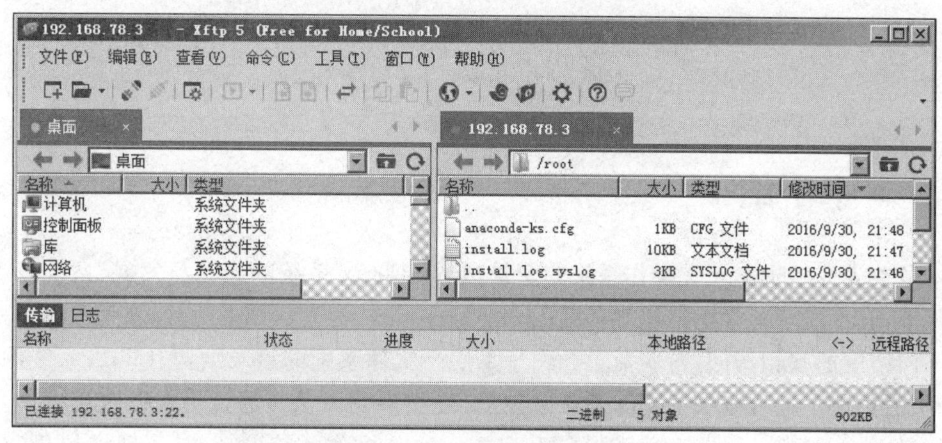

图 1-53　Xftp 远程文件管理

(2) 在如图 1-53 所示的窗口中，左侧为客户端 Windows 系统的文件列表，右侧为 Linux 系统的文件列表。通过这个窗口，可以实现文件的上传、下载、复制、剪切、删除、修改文件权限和属性等操作，此外，该软件支持文件拖曳功能，使用非常方便。

(3) Xftp 支持为远程服务器中的文件关联文本编辑器，默认关联的是 Windows 记事本。本书以开源软件 Notepad＋＋编辑器为例，在 Xftp 窗口中执行菜单栏中的“工具”→“选项”操作，切换到“高级”选项卡，将可执行文件 notepad＋＋.exe 的路径添加到“编辑器路径”中，如图 1-54 所示。

(4) 关联之后，在远程服务器的文件列表中选中一个文件，右击，就会看到“以 Notepad＋＋编辑”命令，单击后即可调用 Notepad＋＋编辑器自动打开文件。

在使用 Notepad＋＋创建 Linux 系统中的文件时，推荐将文件的编码格式设置为“UTF8 无 BOM 格式编码”，并且将换行符设置为 UNIX 格式，这样可以保证该文件能够被 Linux 系统中的程序正确识别。

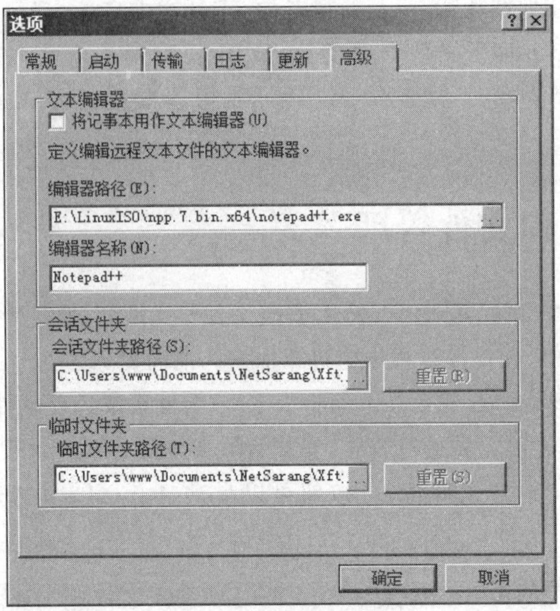

图 1-54 关联文本编辑器

1.8 本章小结

本章首先介绍了 Linux 操作系统的背景，包括 Linux 系统的起源与发展、系统版本、应用领域等；其次展示了在虚拟机中搭建 Linux 操作系统、配置网络的方法，实现了物理机、虚拟机与网络间的互相访问；再次简单介绍了 Linux 文件系统的目录结构、Linux 系统的启动流程；最后讲解了远程登录 Linux 系统、远程管理文件的方法。通过对本章内容的学习，读者应能对 Linux 操作系统有个大致了解，完成 Linux 操作系统的搭建，实现虚拟机对物理机、网络的访问，掌握 Linux 系统的目录结构与启动流程，并能通过远程工具连接、管理 Linux 操作系统。

1.9 本章习题

一、填空题

1. Linux 操作系统的核心程序由芬兰赫尔辛基大学的一名学生________编写。

2. Linux 操作系统是一款免费使用，且可以自由传播的类 UNIX 操作系统，它支持________、________、多线程及多 CPU，从其诞生到现在，性能逐步得到了稳定提升。

3. Linux 操作系统因其强大的功能和良好的稳定性，逐渐被应用到了人类社会的诸多领域，目前，Linux 的应用领域主要包括________、________和________。

4. VMware 提供了________、________和________这 3 种网络模式，这些模式对应的名称分别为 VMnet0、VMnet8 和 VMnet1。

5. 无论是 Windows 系统还是 Linux 系统，都可以通过________命令检测网络连接状态。

6. 当服务器部署完成后，除了直接在服务器上进行操作，还可以通过网络进行远程连接访问。Linux 中用于网络传输的协议为________；用于远程文件管理的协议为________。

7. 从接通电源到操作系统启动，需要经过的步骤有________、________和________。

二、判断题

1. Linux 是一种开放源代码、可自由传播的计算机操作系统，其目的是建立不受任何商品化软件版权制约、全世界都能自由使用的类 UNIX 系统。（　　）

2. Linux 操作系统在服务器、超级计算机、嵌入式系统等领域都有广泛应用。（　　）

3. VMware 网络配置中有 4 种网络模式。（　　）

4. 在 Linux 系统中，可以通过"ifconfig -a"命令查看所有的网卡。（　　）

5. SFTP 即安全 Shell 协议，是远程文件管理中会用到的协议，该协议通过高强度的加密算法，提高了数据传输的安全性。（　　）

6. Linux 一词本指 Linux 操作系统的内核，但后来人们逐渐使用 Linux 指代整个操作系统。（　　）

7. 在日常生活中，智能手机、车载电脑、智能电视、机顶盒等都使用了 Linux 操作系统。（　　）

8. Linux 操作系统使用树形结构管理文件，与 Windows 系统相同，Linux 系统中的每个磁盘都是一棵文件树的根节点。（　　）

三、单选题

1. Linux 操作系统自诞生至今，有数十万个程序开发人员参与到它的开发与完善中，如今 Linux 已发展成为一个成熟、稳定的操作系统。从以下选项中选出关于 Linux 特点描述完全正确的一项。（　　）

A. 多用户、多线程、单 CPU　　B. 单用户、单线程、多任务
C. 多用户、多线程、多 CPU　　D. 单用户、多线程、多 CPU

2. Linux 操作系统的应用领域极其广泛，在下列选项中，哪些可能用到了 Linux 操作系统？（　　）

A. 汽车　　B. 手机　　C. 机顶盒　　D. 以上全部

3. VMware 提供了虚拟网络功能，使用户可方便地进行网络环境部署。以下哪个选项不属于 VMware 虚拟网络中的网络模式？（　　）

A. C/S　　B. 桥接　　C. 网络地址转换　　D. NAT

4. 下面哪个选项不是 Linux 服务器可提供的服务？（　　）

A. Web　　B. Xshell　　C. SFTP　　D. SSH

5. Linux 历经多年发展，到如今已发展出了许多版本，下面哪个是中国用户使用最多的 Linux 系统版本？（　　）

A. CentOS　　B. Ubuntu　　C. Fedora　　D. Red Hat

四、简答题

1. 简述 Linux 操作系统的特点。
2. 简述 ifconfig 命令和 ping 命令的功能和用法。
3. 简述 Linux 启动流程中系统启动控制权的变更顺序。

第 2 章 Linux命令与工具

学习目标

思政案例

- 掌握用户管理命令
- 掌握权限设置命令
- 掌握文件管理命令
- 理解存储原理
- 理解进程相关知识
- 掌握服务管理命令
- 掌握软件包管理工具
- 熟悉文本编辑器

Linux 命令是对 Linux 系统进行管理的命令，虽然现在许多 Linux 发行版搭载了图形化界面，但更多的程序开发人员与运维人员仍愿意借助命令使用与管理 Linux 系统；此外，掌握 Linux 系统中的常用开发工具，可提高用户在 Linux 环境中开发程序的效率。本章将对 Linux 系统中常用的命令与工具进行讲解。

2.1 Linux 命令格式

Linux 系统中几乎所有操作，如文件、账户、软件包的管理、磁盘分区、性能监控、网络配置等都可通过命令实现，实现这些功能的命令大多遵循如下格式：

```
command [options] [arguments]
```

命令格式中的 command 表示命令的名称；options 表示选项，定义了命令的执行特性；arguments 表示命令作用的对象。具体示例如下：

```
rm -r dir
```

以上命令的功能为删除目录 dir，其中 rm 为命令的名称，用于删除文件；-r 为选项，表示删除目录中的文件和子目录；dir 为命令作用的对象，该对象是一个目录。Linux 系统中的命令都遵循以上格式，命令中的选项和参数可酌情缺省。

命令的选项有两种，分别为长选项和短选项。以上示例中的选项“-r”为短选项，对应的长选项为“--recursive”。长、短选项的区别在于：多个短选项可以组合使用，但长选项只能单独使用。例如，rm 命令还有一个常用选项“-f”，表示在进行删除时不再确认，该选项可与

“-r”组成组合选项“-rf”，表示直接删除目录中的文件和子目录，不再一一确认；若使用长选项实现以上功能，则需使用以下命令：

```
rm --recursive --force dir
```

与短选项相比，长选项显然比较麻烦，因此 Linux 命令中通常不建议使用长选项。

2.2 用户与用户组管理

Linux 是一个多用户、多任务的分时操作系统，在一台 Linux 主机上，可同时登录多名用户，为了对用户的状态进行跟踪，并对其可访问的资源进行控制，每名用户在使用 Linux 之前，必须先向系统管理员申请一个账号，并设置密码，之后才能登录并访问系统资源。

根据用户的权限，Linux 系统中的用户大体分为两类：超级用户 ROOT 和普通用户。其中超级用户拥有操作 Linux 系统的所有权限。为保证系统安全，一般不使用超级用户登录，而是创建普通用户，以普通用户身份进行一系列操作。为避免普通用户权限过大，或权限不足，通常需要由 ROOT 用户创建拥有不同权限的多个用户，此时便需用到用户切换命令。下面将对 Linux 系统中与用户管理和用户切换相关的知识进行讲解。

2.2.1 用户管理

用户管理命令用于实现添加用户、删除用户、修改用户属性、设置密码等功能，由于普通用户没有使用用户管理命令的权限，这里使用 ROOT 用户登录系统。

1. 添加用户

添加用户的命令为 useradd，使用该命令可在系统中创建一个新账号。useradd 命令的格式如下：

```
useradd [选项] 用户名
```

Linux 系统中的用户具有用户名、用户 ID、密码、用户组等属性，useradd 命令可通过一些选项，在创建用户的同时为新增的账号设置一些属性，若不设置除用户名外的其他属性，则这些属性将由系统设置为默认值。useradd 命令常用的选项如表 2-1 所示。

表 2-1 useradd 命令常用选项

选项	说　明
-d	指定用户登录时的目录
-c	指定账户的备注文字
-e	指定账号的有效期限
-f	缓冲天数，密码过期时在指定天数后关闭该账号
-g	指定用户所属组
-G	指定用户所属的附加用户组

续表

选项	说　明
-m	自动建立用户的登录目录
-r	创建系统账号
-s	指定用户的登录 shell
-u	指定用户的用户 ID。若添加-o 选项，则用户 ID 可与其他用户重复

下面以创建账号 bxg 为例来演示 useradd 命令的使用方法，具体操作如下：

```
#创建新用户 bxg,指定用户主目录为/usr/bxg并自动创建登录目录
[root@localhost ~]# useradd -d /usr/bxg -m bxg
#创建新用户 itcast,设置其用户 id 为 876
[root@localhost ~]# useradd itcast -u 876
```

Linux 系统中的用户名和用户 ID 都是唯一的，其中用户名由字母、数字、下画线组成，且不能以数字开头。与账户相关的信息大部分都会被存放在/etc 目录下的 passwd 文件中，每新增一个用户，系统就会在该文件中追加一条记录，因此可通过该文件来获取用户的属性信息。默认所有用户都有查看/etc/passwd 文件的权限，下面以 root 用户为例，分别使用 tail 命令和 grep 命令查看/etc/passwd 文件中的内容，具体操作如下：

```
#查看新建用户的属性信息
[root@localhost ~]# tail -1 /etc/passwd
#查看与 root 相关的属性信息
[root@localhost ~]# grep root /etc/passwd
```

以上命令中的 tail 命令用于查看指定文件中的最后 10 行内容，grep 命令可查看指定文件中包含指定关键词的行，其中 root 为指定的关键词，/etc/passwd 为指定的文件。这两个命令的具体用法将分别在 2.3.2 节和 2.3.3 节中讲解。

2. 设置用户密码

新建的账号是无法使用的，因为此时尚未给账号设置密码，账号处于锁定状态。Linux 系统中通过 passwd 命令为用户设置密码，其格式如下：

```
passwd [选项] 用户名
```

passwd 命令的常用选项如表 2-2 所示。

表 2-2　passwd 命令常用选项

选项	说　明
-l	锁定密码，锁定后密码失效，无法登录(新用户默认锁定)
-d	删除密码，仅系统管理员可使用
-S	列出密码相关信息，仅系统管理员可使用
-f	强行执行

下面以 bxg 用户为例，展示使用 passwd 命令更改用户密码的方式，具体操作如下：

```
#为新用户 bxg 设置密码
[root@localhost ~]# passwd bxg
更改用户 bxg 的密码 。
新的密码：
重新输入新的密码：
passwd:所有的身份验证令牌已经成功更新。
```

以上操作使用命令 passwd 为新用户 bxg 设置了密码。在设置密码时需输入两次，且这两次输入的密码必须完全一致。若密码设置成功，系统会给出相应的提示信息。需要说明的是，Linux 系统建议用户密码至少为 8 个字符，若密码不足 8 位，终端中将会打印如下所示的警告信息：

```
无效的密码：密码少于 8 个字符
```

当然此警告不会对用户账户的使用造成影响。用户可再次输入并确认密码，完成密码设置。

passwd 命令也可用于修改用户密码，其格式与设置密码相同。若要修改当前登录账户的密码，可以缺省用户名。虽然密码也是与账户相关的信息，但为了保障系统安全，密码信息以密文形式存储于/etc 目录下的 shadow 文件中。root 用户有查看 shadow 文件的权限，而普通用户默认没有查看 shadow 文件的权限。

3. 删除用户

若用户不再使用，可用 userdel 命令将该用户从系统中删除，除删除用户账号外，userdel 命令还可以删除与指定用户相关的文件和信息。userdel 命令的格式如下：

```
userdel [选项] 用户名
```

userdel 命令的常用选项如表 2-3 所示。

表 2-3 userdel 命令常用选项

选项	说　明
-f	强制删除用户，即便该用户为当前用户
-r	删除用户的同时，删除与用户相关的所有文件

下面以用户 bxg 为例，展示 userdel 命令的用法，具体示例如下：

```
#删除用户 bxg 及其相关文件
[root@localhost ~]# userdel -r bxg
#强制删除用户 bxg
[root@localhost ~]# userdel -f bxg
```

4. 修改用户信息

usermod 命令用于修改用户信息，即修改与用户相关的属性信息，包括用户 ID、主目录、用户组、账号有效期限等，其命令格式如下：

```
usermod 选项 参数
```

在使用 usermod 命令修改用户信息时，必须先确认该用户没有在电脑上执行任何程序。usermod 命令的常用选项如表 2-4 所示。

表 2-4　usermod 命令常用选项

选项	说　明
-c	修改用户账号的备注信息
-d	修改用户的登录目录
-e	修改账号的有效期限
-f	修改缓冲天数，即修改密码过期后关闭账号的时间
-g	修改用户所属组
-G	修改用户所属的附属组
-l	修改用户账号名称
-L	锁定用户密码，使密码失效
-s	修改用户登录后使用的 Shell
-u	修改用户 ID
-U	解除密码锁定

下面以用户 bxg 为例，展示 usermod 命令的用法，具体示例如下：

```
#修改用户 bxg 的用户 id 为 678
[root@localhost ~]# usermod -u 678 bxg
```

2.2.2　用户组管理

为了方便对用户的管理，Linux 系统设置了用户组的概念，一般将权限相同的用户放在同一个用户组中。若某个用户组中的每名用户都需要一项新的权限，管理员可直接将该权限赋予用户组，在一次操作中为该组的所有用户提升权限。下面对常用的用户组管理命令进行讲解。

1. 新增用户组

增加用户组的方式有两种：一种是由系统默认创建——在创建新用户时，若无特别指定，系统会为新用户创建与其同名的用户组；另一种是使用 groupadd 命令主动添加，该命令的格式如下：

```
groupadd [选项] 参数
```

groupadd 命令的常用的选项如表 2-5 所示。

表 2-5 groupadd 命令常用选项

选项	说　明
-g	指定新建用户组的组 ID
-r	创建系统用户组，组 ID 取值范围为 1～499
-o	允许创建组 ID 已存在的用户组

下面以创建用户组 group1 为例，展示 groupadd 命令的用法，具体示例如下：

```
#创建一个用户组 group1，指定其组 ID 为 550
[root@localhost ~]# groupadd -g 550 group1
```

Linux 系统将用户组信息存储在/etc/group 文件中，新用户组创建成功后，该文件中将追加一条与该用户组相关的记录。

2. 删除用户组

使用 groupdel 命令可以删除多余的用户组，该命令的格式如下：

```
groupdel 用户组名
```

下面以删除用户组 group1 为例，展示 groupdel 命令的用法，具体示例如下：

```
#删除用户组 group1
[root@localhost ~]# groupdel group1
```

3. 修改用户组属性

用户组的组 ID、组名等属性都可以被修改，修改用户组属性的命令为 groupmod，其命令格式如下：

```
groupmod[选项] 参数
```

groupmod 命令的常用选项如表 2-6 所示。

表 2-6 groupmod 命令常用选项

选项	说　明
-g	为用户组指定新的组 ID
-n	修改用户组的组名
-o	允许创建组 ID 已存在的用户组

下面以用户组 group1、itheima 为例，展示 groupmod 命令的用法，具体示例如下：

```
#新建组 ID 为 550 的用户组 group1
[root@localhost ~]# groupadd group1 -g 550
#在组 ID550 已存在的情况下，将用户组 itheima 的组 ID 改为 550
```

```
[root@localhost ~]# groupmod -o itheima -g 550
#修改用户组 group1 的组名为 itcast
[root@localhost~]# groupmod group1 -n itcast
```

4. 用户组切换

用户组分为基本组和附属组。基本组也称默认组，是创建用户时系统默认为用户创建的组，或使用-g 选项指定的用户组；附属组是用户所属的除基本组之外的组，可在创建或修改用户时使用-g 选项指定。将用户添加到附属组后，用户可拥有对应组的权限。用户的基本组唯一，但附属组可以不唯一。用户可从附属组中移除，但不能从基本组中移除。

如果一个用户同时属于多个组，当需要切换到其他组执行操作时，可使用 newgrp 命令切换用户组，该命令的格式如下：

```
newgrp 用户组
```

下面以 root 用户为例，展示切换用户组的用法，具体操作如下：

```
#切换用户 root 的工作组为 itcast
[root@localhost~]# newgrp itcast
```

5. 用户组管理

gpasswd 命令用于管理用户组，其格式如下：

```
gpasswd 选项 参数
```

gpasswd 命令的常用选项如表 2-7 所示。

表 2-7　gpasswd 命令常用选项

选项	说　明
-a	添加用户到用户组
-d	从用户组中删除用户
-r	删除密码
-R	限制用户登入组，只有组中的成员才可以用 newgrp 加入用户组

需要说明的是，使用 usermod 命令的-g 选项为用户设置附属组时，将会覆盖用户原有的附属组，若想为用户设置多个附属组，需使用 gpasswd 命令将用户逐个添加到不同的用户组中。

下面以用户 itheima 为例，展示 gpasswd 命令的用法：

```
#将用户 itheima 添加到用户组 itcast
[root@localhost~]# gpasswd -a itheima itcast
```

2.2.3 用户切换

Linux 系统提供了两种切换用户的方式：一种是通过 Linux 系统图形化界面菜单中的“切换用户”选项切换用户，另一种是在终端使用命令 su 或 sudo 切换用户。

通过图形界面菜单中的“切换用户”选项切换用户的方式如图 2-1 所示。

图 2-1 用户切换

此种方式适用于习惯使用图形界面的用户，Linux 运维人员一般通过用户切换命令实现用户切换。下面分别对用户切换命令 su 和 sudo 的使用方式进行讲解。

1. su

使用 su 命令切换用户是最简单的用户切换方式，该命令可在任意用户之间进行切换，其基本格式如下：

```
su[选项] [用户名]
```

若选项和用户名缺省，则表示切换到 root 用户，但此时仍保留原来用户的工作环境；若使用“su -”，则表示从当前用户切换到 root 用户，并切换到 root 用户的工作目录。

su 命令的常用选项如表 2-8 所示。

表 2-8 su 命令常用选项

选项	说　明
-c	执行完指定的指令后，切换回原来的用户
-l	切换用户的同时，切换到对应用户的工作目录，环境变量也会随之改变
-m,-p	切换用户时，不改变环境变量
-s	指定要执行的 shell

使用 su 命令时，由 root 用户切换到其他用户，可以不输入密码；由普通用户切换到目标用户时，需要输入目标用户的密码。

下面以用户 itheima 为例，展示 su 命令的用法，具体示例如下：

```
#从当前用户切换到 root 用户，但不改变工作环境
[itheima@localhost ~]$ su
Password:                       #输入 root 用户的密码
[root@localhost itheima]#
#从当前用户切换到 root 用户，并更改工作目录
[itheima@localhost ~]$ su -
Password:                       #输入 root 用户的密码
[root@localhost~]#
#从当前用户切换到 itcast
[itheima@localhost ~]$ su -m itcast
Password:                       #输入用户 itcast 的密码
[itcast@localhost itheima]#
```

2．sudo

虽然 su 命令使用起来相当方便，但由于需要知道目标用户的密码，所以 su 命令是不安全的。若想保障系统的安全，可以使用 sudo 命令切换用户。sudo 命令的格式如下：

```
sudo [选项] [参数]
```

sudo 可使当前用户以其他身份来执行命令，若不指定用户名，则默认以 root 身份执行。在使用 sudo 命令时，用户需要输入自己的密码，此次密码验证在之后的 5 分钟内有效，若超时需重新验证。

sudo 命令的常用选项如表 2-9 所示。

表 2-9　sudo 命令常用选项

选项	说　明
-b	在后台执行命令
-h	显示帮助
-H	将 HOME 环境变量设置为新身份的 HOME 环境变量
-k	结束密码的有效期限
-l	列出目前用户可执行与无法执行的命令
-p	改变询问密码的提示符号
-s	执行指定的 shell
-u	以指定的用户作为新的身份，即切换到指定用户。默认切换到 root 用户

在使用 sudo 命令之前，需要先在 etc 目录下的 sudoers 文件中对可执行 sudo 指令的用户进行设置。sudoers 文件中的内容遵循一定的语法规范，为防止因语法有误导致的错误，Linux 系统提供了 visudo 命令，使用该命令修改文件后，系统会在保存退出时对 sudoers 文件的语法进行检查。此外，visudo 命令亦可防止其他用户同时修改 sudoers 文件。下面将介绍使用 root 用户编辑 sudoers 文件，为其他用户提升权限的方法。

首先在 root 用户下使用 visudo 命令打开 sudoers 文件，如下所示：

```
[root@localhost ~]# visudo
```

观察 sudoers 文件，可以在其中找到如下的语句：

```
## Allow root to run any commands anywhere
root     ALL=(ALL)        ALL
```

第一条语句是注释行，第二条语句是对 root 用户的权限设置，它的作用是：使 root 用户能够在任何情境下执行任何命令。sudoers 文件中的所有权限设置语句都符合如下格式：

```
账户名    主机名称=(可切换的身份)    可用的命令
```

以上格式中包含 4 个参数，每个参数的含义如下。

- 账户名：该参数是要设置权限的账号名，只有账号名被写入 sudoers 文件时，该用户才能使用 sudo 命令。root 用户默认可以使用 sudo 命令。
- 主机名称：该参数决定此条语句中账户名对应的用户可以从哪些网络主机连接当前 Linux 主机，root 用户默认可以来自任何一台网络主机。
- 可切换的身份：该参数决定此条语句中的用户可以在哪些用户身份之间进行切换，执行哪些命令。root 用户默认可切换为任意用户。
- 可执行的命令：该参数指定此条语句中的用户可以执行哪些命令。注意，命令的路径应为绝对路径。root 用户默认可以使用任意命令。

以上语句中的参数 ALL 是一个特殊的关键字，分别代表任何主机、任何身份和任何命令。以用户 itheima 为例，若要使用户 itheima 能以 root 用户的身份执行/bin/more 命令，则应在 sudoers 文件中添加如下内容：

```
itheima    ALL=(root)/bin/more
```

保存退出后，切换到用户 itheima，使用命令“sudo -l”可查看该用户可以使用的命令。

通过在配置文件中逐条添加配置信息的方法提升用户权限在一定程度上保障了系统安全，但当需要操作的用户较多时，如此操作显然相对麻烦。Linux 系统支持为用户组内的整组用户统一设置权限。

在 sudoers 文件中有如下所示的语句：

```
# %wheel         ALL=(ALL)       ALL
```

以上语句中，“%”声明之后的字符串是一个用户组，该语句表示任何加入用户组 wheel 的用户，都能通过任意主机连接、以任何身份执行全部命令。因此若想提升某些用户的权限为 ALL，将它们添加到用户组 wheel 中即可。当然此条语句前的“#”仍然表示注释，若要使此条命令生效，需将“#”删除。以用户组 itheima 为例，若要使该组中的所有用户能以 root 的身份执行命令/bin/more，则应在 sudoers 文件中添加如下命令：

```
%itheima    ALL=(root)/bin/more
```

root 作为系统中唯一的超级用户，权限极大，可以执行的命令极多，其中不乏非常危险的命令，如“rm -rf”。若是一个普通用户的权限被提升的太多，很可能会危及整个系统，为了防止这种情况，sudo 命令中可以在配置 sudoers 文件时，对某些用户的权限进行控制。假如在 itheima 用户被提升至 root 权限时，要禁止该用户使用/bin/more 命令，可以使用以下语句：

```
itheima    ALL=(root) !/bin/more
```

以上语句通过“!”符号禁止用户执行某些命令。

2.3 文件管理

Linux 操作系统秉持“一切皆文件”的思想，将其中的文件、目录、设备等全部当作文件来管理，因此，文件管理命令是 Linux 常用命令的基础，也是至关重要的一部分。下面将对不同功能的文件命令分别进行讲解。

2.3.1 文件操作

Linux 系统中常见的文件分为普通文件和目录文件，文件操作命令一般是指查看路径、切换目录、创建、删除、修改文件名等。下面将对常用的文件操作命令进行讲解。

1. pwd

pwd 命令的原意为 print working directory，用于显示当前工作目录的绝对路径，pwd 命令通常不添加参数，直接在命令行中使用。具体示例如下：

```
[itheima@localhost ~]$ pwd        #打印当前工作目录
```

2. cd

cd 命令的原意为 change directory，即更改目录。若执行该命令的用户具有切换目录的权限，cd 命令将更改当前工作目录到对象目录。该命令的格式如下：

```
cd参数
```

cd 命令没有选项，其参数不可省略，具体示例如下：

```
[itheima@localhost ~]$ cd ./Public          #切换工作路径到当前目录下的 Public 目录中
[itheima@localhost Public]$ cd ..           #切换工作路径到上一级目录
[itheima@localhost ~]$ cd /etc/yum          #切换工作路径到 etc 目录下的 yum 目录中
[itheima@localhost yum]$ cd ~               #切换工作路径为当前用户的家目录
```

3. ls

ls 命令的原意为 list，即“列出”，用于列出参数的属性信息，其命令格式如下：

```
ls [选项] [参数]
```

ls 的参数通常为文件或目录，常用的选项列表如表 2-10 所示。

表 2-10　ls 命令常用选项

选项	说　　明
-l	以详细信息的形式展示出当前目录下的文件
-a	显示当前目录下的全部文件(包括隐藏文件)
-d	查看目录属性
-t	按创建时间顺序列出文件
-i	输出文件的 inode 编号
-R	列出当前目录下的所有文件信息，并以递归的方式显示各个子目录中的文件和子目录信息

ls 命令的用法示例如下：

```
[itheima@localhost ~]$ ls            #显示当前目录下的所有文件信息
[itheima@localhost ~]$ ls -a         #显示当前目录下的所有文件(包含隐藏文件)信息
```

4. touch

touch 命令的主要功能是将已存在文件的时间标签更新为系统的当前时间。若指定的文件不存在，该命令将会创建一个新文件，所以该命令有个附加功能，即创建新的空文件。touch 命令的格式如下：

```
touch 参数
```

touch 命令的用法示例如下：

```
[itheima@localhost ~]$ touch file       #创建新文件 file
[itheima@localhost ~]$ touch file       #更改文件 file 的时间戳
```

读者可在每次 touch 之后通过 ls 命令查看文件 file 的属性信息，对比 ls 命令的输出结果，会发现 file 文件的时间戳发生了改变。

5. mkdir

mkdir 命令的原意为 make directory，即创建目录。mkdir 命令的格式如下：

```
mkdir [选项] 参数
```

mkdir 命令的参数一般为目录或路径名，当参数为目录时，为保证新目录可成功创建，使用该命令前应确保新建目录不与其同路径下的目录重名；当参数为路径时，需保证路径中的目录都已存在，或通过选项创建路径中缺失的目录。mkdir 命令的常用选项如表 2-11 所示。

表 2-11　mkdir 命令常用选项

选项	说　明
-p	若路径中的目录不存在，则先创建目录
-v	查看文件创建过程

mkdir 命令的用法示例如下：

```
#在当前路径下的 itheima 目录中创建 bxg 目录,并查看创建过程
[itheima@localhost ~]$ mkdir -pv ./itheima/bxg
```

6. cp

cp 命令的原意为 copy，即复制，该命令的功能为将一个或多个源文件复制到指定的目录，其命令格式如下：

```
cp [选项] [源文件或目录] [目的目录]
```

默认情况下，该命令不能复制目录，若要复制目录，需同时使用-R 选项。cp 命令常用的选项如表 2-12 所示。

表 2-12　cp 命令常用选项

选项	说　明
-R	递归处理，将指定目录下的文件及子目录一并处理
-p	复制的同时不修改文件属性，包括所有者、所属组、权限和时间
-f	强行复制文件或目录，无论目标文件或目录是否已经存在

cp 命令的用法示例如下：

```
#将当前路径下的文件 a 复制到目录./dir 中
[itheima@localhost ~]$ cp a ./dir
#将当前目录下的 Public 目录复制到./itheima/bxg
[itheima@localhost ~]$ cp -R Public ./itheima/bxg
```

7. rm

rm 命令的原意为 remove，其功能为删除目录中的文件或目录，该命令可同时删除多个对象，其命令格式如下：

```
rm [选项] 文件或目录
```

若要使用 rm 命令删除目录，需在参数前添加-r 选项。除-r 外，rm 常用的选项如表 2-13 所示。

表 2-13 rm 命令常用选项

选项	说明
-f	强制删除文件或目录
-rf	选项-r 与-f 结合，删除目录中所有文件和子目录，并且不一一确认
-i	在删除文件或目录时对要删除的内容逐一进行确认(y/n)

rm 命令的用法示例如下：

```
[itheima@localhost ~]$ rm file            #删除文件 file
[itheima@localhost ~]$ rm -f file         #强制删除文件 file
```

8. mv

mv 命令的原意为 move，该命令用于移动文件或目录，若同时指定两个以上的文件或目录，且最后的目标是一个已经存在的目录，则该命令会将前面指定的多个文件或目录复制到最后一个目录中；若该命令操作的对象是相同路径下的两个文件，则其功能为修改文件名。mv 命令的格式如下：

```
mv[选项] 源文件/目录 目标目录
```

mv 命令的常用选项如表 2-14 所示。

表 2-14 mv 命令常用选项

选项	说明
-b	若目标目录中文件已存在，则覆盖前为其创建一个备份
-f	若目标文件或目录与现有的文件或目录重复，则直接覆盖现有的文件或目录
-i	若源文件与目标文件或目录中的文件重名，则在覆盖文件或目录前，对要覆盖的内容逐一进行确认(y/n)
-u	只有源文件比目标文件新，或目标文件不存在时，才执行移动操作

mv 命令的用法示例如下：

```
#将文件 a 移动到目录./itheima/bxg 中
[itheima@localhost ~]$ mv a ./itheima/bxg
```

9. rmdir

rmdir 命令的原意为 remove directory，该命令与 rm 命令类似，但该命令仅用于删除目录。rmdir 的命令格式如下：

```
rmdir [-p]目录
```

rmdir 命令可删除指定路径中的一个或多个空目录，若在命令中添加参数-p，则此条命令将会在删除指定目录后检测其上层目录，若该目录的上层目录已变成空目录，则将该目录的上层目录一并删除。

2.3.2　查看文件

文件操作与管理命令用于操作文件本身，而查看文件的命令用于获取文件中存储的内容。下面将对查看文件的命令进行讲解。

1. cat

cat 命令的原意为 concatenate and display files，即连接和显示文件，cat 的功能为将文件中的内容打印到输出设备，其命令格式如下：

```
cat 文件名
```

cat 命令的用法示例如下：

```
[itheima@localhost ~]$ cat /etc/passwd        #打印 etc 目录下 passwd 文件中的内容
```

2. more

more 命令用于分页显示文件内容，其命令格式如下：

```
more [文件名]
```

在使用 more 命令分页显示文件内容时，可以使用快捷键进行翻页等操作，其快捷键如表 2-15 所示。

表 2-15　more 快捷键说明

快捷键	说　明
f/Space	显示下一页
Enter	显示下一行
q/Q	退出

more 命令的用法示例如下：

```
#使用 more 命令分页显示 etc 目录下 passwd 文件中的内容
[itheima@localhost ~]$ more /etc/passwd
```

3. less

使用 more 命令只能向下翻页，若想实现向前翻页的功能，则应使用 less 命令查看文件内容。用 less 命令显示文件时，使用 PageUp 键可向上翻页，使用 PageDown 键可向下翻页，使用 Q 键可退出分页显示。

less 命令的用法示例如下：

```
#使用 less 命令分页显示 etc 目录下 passwd 文件中的内容
[itheima@localhost ~]$ less /etc/passwd
```

4. head

head 命令用于查看指定文件的前 n 行内容，其命令格式如下：

```
head -n filename
```

以上格式中的 n 为要查看的行数，filename 为待查看文件的文件名。

head 命令的用法示例如下：

```
#查看 etc 目录下 passwd 文件的前 3 行内容
[itheima@localhost ~]$ head -3 /etc/passwd
```

5. tail

tail 命令用于查看指定文件的后 n 行内容，其命令格式如下：

```
tail -n filename
```

以上格式中的 n 为要查看的行数，filename 为待查看文件的文件名。

tail 命令的用法示例如下：

```
#查看 etc 目录下 passwd 文件的后 3 行内容
[itheima@localhost ~]$ tail -3 /etc/passwd
```

6. wc

使用 wc 命令可计算文件的字节数、字数和列数，其命令格式如下：

```
wc [选项] 参数
```

wc 命令常用的选项如表 2-16 所示。

表 2-16 wc 命令常用选项

选项	说　明
-c	统计指定文件中文本的字节数
-l	统计指定文件中文本的行数
-w	统计指定文件中文本的字数

wc 命令的参数一般是文件名，若不指定文件名，或文件名为“-”，则 wc 命令会从标准输入设备读取数据。

wc 命令的用法示例如下：

```
[itheima@localhost ~]$ wc -l /etc/passwd        #统计 passwd 文件的行数
[itheima@localhost ~]$ wc -c /etc/passwd        #统计 passwd 文件的字节数
```

2.3.3 文件搜索

文件搜索命令可根据文件名或关键字，搜索文件所在路径，或搜索包含指定关键字的内容。

1．which

Linux 系统是一个基于命令行的系统,包含极其丰富的命令,这些命令以文件的形式存储在系统中。使用 which 命令可以获取指定命令的绝对路径,which 命令的格式如下：

```
which 命令
```

which 命令的用法示例如下：

```
#搜索 ls 命令所在路径
[itheima@localhost ~]$ which ls
```

2．find

find 命令可借助搜索关键字查找文件或目录,该命令的格式如下：

```
find[搜索路径] [选项] 搜索关键字
```

若不指定搜索路径,则 find 命令默认在当前路径下搜索。若当前路径下存在目录,则 find 命令会进入目录中逐级搜索。find 命令使用的搜索关键字可以是文件名、文件大小、文件所有者等,通过选项可以指定 find 的搜索方式,find 命令的常用选项如表 2-17 所示。

表 2-17　find 命令的常用选项

选项	说　明
-name	根据文件名查找
-size	根据文件大小查找
-user	根据文件所有者查找

find 命令的用法示例如下：

```
#按文件名 passwd 在 etc 目录下进行搜索
[itheima@localhost ~]# find /etc -name passwd
#按用户 itheima 在 usr 目录下进行搜索
[itheima@localhost ~]# find /usr -user itheima
```

3．locate

locate 命令同样可以借助搜索关键字查找文件或目录,该命令的格式如下：

```
locate [选项] 搜索关键字
```

locate 命令的搜索效率相当高,因为它搜索的是一个包含所有本地文件信息的数据库而非具体目录,这个数据库名为 locatedb,由 Linux 系统自动创建,存储在/var/lib 目录中,若不额外指定,locate 命令默认搜索这个数据库,用户也可通过-d 选项指定搜索路径。

locate 命令的用法示例如下：

```
#搜索 etc 目录下所有以 pas 开头的文件
[itheima@localhost ~]# locate /etc/pas
```

有时使用 locate 命令搜索的结果并不理想，这是因为，Linux 系统默认一天更新一次 locatedb 数据库，所以 locate 命令查不到最新变动的文件。为避免这种情况，可在使用 locate 命令之前先通过 updatedb 命令手动更新数据库。

4. grep

grep 的基础功能是在文件中搜索与指定字符串匹配的行并打印到终端，该命令的格式如下：

```
grep[选项] 指定字符 源文件
```

grep 命令常用的选项如表 2-18 所示。

表 2-18 find 命令常用选项

选项	说　明
-c	统计文本中与指定字符串匹配的行数
-E	使用扩展正则表达式进行匹配
-i	不区分大小写

grep 命令的用法示例如下：

```
#查找/etc/passwd 文件中包含 root 的行
[itheima@localhost ~]# grep root /etc/passwd
#统计/etc/passwd 文件中包含 root 的行数
[itheima@localhost ~]# grep -c root /etc/passwd
```

grep 实际上是 Linux 系统中默认支持的文本分析工具，该工具常与正则表达式配合使用，以实现更灵活、更复杂的功能。此处仅讲解其最基础的用法，关于正则表达式与 grep 的更多用法，将在第 3 章中详细讲解。

2.3.4 权限管理

文件管理命令中的权限指用户对文件的权限，在学习权限管理命令之前，需先了解 Linux 系统中用户与文件的关系以及文件权限的分类。根据用户与文件的关系，Linux 系统中的用户分为文件或目录的拥有者、同组用户、其他组用户和全部用户；又根据用户对文件的权限，将用户权限分为读取权限(read)、写入权限(write)和执行权限(execute)。表 2-19 列出了文件与目录拥有不同权限时的说明。

表 2-19　权限说明

权　限	对应字符	文　件	目　录
读权限	r	可查看文件内容	可以列出目录中的内容
写权限	w	可修改文件内容	可以在目录中创建、删除文件
执行权限	x	可执行该文件	可以进入目录

使用"ls -l"命令可列出文件的属性信息，用户可借此查看不同用户对文件的权限。假设当前目录下有一个普通文件 file，使用"ls -l file"打印该文件的属性信息，具体操作如下：

```
[itheima@localhost ~]# ls -l file
-rw-rw-r-- 1 itheima itheima 0 8月  29 14:55 file
```

Linux 系统中任何文件的属性信息都与以上信息的格式相同。属性信息由空格分隔，其中第一个字段"-rw-rw-r--"包含 10 个字符，第一个字符"-"表示文件类型，其余 9 个字符 3 位一组分为"rw-""rw-""r--"3 组，分别表示文件所有者权限、同组用户权限和其他用户权限；每组中的 3 个字符又依次对应用户的读、写和执行权限，若对应权限为"-"，则表示用户没有此项权限。

常用的权限管理命令有 chmod、chown、chgrp 等，默认情况下，普通用户不能使用权限管理命令，下面分别对这 3 个权限管理命令进行讲解。

1. chmod

chmod 命令的原意为 change the permissions mode of file，其功能为变更文件或目录的权限，该命令的格式如下：

```
chmod[选项] [{augo}{+-=}] [文件或目录]
```

以上格式中的 a 即 all，表示所有用户；u 即 user，表示用户名 user；g 即 group，表示组名 group；o 即 other，表示其他用户或其他用户组；"＋"表示添加权限；"－"表示取消权限；"＝"表示设定权限。chmod 命令的常用选项如表 2-20 所示。

表 2-20　chmod 命令的常用选项

选项	说　明
-f	不显示错误信息
-v	显示指令执行过程
-R	递归处理，处理指定目录及其中所有文件与子目录

以目录 dir 为例，使用 chmod 命令为其添加权限的方式如下：

```
#为目录 dir 添加权限，使目录所有者和同组用户都拥有执行权限
[root@localhost ~]# chmod u+x,g+x dir
```

除了上述方法外，还可使用数值形式表示权限。使用数值表示权限时，可以方便地

设置某个文件的所有者权限、所在组权限与其他人的权限。不同的权限对应不同的数值：读权限对应的数值为 4，写权限对应的数值为 2，执行权限对应的数值为 1。简单来说，若设置某个文件的权限为 777，则表示所有用户对该文件或目录都有读权限、写权限和可执行权限。

以目录 bxg 为例，使用 chmod 命令以数值表示法为其添加权限的方式如下：

```
#使用数值形式将目录 bxg 的权限设置为 rwxr-xr--
[root@localhost ~]# chmod 754 bxg
```

在管理权限时，若权限的变动较小，则可以使用字符方式进行设置；若权限的变动较大，多个对象的多项权限都要发生改变，则使用数值表示法进行设置更为方便。

2. chown

chown 命令的原意为 change the owner of file，其功能为更改文件或目录的所有者。默认情况下文件的所有者为创建该文件的用户，或在文件被创建时通过命令指定的用户，但在需要时，可使用 chown 对文件的所有者进行修改。该命令的格式如下：

```
chown[选项] [用户] [文件或目录]
```

chown 命令的常用选项如表 2-21 所示。

表 2-21 chown 命令的常用选项

选项	说 明
-f	不显示错误信息
-v	显示指令执行过程
-R	递归处理，处理指定目录及其中所有文件与子目录

chown 命令的用法示例如下：

```
#更改目录 bxg 的所有者为 itheima
[root@localhost ~]# chown itheima bxg
```

3. chgrp

chgrp 命令的原意为 change file group，用于更改文件或目录的所属组。一般情况下，文件或目录与创建该文件的用户属于同一组，或在被创建时通过选项指定所属组，但在需要时，可通过 chgrp 命令更改文件的所属组。chgrp 命令的格式如下：

```
chgrp 组名 文件或目录
```

chgrp 命令的用法示例如下：

```
#修改目录 bxg 的所属组为 itheima
[root@localhost ~]# chgrp itheima bxg
```

2.3.5　压缩解压

与 Windows 系统类似，为了节约磁盘空间，提高文件传输效率，Linux 系统也经常会压缩文件。Linux 系统中压缩包的后缀有. zip、. gz、. bz2、. xz 等，后缀不同表示压缩方式不同，使用的压缩命令也不同。压缩与解压成对使用，生成上述几种形式的压缩包所用的命令分别为 zip、gzip、bzip2、xz，解压缩时使用的命令分别为 unzip、gunzip、bzip2、xz。此外，Linux 系统中提供了专门用于打包文件的命令——tar，该命令通常与压缩命令一起使用。下面将分别对打包命令及各种压缩、解压命令进行讲解。

1. 打包

tar 命令本是用于备份文件的命令，该命令可以打包多个文件或目录，亦可将被打包的文件与目录从包中还原，该命令的语法格式如下：

```
tar 选项 包名 [参数]
```

以上格式中的包名用于指定打包的文件名，参数可以是文件名列表或目录名，选项用于规定打包的方式，tar 命令的常用选项如表 2-22 所示。

表 2-22　tar 命令的常用选项

选项	说　明
-c	创建新的备份文件
-x	从备份文件中还原文件
-v	显示命令执行过程
-f	指定备份文件
-z	通打包完成后使用 gzip 命令将包压缩
-j	打包完成后使用 bzip2 命令将包压缩
-p	保留包中文件原来的属性

tar 命令的用法示例如下：

```
#将目录 test 下的文件打包
[itheima@localhost ~]$ tar -cvf test.tar./test
#将目录 test 下的文件打包,并以 gzip 命令将包压缩
[itheima@localhost ~]$ tar -zcvf test.tar.gz./test
#将目录 test 下的文件打包,并以 bzip2 命令将包压缩
[itheima@localhost ~]$ tar -jcvf test.tar.bz2./test
#从包 test.tar.bz2 中还原文件
[itheima@localhost ~]$ tar -xvf test.tar.bz2
```

2. 压缩与解压

一对压缩/解压命令用于管理相应格式的文件，如 zip/unzip 命令用于压缩或解压. zip 格式的文件，gzip/gunzip 命令用于压缩或解压. gz 格式的文件，下面将对各对压缩/解压命

令进行讲解。

1）zip/unzip 命令

使用 zip 命令压缩文件时压缩包一般命名为“文件名.zip”，zip 命令的格式如下：

```
zip [选项] 压缩包名 参数
```

以上格式中的参数可以是文件或目录，常用的选项如表 2-23 所示。

表 2-23　zip 命令的常用选项

选项	说　明
-j	只保留文件名称及其内容，不存放任何目录名称
-m	文件压缩完成后，删除原始文件
-o	以压缩文件内拥有最新更改时间的文件为准，更新压缩文件的更改时间
-r	当参数为目录时，递归处理目录下的所有文件和子目录

zip 命令的用法示例如下：

```
#递归压缩目录 test
[itheima@localhost ~]$ zip -r test.zip test
  adding: test/ (stored 0%)
  adding: test/a.txt (stored 0%)
  adding: test/b.txt (stored 0%)
```

.zip 格式的压缩文件可以使用 unzip 命令解压缩，该命令的格式如下：

```
unzip [选项] 压缩包名
```

unzip 命令的常用选项如表 2-24 所示。

表 2-24　unzip 命令的常用选项

选项	说　明
-l	显示指定压缩包中所包含的文件
-M	将输出结果送到 more 程序处理
-n	解压时不要覆盖原有文件
-o	命令执行后直接覆盖原有文件
-d	指定解压后文件要存放的目录

默认情况下压缩包中的内容会被解压到当前目录，用户可通过-d 选项指定解压后文件存储的目录，若指定的目录不存在，unzip 命令会创建该目录。具体示例如下：

```
[itheima@localhost ~]$ unzip test.zip -d test1
Archive: test.zip
   creating: test1/test/
   extracting: test1/test/a.txt
   extracting: test1/test/b.txt
```

2）gzip/gunzip 命令

gzip 命令用于压缩文件，使用 gzip 压缩文件时压缩包一般命名为“文件名.gz”，压缩后默认不保留原始文件。gzip 的命令格式如下：

```
gzip [选项] 参数
```

以上格式中的参数可以是一个或多个文件，当参数是目录时，需要使用参数-r，表示递归处理目录中的文件与子目录中的文件；当参数是多个文件时，每个文件会被单独压缩。具体示例如下：

```
#递归压缩目录 test 中的文件与所有子目录中的文件
[itheima@localhost ~]$ gzip -r test/*
#压缩当前目录下的文件 a.txt
[itheima@localhost ~]$ gzip a.txt
```

命令执行成功后，原始文件会被压缩文件“文件名.gz”代替。

命令 gunzip 用于解压.gz 格式的压缩包，该命令的格式如下：

```
gunzip [选项] 参数
```

使用命令“gzip -d”同样可解压缩，具体示例如下：

```
#使用 gunzip 命令还原压缩文件 a.txt.gz
[itheima@localhost ~]$ gunzip a.txt.gz
#使用 gzip 命令还原压缩文件 a.txt.gz
[itheima@localhost ~]$ gzip -d a.txt.gz
```

3）bzip2/bunzip2 命令

bzip2 命令用于压缩文件，使用 bzip2 压缩文件时压缩包名一般命名为“文件名.bz2”，该命令的格式如下：

```
bzip2 [选项] 参数
```

命令 bunzip2 用于解压.bz2 格式的压缩包，使用“bzip2 -d”命令可实现同样的功能。以文件 a.txt 为例，使用 bzip2 进行压缩和解压，以及使用 bunzip2 进行解压的方式如下：

```
#使用 bzip2 命令压缩文件 a.txt
[itheima@localhost ~]$ bzip2 a.txt
#使用 bzip2 命令还原压缩文件 a.txt.bz2
[itheima@localhost ~]$ bzip2 -d a.txt.bz2
#使用 bunzip2 命令还原压缩文件 a.txt.bz2
[itheima@localhost ~]$ bunzip2 a.txt.bz2
```

使用 bzip2 命令压缩文件时同样会删除原始文件，用户可通过添加选项“-k”保留原始文件。

4）xz/unxz 命令

xz 与 unxz 用于管理.xz 格式的压缩包，与 bzip2 命令相似，xz 用于压缩文件，且在压缩文件后默认删除原始文件，用户可通过添加选项"-k"保留原始文件；xz命令亦可通过选项-d实现解压缩功能。以文件a.txt为例，使用命令xz进行压缩和解压，以及使用命令unxz进行解压的方式如下：

```
#使用 xz 命令压缩文件 a.txt
[itheima@localhost ~]$ xz a.txt
#使用 xz 命令还原压缩文件 a.txt.xz
[itheima@localhost ~]$ xz -d a.txt.xz
#使用 unxz 命令还原压缩文件 a.txt.xz
[itheima@localhost ~]$ unxz a.txt.xz
```

2.4 存储管理

Linux系统中磁盘的名称由系统根据设备类型自动识别，常用的存储设备类型有IDE、SATA、USB、SCSI等，其中IDE设备在Linux系统中被识别为hd，STAT、USB、SCSI设备在Linux系统中被识别为sd。若系统中使用了多个同类型的设备，这些设备按照添加的顺序，使用小写字母依次编号。如系统中有两个sd设备，则第一个设备名为sda，第二个设备名为sdb，以此类推。

2.4.1 磁盘分区

一块新的磁盘无法直接使用，无论是Windows系统还是Linux系统，若要使用新添加的磁盘，都需先对磁盘进行分区。磁盘分区有利于数据的分类存储，管理员可根据磁盘中将要存放的文件类型、数量和文件大小等因素，合理规划磁盘空间，以提高磁盘使用率与读取速率。常见的磁盘分区有两种，分别为MBR分区和GPT分区，下面将对这两种分区方式分别进行讲解。

1. MBR分区

早期磁盘采用MBR方式进行分区。MBR全称Master Boot Record，即主引导记录。磁盘中的空间以扇区为单位，采用MBR方式分区的磁盘第一个扇区中包含一个64B的磁盘分区表，每个分区信息占用16B，因此分区表最多可存储4项分区信息，也就是说，磁盘只能划分出4个主分区。即便4个分区容量总和小于磁盘总容量，也无法再为剩余空间分区，如图2-2所示。

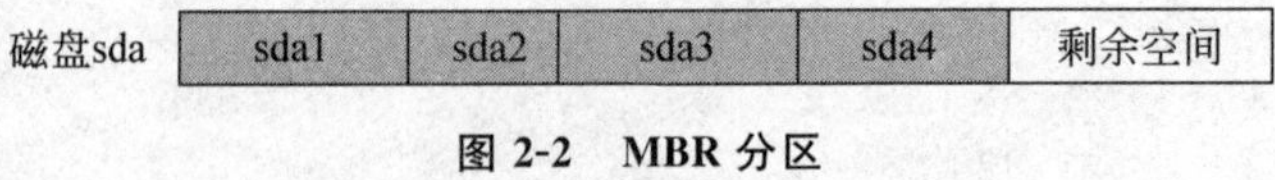

图2-2 MBR分区

但事实上，Windows中可以有不止4个分区，这是因为，MBR允许在基础分区中设置一个扩展分区，而扩展分区又可以划分为多个逻辑分区。一个包含逻辑分区的磁盘结构示例如图2-3所示。

在MBR分区中，编号1～4被预留给基础分区，所以逻辑分区的编号一定从5开始(即便基础分区数量不足4个)。扩展分区也有自己的磁盘分区表，扩展分区的磁盘分区表存储

图 2-3　逻辑分区

于扩展分区的第一个扇区中。

使用 MBR 方式创建的分区，可通过 fdisk 命令进行管理。

fdisk 命令可以查看当前系统中磁盘的分区情况，该命令的格式如下：

```
fdisk[选项] [磁盘]
```

fdisk 命令的常用选项如表 2-25 所示。

表 2-25　fdisk 命令的常用选项

选项	说　明
-l	详细显示磁盘及其分区信息
-s	显示磁盘分区容量(单位为 block)
-b	设置扇区大小(扇区大小取值为 512、1024、2048 或 4096，单位为 MB)

fdisk 命令的用法示例如下：

```
#打印磁盘/dev/sda的详细信息
[root@localhost ~]# fdisk -l /dev/sda
#显示磁盘分区容量
[root@localhost ~]# fdisk -s /dev/sda
#设置磁盘/dev/sda的扇区大小
[root@localhost ~]# fdisk -b 512 /dev/sda
```

以上操作只能实现磁盘与分区的简单管理，若要使用 fdisk 命令创建磁盘分区，需要在终端输入“fdisk 磁盘”命令进入 fdisk 的交互界面。在终端输入“fdisk 磁盘”，将会进入如下所示的界面：

```
欢迎使用 fdisk (util-linux 2.23.2)。

更改将停留在内存中，直到您决定将更改写入磁盘。
使用写入命令前请三思。


命令(输入 m 获取帮助)：
```

在以上界面输入 m 可获取帮助信息，帮助信息中包含此界面可执行的命令操作，具体如下所示：

```
a   toggle a bootable flag                        #切换分区启动标识
b   edit bsd disklabel                            #编辑 bsd 磁盘标签
c   toggle the dos compatibility flag             #切换 dos 兼容性标识
```

```
d   delete a partition                                   #删除分区
g   create a new empty GPT partition table               #创建一个新的空 GPT 分区表
G   create an IRIX (SGI) partition table                 #创建一个 IRIX(SGI)分区表
l   list known partition types                           #列出已知的分区类型
m   print this menu                                      #打印此菜单
n   add a new partition                                  #添加一个新的分区
o   create a new empty DOS partition table               #创建一个新的空 DOS 分区表
p   print the partition table                            #打印分区表
q   quit without saving changes                          #退出但不保存修改
s   create a new empty Sun disklabel                     #创建一个新的 Sun 磁盘标签
t   change a partition's system id                       #更改分区的系统 ID
u   change display/entry units                           #更改显示/输入单位
v   verify the partition table                           #验证分区表
w   write table to disk and exit                         #将表写入磁盘并退出
x   extra functionality (experts only)                   #扩展功能(仅限专家)
```

下面以/dev/sda 磁盘为例展示 fdisk 命令的使用方法。

1）查看磁盘使用情况

首先使用 fdisk 命令查看/dev/sda 目前的分区情况，命令与查看结果如下：

```
[root@localhost ~]# fdisk -l /dev/sda

磁盘 /dev/sda: 21.5 GB, 21474836480 字节,41943040 个扇区
Units=扇区 of 1 * 512=512 bytes
扇区大小(逻辑/物理): 512 字节 / 512 字节
I/O 大小(最小/最佳): 512 字节 / 512 字节
磁盘标签类型: dos
磁盘标识符: 0x000b64a3

设备 Boot      Start      End         Blocks      Id    System
/dev/sda1 *    2048       587775      292864      83    Linux
/dev/sda2      587776     28915711    14163968    8e    Linux LVM
```

由以上信息可知，/dev/sda 共有 41 943 040 个扇区，目前已有两个主分区，两个主分区共占用 28 915 711 个扇区。

2）创建新分区

参考如图 2-3 所示的分区结构继续为/dev/sda 分区。对比图 2-3 与当前/dev/sda 的分区情况可知，我们还需要创建一个扩展分区，并将此扩展分区划分成两个逻辑分区。

继续使用 fdisk 命令，扩展分区的创建方式如下：

```
命令(输入 m 获取帮助): n                                  #创建分区
Partition type:                                          #分区类型选择
   p   primary (2 primary, 0 extended, 2 free)           #p 创建主分区
   e   extended
Select (default p): e
分区号 (3,4,默认 3): 3
起始 扇区 (2048-41943039,默认为 2058):                     #直接回车则使用默认值
```

```
将使用默认值 28915712
Last 扇区,+扇区 or+size{K,M,G} (28915712-41943039,默认为 41943039): +2G
                                                    #设置扩展分区的大小为 2G
分区 3 已设置为 Linux 类型,大小设为 2 GiB
```

下面为/dev/sda 创建两个逻辑分区,具体操作如下所示:

```
命令(输入 m 获取帮助): n
Partition type:
   p   primary (2 primary, 1 extended, 1 free)                 #创建主分区
   l   logical (numbered from 5)                               #创建逻辑分区
Select (default p): l
添加逻辑分区 5
起始 扇区 (28917760-39401471,默认为 28917760):
将使用默认值 28917760
Last 扇区,+扇区 or+size{K,M,G} (28917760-39401471,默认为 39401471): +2G
                                                            #设置逻辑分区容量为 2G
分区 5 已设置为 Linux 类型,大小设为 2 GiB

命令(输入 m 获取帮助): n
Partition type:
   p   primary (2 primary, 1 extended, 1 free)
   l   logical (numbered from 5)
Select (default p): l
添加逻辑分区 6
起始 扇区 (33114112-39401471,默认为 33114112):
将使用默认值 33114112
Last 扇区,+扇区 or+size{K,M,G} (33114112-39401471,默认为 39401471): +2G
                                                            #设置逻辑分区容量为 2G
分区 6 已设置为 Linux 类型,大小设为 2 GiB
```

3) 查看分区表

此时分区已完成,可通过按键 p 查看当前的分区情况,打印的结果如下所示:

```
命令(输入 m 获取帮助): p

磁盘 /dev/sda: 21.5 GB, 21474836480 字节,41943040 个扇区
Units=扇区 of 1 * 512=512 bytes
扇区大小(逻辑/物理): 512 字节 / 512 字节
I/O 大小(最小/最佳): 512 字节 / 512 字节
磁盘标签类型: dos
磁盘标识符: 0x000b64a3

设备 Boot       Start        End          Blocks       Id       System
/dev/sda1   *   2048         587775       292864       83       Linux
/dev/sda2       587776       28915711     14163968     8e       Linux LVM
/dev/sda3       28915712     39401471     5242880      5        Extended
/dev/sda5       28917760     33112063     2097152      83       Linux
/dev/sda6       33114112     37308415     2097152      83       Linux
```

4）退出

分区完成后，可使用按键 w 保存分区并退出，或使用按键 q 直接退出交互界面，不保存本次设置。以上操作仅用于展示 fdisk 命令的使用方式，此处选择 q 直接退出。

5）启用分区

在 fdisk 的交互界面修改并保存分区信息后，分区信息尚未启用。启用分区信息的方式有两种：一种是通过重启系统启用分区，另外一种是通过 partprobe 命令启用分区。使用该命令启用分区的方法如下所示：

```
partprobe /dev/sda
```

注意：MBR 是最常用的分区方式，但它无法支持超过 2TB 的磁盘，使用此种方式为超过 2TB 容量的硬盘分区时，只能使用 2TB 的空间。

2. GPT 分区

GPT(GUID Partition Table，全局唯一标识分区表)是一种较新的分区方式，这种分区方式克服了 MBR 的很多缺点，它支持超过 2TB 的磁盘，向后兼容 MBR。在 Windows 7、Windows 8 系统下若想使用 GPT 方式为数据盘分区，可直接进行转换，但若想使用 GPT 方式为系统盘分区，则必须采用支持 UEFI 的主板。此外，GPT 只支持 64 位操作系统。

在 Linux 系统中可用 parted 创建 GPT 格式的分区。parted 是 GNU 组织开发的一款强大的磁盘管理工具，与 fdisk 不同，它既能为磁盘分区，也能调整分区大小。parted 也有命令行和交互这两种模式，命令行模式下其格式如下所示：

```
parted [选项] 设备 [命令]
```

下面对 parted 在命令行模式下常用的功能与相关命令进行讲解。

1）修改分区表类型

使用 parted 工具的 mklabel 命令可以修改磁盘分区表格式，语法格式如下：

```
parted 磁盘 mklabel gpt
```

由于执行此操作后，磁盘的数据将会丢失，系统会给出警告，用户在输入确认信息后才会完成更改。

2）查看分区表信息

使用 parted 工具的 print 命令可以查看磁盘的分区表信息，语法格式如下：

```
parted 磁盘 print
```

3）创建分区

使用 parted 工具的 mkpart 命令可以创建分区，语法格式如下：

```
parted 磁盘 mkpart 分区类型 文件系统 起始 结束
```

以上格式中的分区类型可以是 primary、logical 或者 extended；文件类型可以是 fat16、fat32、ext2、linux-swap、reiserfs 等。命令中的“起始”和“结束”两个参数用于设置分区的大小,默认单位为 MB。

下面以设备/dev/sdc 为例,展示使用 parted 工具的 mkpart 命令创建分区的方式,具体示例如下:

```
#在/dev/sdc上创建起始位置为1MB,容量为2GB,文件类型为ext2的主分区
[root@localhost ~]# parted /dev/sdc mkpart ext2 1 2G
```

4) 删除分区

使用 parted 的 rm 命令可以删除分区,语法格式如下:

```
parted磁盘 rm 分区编号
```

下面以设备/dev/sdc 为例,展示使用 parted 工具的 rm 命令删除分区的方式,具体示例如下:

```
#删除磁盘/dev/sdc的第2个分区
[root@localhost ~]# parted /dev/sdc rm 2
```

5) 分区复制

使用 parted 工具的 cp 命令可将一个设备上的指定分区复制到当前设备的指定分区,语法格式如下:

```
parted磁盘 cp 源设备 源分区 目标分区
```

下面以设备/dev/sdc 为例,展示使用 parted 工具的 cp 命令复制分区的方式,具体示例如下:

```
#将设备/dev/sdc上的分区 sdb3 复制到/dev/sdc设备的分区 sdc1
[root@localhost ~]# parted /dev/sdc cp /dev/sdb sdb3 sdc1
```

除以上操作外,parted 命令还可实现分区检测、分区命名、调整分区大小等操作,读者可参考 Linux 系统的 man 文档自行学习。

2.4.2 格式化

磁盘给待存储的数据以硬件支持,但磁盘本身并不规定文件的存储方式,因此在使用磁盘之前,还需规定文件在磁盘中的组织方式,即格式化磁盘,为磁盘创建文件系统。

Linux 系统中使用 mkfs 命令实现格式化分区的功能,该命令的格式如下:

```
mkfs[选项] [参数] 分区
```

mkfs 命令常用的选项为-t,该选项用于设置文件系统,若不指定文件系统,则分区默认被格式化为 ext4。

mkfs 命令的用法示例如下:

```
#将扩展分区/dev/sda5格式化,设置其文件系统为ext2
#mkfs -t ext2 /dev/sda5
```

也可使用“mkfs. 文件系统”的方式格式化分区，示例如下：

```
#将扩展分区/dev/sda5格式化,设置其文件系统为 ext2
#mkfs.ext2 /dev/sda5
```

Linux 系统在进行分区时，往往会设置一个交换分区。当系统运行程序过多而导致系统效率下降时，会把内存中的一些长时间不用的程序交换出来，以提高运行效率，这些被换出的程序就存储在交换分区中，如果对交换分区进行格式化，则需要单独使用 mkswap 命令格式化。以交换分区/dev/sda6 为例，格式化方式如下：

```
#mkswap /dev/sda6
```

2.4.3 挂载

在 Windows 系统中，磁盘分区后便可直接使用，但 Linux 系统的磁盘不但需要进行分区、格式化操作，还需要经过挂载，才能被使用。

所谓挂载，是指将一个目录作为入口，把磁盘分区中的数据放置在以该目录为根节点的目录关系树中，这相当于将文件系统与磁盘进行了链接，指定了某个分区中文件系统访问的位置。Linux 系统中根目录是整个磁盘访问的基点，因此根目录必须要挂载到某个分区。Linux 系统中通过 mount 命令和 unmount 命令实现分区的挂载和卸载。

1. 挂载

Linux 系统中可以使用 mount 命令将某个分区挂载到目录，mount 命令常用的格式如下：

```
mount [选项] [参数] 设备 挂载点
```

mount 命令常用的选项有两个，分别为-t 和-o。下面分别介绍这两个选项的功能。

选项-t 用于指定待挂载设备的文件系统类型，常见的类型如下。

- ISO9660：光盘/光盘镜像。
- MS-DOS：DOS fat16 文件系统。
- VFAT：Windows 9x fat32 文件系统。
- NTFS：Windows NT ntfs 文件系统。
- SMBFS：Mount Windows 文件网络共享。
- NFS：UNIX(Linux)文件网络共享。

Linux 能支持待挂载设备中的文件系统类型时，该设备才能被成功挂载到 Linux 系统中并被识别。

选项-o 主要用来描述设备的挂载方式，常用的挂载方式如表 2-26 所示。

表 2-26　常用的挂载方式

方　式	说　明
loop	将一个文件视为硬盘分区挂载到系统
ro	read-only，采用只读的方式挂载设备(即系统只能对设备进行读操作)
rw	采用读写的方式挂载设备
iocharset	指定访问文件系统所用的字符集
remount	重新挂载

mount 的参数通常为设备文件名与挂载点。设备文件名即为要挂载的文件系统对应的设备名；挂载点指挂载点目录，设备必须被挂载到一个已经存在的目录上，其中的内容能通过目录访问，挂载的目录可以不为空，但将某个设备挂载到该目录后，目录中之前存放的内容不可再用。

下面以硬盘与镜像文件的挂载为例，来讲解 mount 命令的使用方法。

1) 挂载移动硬盘

移动硬盘是一个硬件设备，在挂载之前，需要先将该设备连接到主机。为了确定新连接的设备在系统中的文件名，应先使用"fdisk -l"命令了解当前系统中的磁盘以及分区情况，之后连接移动硬盘，再次执行"fdisk -l"命令，通过对比，获得新连接设备的名称与分布情况。此时才可以使用 mount 命令挂载硬盘或其某个分区到指定目录下。需要注意的是，指定的目录必须已经存在。

假设新添设备的设备名为/dev/sdb，其中的逻辑分区为/dev/sdb5，要将该逻辑分区挂载到/mnt/dir1，则需使用如下命令：

```
mount /dev/sdb5 /mnt/dir1
```

以上命令省略了待挂载设备的文件类型，系统将会自动识别该设备的文件类型。U 盘挂载的方式与移动硬盘大同小异，读者可参考移动硬盘的挂载方式自行实践。

2) 挂载镜像文件

镜像文件类似文件压缩包，但它无法直接使用，需先利用虚拟光驱工具将其解压。镜像文件可以视为光盘的"提取物"，它也可以挂载到 Linux 系统中使用。

假如在/usr 目录下有一个名为 test.iso 的镜像文件，要求以读写的方式从源目录/usr/test.iso 挂载到目标目录/home/itheima，则需使用如下命令：

```
mount -o rw -t iso9660 /usr/test.iso /home/itheima
```

2. 卸载

当需要挂载的分区只是一个移动存储设备(如移动硬盘)时，要进行的工作是在该设备与主机之间进行文件传输，那么在文件传输完毕之后，需要卸载该分区。Linux 系统中卸载分区的命令是 umount，该命令的格式如下：

```
umount [选项] 参数
```

umount 命令的参数通常为设备名与挂载点，即它可以通过设备名或挂载点来卸载分区。若以挂载点为参数，假设挂载点目录为/mnt，则使用的命令如下：

```
umount /mnt
```

通常以挂载点为参数卸载分区，因为以设备为参数时，可能会因设备正忙或无法响应，导致卸载失败。也可以为命令添加选项-l，该选项代表 lazy mount。使用该选项时，系统会立刻从文件层次结构中卸载指定的设备，但在空闲时才清除文件系统的所有引用。

2.4.4 LVM 逻辑卷管理

任何管理员在按照传统方式管理磁盘、为磁盘分区时，都难以精确地评估和分配磁盘各个分区的容量，随着时间的推移，需要存储的文件也会越来越多，磁盘空间总会有不足的一天。此时可先将文件存储到其他分区中，再通过符号链接获取文件位置，或通过分区调整工具调整分区的大小。这两种方式的操作步骤看似简单，但可操作性极为有限。

为了解决上述问题，人们提出了逻辑卷管理机制（Logical Volume Manager，LVM）。LVM 是 Linux 系统管理磁盘分区的一种机制，它建立在磁盘和分区之上，可以帮助管理员动态地管理磁盘，提高磁盘分区管理的灵活性。

LVM 机制弱化了磁盘分区的概念，它首先将多个物理卷（由磁盘分区转换而来）连接为一个整块的卷组（volume group），形成一个存储池，此时管理员可主动设置卷组的存储单位（物理长度，Physical Extent，简称 PE），LVM 默认 PE 大小为 4MB。之后管理员可在卷组上随意创建逻辑卷组（logical volume），并进一步在逻辑卷组上创建文件系统。LVM 模型如图 2-4 所示。

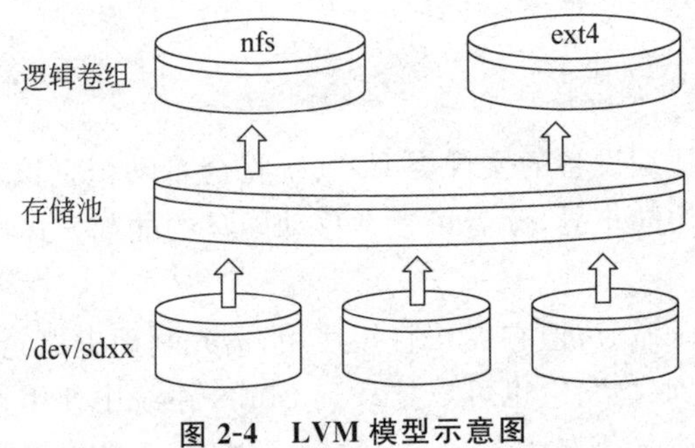

图 2-4 LVM 模型示意图

LVM 允许管理员调整存储卷组的大小，并按逻辑卷组进行命名、管理和分配。当系统中添加新的磁盘后，管理员不必将原有的文件移动到新的磁盘，只需直接扩展文件系统容量，即可使用新的磁盘。

下面对实现 LVM 机制常用的命令进行讲解。

1. pvcreate

pvcreate 命令用于将磁盘分区初始化为物理卷，该命令的语法格式如下：

```
pvcreate [选项] 参数
```

pvcreate 命令的参数通常为磁盘分区名，该命令的常用选项如表 2-27 所示。

表 2-27　pvcreate 命令的常用选项

选项	说　明
-f	强制创建物理卷，不需要用户确认
-u	指定设备的 UUID(Universally Unique Identifier，通用唯一识别码)
-y	所有的问题都用 yes 回答
-z	是否使用前 4 个扇区(y/n)

pvcreate 命令的用法示例如下：

```
#将/dev/sdc2 初始化为物理卷
[root@localhost ~]# pvcreate /dev/sdc2
```

2. vgcreate

vgcreate 命令用于将物理卷整合为卷组，该命令的语法格式如下：

```
vgcreate [选项] 卷组名称 物理卷路径 1 物理卷路径 2 …
```

vgcreate 命令的常用选项如表 2-28 所示。

表 2-28　vgcreate 命令的常用选项

选项	说　明
-l	设置卷组上允许创建的最大逻辑卷数
-p	设置卷组上允许添加的最大物理卷数
-s	设置卷组上的最小存储单元(PE)

vgcreate 命令的用法示例如下：

```
#将物理卷/dev/sdc2、/dev/sdc4 整合为卷组，并命名为 itcast
[root@localhost ~]# vgcreate itcast /dev/sdc2 /dev/sdc4
#将物理卷/dev/sdc2、/dev/sdc4 整合为卷组，设置最小存储单元为 8MB，并命名为 itcast
[root@localhost ~]# vgcreate -s 8M itcast /dev/sdc2 /dev/sdc4
#将物理卷/dev/sdc2、/dev/sdc3、/dev/sdc4 整合为卷组，并命名为 itcast
[root@localhost ~]# vgcreate itcast /dev/sdc{2,3,4}
```

3. lvcreate

lvcreate 命令的功能是在已经存在的卷组中创建逻辑卷，该命令的语法格式如下：

```
lvcreate [选项] 卷组名/路径 物理卷路径
```

lvcreate 命令的常用选项如表 2-29 所示。

表 2-29 lvcreate 命令常用选项

选项	说 明
-l	以 PE 为单位指定逻辑卷容量
-L	指定逻辑卷的容量，单位为 B/S/K/M/G/T/P/E
-n	指定逻辑卷的名称

lvcreate 命令的用法示例如下：

```
#在卷组 itcast 上创建容量为 2GB 的逻辑卷 my_lv1
[root@localhost ~]# lvcreate -L 2G -n my_lv1 itcast
```

使用以上命令后，若逻辑卷创建成功，则可通过设备文件/dev/itcast/my_lv1 进行访问。基于 LVM 机制创建的逻辑卷同样需要先挂载到系统目录中才能被使用。

4. vgdisplay

vgdisplay 命令用于显示 LVM 卷组的信息，该命令的格式如下：

```
vgdisplay [选项] 卷组
```

vgdisplay 命令的常用选项如表 2-30 所示。

表 2-30 vgdisplay 命令的常用选项

选项	说 明
-s	使用短格式输出信息
-A	仅显示活动卷组的属性

vgdisplay 命令的用法示例如下：

```
#查看卷组 itcast 的属性
[root@localhost ~]# vgdisplay itcast
```

5. lvextend

当逻辑卷的可用存储空间不足时，需要为其拓展存储空间。使用 LVM 机制管理磁盘时可通过 lvextend 命令动态地调整分区的大小，该命令的格式如下：

```
lvextend [选项] 逻辑卷
```

lvextend 命令的常用选项如表 2-31 所示。

表 2-31 lvextend 命令的常用选项

选项	说 明
-l	以 PE 为单位指定逻辑卷容量
-L	指定逻辑卷的容量，单位为 B/S/K/M/G/T/P/E

lvextend 命令的用法示例如下：

```
#为逻辑卷 my_lv1 增加 1GB 的空间
[root@localhost ~]# lvextend -l+1G /dev/itcast/my_lv1
#将逻辑卷 my_lv1 扩展至 5GB
[root@localhost ~]# lvextend -L 5G /dev/itcast/my_lv1
```

6. lvremove

lvremove 命令用于删除指定的 LVM 逻辑卷，若逻辑卷已经被挂载到系统中，则应先使用 umount 命令将其卸载，再进行删除。lvremove 命令的语法格式如下：

```
lvremove [选项] 逻辑卷
```

lvremove 命令的常用选项为-f，其功能为强制删除指定逻辑卷。

lvremove 命令的用法示例如下：

```
#删除逻辑卷 my_lv1
[root@localhost ~]# lvremove /dev/itcast/mylv1
```

若不添加-f 选项，使用以上命令后系统会给出询问信息，并在得到确认回复后才会删除指定逻辑卷。

若卷组不再使用，则可通过 vgremove 命令删除指定卷组；若物理卷不再使用，则可使用 pvremove 命令删除指定物理卷。需要注意的是，创建 LVM 分区时会依次创建物理卷、卷组和逻辑分区，删除时应逆向删除，即先删除逻辑分区、卷组，最后再删除物理卷。

2.4.5 RAID 磁盘阵列

RAID(Redundant Arrays of Independent Disks，磁盘阵列)的核心思想是将多个独立的物理磁盘按照某些方式组合成一个逻辑磁盘，这种技术早期的研究目的是使用多个廉价小磁盘替代大容量磁盘，以节约成本。随着磁盘的发展，RAID 技术更侧重于提高磁盘容错功能与传输速率，以提升磁盘性能。

RAID 分为软件 RAID 和硬件 RAID，软件 RAID 和硬件 RAID 可以实现相同的功能。主流操作系统都已集成了软件 RAID 功能，但由于软件 RAID 没有独立的硬件控制设备，性能略为低下，且 RAID 卡价格低廉，目前市面上的多数主板已集成了 RAID 卡。硬件 RAID 本身有独立的控制部件和内存，不占用系统资源，且效率高、性能强，因此硬件 RAID 存储系统常被用于生产环境中。

根据磁盘中数据的存取方式，RAID 分为多个级别，其中较为常用的级别有 RAID0、RAID1、RAID10、RAID5 等。

1. RAID0

RAID0 最少需要两块磁盘，这种方式的工作原理是在多个磁盘中分散存放连续的数据，多个磁盘并行执行数据存取，因此磁盘的性能会得到显著提升。RAID0 存储机制如图 2-5 所示。

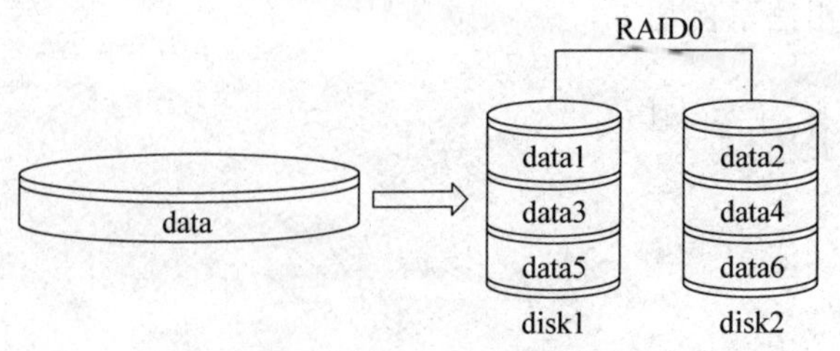

图 2-5 RAID0 存储

RAID0 的存取效率较高，但不具备容错能力，若一块磁盘损坏，可能会影响整块数据的存储，因此适用于对成本和效率要求较高，但对可靠性要求较低的场景。

2. RAID1

RAID1 同样至少需要两块硬盘，这种方式的工作原理是将数据同时复制到每块硬盘中，因此 RAID1 也被称为不含校验的镜像存储。使用 RAID1 方式存储时，只要有一块磁盘可用，便能保证正常工作。RAID1 存储机制如图 2-6 所示。

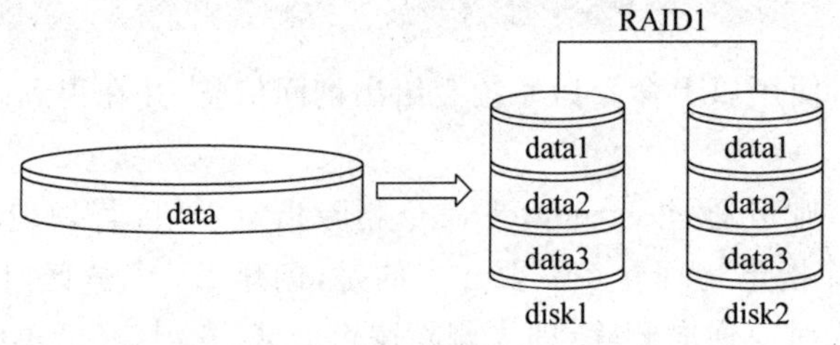

图 2-6 RAID1 存储

与 RAID0 相比，RAID1 可在一定程度上保证数据的安全性与完整性，但其磁盘利用率与写入的效率都比较低。

3. RAID10

RAID10 不是一种独立的分类，它由 RAID0 和 RAID1 结合而成，兼具 RAID0 与 RAID1 高效与安全的特点。RAID10 又称镜像与条带存储，这种方式至少需要 4 块硬盘，它又分为两种结构，即 RAID1＋0 与 RAID0＋1。RAID1＋0 优先将数据按照 RAID1 方式备份，再将两部分数据组合为 RAID0；RAID0＋1 先使用一半磁盘按 RAID0 方式存储数据，再使用另外一半磁盘备份数据。这两种结构分别如图 2-7(a)和图 2-7(b)所示。

RAID10 继承了 RAID0 和 RAID1 的优点，是一种高可靠性、高效率的阵列技术，但成本高，也无法避免 RAID1 磁盘利用率较低的缺点。

4. RAID5

RAID5 可以视为 RAID10 的低成本方案，这种方式将数据以块为单位同步分别存储到不同的磁盘中，并采用循环偶校验独立存储的方式，将各块数据的校验信息分别存储到 RAID5 的各个磁盘中，若其中一个磁盘的数据发生损坏，利用剩下的磁盘和相应的校验信息可重新生成丢失的数据。RAID5 至少需要 3 个磁盘，其结构如图 2-8 所示(其中 b 表示数

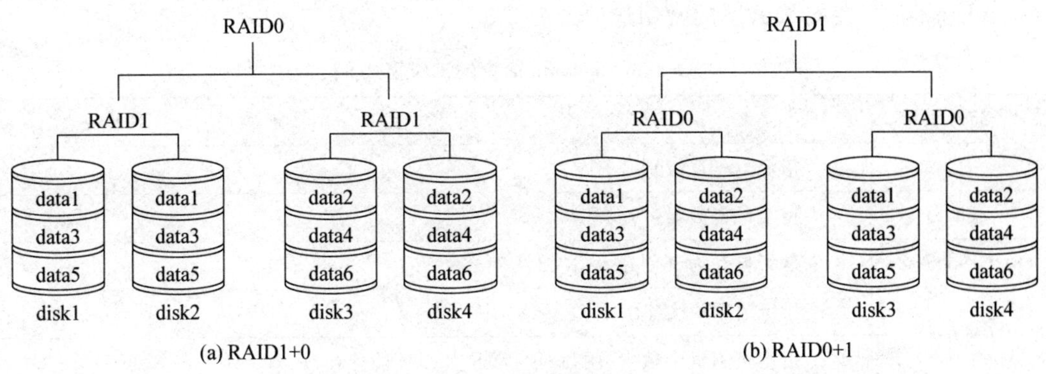

图 2-7　RAID10 存储

据块，p 表示校验信息）。

与普通磁盘相比，RAID5 可在一定程度上实现数据的并行存取，但在写数据时，RAID5 需要产生 4 项读/写操作，包括两次旧数据与校验信息的读取，两次新数据与校验信息的写入。综上所述，与其他磁盘阵列相比，无论是存储成本还是读写效率，RAID5 都位于中间水准。

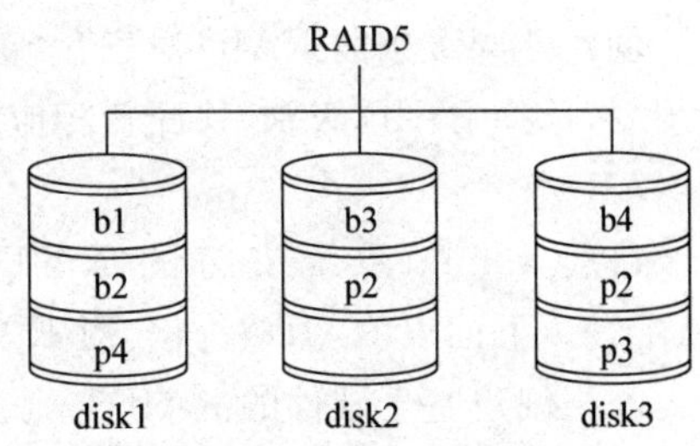

图 2-8　RAID5 存储

除以上介绍的 4 种外，还有 RAID2、RAID3、RAID4、RAID5E、RAID5EE、RAID50 等多种磁盘阵列，读者有兴趣可查阅相关资料自行学习，此处不再赘述。

2.4.6　创建 RAID

Linux 系统中使用 mdadm 命令创建和管理 RAID，该命令的全称是 mltiple devices admin，其语法格式如下：

```
mdadm [模式] <RAID设备名> [选项] <组件设备名>
```

mdadm 命令的模式即工作模式，该命令的工作模式如表 2-32 所示。

表 2-32　mdadm 命令的工作模式

工作模式	说　　明
-A/--accemble	组合。组装一个预先存在的阵列
-B/--build	构建。构建一个不需要超级块的阵列，阵列中的每个设备都没有超级块
-C/--create	创建。创建一个新阵列
-F/--follow/--monitor	监视。监视一个或多个阵列的状态
-G/--grow	增长。更改 RAID 的容量或阵列中的设备数目
--auto-detect	自动侦测。请求内核启动任何自动检测的阵列
-I/--incremental	增加。向阵列中添加单个设备，或从阵列中删除单个设备

mdadm 命令在-C 模式下的常用选项如表 2-33 所示。

表 2-33 mdadm 命令的工作模式

选项	说 明
-l	指定 RAID 级别
-n	指定设备数量
-a {yes|no}	是否自动为其创建设备文件
-c	指定数据块大小
-x	指定空闲盘个数,空闲盘可自动顶替损坏的工作盘

需要注意的是,在创建阵列时,阵列所需磁盘数为-n 指定的设备数量和-x 指定的空闲盘数量之和。

创建不同级别的 RAID 对磁盘或分区的数量要求不同,因此在创建 RAID 之前应先进行规划,选择 RAID 级别,并配置相应数量的磁盘,或将一个磁盘划分为多个分区,以实现软件 RAID。

目前 Linux 系统支持的 RAID 级别有 RAID0、RAID1、RAID4、RAID5、RAID6、RAID10。下面以 RAID0 为例,对 RAID 的创建方式进行讲解。

若要创建基于硬件的 RAID0,则系统中至少要有两块空闲磁盘;若要创建基于软件的 RAID0,系统中至少要有两个空闲分区。以创建软件 RAID0 为例,我们先使用分区命令 fdisk 在系统中创建两个空闲分区/dev/sda5 和/dev/sda6,之后使用这两个分区创建一个名为/dev/md0 的 RAID0 级别磁盘阵列,具体命令如下:

```
[root@localhost ~]# mdadm -C /dev/md0 -l 0 -n 2 /dev/sda5 /dev/sda6
```

若以上命令执行成功,系统会提示"mdadm: array /dev/md0 started.",表示 md0 创建并启动成功。此时用户可使用"mdadm -detail /dev/md0"命令查看 md0 的详细信息,终端打印的信息如下:

```
/dev/md0:
        Version : 1.2
  Creation Time : Thu Sep  7 17: 07: 28 2020                    #创建时间
     Raid Level : raid0                                         #RAID 级别
     Array Size : 90112 (88.00 MiB 92.27 MB)                    #磁盘容量
   Raid Devices : 2                                             #设备数量
  Total Devices : 2
    Persistence : Superblock is persistent

    Update Time : Thu Sep  7 17: 07: 28 2017
          State : clean
Active Devices : 2                                              #活动设备数量
Working Devices : 2                                             #工作设备数量
Failed Devices : 0                                              #出错磁盘数量
  Spare Devices : 0                                             #备用磁盘数量
```

```
Chunk Size : 512K

      Name : localhost.localdomain: 0  (local to host localhost.localdomain)
      UUID : b8bdb455: aaee67b8: 2182eb7e: 098b5113           #RAID 设备唯一标识
    Events : 0

Number   Major   Minor   RaidDevice State                     #所用磁盘相关信息
   0       8       5        0      active sync   /dev/sda5
   1       8       6        1      active sync   /dev/sda6
```

使用 mdadm 命令创建的磁盘阵列的用法与普通磁盘或磁盘分区相同,同样需要经过格式化与挂载。

2.5 进程管理

进程是一个二进制程序的执行过程,在 Linux 操作系统中,向命令行输入一条命令,按回车键,便会有一个进程被启动。进程存在于计算机的内存中,计算机内存中可同时存在多个进程,每个 CPU 上同时只会执行一个进程,但计算机上似乎能够同时运行多个进程。实际上,这是因为计算机采用了"多道程序设计"技术。

所谓多道程序设计,是指计算机允许多个相互独立的程序同时进入内存,在内核的管理控制之下,相互之间穿插运行。多道程序设计必须有硬件基础作为保障。

采用多道程序设计的系统,会将 CPU 的整个生命周期划分为长度相同的时间片,在每个 CPU 时间片内只处理一个进程,也就是说,在多个时间片上,系统会让多个进程分时使用 CPU。假如现在内存中只有 3 个进程 A、B、C,那么 CPU 时间片的分配情况可能如图 2-9 所示。

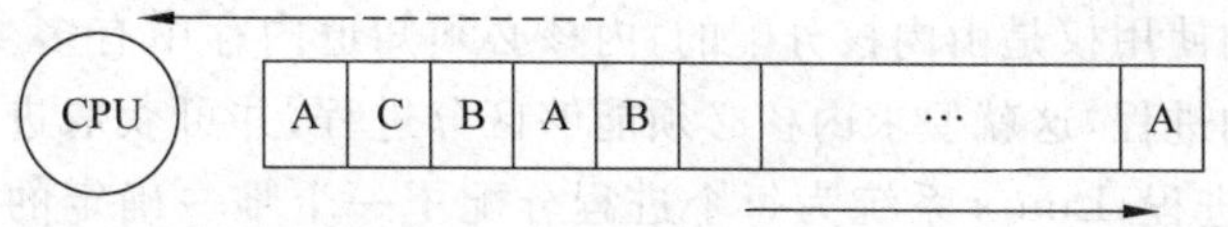

图 2-9 CPU 处理进程示意图

虽然每个时间片一个 CPU 上只能处理一个进程,但 CPU 划分的时间片是非常微小的,且当下 CPU 运行速度极快(已达到纳秒级,每秒可执行约 10 亿条指令),因此,在宏观上,可以认为计算机能并发执行多个程序、处理多个进程。

2.5.1 进程状态

系统中的资源是有限的,进程若要运行,就必须能先获取到足够的资源。多个进程分时复用 CPU,当分配给进程的时间片结束后,内核会收回进程对 CPU 的使用权,因此,进程在内存中可能会出现不同的状态。

通常进程的状态被划分为 5 种:初始态、就绪态、运行态、睡眠态和终止态。初始态和终止态一般不进行讨论,因为当初始化完成后,进程会立刻转化为就绪态;进程运行完毕会立刻转为终止态。

1. **就绪态(Ready)**

处于就绪态的进程,所需的其他资源已分配到位,此时只等待 CPU,当可以使用 CPU 时,进程会立刻变为运行态。内核中的进程通常不是唯一的,因此内核会维护一个运行队列,用来装载所有处于就绪态的进程,当 CPU 空闲时,内核会从队列中选择一个进程,为其分配 CPU。

2. **运行态(Execting)**

进程处于运行态时会占用 CPU,处于此状态的进程的数目必定小于或等于处理器的数目,即每个 CPU 上至多能运行一个进程。

3. **睡眠态(Sleeping)**

处于睡眠态的进程会因某种原因而暂时不能占有 CPU。睡眠态分为不可中断的睡眠和可中断的睡眠。不可中断的睡眠是由外部 I/O 调用等造成的睡眠,此时该进程正在等待所需 I/O 资源,即便强制中断睡眠状态,进程仍无法运行,这种睡眠态亦可称为阻塞;当进程处于可中断的睡眠态时,往往是因为进程对应的当前用户请求已处理完毕,因此暂时退出 CPU,当用户再次发出请求时,该进程可随时被唤醒,这种睡眠态也被称为挂起。

进程通常会在这 3 种状态中转换,这 3 种状态间可能发生的转换如图 2-10 所示。

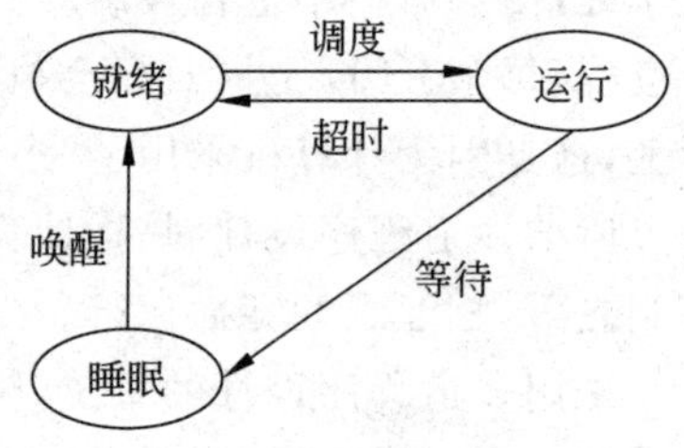

图 2-10 进程状态转换

2.5.2 进程管理命令

进程对 CPU 的使用权是由内核分配的,内核必须知道内存中有多少个进程,且知道此时正在使用 CPU 的进程,这就要求内核必须能够区分进程,并可获取进程的相关属性。为了能够区分不同的进程,Linux 系统为每个进程分配了一个唯一确定的标识符——进程标识符(Process Identifer,PID)。内核可根据 PID 来管理进程的相关信息。

Linux 系统中提供的进程管理命令大多都通过 PID 来管理进程,下面对常用的进程管理命令进行讲解。

1. **ps**

ps 是 Process Status 的缩写。在命令行输入 ps 后再按回车键就能查看当前系统中正在运行的进程。ps 的命令格式如下:

```
ps [选项] [参数]
```

执行 ps 命令后终端打印的信息如下所示:

```
  PID TTY          TIME     CMD
 2670 pts/0     00:00:00    bash
 3448 pts/0     00:00:00    ps
```

输出信息中包含 4 项：PID 读者已经很熟悉，就是进程的 ID；TTY 表明启动进程的终端机；TIME 表示进程到目前为止真正占用 CPU 的时间；CMD 表示启动该进程的命令。

ps 命令可以与一些选项搭配，实现更丰富的功能。它的选项有两种风格：SysV 和 BSD。ps 命令中常用的 BSD 风格的选项如表 2-34 所示。

表 2-34 ps 命令 BSD 风格的常用选项

选项	说明
a	显示当前终端机下的所有进程，包括其他用户启动的进程
u	以用户的形式，显示系统中的进程
x	忽视终端机，显示所有进程
e	显示每个进程使用的环境变量
r	只列出当前终端机中正在执行的进程

SysV 格式的选项也能实现 BSD 风格选项所能实现的部分功能，SysV 风格的选项如表 2-35 所示。

表 2-35 ps 命令 SysV 风格的常用选项

选项	说明
-a	显示所有终端机中除阶段作业领导进程（拥有子进程的进程）之外的进程
-e	显示所有进程
-f	除默认显示外，显示 UID、PPID、C、STIME 项
-o	指定显示哪些字段，字段名可以使用长格式，也可以使用“%字符”的短格式指定，多个字段名使用逗号分隔
-l	使用详细的格式显示进程信息

ps 命令是最基本也是最强大的进程查看命令，它能够获取系统中当前运行的所有进程，查看进程的状态、占用的资源等，也因此其选项非常多，此处只在表 2-34 与表 2-35 中列举出比较常用的 10 个选项，读者可以在 Linux 系统的 man 手册中查看该命令的更多选项，以掌握 ps 命令的更多功能。

2. top

ps 命令执行后，会显示执行命令那一刻系统中进程的相关信息，若想使信息动态显示，可以使用命令 top。top 的命令格式如下：

```
top [选项]
```

top 命令可以实时观察系统的整体运行情况，默认时间间隔为 3s，即每 3s 更新一次界面，类似 Windows 系统中的任务管理器，是一个很实用的系统性能监测工具。在终端执行 top 命令后的界面如图 2-11 所示。

图 2-11 中第一行中显示的是 top 命令的相关信息。第二行显示与进程相关的信息。

```
top - 17:28:57 up 8 min,  2 users,  load average: 1.26, 0.34, 0.14
Tasks: 170 total,   1 running, 169 sleeping,   0 stopped,   0 zombie
%Cpu(s):  3.7 us,  2.0 sy,  0.0 ni, 94.3 id,  0.0 wa,  0.0 hi,  0.0 si,  0.0
KiB Mem :  1867264 total,   759036 free,   506988 used,   601240 buff/cache
KiB Swap:  3670012 total,  3670012 free,        0 used.  1161784 avail Mem

  PID USER      PR  NI    VIRT    RES    SHR S %CPU %MEM     TIME+ COMMAND
  654 polkitd   20   0  531408  12252   4956 S  1.7  0.7   0:01.11 polkitd
 3199 itheima   20   0 1478648 155964  48696 S  1.7  8.4   0:02.79 gnome-sh+
```

图 2-11　top 默认输出信息展示

第三行显示与 CPU 相关的信息，若系统是单核的，则这条信息只有一行；若系统是双核或多核的，则每个 CPU 都会有对应的信息。第四行显示与内存状态相关的信息。第五行显示 swap 交换分区的信息。

以上几行信息的显示或隐藏可以通过热键 l、t、m 分别控制。

图 2-11 中第六行为一个空行，之后黑色背景行为 top 命令默认显示的输出项。热键 M、P、T 分别可以根据以上某个选项对 top 显示的信息进行排序。热键对应的功能如表 2-36 所示。

表 2-36　top 命令中的热键功能

热键	说　明
l	控制是否显示平均负载和启动时间(第一行)
t	控制是否显示进程统计信息和 CPU 状态信息(第二、三行)
m	控制是否显示内存信息(第四、五行)
M	根据常驻内存集 RES 大小为进程排序
P	根据%CPU 为进程排序
T	根据 TIME+为进程排序
r	重置一个进程的优先级
i	忽略闲置和僵死的进程
k	终止一个进程

表 2-36 中的热键区分大小写。当使用热键 r、k 时，第六行会给出相应的提示，并等待输入。top 的监测界面默认每隔 3s 刷新一次，读者可以使用选项-d 自定义刷新间隔；top 显示的内容只有一屏，超出一屏的进程无法查看，若想查看更多进程的状态，可以使用选项-b，该选项使用批处理的模式进行操作，一次显示一屏，3s 滚动一次；若只想观察某段时间内的变化情况，可以使用选项-n 来指定循环显示的次数。top 的选项还有很多，读者可通过 man 手册学习更多内容。

3. pstree

一个新进程由已存在的进程创建，创建新进程的进程与新创建的进程为父子进程，一个父进程可以创建多个子进程，由同一进程创建的多个子进程又称为兄弟进程。7.0 版本之前 CentOS 系统用户空间中的第一个进程为 init，自 CentOS 7 版本开始，systemd 代替了 init 进程。systemd 进程的 PID 为 1，用于初始化系统的服务和配置。

使用 pstree 命令可以以树状图的形式显示系统中的进程，直接观察进程之间的派生关系。pstree 命令的格式如下：

```
pstree [选项]
```

pstree 命令的常用选项如表 2-37 所示。

表 2-37　pstree 命令的常用选项

选项	说　明
-a	显示每个进程的完整命令(包括路径、参数等)
-c	不使用精简标识法
-h	列出树状图，特别标明当前正在执行的进程
-u	显示用户名称
-n	使用程序识别码排序(默认以程序名称排序)

4. pgrep

pgrep 命令根据进程名从进程队列中查找进程，查找成功后默认显示进程的 pid。pgrep 命令的格式如下：

```
pgrep [选项] [参数]
```

Linux 系统中可能存在多个同名的进程，pgrep 命令可以通过选项缩小搜索范围，其常用选项如表 2-38 所示。

表 2-38　pgrep 命令的常用选项

选项	说　明
-o	仅显示同名进程中 PID 最小的进程
-n	仅显示同名进程中 PID 最大的进程
-p	指定进程父进程的 PID
-t	指定开启进程的终端
-u	指定进程的有效用户 ID

5. nice

进程的优先级会影响进程执行的顺序，在 Linux 系统中，可通过改变进程的 nice 值来更改进程的优先级。用户可以在使用 top 命令时通过热键 r 来重置进程优先级外，也可以使用 nice 命令来更改进程优先级。nice 命令的格式如下：

```
nice [选项] [参数]
```

nice 命令常用的选项为-n，n 表示优先级，是一个整数。nice 的参数通常为一个进程

名。假设进程 top 的优先级为 0,要修改 bash 的优先级为 5,则可以使用以下命令实现:

```
nice -n 5 bash
```

修改后可使用 top 命令检测 bash 的优先级。

nice 命令不但能修改已存在进程的优先级,还能在创建进程的同时,通过设置进程的 nice 值,为进程设定优先级。此时选项后的参数应为所要执行的命令。假设当前 top 命令的优先级已被设置为 5,那么再次调用 top 命令,修改其优先级为 11,则应使用的命令如下所示:

```
nice -n 6 top
```

当更改 nice 值时,优先级 PR 和 nice 值 NI 都会改变,其变化的规律为:新值=原值+n,n 为本次命令中指定的 nice 值。

6. jobs

Linux 系统中的命令分为前台命令和后台命令。所谓前台命令,即在命令执行后,命令执行过程中的输出信息会逐条输出到屏幕,或命令打开的内容会替代原来的终端的命令,如压缩解压命令、top 命令等;所谓后台命令,即命令执行后,不占用命令提示符,用户可继续在终端中输入命令,执行其他操作的命令。

当前台命令正在运行时,以 top 命令为例,按下快捷键 Ctrl+Z,终端会在输入如下所示的信息后,才返回命令提示符:

```
[1]+  已停止                  top
```

以上输出的是一个作业的状态信息,1 表示作业号,"已停止"表示进程的状态。作业实际上也是进程,一个作业中可能对应多个关联的进程。在 Linux 系统中,使用 jobs 命令可以查看当前内存中的作业列表,jobs 命令的语法格式如下:

```
jobs [选项] [参数]
```

jobs 命令的参数为作业号,该命令的常用选项如表 2-39 所示。

表 2-39 jobs 命令的常用选项

选项	说　明
-l	显示进程号
-p	仅显示作业对应的进程号
-n	显示作业状态的变化
-r	仅显示运行状态的任务
-s	仅显示停止状态的任务

当选项和参数缺省时,默认显示作业编号、作业状态和作业名。

7. bg 和 fg

使用快捷键 Ctrl+Z 也能将进程调入后台，但调入后台的进程会被暂时停止。若要将后台的命令调回前台继续执行，可以使用 fg 命令。fg 命令的格式如下：

```
fg 作业号
```

fg 命令的用法示例如下：

```
#将后台的进程 top 调回前台(假设 top 进程的作业编号为 1)
[root@localhost ~]# fg 1
```

除快捷键外，也可以在命令后追加符号"&"，使进程在创建时直接被调入后台执行，其用法如下：

```
command &
```

以 top 命令为例，在执行命令时将命令调入后台的方式如下：

```
#在后台执行 top 命令
[root@localhost ~]# top &
```

8. kill

kill 命令一般用于管理进程，它的工作原理是发送某个信号给指定进程，以改变进程的状态。kill 命令的格式如下：

```
kill 选项 [参数]
```

kill 命令的选项一般是"-信号编号"，参数一般是 PID。除管理进程外，kill 命令也可用于查看系统中的信号。使用 kill 命令的-l 选项可以打印系统中预设的所有信号，图 2-12 为 CentOS 7 中的信号列表。

```
 1) SIGHUP       2) SIGINT       3) SIGQUIT      4) SIGILL       5) SIGTRAP
 6) SIGABRT      7) SIGBUS       8) SIGFPE       9) SIGKILL     10) SIGUSR1
11) SIGSEGV     12) SIGUSR2     13) SIGPIPE     14) SIGALRM     15) SIGTERM
16) SIGSTKFLT   17) SIGCHLD     18) SIGCONT     19) SIGSTOP     20) SIGTSTP
21) SIGTTIN     22) SIGTTOU     23) SIGURG      24) SIGXCPU     25) SIGXFSZ
26) SIGVTALRM   27) SIGPROF     28) SIGWINCH    29) SIGIO       30) SIGPWR
31) SIGSYS      34) SIGRTMIN    35) SIGRTMIN+1  36) SIGRTMIN+2  37) SIGRTMIN+3
38) SIGRTMIN+4  39) SIGRTMIN+5  40) SIGRTMIN+6  41) SIGRTMIN+7  42) SIGRTMIN+8
43) SIGRTMIN+9  44) SIGRTMIN+10 45) SIGRTMIN+11 46) SIGRTMIN+12 47) SIGRTMIN+13
48) SIGRTMIN+14 49) SIGRTMIN+15 50) SIGRTMAX-14 51) SIGRTMAX-13 52) SIGRTMAX-12
53) SIGRTMAX-11 54) SIGRTMAX-10 55) SIGRTMAX-9  56) SIGRTMAX-8  57) SIGRTMAX-7
58) SIGRTMAX-6  59) SIGRTMAX-5  60) SIGRTMAX-4  61) SIGRTMAX-3  62) SIGRTMAX-2
63) SIGRTMAX-1  64) SIGRTMAX
```

图 2-12 信号列表

最常用的信号为 9 号信号 SIGKILL，该信号不能被忽略，可以无条件终止指定进程。除 SIGKILL 外，Linux 系统中常用的信号及其功能分别如下。

- SIGINT：中断进程，使用快捷键 Ctrl+C 可实现相同功能。
- SIGQUIT：退出进程，使用快捷键 Ctrl+\可实现相同功能。

- SIGTERM：终止进程。
- SIGCONT：使已停止的进程继续执行。
- SIGSTOP：暂停进程，使用快捷键 Ctrl+Z 可实现相同功能。

kill 命令默认发送 15 号信号(SIGTERM)终止指定进程或作业。

kill 命令的用法示例如下：

```
#终止 PID 为 60053 的进程
[root@localhost ~]# kill -9 60053
```

2.6　服务管理

在操作系统中，服务是指执行指定系统功能，以便支持其他程序的进程，简言之，服务就是一些特定的进程。Linux 系统提供了特定的命令，以便管理各种服务，在 CentOS 7 之前的版本中，用于管理服务的命令为 service 和 chkconfig，CentOS 7 及其之后的版本统一使用 systemctl 命令管理服务。

systemctl 命令实际上是 service 和 chkconfig 命令的组合，该命令的格式如下：

```
systemctl 功能 服务名称
```

systemctl 命令功能的基础取值与含义如下。

- enable：使指定服务开机自启。
- disable：取消指定服务开机自启。
- start：启动指定服务。
- stop：停止指定服务。
- status：检查指定服务运行情况，列出该服务的详细信息。
- restart：重启指定服务。
- reload：重新加载指定服务的配置文件(并非所有服务都支持该参数，使用 restart 可实现相同功能)。

Linux 系统中常使用 systemctl 命令管理的服务如表 2-40 所示。

表 2-40　常用服务及其功能说明

服务名称	说　　明
dovecot	邮件服务器中 POP3/IMAP 服务的守护进程，主要用于收取邮件
httpd	apache 服务的守护进程
firewalld	CentOS 7 及之后版本中防火墙服务的守护进程
mariadb	mariadb 数据库服务的守护进程
named	DNS(域名系统)服务的守护进程，用于解析域名
network	网络服务的守护进程，用于管理网络
nfs	NFS(网络文件系统)服务的守护进程，用于实现 Linux 系统间的文件共享

续表

服务名称	说　明
vsftpd	vsftp 服务的守护进程，用于实现文件传输(FTP 服务)
xinetd	CentOS 7 及之后版本中的超级守护进程，用于管理多种轻量级 Internet 服务
postfix	邮件服务中 IMAP 服务的守护进程，主要用于实现邮件发送

需要说明的是，systemctl 命令支持两种形式的服务名称，表 2-40 中列出的是一种，另一种是在表 2-40 中服务名称的基础上，添加.service 后缀，这两种形式的服务名称可实现相同的效果。

下面以 http 服务为例，展示 systemctl 命令的部分使用方法。

1. 关闭 http 服务

Linux 系统中的 http 服务默认开启，使用 systemctl 命令的 stop 功能可关闭 http 服务，具体示例如下：

```
[root@localhost ~]# systemctl stop httpd
```

若执行以上命令后直接返回终端，说明命令执行成功。

2. 开启 http 服务

使用 systemctl 命令开启 http 服务的示例如下：

```
[root@localhost ~]# systemctl start httpd
```

若执行以上命令后直接返回终端，说明命令执行成功。

3. 取消 http 服务开机自启

http 服务默认开机启动，使用 systemctl 命令的 disable 功能可以取消自启功能，具体实例如下：

```
[root@localhost ~]# systemctl disable httpd
```

以上命令执行成功后，终端在打印出如下信息后返回：

```
Removed symlink /etc/systemd/system/multi-user.target.wants/httpd.service.
```

以上信息表示符号链接文件/etc/systemc/system/ multi-user.target.wants/httpd.service 被删除。实际上，设置服务开机自启就是在 Linux 系统的/etc/system/system/multi-user.target.wants/目录下创建了一个符号链接文件，系统开机时会读取该目录下的符号链接文件，开启相应服务。相应地，取消服务开机自启则是删除/etc/systemc/system/multi-user.target.wants/目录下与指定服务相关的符号链接文件。

4. 使 http 服务开机自启

使用 systemctl 命令的 enable 功能可以使指定服务开机自启，指定 http 服务开机自启的命令如下：

```
[root@localhost ~]# systemctl enable httpd
```

以上命令执行成功后，终端在打印出如下信息后返回：

```
Created symlink from /etc/systemd/system/multi-user.target.wants/httpd.service to /usr/
lib/systemd/system/httpd.service.
```

以上信息表示用于开机自行启动的符号链接文件已被创建。

5. 查看 http 服务的运行状态

使用 systemctl 的 status 功能可查看服务的运行状态，查看 http 服务运行状态的命令如下：

```
[root@localhost ~]# systemctl status httpd
```

若 http 服务正常运行，终端将打印出如下信息：

```
● httpd.service-The Apache HTTP Server
  Loaded: loaded (/usr/lib/systemd/system/httpd.service; enabled; vendor preset: disabled)
   Active: active (running) since 三 2018-01-03 15: 30: 08 CST; 5min ago
     Docs: man: httpd(8)
           man: apachectl(8)
Main PID: 1032 (httpd)
   Status: "Total requests: 0; Current requests/sec: 0; Current traffic:    0 B/sec"
   CGroup: /system.slice/httpd.service
           ├─1032 /usr/sbin/httpd -DFOREGROUND
           ├─2570 /usr/sbin/httpd -DFOREGROUND
           ├─2571 /usr/sbin/httpd -DFOREGROUND
           ├─2572 /usr/sbin/httpd -DFOREGROUND
           ├─2573 /usr/sbin/httpd -DFOREGROUND
           └─2574 /usr/sbin/httpd -DFOREGROUND

1月 03 15: 30: 01 localhost.localdomain systemd[1]: Starting The Apache HTTP Server...
1月 03 15: 30: 05 localhost.localdomain httpd[1032]: AH00558: httpd: Could not relia...e
1月 03 15: 30: 08 localhost.localdomain systemd[1]: Started The Apache HTTP Server.
Hint: Some lines were ellipsized, use -l to show in full.
```

以上信息中的 Active 表示服务的状态，若值为 active(running)(文字为绿色)，则表示服务处于运行态；若值为 inactive (dead)，则表示服务尚未开启。

需要说明的是，并非每次执行 systemctl 都能成功启动服务，在管理服务时常常会看到如下所示的信息：

```
Job for named.service failed because the control process exited with error code. See
"systemctl status named.service" and "journalctl -xe" for details.
```

终端输出以上信息后返回，说明此次命令执行失败。此时可使用 systemctl 的 status 功能，或通过 journalctl -xe 查看服务的报错信息，以便更快地定位到问题所在位置。

2.7　软件包管理

Linux 提供了软件包的集中管理机制,该机制将软件以包的形式存储在仓库中,方便用户搜索、安装和管理软件包。软件包的管理不仅包括软件包的安装,还包含软件包的升级、卸载与更新。Linux 系统中常用的两种软件包管理工具为 RPM 和 YUM,本节将对这两种工具分别进行介绍。

2.7.1　RPM 软件包管理

RPM(Red Hat Package Manager)是由 Red Hat 公司开发的一种软件包管理工具,因遵循 GPL 协议且功能强大而广受欢迎,并逐渐被应用于其他 Linux 发行版(如 CentOS、Fedora、SUSE 等)中。

RPM 软件包分为两种:二进制包与源码包。二进制包中封装的是编译后生成的可执行文件,类似于 Windows 操作系统下的.exe 文件,此种软件包可使用 rpm 命令直接安装;源码包中封装的是源代码,在安装前需先安装源码包以生成源码,再对源码进行编译生成后缀名为.rpm 的 RPM 包,之后才能安装软件本身。相比之下,二进制包的安装更加简单、方便,安装速度也更快。

RPM 软件包使用通用的规则命名,通常包名遵循如下格式:

```
name-version-arch.rpm
name-version-arch.src.rpm
```

以上格式中的 name 表示软件包名;version 表示软件版本号,通常遵循格式"主版本号.次版本号.修正号";arch 表示包的适用平台,RPM 包支持的平台有 i386、i586、i686、sparc、aplha;.rpm 与.src.rpm 是 RPM 包的后缀,后缀.rpm 表示二进制包,后缀.src.rpm 表示源码包。具体示例如下:

```
acl-2.2.39-1.1.i386.rpm
jdk-8u144-linux-x64.src.rpm
```

除以上内容外,用户也可能在包名中看到如下信息。

- el*:表示软件包的发行商版本,如 el5 表示软件包在 RHEL 5.x/CentOS 5.x 下使用。
- devel:表示当前软件包是一个开发包。
- noarch:表示当前软件包适用于任何平台。
- manual:表示当前软件包是手册文档。

包含以上信息的包名示例如下:

```
mysql-community-release-el7-5.noarch.rpm
epel-release-latest-7.noarch.rpm
```

通过 RPM 可对软件包进行安装、删除、查询、更新和验证这 5 种操作,这些操作都通过 RPM 提供的命令——rpm 来实现。rpm 命令与不同的选项搭配,可实现不同的功能,常用的选项如表 2-41 所示。

表 2-41 rpm 命令的常用选项

选项	说　明
-i	安装指定的一个或多个软件包
-q	查询软件包信息
-e	卸载指定的软件包
-v	显示安装过程
-V	验证已安装软件包内文件与原始软件包内文件是否一致
-a	查询已安装的包
-U	升级指定软件包
-c	显示软件包的所有配置文件列表
-d	显示软件包的所有文本文件列表
-p	查询软件包安装后对应的包名,通常和其他选项组合使用
-g	＜组列表＞ 查询组里有哪些软件包
-f	＜文件列表＞ 查询文件属于哪个软件包
-l	显示软件包的文件列表
-s	显示软件包的文件状态
-h	以＃号显示安装进度

表 2-41 中的选项可以组合使用,下面以安装 JDK 为例,来展示 rpm 命令的用法。

1. 安装

到 Orcale 官网(https://www.oracle.com/index.html)下载 JDK 包: jdk-8u151-linux-x64.rpm,打开终端,切换到 root 用户后执行安装命令,安装命令如下:

```
[root@localhost ~]# rpm -ivh jdk-8u151-linux-x64.rpm
```

上述命令将-i、-v、-h 这 3 个选项组合使用,命令执行后会显示安装过程的详细信息,并以“＃”符号显示安装进度,安装信息如下所示:

```
准备中...                          ################################# [100%]
正在升级/安装...
   1:jdk1.8-2000:1.8.0_151-fcs    ################################# [100%]
Unpacking JAR files...
    tools.jar...
    plugin.jar...
    javaws.jar...
```

```
    deploy.jar…
    rt.jar…
    jsse.jar…
    charsets.jar…
    localedata.jar…
```

2．查询

-q 是执行查询操作时最常使用的选项，它通常与其他选项组合使用来完成不同的查询功能。例如，通过组合-qp 查询软件包安装后对应的包名，具体操作如下：

```
[root@localhost ~]# rpm -qp jdk-8u151-linux-x64.rpm
jdk1.8-1.8.0_151-fcs.x86_64
```

由查询结果可知，jdk 软件包安装后对应的包名为 jdk1.8-1.8.0_151-fcs.x86_64。

rpm 还可以查询某个软件是否安装，在不知道具体包名的情况下，它可以与 grep 命令结合使用，通过关键字对查询结果进行筛选。例如，通过组合-qa 查询 JDK 是否安装，具体操作如下：

```
[root@localhost ~]# rpm -qa | grep jdk
java-1.8.0-openjdk-headless-1.8.0.102-4.b14.el7.x86_64
java-1.7.0-openjdk-headless-1.7.0.111-2.6.7.8.el7.x86_64
jdk1.8-1.8.0_151-fcs.x86_64
java-1.7.0-openjdk-1.7.0.111-2.6.7.8.el7.x86_64
java-1.8.0-openjdk-1.8.0.102-4.b14.el7.x86_64
copy-jdk-configs-1.2-1.el7.noarch
```

由查询结果可知，系统中已经安装了 JDK。

3．验证

rpm 命令的验证可以分为两种：一种是安全性验证，主要验证下载的安装包是否安全（是否包含有毒文件、文件是否已损坏等），这种验证通常用于安装之前；另一种是完整性验证，主要验证安装的软件包文件与原始软件包中的文件是否一致，这种验证用于安装之后。下面将通过示例分别演示这两种验证的实现方式。

1）安全性验证

以验证软件包 jdk-8u151-linux-x64.rpm 是否安全为例，具体操作如下：

```
[root@localhost ~]# rpm -K jdk-8u151-linux-x64.rpm
jdk-8u151-linux-x64.rpm: sha1 md5 确定
```

sha1 md5 审验结果为“确定”，表明此安装包是安全的。

2）完整性验证

以验证软件包 jdk-8u151-linux-x64.rpm 的完整性为例，具体命令如下：

```
[root@localhost ~]# rpm -Vp jdk-8u151-linux-x64.rpm
```

以上命令执行后没有输出信息，直接返回终端，说明安装前后软件包中的文件信息一致。假如对某个文件做了修改或进行了改动，再次验证时就会输出验证结果。例如，在 JDK 安装后，进入软件安装目录/usr/java，删除 README 文件并再次验证，具体操作如下：

```
[root@localhost ~]# rpm -Vp jdk-8u151-linux-x64.rpm
遗漏   d /usr/java/jdk1.8.0_151/README.html
```

由以上命令的输出结果可知，软件包 JDK 遭到了破坏。

4. 更新

若要更新软件包，需先下载一个高版本的软件包，再搭配-U 选项(-U 通常与-vh 组合使用)执行 rpm 命令安装高版本的软件包。在安装时，RPM 会先将旧版本的软件包从系统中移除，再安装新版本的软件包，以实现版本更新。更新过程与安装过程一致，读者可以自行下载更高版本的 JDK 软件包尝试更新，此处不再演示。

5. 删除

删除软件包时需使用-e 选项。rpm 支持一次删除多个软件包，删除软件包时指定的包名同样是原始软件包安装后对应的包名。例如，删除 JDK 软件时，选项-e 指定的包名应为 jdk1.8-1.8.0_151-fcs.x86_64，具体操作如下：

```
[root@localhost ~]# rpm -e jdk1.8-1.8.0_151-fcs.x86_64
警告：文件 /usr/java/jdk1.8.0_151/README.html：移除失败：没有那个文件或目录
```

正常情况下，删除成功之后是没有输出的，本次删除出现警告是因为在之前的操作中删除了 README 文件。删除完成之后再次以关键字 jdk 查询时，终端将不会再打印包名 jdk1.8-1.8.0_151-fcs.x86_64，具体如下所示：

```
[root@localhost ~]# rpm -qa | grep jdk
java-1.8.0-openjdk-headless-1.8.0.102-4.b14.el7.x86_64
java-1.7.0-openjdk-headless-1.7.0.111-2.6.7.8.el7.x86_64
java-1.7.0-openjdk-1.7.0.111-2.6.7.8.el7.x86_64
java-1.8.0-openjdk-1.8.0.102-4.b14.el7.x86_64
copy-jdk-configs-1.2-1.el7.noarch
```

至此，RPM 的基本用法已讲解完毕。需要说明的是，一些软件包不是独立使用的，它可能与其他软件包存在依赖关系，在操作某个软件包时，需要同时处理与其有依赖关系的软件包。然而，RPM 虽然能够通过-R 选项查看与指定包有依赖关系的包，但提示不够具体，因此一般不使用 RPM 管理存在依赖关系的软件包。

2.7.2 YUM 软件包管理

YUM 是“Yellow dog Updater, Modified”的缩写，它是 Red Hat 公司发行的一个高级软件包管理工具。与 RPM 相比，YUM 最大的优势就是可以自动处理软件包之间的依赖关系。从 CentOS 5 开始，系统就默认安装 YUM，所以在 CentOS 7 中可以直接使用 yum 命令。yum 命令的格式如下所示：

```
yum [options] COMMAND
```

在以上格式中，options 表示选项；yum 命令常用的选项是-y，使用该选项，安装过程中遇到的所有问题将自动给出肯定回答，避免用户手动一一确认；COMMAND 表示命令，常用的是安装、更新等。

YUM 的功能通过 yum 命令实现，yum 命令通过管理 RPM 软件包，同样可以进行软件的安装、查询、更新、删除等操作，在接入网络的情况下，yum 命令可从指定服务器中下载软件包。下面以安装 telnet 工具（常用于测试端口）为例来演示 yum 命令的用法。

1. 安装

yum 的安装命令为 install，使用 yum 安装 telnet 的命令如下所示：

```
[root@localhost ~]# yum -y install telnet
```

yum 命令在安装过程中它会自动解决依赖关系，下载目标软件包依赖的包，并进行安装。若软件包成功安装，终端将会打印如下所示的提示信息。

```
…
正在解除依赖关系
-->正在检查事务
--->软件包 telnet.x86_64.1.0.17-64.el7 将被安装
-->解除依赖关系完成
…

完毕!
```

2. 查询

yum 常用的查询命令有两个：list 和 info。yum list 用于列出一个或一组软件包；yum info 用于显示关于软件包或组的详细信息。下面分别展示这两个命令的用法。

1）使用 list 命令查询 telnet 包

```
[root@localhost ~]# yum list telnet
已加载插件: fastestmirror, langpacks
Loading mirror speeds from cached hostfile
 * base: centos.ustc.edu.cn
 * epel: epel.mirror.net.in
 * extras: centos.ustc.edu.cn
 * updates: centos.ustc.edu.cn
已安装的软件包
telnet.x86_64                    1: 0.17-64.el7                    @base
```

2）使用 info 命令查询 telnet 包

```
[root@localhost ~]# yum info telnet
已加载插件: fastestmirror, langpacks
```

```
Loading mirror speeds from cached hostfile
 * base: centos.ustc.edu.cn
 * epel: epel.mirror.net.in
 * extras: centos.ustc.edu.cn
 * updates: centos.ustc.edu.cn
已安装的软件包
名称：telnet
架构：x86_64
时期：1
版本：0.17
发布：64.el7
大小：113 k
源：installed
来自源：base
简介：The client program for the Telnet remote login protocol
网址：http://web.archive.org/web/20070819111735/www.hcs.harvard.edu/~dholland/computers/
old-netkit.html
协议：BSD
描述：Telnet is a popular protocol for logging into remote systems over the
    : Internet. The package provides a command line Telnet client
```

如果命令后面没有具体的包名，终端将会打印系统中所有包的信息。

除基础查询外，yum 还可以使用 check-update 命令查询是否有可用的软件包更新，具体如下所示：

```
[root@localhost ~]# yum check-update
```

3. 更新

yum 的更新命令为 update，用于更新系统中一个或多个软件包。以更新 telnet 为例，具体操作如下：

```
[root@localhost ~]# yum update telnet
已加载插件：fastestmirror, langpacks
Loading mirror speeds from cached hostfile
* base: centos.ustc.edu.cn
* epel: epel.mirror.net.in
* extras: centos.ustc.edu.cn
* updates: centos.ustc.edu.cn
No packages marked for update
```

执行更新 telnet 的命令后，终端最后输出 No packages marked for update，说明本次没有可用的更新包。这是因为 yum 默认会选择安装源中最新的软件包进行安装，如果本次更新与之前的安装操作使用相同的安装源，软件包不会被更新。若想使用 yum 安装更高版本的安装包，需要更换新的 yum 源，关于 yum 源的更换方法将在 2.7.3 节详细讲解。

4. 删除

yum 删除命令为 remove，用于从系统中删除一个或多个软件包。以删除 telnet 为例，具体操作如下：

```
[root@localhost ~]# yum -y remove telnet
已加载插件：fastestmirror, langpacks
正在解除依赖关系
-->正在检查事务
--->软件包 telnet.x86_64.1.0.17-64.el7 将被删除
-->解除依赖关系完成

…
…

完毕!
```

yum 在执行删除命令时也会自动处理依赖关系。

yum 还提供了 clean 命令用于清除缓存数据，它可以清除 RPM 包、RPM 头文件等(clean [headers|packages|metadata|dbcache|plugins|expire-cache|all])。如果使用 all，则清除使用 yum 所生成的所有缓存文件，具体操作如下：

```
[root@localhost ~]# yum clean all
已加载插件：fastestmirror, langpacks
正在清理软件源：base epel extras updates
Cleaning up everything
Cleaning up list of fastest mirrors
```

2.7.3 YUM 源管理

YUM 之所以可以自动从服务器下载相应的软件包进行安装，是因为配置了相应的软件源。软件源也称为软件仓库，其本质为预先保存了软件包下载地址的文件，这些文件存储在/etc/yum.repos.d/目录下，使用 ls 命令可查看该目录下的软件源文件，具体操作如下：

```
[root@localhost ~]# ls /etc/yum.repos.d
CentOS-Base.repo        CentOS-fasttrack.repo   CentOS-Vault.repo
CentOS-CR.repo          CentOS-Media.repo       epel.repo
CentOS-Debuginfo.repo   CentOS-Sources.repo     epel-testing.repo
```

以上命令的输出结果打印了 CentOS 7 默认配置的 9 个 YUM 源文件，这些文件都以.repo 为扩展名，因此 yum 源也称为 repo 文件。在.repo 文件中，每个以[]开始的部分都是一个“源”。以 CentOS-Base.repo 文件为例，该文件中的一个“源”如下所示：

```
[base]
name=CentOS-$releasever-Base
mirrorlist=http://mirrorlist.centos.org/?release=$releasever&arch=$basearch&repo=
os&infra=$infra
#baseurl=http://mirror.centos.org/centos/$releasever/os/$basearch/
gpgcheck=1
gpgkey=file:///etc/pki/rpm-gpg/RPM-GPG-KEY-CentOS-7
```

上述“源”中各项含义的介绍分别如下。

- [base]：命名一个叫 base 的源。
- name：标识源的名字为 CentOS-$releasever-Base。
- mirrorlist：记录源的镜像地址。
- baseurl：记录源的地址，此项支持 http、ftp、file 3 种类型。
- gpgcheck=1：开启 gpg 验证。
- gpgkey：定义 gpgkey 地址。

使用 yum 安装软件时，yum 会从这些源中查找 RPM 软件包下载地址，如果源中没有与目标软件相关的配置，则无法安装。

yum 源分为本地源和网络源，用户可手动配置 yum 源。若想配置本地源，则需下载 RPM 包到本地，再将 RPM 包的存储目录配置到 baseurl 中；若想配置网络源，只需将 RPM 包的下载地址配置到 baseurl 中即可。

CentOS 自带的 YUM 官方源中软件种类不够丰富，而且软件版本较低、更新慢，所以人们常使用 EPEL 源作为 yum 的软件源。

EPEL 全称为 Extra Packages for Enterprise Linux，即企业版附加软件包，它是由 Fedora 社区维护、为 Red Hat 系列操作系统服务的一个高质量附加软件包。EPEL 包含一个叫作 epel-release 的包，这个包包含的软件源相对稳定、全面，读者可以通过 yum install epel-release 命令将其安装到系统中。EPEL 的软件包不会与官方源相冲突，也不会替换官方源的文件。

除 epel-release 之外，EPEL 还包括一个叫作 epel-testing 的包，这个包含有最新的测试软件包，版本较新，但使用起来会有一定风险，用户可自行酌情添加。

2.8 文本编辑器

Vi 编辑器是 Linux 系统下最常用的文本编辑器，工作在字符模式下，由于不使用图形界面，Vi 的工作效率非常高，且它在系统和服务管理中的功能是其他带图形界面的编辑器无法比拟的。在终端输入“vi 文件名”，可直接以 Vi 编辑器打开指定文件。具体示例如下：

```
#使用 Vi 编辑器打开文件/etc/passwd
[itheima@localhost ~]$ vi passwd
```

Vi 编辑器共有 3 种工作模式，分别是命令模式(command mode)、插入模式(insert mode)和底行模式(last line mode)。下面将对 Vi 编辑器的这 3 种模式下能执行的操作，以及执行操作的方法与命令进行讲解。

1. 命令模式

使用 Vi 编辑器打开文件后，默认进入命令模式。在该模式下，可通过键盘控制光标的移动、实现文本内容的复制、粘贴、删除等。

1）光标移动

在命令模式中，光标的移动可分为 6 个常用的级别，分别为字符级、行级、单词级、段落级、屏幕级和文档级。各个级别中的相关按键及其含义如表 2-42 所示。

表 2-42　光标移动操作

级别	按　键	说　明
字符级	"左键"或字母 h	使光标向字符的左边移动
	"右键"或字母 l	使光标向字符的右边移动
行级	"上键"或字母 k	使光标移动到上一行
	"下键"或字母 j	使光标移动到下一行
	符号"$"	使光标移动到当前行尾
	数字 0	使光标移动到当前行首
单词级	字母 w	使光标移动到下一个单词的首字母
	字母 e	使光标移动到本单词的尾字母
	字母 b	使光标移动到本单词的首字母
段落级	符号"}"	使光标移至段落结尾
	符号"{"	使光标移至段落开头
屏幕级	字母 H	使光标移至屏幕首部
	字母 L	使光标移至屏幕尾部
文档级	字母 G	使光标移至文档尾行
	n+G	使光标移至文档的第 n 行

2）复制和粘贴

对文档进行复制、粘贴操作的相关按键及对应含义如表 2-43 所示。

表 2-43　复制与粘贴操作

按键	说　明
字母 yy	复制光标当前所在行
n+yy	复制包括光标所在行后的 n 行内容
y+e	从光标所在位置开始复制直到当前单词结尾
y+$	从光标所在位置开始复制直到当前行结尾
y+{	从当前段落开始的位置复制到光标所在位置
p	将复制的内容粘贴到光标所在位置

3）删除

若需要对文档中的内容进行删除操作，可以通过字母 x、dd 等来实现，相关按键及对应含义如表 2-44 所示。

表 2-44 删除操作

按键	说　明
字母 x	删除光标所在的单个字符
字母 dd	删除光标所在的当前行
n+dd	删除包括光标所在行的后边 n 行内容
d+ $	删除光标位置到行尾的所有内容

在命令模式下，还有如下几种常见的操作。

- 字母 u：撤销命令。
- 符号.：重复执行上一次命令。
- 字母 J：合并两行内容。
- r+字符：快速替换光标所在字符。

2. 插入模式

只有在插入模式下，才能对文件内容进行修改操作，此模式下的操作与 Windows 操作系统中记事本的操作类似。插入模式与底行模式之间不能直接转换。

3. 底行模式

底行模式可以对文件进行保存，也可进行查找、退出编辑器等操作。底行模式中常用的操作如下。

(1) :set nu：设置行号，仅对本次操作有效，当重新打开文本时，若需要行号，要重新设置。

(2) :set nonu：取消行号，仅对本次操作有效。

(3) :n：使光标移动到第 n 行。

(4) :/xx：在文件中查找 xx，若查找结果不为空，则可以使用 n 查找下一个，使用 N 查找上一个。

(5) 底行模式下还可以进行内容替换，其操作符和功能如表 2-45 所示。

表 2-45 内容替换

操　作　符	说　明
:s/被替换内容/替换内容/	替换光标所在行的第一个目标
:s/被替换内容/替换内容/g	替换光标所在行的全部目标
:%s/被替换内容/替换内容/g	替换整个文档中的全部目标
:%s/被替换内容/替换内容/gc	替换整个文档中的全部目标，且每替换一个内容都有相应的提示

(6) 操作完毕后，如要保存文件或退出编辑器，可先使用 Esc 键进入底行模式，再使用表 2-46 中的按键完成所需操作。

表 2-46 保存与退出

操作符	说 明
:q	退出 Vi 编辑器
:w	保存编辑后的内容
:wq	保存并退出 Vi 编辑器
:q!	强行退出 Vi 编辑器,不保存对文件的修改
:w!	对于没有修改权限的用户强行保存对文件的修改,并且修改后文件的所有者和所属组都有相应的变化
:wq!	强行保存文件并退出 Vi 编辑器

Vi 编辑器的这 3 种模式间可进行转换,转换方式如图 2-13 所示。

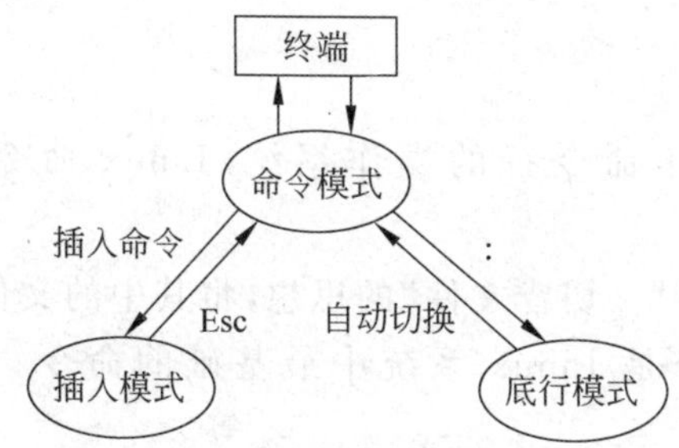

图 2-13 Vi 编辑器模式转换示意图

(1) 命令模式与插入模式间的切换。

一般情况下,用户可以使用按键 i,直接进入编辑模式,此时内容与光标的位置和命令模式相同。另外还有其余多种按键,可以不同的形式切换到编辑模式。下面通过表 2-47 对其余按键逐一进行讲解。

表 2-47 切换至编辑模式

操作符	说 明
字母 a	光标向后移动一位进入编辑模式
字母 s	删除光标所在字母进入编辑模式
字母 o	在当前行之下新起一行进入编辑模式
字母 A	光标移动到当前行末尾进入编辑模式
字母 i	光标定位在当前位置进入编辑模式
字母 I	光标移动到当前行行首进入编辑模式
字母 S	删除光标所在行进入编辑模式
字母 O	在当前行之上新起一行进入编辑模式

另使用 Esc 键可从插入模式返回命令模式。

(2) 命令模式与底行模式间的切换。

在命令模式下使用输入":"或"/"按键,可进入底行模式。若想从底行模式返回到命令模式,可以使用 Esc 键。若底行不为空,可以连按两次 Esc 键,清空底行,并返回命令模式。

2.9 本章小结

本章主要对 Linux 常用命令,包括用户和权限管理命令、文件管理命令、存储管理命令、进程管理命令、服务管理命令、软件包管理命令等进行了讲解,同时对与用户、文件、磁盘、进程、服务与关联包的概念与相关知识进行了阐述。此外,本章还介绍了 Linux 系统中常用的文本编辑器——Vi。通过本章的学习,读者应能通过各种命令使用、管理 Linux 系统,并熟练掌握 Vi 编辑器的使用方法。

2.10 本章习题

一、填空题

1. Linux 是一个基于命令行的操作系统,Linux 命令中的选项分为________和________。

2. Linux 操作系统秉持“一切皆文件”的思想,将其中的文件、设备等通通当作文件来管理,因此,文件管理命令是 Linux 系统中最基础的命令。常用的文件管理命令有________、________、________、________、________等。

3. Vi 编辑器有 3 种工作模式,分别是:________、________和底行模式。

4. 使用 mkfs 命令将扩展分区/dev/sda5 格式化为 ext2 格式时使用的命令是:________。

5. Linux 系统中进程的状态分为初始态、________、________、________和终止态。

6. Linux 系统中常用的软件包管理工具为________和________,以软件包 telent 为例,使用这两个命令安装软件包的命令分别为________和________。

二、判断题

1. grep 命令的功能是在文件中搜索与字符串匹配的行并输出。 ( )

2. Vi 编辑器的 3 种工作模式间可直接相互切换。 ( )

3. chmod 命令用于更改文件或目录的所有者。 ( )

4. LVM 允许管理员调整存储卷组的大小,并按逻辑卷组进行命名、管理和分配。当系统中添加新的磁盘后,管理员不必将原有的文件移动到新的磁盘,只需直接扩展文件系统容量,即可使用新的磁盘。 ( )

5. gzip 命令既能用于压缩文件,又能解压压缩包。 ( )

三、单选题

1. 在以下选项中选出实现打印当前路径下所有文件名的命令。( )

   A. ls -l　　B. ls　　C. ls -a　　D. ls -i

2. 假设当前有一文件 file1,其权限为 rwxr--r--,则在以下命令中,哪个命令可以使该文

件所属组拥有对该文件的执行权限？（　　）

A. chown g＋x file1　　B. chmod 644 file1

C. chmod o＋x file1　　D. chmod a＋x file1

3. 假设 Linux 系统中不存在文件 newfile，现要创建一个新文件 newfile，以下哪个命令无法实现该功能？（　　）

A. vi newfile　　B. touch newfile

C. cp file /itheima/newfile　　D. cd /itheima/newfile

4. 下列各选项中哪个选项不属于 Vi 编辑器的工作模式？（　　）

A. 视图模式　　B. 插入模式

C. 底行模式　　D. 命令模式

5. 以下关于 Vi 编辑器的各选项中，哪个不正确？（　　）

A. Vi 编辑器的工作模式有 3 种，分别为命令模式、插入模式和底行模式

B. 在 Vi 编辑器中，插入模式和底行模式可以直接切换

C. 在 Vi 编辑器中，可通过 Esc 键从插入模式切换到底行模式

D. Vi 编辑器的底行模式和命令模式间无须切换

四、简答题

1. 简单说明 Vi 编辑器的工作模式，并画图说明各模式间的切换方法。

2. 以 httpd 服务为例，简单说明 systemctl 命令的功能，并以 httpd 服务为例展示 systemctl 命令的用法。

第 3 章 Shell

学习目标

- 了解 Shell 的概念、分类与使用技巧
- 熟悉 Shell 中的变量
- 掌握 Shell 中的符号
- 掌握正则表达式
- 掌握 grep 命令的使用
- 熟悉 sed 命令的使用
- 熟悉 awk 的使用
- 掌握 Shell 脚本的语法格式

在 IT 环境维护中，为了提高工作效率，减少因手工操作出现的错误，人们常选择使用脚本处理大量重复性工作。Shell 是 Linux 系统中最常使用的脚本语言，使用 Shell 脚本可实现有针对性的自动化运维。本章将针对与编写 Shell 脚本相关的知识，包括 Shell 的语法、正则表达式、文本处理工具等进行讲解。

3.1 Shell 概述

在计算机中，用户是无法直接与硬件或内核交互的。用户一般通过应用程序发送指令给内核，内核在收到指令后分析用户需求，调度硬件资源来完成操作。在 Linux 系统中，这个应用程序就是 Shell，本节将针对 Shell 进行详细讲解。

3.1.1 Shell 的概念

Shell 是一种具备特殊功能的程序，处于用户与内核之间，提供用户与内核进行交互的接口。换言之，Shell 可接收用户输入的命令，将命令送入内核中执行。内核接收到用户的命令后调度硬件资源完成操作，再将结果返回给用户。Shell 与内核及用户间的关系如图 3-1 所示。

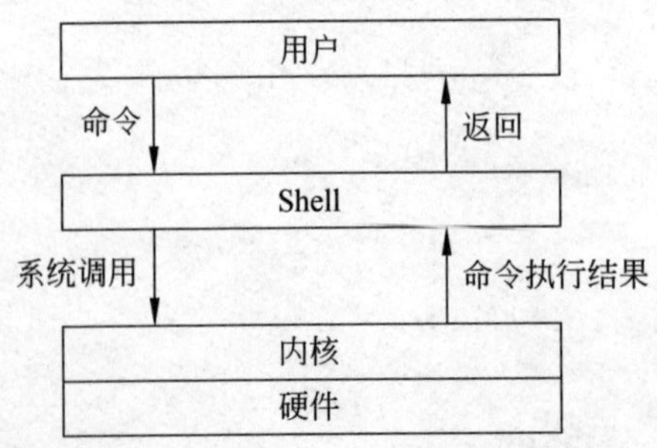

图 3-1 Shell 与内核及用户的关系

Shell 在帮助用户与内核完成交互的过程中还提供了解释功能：传递命令时，Shell 将命令解释为二进制形式；返回结果时，Shell 将结果解释为字符形式，因此 Shell 又被称为命令解释器。Shell 拥有内建的命令集，第 2 章中介绍的多种命

令,实际上都是 Shell 命令集中的命令。

Shell 也是一个解释型的程序设计语言,使用 Shell 语言编写的程序称为 Shell 脚本。Shell 脚本支持变量、数组和控制结构(如选择结构、循环结构等),也支持 Shell 命令。Shell 编程语言简单易学,一旦掌握后它将是最得力的工具。

Shell 提供了两种方式以实现用户与内核的通信:交互式通信(Interactive)和非交互式通信(Shell Script)。交互式通信指用户输入一条命令,Shell 就解释执行一条命令,此种方式下用户输入的命令可以立即得到响应;非交互式通信指按照 Shell 语言规范编写程序并保存为文件,在需要时执行 Shell 文件,一次性执行文件中的所有命令。

3.1.2 Shell 的分类

Linux 中 Shell 种类很多,常见的 Shell 有 Bourne Shell(sh)、Bourne-Again Shell(bash)、C Shell(csh/tcsh)、Korn Shell(ksh)、Z Shell(zsh)几种。

1. Bourne Shell(sh)

sh 是 Linux/UNIX 操作系统最初使用的 Shell,在任一个操作系统上都可以使用。sh 在 Shell 编程方面非常优秀,但是在用户与内核的交互性方面不如其他几种 Shell。

2. C Shell(csh/tcsh)

csh 由以 William Joy 为代表的共计 47 位作者编写而成(tcsh 是 csh 的扩展)。因为 csh 的语法和 C 语言类似,所以 csh 被很多 C 程序员使用,这也是 csh 名称的由来。

csh 提供了友好的用户界面,并且增强了与用户的交互功能,如作业控制、命令行历史和别名等。虽然 csh 的功能很强大,但它的运行速度非常慢。

3. Korn Shell(ksh)

ksh 结合了 csh 的交互式特性,并融入了 sh 的语法。除此之外,ksh 还新增了一些功能,例如,数学计算、进程协作、行内编辑等。在 ksh 的基础上,又扩展出了 pdksh,它支持任务控制,可以在命令行上挂起、后台执行、唤醒或终止程序。

4. Bourne-Again Shell(bash)

bash 是 sh 的扩展,在 sh 的基础上增加了许多特性,而且它融合了 C Shell 和 ksh 的功能优势,如作业控制、命令行历史、支持任务控制等。相比 sh,bash 具有以下特色:

- 可以使用方向键查阅、输入、修改命令。
- 支持命令补齐功能。
- 自身包含帮助功能,用户只要在提示符下面键入 help 就可以得到相关的帮助信息。

bash 有很灵活和强大的编程接口,同时又有很友好的用户界面,是 Linux 操作系统默认的 Shell。

5. Z Shell(zsh)

zsh 是 Linux 操作系统中最大的 Shell,它包含 84 个内置命令。在完全兼容 bash 的同时,zsh 还有很多性能方面的提升,例如,更高效、更好的自动补全功能等。但是 zsh 需要使用者手动安装,比较麻烦。一般的 Linux 操作系统都不会使用 zsh。

Linux 系统中的每种 Shell 都有各自的优势和不足,用户在使用时可根据具体情况酌情选择。

使用 cat 命令查看/etc/shells 文件中的内容可确定主机支持的 Shell 类型,具体操作与命令的输出结果如下:

```
[itheima@localhost ~]$ cat /etc/shells
/bin/sh
/bin/bash
/sbin/nologin
/usr/bin/sh
/usr/bin/bash
/usr/sbin/nologin
/bin/tcsh
/bin/csh
```

由输出结果可知,本机中有 sh、bash、tcsh 和 csh 4 种。用户还可以使用 echo 命令,通过打印环境变量 $SHELL($SHELL 是一个环境变量,它记录了 Linux 当前用户所使用的 Shell 类型,关于环境变量将在 4.2.2 节进行讲解)的值来查看本机当前正在使用的 Shell,具体操作与命令的输出结果如下:

```
[itheima@localhost ~]$ echo $SHELL
/bin/bash
```

由输出结果可知,本机当前使用的是 bash,即系统默认的 Shell。接下来的章节中提到的 Shell,没有特殊说明,一般都指 bash。

用户使用的 Shell 是可以更改的,直接输入各类 Shell 的文件名就可以开启一个新的 Shell,以开启 csh 为例,具体操作如下:

```
[itheima@localhost ~]$/bin/csh
```

此命令启动了一个新的 Shell(csh),这个 Shell 在 bash 之后登录,称为 bash 的下级 Shell 或子 Shell。使用 echo $SHELL 只能显示用户登录的 Shell,无法显示子 Shell,用户可使用如下命令来显示系统中运行的所有 Shell,包括所有的子 Shell。

```
[itheima@localhost ~]$ ps
  PID TTY      TIME        CMD
 3943 pts/0    00: 00: 00  bash
 4201 pts/0    00: 00: 00  csh
 4217 pts/0    00: 00: 00  ps
```

在上述命令中,ps 用于显示系统中正在运行的进程,"|"是管道符,grep 是一个搜索命令工具,该命令的含义是搜索系统中运行的 sh 进程。管道符将在 3.1.3 节讲解,grep 命令将在 3.5 节讲解。由输出结果可知,子 Shell(csh)正在运行,使用 exit 命令可以退出这个子 Shell。

3.1.3 Shell 的使用技巧

Shell 有很多常用的使用技巧，对于初学者来说，掌握这些使用技巧对提升使用 Linux 的效率有很大帮助。接下来介绍几种常用的 Shell 使用技巧。

1. 自动补齐

Shell 具有命令行自动补齐的功能。利用 Tab 键可以根据输入的字符串自动查找匹配的命令、文件、目录等，如果匹配结果唯一，Shell 会自动补齐；如果有多个可以匹配的名称，按两次 Tab 键后 Shell 会列出所有匹配项。

例如，用户要从当前目录进入到/usr/src/kernels/3. 10. 0-514. el7. x86_64/目录，在进入目录时就可以利用自动补齐的功能快速切换这个目录。

```
[itheima@localhost ~]$cd /u<Tab>/sr<Tab>/ke<Tab>/3.10<Tab>
```

对以上命令进行分析，具体如下：

(1) /u<Tab>会自动补齐为/usr/。

(2) /usr/sr<Tab>会自动补齐为/usr/src/。在这一步，如果只写出一个 s 字符，则会出现 sbin/、share/、src/ 3 个目录供选择，因此示例中匹配以 sr 开头的字符串。

(3) /usr/src/ke<Tab>会自动补齐为/usr/src/kernels/。

(4) usr/src/kernels/3. 10<Tab>会自动补齐为/usr/src/kernels/3. 10. 0-514. el7. x86_64/。

有了自动补齐功能，在碰到名字特别长的文件名时使用自动补齐功能非常方便，例如，要安装某一个软件，安装包的名字为 vsfrpd-2. 0. 2-10. el5-linux-x64. rpm，这时只要在命令行输入如下命令就可以自动识别安装包：

```
[root@localhost itheima]# rpm -ivh vsfrpd<Tab>
```

2. 查找命令行历史记录

Shell 提供了 4 种方法查找命令行历史记录，具体如下所示。

(1) 查找家目录下的. history 文件，Shell 在执行命令时将命令的操作记录保存在用户家目录下的. bash_history 文件中，通过这个文件可以查询 Shell 命令的执行历史。

(2) 使用 history 命令，Shell 提供了 history 命令用于查询命令行历史记录。

(3) 使用键盘上下方向键，通过键盘上的上下方向键可以逐条查询命令行历史记录。如果要重新执行不久前执行的命令，使用上下方向键查找更方便。

(4) 使用快捷键 Ctrl＋R，按下此快捷键，会出现 reverse-i-search 提示，输入之前执行过的命令，每当输入一个字符，终端都会滚动显示历史命令，当显示到想要查找的命令时直接按回车键就执行了该命令。不想查找时，按 Esc 键或方向键退出查找。

3. 命令替换

在进行 Shell 编程时经常会用到命令替换，命令替换有两种方式：反引号(``)和 $()符号。

反引号在 Esc 键下方，它的作用是将命令字符替换为命令的执行结果。例如，替换 ls 命令，输出当前目录下的文件和目录。

```
[itheima@localhost ~]$ echo `ls`
公共 模板 视频 图片 文档 下载 音乐 桌面
```

以上命令的作用和直接执行 ls 命令相同，同样的功能也可以使用 $()符号来实现。

```
[itheima@localhost ~]$ echo $(ls)
公共 模板 视频 图片 文档 下载 音乐 桌面
```

这两种方式在替换时实现机制略有不同，但最终结果都是将命令替换成命令的执行结果。

4. I/O 重定向

Shell 默认可接收用户输入到终端的命令，并在执行后将错误信息和输出结果打印到终端，但在实际应用中，并非任何情境下我们都希望 Shell 执行这项默认操作，此时，可通过 Linux 系统提供的一些功能，改变 Shell 获取信息和输出信息的方向。

Linux 系统中的输入输出分为以下 3 类：

(1) 标准输入(STDIN)，标准输入文件的描述符是 0，默认的设备是键盘，命令在执行时从标准输入文件中读取需要的数据。

(2) 标准输出(STDOUT)，标准输出文件的描述符是 1，默认的设备是显示器，命令执行后其输出结果会被发送到标准输出文件。

(3) 标准错误(STDERR)，标准错误文件的描述符是 2，默认的设备是显示器，命令执行时产生的错误信息会被发送到标准错误文件。

Linux 允许对以上 3 种资源重定向。所谓重定向，即使用用户指定的文件，而非默认资源(键盘、显示器)来获取或接收信息。

下面分别针对上述 3 种文件，讲解其重定向的方法。

1) 输入重定向

输入重定向运算符“<”可以指定其右值为左值的输入，具体格式如下：

```
命令 0<文件名
```

其中 0 是标准输入文件标识符，可以被省略。以 wc 命令为例，将 file 中的内容作为命令 wc 的输入，统计文件中的行数。

```
[itheima@localhost ~]$wc -l <file
```

2）输出重定向

输出重定向运算符“>”可以将其右值作为左值的输出端，其格式如下：

```
命令 1>文件名
```

其中 1 是标准输出文件标识符，也可以被省略。以 cat 命令为例，将/etc/passwd 文件中的内容重定向到 file 文件的具体操作如下：

```
[itheima@localhost ~]$cat /etc/passwd >file
```

以上命令会将“cat /etc/passwd”的执行结果以覆盖的形式输出到 file 文件中。若想保留 file 文件的内容，可以使用“>>”运算符，以追加的形式将结果输出到 file 文件。

```
[itheima@localhost ~]$cat /etc/passwd >>file
```

3）错误重定向

错误重定向也使用“>”符号，其格式如下：

```
命令 2>文件名
```

其中 2 是标准错误文件描述符，不可以被省略。例如，打开一个不存在的文件会报出错误信息，如果使用错误重定向可以将错误信息输出到文件中。下面打开不存在的文件 cfile，将其错误信息重定向到文件 newfile 中，命令如下所示：

```
[itheima@localhost ~]$cat c 2>newfile
```

执行该命令，屏幕上不会输出错误信息，错误信息被重定向到 newfile 文件中了。查看 newfile 文件，结果如下所示：

```
[itheima@localhost ~]$ cat newfile
cat: c: 没有那个文件或目录
```

同样，错误重定向也可以使用运算符“>>”，以追加的方式将错误输出到指定的文件。

```
[itheima@localhost ~]$cat cfile 2>>file
```

5. 管道

管道符号为“|”，它可以将多个简单的命令连接起来，使一个命令的输出，作为另外一个命令的输入，由此来完成更加复杂的功能。其格式如下：

```
命令 1 | 命令 2 |…| 命令 n
```

以 ls 命令和 grep 命令的组合为例来演示管道符的使用，具体如下所示：

```
[itheima@localhost ~]$ls -l /etc | grep init
```

在以上示例中，管道符“|”连接了 ls 命令和 grep 命令，其作用为：输出 etc 目录下文件

信息包含 init 关键字的行。若不使用管道，则必须使用两步来完成这个任务，具体步骤如下：

```
[itheima@localhost ~]$ls -l /etc >tmp.txt
[itheima@localhost ~]$grep init <tmp.txt
```

3.2 Shell 中的变量

Shell 提供了一些变量，这些变量可以保存路径名、文件名或者数值等。Shell 中常用的变量有 4 种：本地变量、环境变量、位置变量和特殊变量，本节将针对这 4 种变量进行详细讲解。

3.2.1 本地变量

本地变量相当于 C 语言中的局部变量，它只在本 Shell 中有效，如果 Shell 退出，本地变量将被销毁。本地变量的定义格式如下所示：

```
NAME=value
```

NAME 是变量名，value 是赋给变量的值。如果 value 没有指定，变量将被赋值为空字符串。在使用变量时，要在变量前面加“$”符号。例如，定义一个变量 NAME，其值为 Tom，在输出时，要以 $NAME 的形式输出。

```
[itheima@localhost ~]$ NAME=Tom
[itheima@localhost ~]$ echo $NAME
Tom
[itheima@localhost ~]$ echo My name is $NAME
My name is Tom
```

Shell 支持连续输出多个变量的值，例如，再定义一个变量 AGE，其值为 23，然后同时输出变量 NAME 与 AGE。

```
[itheima@localhost ~]$ AGE=23
[itheima@localhost ~]$ echo $NAME $AGE
Tom 23
```

在定义本地变量时，还可以使用 read 命令从标准输入中读取变量值，其中 read 的-p 选项可以设置输入提示信息。

```
[itheima@localhost ~]$ read -p "please input an int number: " INTNUM
please input an int number: 100
[itheima@localhost ~]$ echo $INTNUM
100
```

删除所定义的变量，可以使用 unset 命令。

```
[itheima@localhost ~]$ unset AGE
[itheima@localhost ~]$ echo $AGE
```

调用 unset 命令删除 AGE 变量后，再输出该变量时值不再显示，仅输出一个空白行，表明这个变量已被删除。

3.2.2 环境变量

环境变量是 Shell 中非常重要的一个变量，用于初始化 Shell 的启动环境。下面将针对 Shell 中的环境变量进行详细的讲解。

1. 环境变量的定义与清除

环境变量在 Shell 编程和 Linux 系统管理方面都起着非常重要的作用，它一般用来存储路径列表，这些路径可用于搜索可执行文件、库文件等。环境变量定义格式如下所示：

```
export ENVIRON-VARIABLE=value
```

环境变量必须要使用 export 关键字导出，export 关键字的作用是声明此变量为环境变量。例如，定义 APPSPATH 变量并赋值为/usr/local，然后利用 export 将 APPSPATH 声明为环境变量。

```
[itheima@localhost ~]$ export APPSPATH=/usr/local
[itheima@localhost ~]$ echo $APPSPATH
/usr/local
```

在命令行中使用 export 定义的环境变量只在当前 Shell 与子 Shell 中有效，Shell 重启后这些环境变量将丢失。

使用 env 命令可以查看所有的环境变量，包括用户自定义的环境变量。

```
[itheima@localhost ~]$env
```

删除环境变量和删除本地变量的方式相同，也是调用 unset 命令。

```
[itheima@localhost ~]$ unset APPSPATH
[itheima@localhost ~]$ echo $APPSPATH
```

2. 几个重要的环境变量

bash 中预设了很多环境变量，其中有几个比较重要的环境变量，Linux 系统及诸多应用程序的正常运行都依赖它们。

1) PATH

PATH 是 Linux 中一个极为重要的环境变量，它用于帮助 Shell 找到用户所输入的命令。用户输入的每个命令都是一个可执行程序，计算机执行这个程序以实现这个命令的功能。可执行程序存在于不同目录下，PATH 变量就记录了这一系列的目录列表。

输出 PATH 变量的值，结果如下所示：

```
[itheima@localhost ~]$ echo $PATH
/usr/local/bin: /usr/local/sbin: /usr/bin: /usr/sbin: /bin: /sbin: /root/bin
```

由输出结果可知，PATH 中包含了多个目录，它们之间用冒号分隔，这些目录中保存着命令的可执行程序，例如，输入 ls 命令，PATH 就会去这些目录中查找 ls 命令的可执行程序，首先在/usr/local/bin 目录查找，找到就执行该命令；没找到就继续查找下一个目录，直到找到为止。如果 PATH 值存储的目录列表中的所有目录都不包含相应文件，则 Shell 会提示"未找到命令……"。

PATH 变量的值可以被修改，但在修改时要注意不可以直接赋新值，否则 PATH 现有的值将会被覆盖。如果要在 PATH 中添加新目录，可以使用下面的命令格式：

```
PATH=$PATH: /new directory
```

以上格式中 $PATH 表示原来的 PATH 变量，new directory 表示要添加的新路径，中间用冒号隔开，旧的 PATH 变量加上新增路径之后再赋值给 PATH 变量。

2）PWD 和 OLDPWD

PWD 记录当前的目录路径，当利用 cd 命令切换到其他目录时，系统自动更新 PWD 的值，OLDPWD 保存旧的工作目录。输出这两个变量的值，结果如下所示：

```
[itheima@localhost ~]$ echo $PWD
/root
[itheima@localhost ~]$ echo $OLDPWD
/usr/local
```

这表示当前所在目录是/root，之前所在目录是/usr/local。

3）HOME

HOME 记录当前用户的家目录，例如，在本机中有两个用户 root、itheima，分别用这两个用户输出 $HOME 变量的值，具体如下所示：

```
[itheima@localhost]$ echo $HOME
/home/itheima
[itheima@localhost root]$ echo $HOME
/root
```

4）SHELL

SHELL 变量的值是/bin/bash，表示当前的 Shell 是 bash。如果有必要使用其他 Shell，则需要重置 SHELL 变量的值。

5）USER 和 UID

USER 和 UID 是用于保存用户信息的环境变量，USER 保存已登录用户的名字，UID 则保存已登录用户的 ID。使用 echo 命令打印这两个环境变量，具体如下所示：

```
[itheima@localhost root]$ echo $USER $UID
itheima 1000
```

由以上打印结果可知，当前登录用户为 itheima，用户 ID 为 1000。

6）PS1 和 PS2

PS1 和 PS2 称为提示符变量，用于设置提示符格式。例如，“[itheima@localhost ~]$”就是 Shell 提示符，[]里包含了当前用户名、主机名和当前目录等信息，这些信息并不是固定不变的，可以通过 PS1 和 PS2 的设置而改变。

PS1 用于设置一级 Shell 提示符，也称为主提示符。使用 echo 命令查看 PS1 的值。

```
[root@localhost ~]# echo $PS1
[\u@\h \W]\$
```

由以上输出结果可知，变量 PS1 包含 4 项内容，这 4 项内容的含义分别如下：

- \u 表示即当前用户名；
- \h 表示主机名；
- \w 表示当前目录名；
- \$ 是命令提示符，普通用户是 $ 符号，如果是 root 用户，命令提示符是 # 符号。

PS2 用于设置二级 Shell 提示符，使用 echo 命令查看 PS2 的值，其结果如下所示：

```
[itheima@localhost ~]$ echo $PS2
>
```

PS2 的值为>符号，当输入命令不完整时，将出现二级提示符。

```
[root@localhost ~]# echo "hello
>"                                        #二级提示符
hello
```

3. 环境变量的配置文件

Linux 中环境变量包括系统级和用户级，系统级的环境变量对每个用户都有效，而用户级的环境变量只对当前用户有效。环境变量的配置文件也分为系统级和用户级，系统级的文件有很多，例如/etc/profile、/etc/profile.d、/etc/bashrc、/etc/environment 等，在这些文件中定义的环境变量对所有用户都是永久有效的。用户级的环境变量配置文件主要是.bash_profile 和.bashrc 两个文件，它们位于用户的家目录下。例如，以 itheima 用户登录，它们位于/home/itheima/目录下，使用 cat 命令查看两个文件中的内容，具体如下所示：

```
[itheima@localhost ~]$ cat .bash_profile
# .bash_profile

# Get the aliases and functions
if [ -f ~/.bashrc ]; then
    . ~/.bashrc
fi

# User specific environment and startup programs

PATH=$PATH: $HOME/.local/bin: $HOME/bin

export PATH0
```

```
[itheima@localhost ~]$ cat .bashrc
# .bashrc

# Source global definitions
if [ -f /etc/bashrc ]; then
     . /etc/bashrc
fi

# Uncomment the following line if you don't like systemctl's auto-paging feature:
# export SYSTEMD_PAGER=

# User specific aliases and functions
```

. bash_profile 文件主要定义当前 Shell 环境变量,. bashrc 文件主要用于定义子 Shell 环境变量。如果当前 Shell 创建了一个子 Shell,则. bashrc 文件使得子 Shell 的环境变量与当前 Shell 的环境变相分离。

用户在上述文件中均可以定义永久有效的环境变量,但要区分开环境变量是对所有用户有效还是对当前用户有效。

3.2.3 位置变量

位置变量主要用于接收传入 Shell 脚本的参数,因此位置变量也被称为位置参数。位置变量的名称由"$"与整数组成,命名规则如下所示:

```
$n
```

$n 用于接收传递给 Shell 脚本的第 n 个参数,如变量 $1 接收传入脚本的第一个参数。当位置变量名中的整数大于 9 时,需使用{}将其括起来,如脚本中的第 11 个位置参数应表示为 ${11}。位置变量是 Shell 中唯一全部使用数字命名的变量。需要注意的是,n 是从 1 开始的,$0 表示脚本自身的名称。

接下来通过一个 Shell 脚本来演示位置变量的用法,如例 3-1 所示。

例 3-1 编写 test. sh 脚本,其内容如下所示:

```
#!/bin/bash

echo "The script's name is : $0"
echo "Parameter #1: $1"
echo "Parameter #2: $2"
echo "Parameter #3: $3"
echo "Parameter #4: $4"
echo "Parameter #5: $5"
echo "Parameter #6: $6"
echo "Parameter #7: $7"
echo "Parameter #8: $8"
echo "Parameter #9: $9"
echo "Parameter#10: ${10}"
```

执行这个脚本，并传入相应的参数，结果如下所示：

```
[itheima@localhost ~]$ bash test.sh a b c d e f g h i j
The script's name is : test.sh
Parameter #1: a
Parameter #2: b
Parameter #3: c
Parameter #4: d
Parameter #5: e
Parameter #6: f
Parameter #7: g
Parameter #8: h
Parameter #9: i
Parameter #10: j
```

在接受参数时，位置变量只根据位置来接受相应参数，比如修改 test.sh 脚本。

```
#!/bin/bash

echo "The script's name is : $0"
echo "Parameter #8: $8"
```

修改之后的脚本只保留一个第 8 个位置变量，再次执行这个脚本，还是传递 10 个参数。结果如下所示：

```
[itheima@localhost ~]$ bash test.sh a b c d e f g h i j
The script's name is : test.sh
Parameter #8: h
```

在传入的参数中，第 8 个位置是 h，$ 8 读取到了相应位置的参数。如果传入的参数不足 8 个，那么 $ 8 值为空。

3.2.4　特殊变量

除了上述几个变量之外，Shell 还定义了一些特殊变量，主要用来查看脚本的运行信息。Shell 中的常用的特殊变量如下所示。

- $ #：传递到脚本的参数数量。
- $ * 和 $ @：传递到脚本的所有参数。
- $?：命令退出状态，0 表示正常退出，非 0 表示异常退出。
- $ $：表示进程的 PID。

接下来修改例 3-1 中的 test.sh 脚本来演示特殊变量的用法，如例 3-2 所示。

例 3-2　修改 test.sh，增加几行代码，如下所示：

```
#!/bin/bash

echo "The script's name is : $0"
echo "Parameter #1: $1"
```

```
echo "Parameter #2: $2"
echo "Parameter #3: $3"
echo "Parameter #4: $4"
echo "Parameter #5: $5"
echo "Parameter #6: $6"
echo "Parameter #7: $7"
echo "Parameter #8: $8"
echo "Parameter #9: $9"
echo "Parameter #10: ${10}"
#新增代码
echo "Parameter count: $#"          #传递给脚本参数数量
echo "All parameters: $* "          #传递给脚本的所有参数
echo "All parameters: $@ "          #传递给脚本的所有参数
echo "PID: $$"                      #本程序的进程 ID
```

在 test.sh 脚本中使用特殊变量显示该脚本运行的信息。执行 test.sh 脚本，传入相应参数，结果如下所示：

```
[itheima@localhost ~]$ bash test.sh a b c d e f g h i j
The script's name is : test.sh
Parameter #1: a
Parameter #2: b
Parameter #3: c
Parameter #4: d
Parameter #5: e
Parameter #6: f
Parameter #7: g
Parameter #8: h
Parameter #9: i
Parameter #10: j
Parameter count: 10
All parameters: a b c d e f g h i j
All parameters: a b c d e f g h i j
PID: 7997
```

由后 4 行输出结果可知：使用变量 $ # 可获取脚本执行时接收的参数总量，使用变量 $ * 与 $ @可获取传入脚本的全部参数，使用变量 $ $ 可获取当前脚本的进程 ID。

3.3 Shell 中的符号

Shell 除了命令，还有一些作用很强大的符号，如引号、通配符、连接符等。这些符号在 Shell 命令中有着各种各样的作用，借助这些符号，用户可以用命令完成更复杂的功能。本节将对 Shell 中常用的符号进行讲解。

3.3.1 引号

在 Shell 中，引号主要用来转换元字符的含义。所谓元字符，是指那些在正则表达式

(正则表达式将在 3.4 节学习)中具有特殊处理能力的字符,如 $ 、\、>等字符。

Shell 中的引号有 3 种:单引号('')、双引号("")与反引号(``)。接下来分别介绍这几种引号。

1. 单引号

单引号可以将它中间的字符还原为字面意义,实现屏蔽 Shell 元字符的功能。引号里的字符串就是一个单纯的字符串,没有任何含义。例如,定义变量 NUM=100,在输出变量时需要添加 $ 符号,如果这个变量加上单引号输出,则直接将 $ 符号与变量整体作为一个字符串输出,命令如下所示:

```
[itheima@localhost ~]$ NUM=100
[itheima@localhost ~]$ echo $NUM
100
[itheima@localhost ~]$ echo '$NUM'
$NUM
```

在第二次加单引号输出 $ NUM 时,直接输出了一个字符串而不是值 100,单引号将 $ 符号的功能屏蔽了。

注意:不可以在两个单引号中间单独插入一个单引号,单引号必须要成对出现。

2. 双引号

双引号也具有屏蔽作用,但它不会屏蔽 $ 符号、\符号和``符号。将刚才定义的变量 NUM 加双引号输出,具体如下所示:

```
[itheima@localhost ~]$ echo "$NUM"
100
```

由以上输出结果可知,使用双引号输出变量 NUM 时,$ 符号的功能不会被屏蔽。

注意:双引号也可以屏蔽单引号的作用,在一对双引号中,单引号不必成对出现。

3. 反引号

在 3.1.3 节讲解过反引号,它可以进行命令替换。反引号与双引号可以结合使用。例如,输出系统的时间,具体操作如下:

```
[itheima@localhost ~]$ echo "Today is `date`"
Today is 2017年 09月 07日 星期四 10: 50: 26 CST
```

以上所示的命令中用到了命令 date,该命令的功能是打印系统当前的时间。

可以把反引号嵌入到双引号中,但是当把反引号嵌入到单引号中时,单引号会屏蔽掉反引号的功能。例如,把`date`嵌入单引号中,将不会打印出当前的时间。

```
[itheima@localhost ~]$ echo 'Today is `date`'
Today is `date`
```

3.3.2 通配符

Shell的通配符一般用于数据处理或文件名匹配，常用的通配符如表3-1所示。

表3-1 Shell中的通配符

符号	说　明	符号	说　明
*	与零个或多个字符匹配	[]	与[]中的任一字符匹配
?	与任何单个字符匹配	[!]	与[]之外的任一字符匹配

下面将对表3-1中的通配符逐一讲解。

1. 通配符"*"

如果用户想要列出/etc目录下以sys开头的所有文件，可以使用如下命令：

```
[itheima@localhost~]$ ls -d /etc/sys*
sysconfig  sysctl.conf  sysctl.d  systemd  system-release  system-release-cpe
```

在以上命令中，sys*表示匹配以字符串sys开头的所有文件。-d选项表示仅对目标目录本身进行处理，不递归处理目录中的文件。

如果想输出以.conf结尾的所有文件，则可以使用如下命令：

```
[itheima@localhost~]$ ls /etc/*.conf
asound.conf             fuse.conf      man_db.conf     rsyncd.conf
autofs.conf             GeoIP.conf     mke2fs.conf     rsyslog.conf
autofs_ldap_auth.conf   host.conf      mtools.conf     sestatus.conf
brltty.conf             idmapd.conf    nfsmount.conf   sos.conf
…
```

在这个命令中，*.conf表示匹配所有以.conf字符串结尾的文件，此命令会输出所有以.conf结尾的文件。因为文件太多，在这里只截取一部分。

2. 通配符"?"

通配符"?"每次只能匹配一个字符，通常与其他通配符结合使用。如果想查找/etc目录下文件名是由两个字符组成的文件，可以使用如下命令：

```
[itheima@localhost~]$ ls -d /etc/??
hp  pm
```

3. 通配符"[]"

通配符"[]"表示与[]中的任一字符匹配，它通常是一个范围。例如，在/etc目录，列出以f～h范围的字母开头，并以.conf结尾的文件，可以使用如下命令：

```
[itheima@localhost~]$ls /etc/[f-h]*.conf
fprintd.conf  fuse.conf  GeoIP.conf  host.conf
```

由输出结果可知,/etc 目录下以 f～h 范围内的字母开头,并以.conf 结尾的文件有4个。

4．通配符“[!]”

通配符“[!]”表示除了[]里的字符,与其他任一字符匹配。例如,如果查找以 y 开头且不以.conf 结尾的文件,可以使用如下命令:

```
[itheima@localhost~]$ ls -d /etc/y*[!.conf]
yum  yum.repos.d
```

由输出结果可知,/etc 目录下符合条件的匹配项有两个。

3.3.3　连接符

Shell 中提供了一组用于连接命令的符号,包括“;”“&&”以及“||”,使用这些符号,可以对多条 Shell 指令进行连接,使这些指令顺序或根据命令执行结果有选择地执行。下面将对这些符号的功能分别进行介绍。

1．“;”连接符

使用“;”连接符间隔的命令,会按照先后次序依次执行。假如现在有一系列确定的操作需要执行,且这一系列操作的执行需要耗费一定时间,如安装 gdb 包时,在下载好安装包后,还需要逐个执行以下命令:

```
[root@localhost ~]#tar -xzvf gdb-7.11.1.tar.gz
[root@localhost ~]#cd gdb-7.11.1
[root@localhost ~]#./configure
[root@localhost ~]#make
[root@localhost ~]#make install
[root@localhost ~]#gdb -v
```

且在大多数命令开始执行后,都需要一定的时间,等待命令执行完毕。若此时使用“;”连接符连接这些命令,具体如下所示:

```
[root@localhost ~]#tar -xzvf gdb-7.11.1.tar.gz ;cd gdb-7.11.1;./configure;
make;make install;gdb -v
```

系统会自动执行这一系列命令。

2．“&&”连接符

使用“&&”连接符连接的命令,其前后命令的执行遵循逻辑与关系,只有该连接符之前的命令执行成功后,它后面的命令才被执行。

3．“||”连接符

使用“||”连接符连接的命令,其前后命令的执行遵循逻辑或关系,只有该连接符之前的

命令执行失败时，它后面的命令才会执行。

3.4 正则表达式

正则表达式是预先定义好的一组规则(也称为模式)，这组规则通常应用于文本搜索与替换中。由于其语法简练、功能强大，许多编程语言，如 C++ 、Java、Perl、Shell 等都提供了对正则表达式的支持。

3.4.1 正则表达式的概念

正则表达式可以对文本进行过滤，而它之所以拥有过滤文本的功能，是因为它定义了一系列的元字符。元字符与其他字符组合起来形成一定的规则，只有符合规则的文本才能保留下来，而不符合规则的文本会被过滤，如检测文本中是否包含字符串"ab"，其原理如图 3-2 所示。

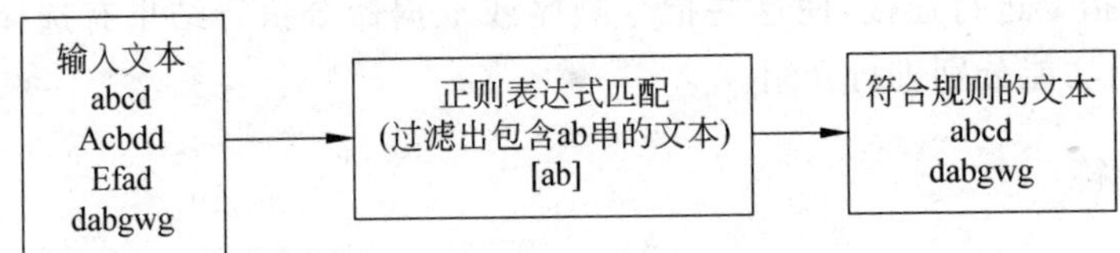

图 3-2　正则表达式对文本的处理

正则表达式也可理解为描述字符串结构模式的形式化表达"方法"或"思想"，它与一些特定工具搭配使用，可实现包括添加、删除、分离、插入、选择等各种文本分析功能。

注意：正则表达式的元字符与 Shell 中的通配符有一些重复，但它们的意义却不完全相同。

3.4.2 元字符

POSIX 规范规定了两种标准的正则表达式语法：一种是基本正则表达式，另一种是扩展正则表达式。这两种正则表达式的元字符组成略有不同。下面分别来学习这两种正则表达式的元字符。

1. 基础正则表达式元字符

1) 限定符"*"

符号"*"用于匹配前导字符 0 次或多次，具体示例如下：

```
hel*o
```

以上示例中"*"符号之前是普通字符 l，"*"符号就表示匹配 l 字符 0 次或多次，字符串 helo、hello、hellllllo 都可以与 hel*o 匹配。

2) 点字符"."

符号"."用来匹配除换行符"\n"外任意的单个字符。当正则表达式中出现"."符号时，意味着该位置应有一个字符，具体示例如下：

```
..U73.
```

"."只能匹配一个字符,因此上述字符串表示前两个字符是任意字符,第 3~5 个字符是 U73,最后一个字符也是任意字符。字符串 MHU73、4JU73H 等都可与..U73.匹配。

3）行首定位符"^"

符号"^"用来匹配行首字符,表示行首字符是"^"后面那个字符。例如,列举出/etc 目录下以字符串"sys"开头的文件,可以使用如下命令:

```
[itheima@localhost ~]$ ls /etc | grep "^sys"
sysconfig
sysctl.conf
sysctl.d
systemd
system-release
system-release-cpe
```

注意:尽管以上示例匹配的是以字符串"sys"开头的内容,但读者应理解为匹配以字符"s"开头,第二、第三个字符依次为 y 和 s 的行,这种理解方式更符合正则表达式的思维。这种思维在学习正则表达式时非常重要,读者应熟练掌握。

4）行尾定位符"$"

行尾定位符"$"用来匹配文本行末尾的字符,与"^"符号的作用正相反。例如,查找/etc 目录下以 conf 结尾的文件,可以使用如下命令:

```
[itheima@localhost ~]$ ls /etc | grep conf$
asound.conf
autofs.conf
autofs_ldap_auth.conf
brltty.conf
cgconfig.conf
cgrules.conf
cgsnapshot_blacklist.conf
…
```

同样,读者在理解行尾定位符的时候也应该从字符的角度去理解,即"conf$"匹配的是以字符 f 结尾,同时倒数第 2~4 个字符依次为 n、o、c 的文本行。

5）字符组"[]"

"[]"符号的功能比较特殊,它是用来指定一个字符集合的,其基本语法如下:

```
[abc]
```

其中 a、b 和 c 表示任意单个字符,只要某个字符串在方括号所在的位置出现了方括号中的任意一个字符,就能满足匹配规则。

另外,对于连续的数字或字母可以使用符号"-"来表示一个范围,例如,[a-z],表示匹配到 a~z 中的任意一个字母。下面通过查看/etc 目录下以 rc 开头,并且 rc 后面紧跟一个数字的文件有哪些来演示"[]"符号的使用,查看的命令具体如下所示:

```
[itheima@localhost ~]$ ls /etc | grep "^rc[0-9]"
rc0.d
rc1.d
rc2.d
rc3.d
rc4.d
rc5.d
rc6.d
```

由输出结果可知,符合规则的文件一共有 7 个。

注意:元字符"*"或"."位于"[]"符号之中,便仅表示一个普通的字符,不再具有特殊意义。

6) 排除型字符组"[^]"

"[^]"表示不匹配其中列出的任意字符,其语法格式如下所示:

```
[^abc]
```

它的用法与"[]"符号相反,此处不再赘述。

2. 扩展正则表达式元字符

与基本正则表达式相比,扩展正则表达式新增加了一些元字符,它支持比基本正则表达式更多的元字符。下面介绍这些新增加的元字符。

1) 限定符"+"

"+"符号与"*"符号类似,都可匹配其前导字符多次,但"*"符号支持匹配 0 次,而"+"符号要求至少匹配 1 次。例如,在/etc 目录下查找以 ss 开头的文件,分别使用"+"符号与"*"符号进行匹配,具体命令如下所示:

```
[itheima@localhost ~]$ ls /etc | grep "^sss*"
ssh
ssl
sssd
[itheima@localhost ~]$ ls /etc | egrep "^sss+"
sssd
```

由输出结果可知,第一个命令使用"*"符号进行匹配输出了 3 个文件,因为"*"符号可以匹配 0 次,所以 ssh 与 ssl 符合匹配规则;第二个命令使用"+"符号进行匹配,输出一个文件,因为"+"符号至少匹配一次,因此只有 sssd 符合匹配规则。

注意:在使用"+"符号时,使用了 egrep 命令,这是因为 grep 命令使用的是基本正则表达式,而 egrep 命令默认使用扩展正则表达式。如果使用 grep 命令要加上-E 选项。

2) 限定符"?"

"?"也是一个限定符,它限定前导字符最多出现 1 次,即前导字符只能出现 0 次或 1 次。例如,查询/etc 目录下以"sss"或"ss"字符串开头的文件,使用"?"符号进行匹配,具体命令如下所示：

```
[root@localhost ~]# ls /etc | egrep "^sss?"
ssh
ssl
sssd
```

在字符串"ss"之后可以出现 0 个或 1 个字符 s，因此这 3 个文件全部被输出。

3）“|”符号和“()”符号

“|”符号实现正则表达式之间的“或”运算，其格式如下所示：

```
表达式 1 | 表达式 2 |…|表达式 n
```

“()”表示一组可选值的集合。“()”经常结合“|”一起使用，表示一组可选的值。例如，筛选/etc 目录下包含字符串"ssh"或"ssl"或以"yum"开头的文本行，可以使用如下命令：

```
[itheima@localhost ~]$ ls /etc | egrep "(ssh|ssl|^yum)"
ssh
ssl
yum
yum.conf
yum.repos.d
```

“()”符号与“|”符号结合使用也可以实现“[]”符号的功能，如(a|b|c)。但“()”与“|”组合后的功能比“[]”更强大，“[]”只能匹配单个字符，而“()”与“|”结合使用可以匹配多个字符。

3.5 文本处理工具

3.4 节介绍了正则表达式，正则表达式主要用于过滤文本，它常与文本处理工具结合使用，Shell 提供了 3 个强大的文本处理工具：grep、sed、awk。本节将针对这 3 个文本处理工具进行详细的讲解。

3.5.1 grep

grep 是 Global Search Regular Expression and Print out the line(全局搜索正则表达式并打印文本行)的缩写，它是一个强大的文本搜索命令。它会从一个或多个文件中搜索与指定模式匹配的文本行，并打印匹配结果。grep 命令的基本格式如下：

```
grep [选项] [模式] [文件名]
```

以上格式中的模式是匹配规则，模式后的文件名用于指定搜索目标，文件名可以有多个，其间以空格分隔，模式前的选项用于对模式进行补充说明，grep 命令的常用选项如表 3-2 所示。

表 3-2　grep 命令的常用选项

选项	说　明
-c	只输出匹配行的数量，不显示匹配的内容
-i	搜索时忽略大小写
-h	当搜索多个文件时，不显示文件名前缀
-l	只输出匹配的文件名，不显示匹配的具体内容
-n	输出所有匹配的文本行，并显示行号
-s	不显示关于不存在或者无法读取文件的错误信息
-v	只显示不匹配的文本行
-w	匹配整个单词
-x	匹配整个文本行
-r	递归搜索，不仅搜索当前目录，还要搜索其各级子目录
-q	不输出任何匹配结果，以退出码的形式表示搜索是否成功，其中 0 表示找到了匹配的文本行
-b	打印匹配的文本行到文件头的偏移量，以字节为单位
-E	支持扩展正则表达式
-F	不支持正则表达式，按照字符的字面意思进行匹配

grep 与正则表达式配合使用，可实现强大的搜索功能，下面通过一组 grep 命令来演示 grep 与正则表达式的配合使用。

1. 匹配行首

正则表达式中的元字符“^”表示匹配行首，在使用 grep 搜索文本时可以使用“^”符号进行行首的匹配。例如，查找文件/etc/sysctl. conf 中以“＃”符号开头的文本行，并显示每行的行号，可使用如下命令：

```
[itheima@localhost etc]$ grep -n ^# sysctl.conf
1: # sysctl settings are defined through files in
2: # /usr/lib/sysctl.d/, /run/sysctl.d/, and /etc/sysctl.d/.
3: #
4: # Vendors settings live in /usr/lib/sysctl.d/.
5: # To override a whole file, create a new file with the same in
6: # /etc/sysctl.d/ and put new settings there. To override
7: # only specific settings, add a file with a lexically later
8: # name in /etc/sysctl.d/ and put new settings there.
9: #
10: # For more information, see sysctl.conf(5) and sysctl.d(5).
```

“^”符号还可以结合“＄”符号搜索文件中的空白行，如搜索/etc/yum. conf 文件中的空白行和非空白行，具体命令如下：

```
[itheima@localhost etc]$ grep -c ^$ yum.conf
3
[itheima@localhost etc]$ grep -c ^[^$] yum.conf
23
```

由命令输出结果可知，/etc/yum.conf 文件中有 3 行空白行、23 行非空白行。

2. 设置大小写

使用-i 选项可以使用 grep 命令不区分大小写，利用[]符号也可以实现这一功能。例如，在/etc/yum.conf 文件中搜索 This 和 this 关键字，可以使用如下命令：

```
[itheima@localhost etc]$ grep -n [Tt]his yum.conf
15: #  This is the default, if you make this bigger yum won't see if the metadata
20: # Fedora which don't keep old packages around. If you don't like this checking
22: # manually check the metadata once an hour (yum-updatesd will do this).
```

如果不区分大小写查找"this"字符串，可以使用如下命令：

```
[itheima@localhost etc]$ grep '[Tt][Hh][Ii][Ss]' yum.conf
```

3. 转义字符

如果匹配的目标字符串中包含元字符，则需要利用转义字符“\”屏蔽它们。例如，要搜索包含"seu.edu.cn"字符串的行，由于“.”符号是元字符，因此需要在“.”符号前加上“\”符号进行转义，否则它会把“.”符号匹配成任意字符。

横杠(-)字符比较特殊，虽然它不属于正则表达式元字符，但是，由于“-”字符是引出 grep 命令的选项的特殊字符，因此当模式以“-”字符开头时，也需要用转义字符将其转义。

接下来通过一个案例来演示转义字符的用法，如例 3-3 所示。

例 3-3 在当前目录下有文件 chapter3-3.txt，文件内容如下所示：

```
abcdef
---
#$123
```

在此文件中查找“---”文本行，可以使用如下命令：

```
[itheima@localhost ~]$ grep '\-\{3\}' chapter3-3
---
```

在这个命令中如果“-”符号前没有加转义字符，则会报错。

```
[itheima@localhost ~]$ grep '-\{3\}' chapter3-3
grep: 无效选项 --\
用法: grep [选项]... PATTERN [FILE]...
试用"grep --help"来获得更多信息。
```

“-”符号前没加加转义字符，结果 grep 将模式解析为选项，Shell 提示无效选项错误。

如果不加单引号，会报两种错误。

与正则表达式结合使用极大地增加了 grep 的灵活性，同时也增大了使用的难度，读者要在本节的案例基础上多加练习，多思考分析，从而熟练运用 grep 命令。

多学一招：grep 命令族

随着 Linux 的发展，grep 命令也在不断完善。到目前为止，grep 命令族已经包括 grep、egrep 以及 fgrep 3 个命令。

egrep 是 grep 命令的扩展，它使用扩展正则表达式作为默认的正则表达式引擎，与 grep -E 等价。

fgrep 命令是 fast grep 的缩写，它不支持正则表达式，因为在此命令中，所有字母都被看作单词，也就是说，在 fgrep 命令中，所有正则表达式中的元字符都被视为一般字符，仅仅拥有其字面意义，不再拥有特殊意义。fgreo 与 grep -F 是等价的。

3.5.2 sed

sed(stream editor)是一个非交互式的文本处理命令，它可以对文本文件和标准输入进行编辑。标准输入可以来自键盘、文件重定向、字符串、变量，甚至来自管道的文件。sed 在处理文本数据时，会将读取到的数据复制到缓冲区，在缓冲区中对数据进行处理，处理完成之后再输出到屏幕。其中，这个缓冲区又被称为模式空间，其工作原理如图 3-3 所示。

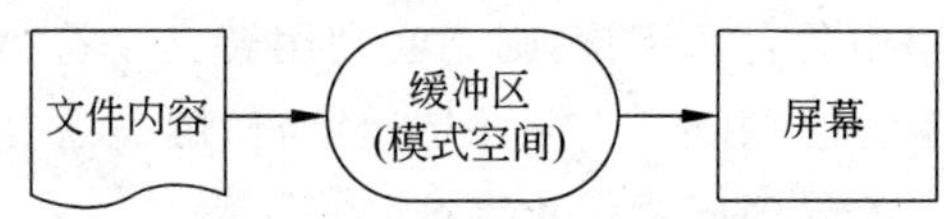

图 3-3 正则表达式对文本的处理

在处理完一段文本之后，sed 会接着处理下一段，这样不断重复，直到文件末尾。当编辑命令太过复杂、文件太大、文本处理需要执行多个函数时都可以使用 sed 命令对文本数据进行处理。与 Vi 等其他文本编辑器相比，sed 可以一次性处理所有的编辑任务，可极大地提升工作效率，节约用户时间。

sed 的基本命令格式如下所示：

```
sed [选项] 'sed 编辑命令' 输入文件
```

在上述语法格式中，sed 编辑命令要用单引号括起来。sed 命令的常用选项如表 3-3 所示。

表 3-3 sed 命令的常用选项

选项	含　义
-n	关闭默认的模式空间的输出
-e	将下一个字符串解析为命令，如果只传递一个命令，则可以省略此选项
-f	编辑脚本内容，表明正在使用脚本
-r	在脚本指令中使用扩展正则表达式
-i	直接修改原文件，此选项要慎用

sed 编辑命令是对标识的文本进行处理，如打印、删除、追加、插入和替换等，sed 提供了极为丰富的编辑命令，如表 3-4 所示。

表 3-4　sed 编辑命令

选项	含　义
p	打印匹配行
=	显示文件行号
a\	在定位行号之后追加文本信息
i\	在定位行号之前插入文本信息
d	删除定位行
c\	用新文本替换定位文本
s	使用替换模式替换相应模式
r	从一个文件中读文本
w	将文本写入到一个文件
q	第一个匹配模式完成后退出
l	显示非打印字符
{}	在定位行执行命令组
n	读取下一个输入行，用下一个命令处理新的行
g	将保持缓冲区的内容复制到模式缓冲区
G	将保持缓冲区的内容追加到模式缓冲区
y	变换字符（不能对正则表达式使用 y 选项）
h	将模式缓冲区的文本复制到保持缓冲区
H	将模式缓冲区的文本追加到保持缓冲区

为了演示 sed 命令的使用，编写一个文本文件 poem 作为待处理的文本文件，文件内容如下所示：

```
#This is a poem#
For rain
====================================
Rain is falling all around,
It falls on field and tree,
It rains on the umbrella here,

And on the ships at sea.
by R. L. Stevenson, 1850-1894
```

在接下来 sed 处理文本的过程中，如果没有特殊说明，均是指 poem 文件。

在命令行中可以使用 sed 命令直接对文本进行处理，如输出 poem 文件的内容，命令如下所示：

```
[itheima@localhost ~]$ sed '=' poem          #使用=选项,带行号输出文本
1
#This is a poem#
2
For rain
3
=====================================
4
Rain is falling all around,
5
It falls on field and tree,
6
It rains on the umbrella here,
7

8
And on the ships at sea.
9
by R. L. Stevenson, 1850-1894
```

以上示例的命令中符号“=”是编辑命令，用于显示行号。需要注意的是，sed 的编辑命令可以加单引号也可以不加，与其他模式或命令结合使用时也是如此。

除了输出文本外，sed 命令还可以对文本进行修改，如对文本执行追加、删除等操作时，这些操作通常会使用好几个 sed 命令。在这种情况下，人们通常将命令写入脚本，再以脚本调用的方式实现这些操作。下面分别通过追加、删除文本来演示 sed 的用法。

1. 追加文本

sed 的编辑命令 a\用于追加文本，它可以将指定的一行或多行文本追加到指定位置。指定位置以匹配模式“/pattern/”或行号的形式给出，如果不指定地址，sed 默认放置到每一行后面。

实现文本内容追加功能的 sed 命令格式如下：

```
sed'指定地址 a\text' 输入文件
```

以在 poem 文件中的“For rain”后追加新的文本“add a new line!!!”为例进行说明，具体命令如下：

```
[itheima@localhost ~]$ sed '/For rain/a\add a new line!!!' poem
#This is a poem#
For rain
add a new line!!!
=====================================
Rain is falling all around,
It falls on field and tree,
It rains on the umbrella here,

And on the ships at sea.
by R. L. Stevenson, 1850-1894
```

由输出结果可以看出，追加成功。同样，也可以用脚本来实现文本的追加，编写脚本 add.sh，内容如下所示：

```
/For rain/a\
we add a new line!!!
/==/a\
add anothernew line!!!
```

脚本 add.sh 中使用编辑命令 a\实现追加。如果追加的文本有多行，可以使用反斜杠“\”完成换行。脚本编写完成后，在命令行使用 sed 命令调用脚本，方可完成追加。

```
[itheima@localhost ~]$ sed -f add.sh poem
#This is a poem#
we add a new line!!!
======================================
add another line!!!
Rain is falling all around,
It falls on field and tree,
It rains on the umbrella here,

And on the ships at sea.
by R. L. Stevenson, 1850-1894
```

对比原 poem 文件与本次的输出结果可知，在双横线前后分别添加了新的文本。

以上实现的追加操作只是在标准输出中对输出结果进行了追加，并没有将这些新文本添加到原始文件 poem 中。如果要修改原文件，需要使用-i 选项，命令如下所示：

```
[itheima@localhost ~]$ sed -f add.sh -i poem
```

2. 删除文本

如果是要删除某一文本行，可以使用编辑命令 d。以删除 For rain 为例，具体命令如下：

```
# /For rain/d
```

执行不同的操作可以使用不同的编辑命令，sed 的编辑命令有很多，但其实只要掌握很少一部分就能处理大多数情况。

add.sh 脚本中没有指定命令解释器，因此需要调用相应的命令来执行脚本。如果在脚本中指定命令解释器，则赋予脚本可执行权限后，可直接在命令行执行脚本。例如，修改 add.sh 脚本文件，在脚本中指定命令解释器。

```
#!/bin/sed -f
/For rain/a\
we add a new line!!!
/==/a\
add anothernew line!!!
```

修改后的 add. sh 脚本，第一行以“#!”符号开头，后面是解释器的路径，即指定命令解释器，这一点与 Shell 脚本的格式是一样的，关于 Shell 脚本的语法格式将在 3.6 节讲解。

命令解释器一般是在/bin 目录下。如果读者不知道 sed 在哪个目录下，可以使用 which sed 命令获知。

```
[itheima@localhost ~]$ which sed
/usr/bin/sed
```

sed 使用-f 选项表示正在调用脚本文件，-f 选项在脚本中必不可少，若无此选项，则执行脚本时将报错。赋予 add. sh 脚本执行权限，然后执行脚本，在执行脚本时仍然需要加上文件名。

```
[itheima@localhost ~]$ chmod u+x add.sh          #赋予脚本执行权限
[itheima@localhost ~]$ ./add.sh poem
#This is a poem#
For rain
we add a new line!!!
================================
add anothernew line!!!
Rain is falling all around,
It falls on field and tree,
It rains on the umbrella here,

And on the ships at sea.
by R. L. Stevenson, 1850-1894
```

在以后的学习过程中，如果需要对文本进行多处修改，最好使用脚本而不是命令。

3.5.3 awk

awk 以它的 3 位开发者(Alfred V. Aho、Peter J. Weinberger 和 Brian W. Kernighan)的姓氏首字母命名。awk 不仅是一种强大的文本处理工具，也是一门编程语言。

awk 在读取分析数据时，从头到尾逐行扫描文件内容，寻找与指定模式匹配的行，并对匹配出的文本行进行处理。简言之，awk 的工作流程分为模式匹配和处理过程两步。

在匹配的过程中，如果没有指定匹配模式，则默认匹配所有数据。awk 每读取一行数据，都会对比该行是否与给定的模式相匹配，如果匹配，则对数据进行处理，否则不做任何处理。如果没有指定如何处理内容，则把匹配到的内容打印到终端。

awk 定义了两个特殊的模式：BEGIN 和 END。BEGIN 放置在读取数据之前执行，标识数据读取即将开始；END 放置在读取数据结束之后执行，标识数据读取已经完毕。

awk 的工作流程如图 3-4 所示。

awk 命令的基本格式如下所示：

```
awk [选项] pattern {actions} 文件
```

其中，pattern 是匹配模式，actions 是要执行的操作。以上语法表示当文本行符合 pattern 指定的匹配规则时，执行 actions 操作。pattern 和 actions 都是可选的，但至少要有一个。

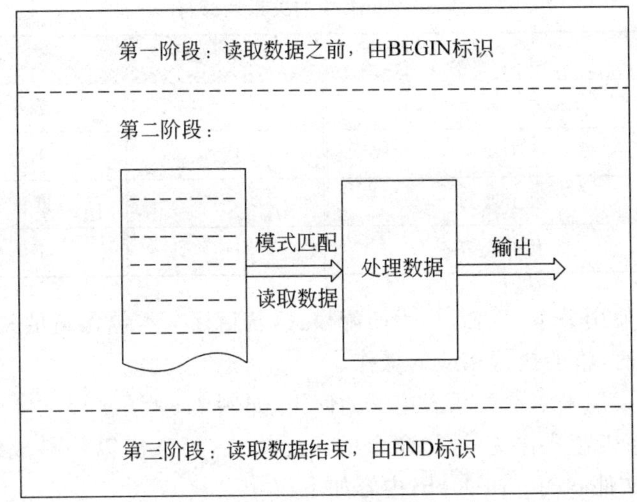

图 3-4　awk 工作流程

如果省略 pattern，则表示对所有的文本行执行 actions 操作；如果省略 actions，则表示将匹配结果打印到终端。

awk 命令有几个常用的选项，如表 3-5 所示。

表 3-5　awk 命令的常用选项

选项	含　义
-F	指定以 fs 作为输入行的分隔符，默认的分隔符为空格或制表符
-v	赋值一个用户定义的变量
-f	从脚本文件读取 awk 命令

在 awk 中，匹配模式处于非常重要的地位，它决定着后面的操作会影响到哪些文本行。awk 中的匹配模式主要包括关系表达式、正则表达式、混合模式、BEGIN 和 END，下面针对这几种匹配模式进行详细讲解。为了演示 awk 对文本的处理，我们编写一个文本文件 scroe 用作 awk 的处理文件，文件内容如下所示：

```
zhangsan   88    76    90    83
lisi       100   69    89    84
xiaowang   68    87    92    63
xiaoming   77    70    88    90
lili       83    95    78    89
xiaohong   99    85    76    100
```

文件 scores 中的第一列为学生姓名，后面各列是各科成绩。在接下来的 awk 学习过程中，如无特殊说明，数据处理均以此文件为例。

1. 关系表达式

awk 提供了一组关系运算符，如表 3-6 所示。

表 3-6 awk 中的关系运算符

运算符	含 义	运算符	含 义
>	大于	==	等于
<	小于	!=	不等于
<=	小于或等于	~	匹配正则表达式
>=	大于或等于	!~	不匹配正则表达式

awk 允许用户使用关系表达式作为匹配模式，若目标文本包含满足关系表达式，当文本行满足关系表达式时，将会执行相应的操作。

下面通过一个案例来演示关系表达式的使用，如例 3-4 所示。

例 3-4 用关系表达式作为 awk 命令的匹配模式，筛选出第一科成绩大于 80 分的同学，编写 awk 脚本文件 chapter3-4. sh，内容如下：

```
#!/bin/bash
result=`awk '$2>80 {print}' scores`
echo "$result"
```

以上脚本文件中，变量 $2 表示引用第二列的值；{print}表示打印匹配成功的文本行。赋予此脚本文件执行权限，执行该脚本，具体如下所示：

```
[itheima@localhost ~]$ chmod +x chapter3-4.sh
[itheima@localhost ~]$ ./chapter3-4.sh
zhangsan    88    76    90    83
lisi        100   69    89    84
lili        83    95    78    89
xiaohong    99    85    76    100
```

对比 scores 文件中原始内容与输出结果，可知第二列(第一科成绩)值小于 80 的行已经被过滤掉。

2. 正则表达式

awk 支持以正则表达式作为匹配模式，它的用法与 sed 相同。下面以使用正则表达式匹配首字符为 x 的行为例，展示 awk 的用法，具体如例 3-5 所示。

例 3-5 编写 chapter3-5. sh 脚本文件，内容如下：

```
#!/bin/bash
result=`awk '/^x/ {print}' scores`
echo "$result"
```

其中/^x/表示筛选以字符 x 开头的文本行。赋予此脚本执行权限，执行该脚本，具体如下所示：

```
[itheima@localhost ~]$ chmod +x chapter3-5.sh
[itheima@localhost ~]$ ./chapter3-5.sh
xiaowang    68    87    92    63
xiaoming    77    70    88    90
xiaohong    99    85    76    100
```

由输出结果可知，以字符 x 开头的文本行有 3 行。修改 chapter3-5. sh，使它可以匹配以 zhang 开头或 li 开头的文本行，修改后内容如下所示：

```
#!/bin/bash
result=`awk '/^(zhang|li)/ {print}' scores`
echo "$result"
```

再次执行此文件，结果如下所示：

```
[itheima@localhost ~]$ ./chapter3-5.sh
zhangsan    88    76    90    83
lisi        100   69    89    84
lili        83    95    78    89
```

3. 混合模式

awk 提供了 3 个逻辑运算符：&&、||、!。这 3 个运算符的含义如表 3-7 所示。

表 3-7　awk 中的逻辑运算符

运算符	运算	范例	结　　果
!	非	!a	如果 a 为假，则!a 为真 如果 a 为真，则!a 为假
&&	与	a&&b	如果 a 和 b 都为真，则结果为真，否则为假
||	或	a||b	如果 a 和 b 有一个或一个以上为真，则结果为真；二者都为假，结果为假

如表 3-7 所示的逻辑运算符可以将多个表达式组合为一个模式，实现更复杂的功能。下面通过一个案例来演示混合模式的使用，如例 3-6 所示。

例 3-6　以在文件 scores 中查找开头为 li 且第二列的值大于 80 的文本行，编写 chapter3-6. sh 脚本文件，内容如下：

```
#!/bin/bash
result=`awk '/^li/ && $2>80 {print}' scores`
echo "$result"
```

在这个脚本文件中有两个条件，第一是文本行以 li 开头，第二是文本行第二列的值大于 80。赋予脚本执行权限，然后执行该脚本，结果如下所示：

```
[itheima@localhost ~]$ chmod +x chapter3-6.sh
[itheima@localhost ~]$ ./chapter3-6.sh
```

```
lisi    100    69    89    84
lili    83     95    78    89
```

由输出结果可知，满足条件的文本有两行。awk 混合模式可以将多个条件组合起来完成更精确的匹配，从这方面来说，它比 grep 和 sed 功能要强大。

4. 区间模式

awk 还支持区间模式，通过区间模式可以匹配几行连续的文本。类似于 sed 命令中的行号匹配，区间模式的格式如下所示：

```
pattern1, pattern2
```

以上格式的含义为：从与 pattern1 匹配的文本行开始，到与 pattern2 匹配的文本行结束。使用区间模式匹配时，可匹配到多个连续的文本行。下面通过一个案例来演示区间模式的使用，如例 3-7 所示。

例 3-7 使用区间模式匹配一段连续的文本行，编写 chapter3-7. sh 脚本文件，内容如下：

```
#!/bin/bash
result=`awk '/^zhang/,$2==77 {print}' scores`
echo "$result"
```

在以上脚本中，第一个模式/^zhang/表示匹配以 zhang 开头的文本行；第二个模式 $2==77表示匹配第二列值为 77 的行。赋予脚本 chapter3-7. sh 执行权限，执行该脚本，具体如下所示：

```
[itheima@localhost ~]$ chmod +x chapter3-7.sh
[itheima@localhost ~]$ ./chapter3-7.sh
zhangsan    88     76    90    83
lisi        100    69    89    84
xiaowang    68     87    92    63
xiaoming    77     70    88    90
```

由输出结果可知，它匹配到了包含前后两个模式在内的文本行之间的所有行。在使用区间模式时，一定要注意前后的边界，如果有多行文本符合指定模式，则 awk 会以第一次匹配到的文本行作为起始行。

5. BEGIN 模式和 END 模式

BEGIN 模式是一种特殊的内置模式，它的执行是在读取数据之前。BEGIN 模式对应的操作仅仅被执行一次，awk 读取数据之后，BEGINE 模式便不再有效。综上所述，用户可以将与数据文件无关，且在整个生命周期中只需要执行一次的代码放在 BEGING 模式对应的操作中，如自定义分隔符、初始化变量等。

END 模式与 BEGIN 相反，它在 awk 读取完所有的数据后执行，该模式所对应的操作也只被执行一次。因此，一般情况下，用户可以将许多善后工作放在 END 模式对应的操作中。

3.6 Shell 脚本

通过前面几节的学习，大家对脚本文件应该有了一定的了解。一般来说，脚本程序是确定一系列控制计算机进行运算操作命令的组合，在其中可以实现一定的逻辑结构，如 if 结构、if/else 结构、for 循环结构、while 循环结构等，本节介绍 Shell 脚本常用的逻辑结构。

3.6.1 判断结构

在 Shell 编程中，经常会对某一个条件或某几个条件进行判断，根据判断结果而执行不同的命令，这时候就会用到判断结构。Shell 提供了几种常用的判断结构：if、if/else、if/elif/else、case，下面针对这几种常用的判断结构进行详细讲解。

1. if 结构

if 语句是最简单的判断结构，它对条件进行判断，如果判断结果为真，则执行下面的命令，其判断格式有两种形式：

```
if expression
then
    命令语句
fi
```

或

```
if expression; then
    命令语句
fi
```

在上述格式中，expression 表示条件表达式，如果 expression 后面没有“;”符号，则 then 要另起一行，若有“;”符号，则 then 要与 expression 处于同一行，expression 后面要用“;”符号隔开，且中间要有一个空格。最后的 fi 表示判断结构结束。

下面通过一个案例来演示 if 结构的用法，如例 3-8 所示。

例 3-8 编写一个脚本 chapter3-8. sh，判断在当前目录下是否存在一个名为 name. yaml 的文件，脚本内容如下：

```
#!/bin/bash
if [ -e name.yaml ]; then              #then 与 expression 在同一行
    echo "name.yaml exsit!"
fi
```

在 chapter3-8 脚本中，表达式[-e name. yaml]用于判断 name. yaml 文件是否存在，-e 是一个文件操作符，用于判断文件否存在。then 与表达式在同一行，使用“;”符号分隔开。如果条件为真，则会输出“name. yaml exsit!”。下面赋予脚本执行权限，执行该脚本，结果如下所示：

```
[itheima@localhost ~]$ chmod +x chapter3-8.sh
[itheima@localhost ~]$ ./chapter3-8.sh
name.yaml exsit!
```

由输出结果可知，name.yaml 文件存在。

2. if/else 结构

if/else 结构指如果满足条件，则执行 then 后面的操作；如果不满足条件，则执行 else 后面的操作。例如，判断一个数是否等于 100，如果等于，则执行 then 后面操作；如果不等于，则执行 else 后面的操作。if/else 结构的格式如下所示：

```
if expression
then
    命令语句 1
else
    命令语句 2
fi
```

在上述格式中，如果 expression 条件为真，则执行“命令语句 1”，否则执行“命令语句 2”。当然，then 也可以与 expression 在同一行，使用“;”符号分隔开。

下面通过一个案例来演示 if/else 结构的用法，如例 3-9 所示。

例 3-9　编写一个脚本 chapter3-9.sh，用于从键盘读取用户输入的字符串，如果字符串为空，则输出为空；如果字符串不为空，则输出字符串，脚本内容如下所示：

```
1  #!/bin/bash
2  echo "please input string: "
3  read str
4  if [ -z "$str" ]; then
5    echo "str is null"
6  else
7    echo $str
8  fi
```

在 chapter3-9.sh 中，第 2 行代码提示用户输出一个字符串；第 3 行代码使用 read 命令读取字符串到 str 变量；第 4～7 行代码使用-z 操作符判断字符串是否为空，如果为空就执行第 5 行代码，否则执行第 7 行代码。下面赋予脚本执行权限，执行该脚本，结果如下所示：

```
[itheima@localhost ~]$ ./chapter3-9.sh
please input string:

str is null
```

由输出结果可知，在输入字符串时，直接按回车键，即字符串为空，则脚本执行了 then 后面的命令，输出了 str is null。

3. if/elif/else 结构

if/elif/else 结构可以进行多种情况的判断。例如，对一个学生的成绩进行判断，如果大于 90 分则为 A，否则判断是否大于 80；如果大于 80 分则为 B，否则再判断是否大于 70 分；如果大于 70 分则为 C，否则为 D。if/elif/else 结构的格式如下所示：

```
if expression1; then
    命令语句 1
elif expression2; then
    命令语句 2
elif expression3; then
    命令语句 3
…
else
    命令语句 n
fi
```

在上述语法格式中，如果 expression1 条件不成立，则直接进行 expression2 条件的判断；如果 expression2 条件不成立，则直接进行 expression3 条件的判断；以此类推，直到条件表达式成立，执行相应的命令语句，或者直到所有的条件都判断完毕，所有条件都不成立，则执行 else 后面的命令语句。

下面通过一个案例来演示 if/elif/else 结构的使用，如例 3-10 所示。

例 3-10　编写一个脚本 chapter3-10. sh，从键盘读取学生成绩，判断学生成绩级别，脚本内容如下所示：

```
1   #!/bin/bash
2   0echo "please input score(0-100): "
3   read score
4   if [ $score -lt 0 -o $score -gt 100 ]; then        #判断分数是否在 0-100 内
5     echo error score
6   elif [ $score -ge 90 ]; then                       #分数大于等于 90
7     echo A
8   elif [ $score -ge 80 ]; then                       #分数大于等于 80
9     echo B
10  elif [ $score -ge 70 ]; then                       #分数大于等于 70
11    echo C
12  else                                               #分数在 70 以下
13    echo D
14  fi
```

在 chapter3-10. sh 中，第 4、5 行代码判断输入的分数是否为 0～100，如果不在此范围，则输出 error score；第 6、7 行代码使用-ge 操作符判断分数是否大于等于 90 分，如果是，则级别为 A；第 8～9 行代码判断分数是否大于等于 80，如果是，则级别为 B；第 10、11 行代码判断分数是否大于等于 70，如果是，则级别为 C；如果上述条件都不满足，则执行第 12、13 行代码，输出级别 D。下面赋予该脚本执行权限，执行脚本，结果如下所示：

```
[itheima@localhost ~]$ ./chapter3-10.sh
please input score(0-100):
85
B
```

在脚本执行过程中，输入分数为 85，其级别为 B。

4. case 结构

case 结构也用于进行判断，只是它的判断条件只能是常量或正则表达式，其语法格式如下所示：

```
case"$var" in
var1)
    命令语句 1;;
var2)
    命令语句 2;;
…
*)
    命令语句 n;;
esac
```

在上述语法格式中，var 变量会与 var1、var2、……逐一进行比较，如果 var 与 var1 匹配，则执行命令语句 1，然后跳转到 esac 结束语句；如果 var 与 var2 匹配，则执行命令语句 2，然后跳转到 esac 结束语句；如果所有的变量都没有匹配成功，则会匹配“ * ”符号，执行它后面的命令语句 n，然后接着执行 esac 结束语句。

下面通过例 3-11 来演示 case 结构的使用。

例 3-11 编写一个脚本 chapter3-11. sh，让用户输入一个整数值，根据输入的整数值判断是周几，脚本内容如下所示：

```
# ! /bin/bash
echo "please input weekday(0- 7):"
read weekday
case "$ weekday" in
1)
  echo Monday;;
2)
  echo Tuesday;;
3)
  echo Wednesday;;
4)
  echo Tursday;;
5)
  echo Friday;;
6)
  echo Saturday;;
7)
  echo Sunday;;
*)
  echo error day;;
esac
```

在 chapter3-11. sh 中，第 4 行代码中的 weekday 变量中保存着用户输入的整数值，它会逐一与第 5～18 行代码中的数值 1～7 进行匹配，如果匹配到某一个值，则执行其后面的命令语句。如果 7 个值都没有匹配成功，则会匹配“ * ”符号，执行其后面的命令语句。下面赋予该脚本执行权限，执行脚本，结果如下所示：

```
[itheima@localhost ~]$ ./chapter3-11.sh
please input weekday(0-7):
2                                    #输入 0-7 的数值 2
Tuesday
[itheima@localhost ~]$ ./chapter3-11.sh
please input weekday(0-7):
9                                    #输入超出范围的数值 9
error day
```

3.6.2　循环结构

在 Shell 编程中，经常会重复执行某一个命令或某一段程序，这时就需要用到循环结构，Shell 提供了 3 个常用的循环结构：for 循环、while 循环、until 循环。下面针对这 3 个常用的 Shell 循环结构进行详细的讲解。

1. for 循环

for 循环是 Shell 编程中最常用的循环，它通常从一个列表中读取元素赋予变量，然后执行循环体中的命令语句，执行完毕之后再次从列表中读取元素赋予变量，再次执行循环体中的命令语句，如此循环，直到列表中的元素被读取完毕，其语法格式如下所示：

```
for var in {list}
do
    命令语句
done
```

在上述语法格式中，for var in {list}是循环条件，do…done 之间是循环体。for 循环在执行时，会从列表中取第一个元素赋予 var 变量，执行循环体中的命令语句；接着从列表中读取第二个元素赋予 var 变量，执行循环体中的命令语句，直到列表中的值被读取完毕，循环结束。

下面通过一个案例来演示 for 循环的使用，如例 3-12 所示。

例 3-12　编写一个脚本 chapter3-12. sh，循环输出 1～5 这 5 个数值，脚本内容如下所示：

```
#!/bin/bash
for var in 1 2 3 4 5
do
    echo $var
done
```

在 chapter3-12. sh 中，for 循环从列表中循环读取数值赋予 var 变量，然后将 var 变量打印输出，直到列表中的数值被读取完毕。下面赋予脚本执行权限，执行脚本，结果如下所示：

```
[itheima@localhost ~]$ ./chapter3-12.sh
1
2
3
4
5
```

由输出结果可知，该脚本成功输出了1～5这5个数值。在for循环中，如果列表中的元素是连续的整数，则中间可以使用省略号，例如，chapter3-12.sh脚本中循环列表还可以写成如下形式：

```
for var in{1..5}      #相当于 for var in 1 2 3 4 5
```

当列表中有很多元素时，例如，1～100，就可以使用这种方式来简写。除此之外，for循环中的列表还可以按步长进行跳跃，例如，列表中元素是1～100，每次只读取奇数，则可以2为步长跳跃读取，代码如下所示：

```
for var in {1..100..2}   #以 2 为步长,从 1 开始读取 1~100 之间的元素
```

除此之外，还可以在脚本执行时从命令行给脚本传递参数。在3.2.4节学习了Shell特殊变量，这些特殊变量就是用来管理查看脚本运行时的参数信息的，在脚本执行时，可以借助特殊变量向脚本传递参数。

Shell中的for循环，除了使用列表外，还有类似C语言风格的for循环，格式如下所示：

```
for((expression1; expression2; expression3))
do
    命令执行语句
done
```

expression1是初始化表达式，expression2是循环条件，expression3是操作表达式。它们的执行过程与C语言的for循环是相同的。由于C语言风格的for循环只适用于次数已知的循环，而且不适用于字符串、文件作为变量的循环，因此它在Shell编程中较少使用，此处不再赘述。

2. while 循环

与for循环相比，while循环要简单一些。它只有一个判断条件，如果条件为真，则执行循环体中的命令语句；如果条件为假，则退出循环。while循环格式如下所示：

```
while expression
do
    命令语句
done
```

在上述语法格式中，如果expression为真，则执行循环体；如果为假，则退出循环。在循

环执行过程中,必须要有退出循环的条件以避免陷入死循环。

下面通过例 3-13 来演示 while 循环的用法。

例 3-13　编写一个脚本 chapter3-13. sh,循环输出 1～5 这 5 个数值,脚本内容如下所示:

```
1 #!/bin/bash
2 num=1                          #定义变量 num=1
3 while (( $num <=5 ))           #循环条件,num<=5
4 do
5   echo $num                    #条件为真,则输出 num 的值
6   let num++                    #调用 let 命令使 num 自增
7 done
```

在该脚本中,第 2 行代码定义了 num 变量,其初始化值为 1;第 3 行代码进入 while 循环,循环条件为 num 小于等于 5;第 4～6 行代码是循环体,如果条件为真,则执行循环体中的命令语句,输出 num 值,之后让 num 自增,进入下一次循环,直到条件不成立。下面赋予该脚本执行权限,执行脚本,运行结果如下所示:

```
[itheima@localhost ~]$ ./chapter3-13.sh
1
2
3
4
5
```

由输出结果可知,执行脚本成功输出了 1～5 这 5 个数值。除了自定义循环条件,while 循环也可以从命令行中传递参数。从命令行传递参数时,它常与 shift 命令组合在一起使用,如例 3-14 所示。

例 3-14　编写脚本 chapter3-14. sh,使用 while 循环输出当前目录下的所有文件,要从命令行传递参数,脚本内容如下所示:

```
1 #!/bin/bash
2 echo "The count of arguments is $#"     #特殊变量$#统计参数个数
3 echo "arguments list: "
4 while [ $# -ne 0 ]                      #循环条件
5 do
6   echo $1                               #输出单个参数
7   shift                                 #shift 命令保证逐个输出
8 done
```

在该脚本中,第 2 行代码使用＄＃变量统计所有参数个数;第 4 行代码使用 while 循环逐个输出参数,循环条件是＄＃不为 0,即参数个数不为 0;第 5～8 行代码是循环体,逐个遍历参数。其中 shift 命令作用是将变量的值依次向左传递,在＄1 输出之后,它将下一个参数＄2 传递过来,同时＄＃也会自动减 1,每执行一次 shift 命令就会进行一轮替换,直到所有参数都输出完毕。下面赋予该脚本执行权限,执行脚本,执行结果如下所示:

```
[itheima@localhost ~]$ ./chapter3-14.sh `ls`
The count of arguments is 16
```

```
arguments list:
chapter3-18.sh
file
linux-3.16.52.tar.xz
name.sh
name.yaml
nfile
公共
模板
视频
图片
文档
下载
音乐
桌面
```

在执行脚本时，使用\`ls\`将当前目录下的所有文件作为脚本的参数，由输出结果可知，文件输出成功。

3. until 循环

until 循环的格式与 while 循环类似，但在判断循环条件时，只有循环条件为假才会去执行循环体；如果循环条件为真，则退出循环，其格式如下所示：

```
until expression
do
    命令语句
done
```

在上述语法格式中，直到 expression 条件成立才会退出循环，这一点与 for 循环、while 循环正好是相反的，读者要尤其注意。下面通过一个案例来演示 until 循环的用法，如例 3-15 所示。

例 3-15 编写脚本 chapter3-15.sh，使用 until 循环输出 1～5 这 5 个数值，脚本内容如下所示：

```
1  #!/bin/bash
2  num=1
3  until [ $num -gt 5 ]                #until 循环，循环终止条件是 num 变量大于 5
4  do
5        echo $num
6        let num++
7  done
```

在该脚本中，第 3 行代码中 until 循环条件是 num 变量大于 5，如果此条件不满足，则执行循环体输出 num 变量；如果此条件满足，则退出循环。下面赋予该脚本执行权限，执行脚本，执行结果如下所示：

```
[itheima@localhost ~]$ ./chapter3-15.sh
1
2
3
4
5
```

3.6.3 break 与 continue

在循环过程中，如果达到某一个条件需要退出循环，就需要使用循环控制符跳出循环，Shell 中提供了两个循环控制符：break 和 continue。下面针对这两个循环控制符进行详细讲解。

1. break

break 用于强行退出循环，它会忽略循环条件的作用，退出循环之后，它接着执行循环之外的命令。break 可以用在 for 循环、while 循环、until 循环中，在例 3-15 中通过 until 循环输出了 1～5 这 5 个数值。下面通过修改例 3-15 来演示 break 的用法，如例 3-16 所示。

例 3-16 修改 chapter3-16. sh，当 num 变量值为 3 时，退出循环，修改后内容如下所示：

```
#!/bin/bash
num=1
until [ $num -gt 5 ]
do
        echo $num
        if [ $num -eq 3 ]; then         #判断 num 变量的值是否等于 3
                break                   #如果等于 3 就退出循环
        fi
        let num++
done
echo"now,exit until circulation"
```

在该脚本中，加入 if 结构语句，如果 num 变量的值等于 3，则强行退出循环。下面执行脚本，执行结果如下所示：

```
[itheima@localhost ~]$ ./chapter3-16.sh
1
2
3
now,exit until circulation
```

由输出结果可知，脚本只输出了 1、2、3 这 3 个数值，当 num 变量值为 3 时，break 循环控制符强行退出了循环，退出循环之后，脚本又执行了循环之外的 echo 命令。需要注意的是，如果脚本中有多层循环，则 break 只能退出本层循环，无法退出外层的循环。

2. continue

continue 用于终止本次循环，接着执行下一次循环，它不会退出循环，只是跳过本次循环,循环会按照循环条件正常退出。下面通过一个案例来演示 continue 的用法,如例 3-17 所示。

例 3-17　编写一个脚本 chapter3-17.sh,输出 1～50 内可以被 5 整除的数,脚本内容如下所示:

```
1  #!/bin/bash
2  #num=1
3  for num in {1..50}
4  do
5       let temp=num%5                    #临时变量 temp
6       if [ $temp -ne 0 ]; then          #判断 temp 是否等于 0
7           continue                      #满足条件使用 continue 跳出本次循环
8       fi
9       echo $num
10 done
```

在该脚本中,第 5 行代码定义了一个临时变量 temp,其值为 num%5。第 6 行代码使用 if 语句判断 temp 是否等于 0,如果不等于 0,表明 num 不能被 5 整除,就使用 continue 循环控制符跳出本次循环;如果 temp 等于 0,则表明 num 可以被 5 整除,输出 num。下面赋予脚本执行权限,执行脚本,结果如下所示:

```
[itheima@localhost ~]$ ./chapter3-17.sh
5
10
15
20
25
30
35
40
45
50
```

3.6.4　Shell 脚本的基本元素与执行方式

编写一个名为 hello.sh 的 Shell 脚本,具体内容如下:

```
#!/bin/bash
echo "Hello,Bash Shell!"          #打印双引号中的语句
```

以上脚本中第一行以#! 开头,用来指定命令解释器。在命令行执行该脚本时,当前 Shell 会根据此行内容搜索解释器的路径。如果发现了指定的解释器,则创建一个关于该解释器的进程,解释并执行当前脚本中的语句。

第二行代码是可执行语句,打印输出“Hello,Bash Shell”这一句话,这只是一行简单的输出语句,用户可以根据需要加入逻辑分支。例如,if 结构语句、循环结构语句等编写的 Shell 程序。

输出语句后面以“#”符号开头的是注释部分,在脚本程序执行时,这一部分会被忽略。

注释能增加 Shell 脚本的可读性，便于阅读者理解脚本，因此，读者在编写脚本时，应养成加注释的好习惯。

在前面的案例中，脚本的执行都是赋予脚本执行权限，再执行脚本。其实，Shell 脚本的执行方式有 3 种：通过 Shell 脚本解释器（bash 或 sh）运行脚本；通过 source 运行脚本；赋予脚本执行权限，直接运行脚本。下面分别对这 3 种方式进行介绍。

(1) 通过 Shell 脚本解释器（bash 或 sh）运行脚本。这种方式是将脚本文件作为参数传递给解释器，在通过这种方式运行脚本的时候，不需要用户拥有执行该脚本文件的权限，只要拥有文件的读取权限就可以。例如，使用 bash 或 sh 运行 hello.sh 脚本，结果如下所示：

```
[itheima@localhost ~]$ bash hello.sh
Hello,Bash Shell!
[itheima@localhost ~]$ sh hello.sh
Hello,Bash Shell!
```

这种方式首先调用解释器，然后由解释器解释脚本文件，执行程序。它和 sed、awk 命令执行相应脚本文件的原理是一样的。

(2) 通过 source 运行脚本。source 命令是一个 Shell 内部命令，它可以读取指定的 Shell 脚本，并且依次执行其中的所有语句。例如，使用 source 命令执行 hello.sh 脚本，结果如下所示：

```
[itheima@localhost ~]$ source hello.sh
Hello,Bash Shell!
```

该命令只是简单地读取脚本中的语句，依次在当前 Shell 中执行，并没有创建新的子 Shell 进程，脚本中所创建的变量都会保存到当前的 Shell 中。

(3) 赋予脚本执行权限，直接运行脚本。关于这种方式，前面在介绍 sed 和 awk 时已经提及过，此处不再赘述。它的执行过程如下所示。

```
[itheima@localhost ~]$ chmod+x hello.sh
[itheima@localhost ~]$ ./hello.sh
Hello,Bash Shell!
```

3.7　脚本运维实例

3.6 节学习了 Shell 脚本的语法格式与执行方法，本节通过编写几个脚本使读者更加熟练地掌握 Shell 脚本的编写。

3.7.1　模拟用户登录

编写一个脚本 login.sh 模拟 Linux 用户登录，脚本内容如下：

```
#!/bin/bash
echo "user: "
```

```
3 read user                  #读取用户名
4 echo "passwd: "
5 read passwd                #读取密码
6 if [ "$user"="itheima" ] && [ "$passwd"="123456" ]; then
7 echo "SUCCESS!"            #用 if 语句判断用户名与密码是否匹配
8 else echo "user name or passwd ERROR!"
9 fi
```

在该脚本中，第 1 行代码指定命令解释器为/bin/bash；第 2、4 行代码使用 echo 命令，提示用户输入用户名和密码；第 3、5 行代码使用 read 命令读取用户输入的用户名和密码；第 6～8 行代码使用 if 语句判断用户输入的用户名和密码是否匹配，如果匹配则输出"SUCCESS!"，否则输出"user name or passwd ERROR!"。运行该脚本，结果如下所示：

```
[itheima@localhost ~]$ chmod+x login.sh
[itheima@localhost ~]$ ./login.sh
user:
itheima
passwd:
123456
SUCCESS!
```

由输出结果可知，输入的用户名为 itheima，密码为 123456，用户名和密码匹配成功，结果为 SUCCESS。

3.7.2 监控系统运行情况

监控系统运行情况是运维人员一项重要的日常工作，因此运维人员可以编写一个监控系统运行情况的脚本来减少日常操作的麻烦。编写监控系统运行情况的脚本 system. sh，其内容如下所示：

```
#!/bin/bash
echo "(1)*******************************************************"
date;                                      #显示当前日期时间
echo "Active User: "                       #显示当前登录用户
w
echo "(2)*******************************************************"
lecho "Linux process: "                    #显示 CPU 使用情况
top -b | head -6
echo "(3)*******************************************************"
echo "Disk and Memory use ratio: "         #显示硬盘与内在的利用率
df -h |xargs | awk '{print "Free/total disk: "$11"/"$9}'
free -m | xargs | awk '{print "Free/total memory: " $17"/"$8"MB"}'
echo "(4)*******************************************************"
echo "All Processes: "                     #显示终端下的所有进程
ps auxf
echo "(5)*******************************************************"
echo "vmstat: "                            #显示虚拟内存的统计信息
vmstat 1 5
```

```
19 echo "(6)************************************************************"
20 echo "Scan the entire subnet: "                    #扫描整个网段查看在线主机信息
21 nmap 192.168.175.*
22 echo "(7)************************************************************"
23 echo "socket for each process: "                   #查看每个进程打开的具体 scoket
24 ss -pl
```

以上脚本对主机做了 7 个方面的监控，分别如下。

(1) 第 2～5 代码行显示主机时间与当前用户信息，使用 date 命令显示时间，使用 w 命令显示当前用户信息。

(2) 第 6～8 代码行显示 CPU 使用情况，使用 top 命令查看系统运行状态，使用 head 命令显示出结果的前 6 行来查看主机的 CPU、内存、交换分区的使用情况。

(3) 第 9～12 代码行显示硬盘与内存的使用情况，第 11 行代码使用 df 命令显示磁盘的使用情况，第 12 行代码使用 free 命令显示内存的使用情况。

需要注意的是，在这两行命令中都使用了 xargs 命令将参数格式重新组合，这样在输出的时候就避免了参数列表过长的问题。

(4) 第 13～15 行代码显示终端下的所有进程，使用的命令是 ps。

(5) 第 16～18 行代码显示虚拟内存使用情况，使用的命令是 vmstat，在命令中设定每秒统计一次使用情况，一共统计 5 次。

(6) 第 19～21 行代码扫描 192.168.175.* 网段来查看在线的主机信息，使用的命令是 nmap，参数后面使用"*"符号匹配整个网段。

(7) 第 22～24 行代码查看每个进程显示的具体 socket，使用的命令是 ss。

赋予该脚本执行权限，执行脚本。由于输出内容较多，本书只截取部分输出内容，具体如下所示：

```
[itheima@localhost ~]$ chmod+x server.sh
[itheima@localhost ~]$ ./server.sh
(1)************************************************************
2017年 09月 24日 星期日 12: 07: 18 CST
Active User:
16: 22: 16  up 7:04,   2 users,   load    average: 0.23, 0.13, 0.09
USER        TTY        FROM       LOGIN@  IDLE     JCPU  PCPU  WHAT
…
(2)************************************************************
Linux process:
top-16: 22: 16 up   7: 04,   2 users,   load average: 0.23, 0.13, 0.09
Tasks: 171 total,   1 running,   170 sleeping,   0 stopped,   0 zombie
%Cpu(s): 1.3 us,   0.6 sy,   0.0 ni,   98.0 id,   0.1 wa,   0.0 hi, 0.0  si,0.0 st
KiB Mem : 2522624 total,   184680 free,   620396 used,   1717548   buff/cache
KiB Swap: 5242876 total,    5242876 free,    0 used.1656364    avail Mem

(3)************************************************************
Disk and Memory use ratio:
Free/total disk: 26%/5.2G
Free/total memory: 5119/2463MB
```

```
(4)*********************************************************
All Processes:
USER        PID %CPU %MEM    VSZ   RSS TTY      STAT START    TIME COMMAND
root          2  0.0  0.0      0     0 ?        S    09:17    0:00 [kthreadd]
…
(5)*********************************************************
vmstat:
procs ---------memory---------swap------io-----system------cpu---
r  b   swpd   free   buff   cache   si   so    bi    bo   in   cs us sy id wa st
3  0      0 184912   1040 1716508    0    0    63     5   76  169  1  1 98  0  0
…
(6)*********************************************************
Scan the entire subnet:

Starting Nmap 6.40 ( http://nmap.org ) at 2018-01-10 16:22 CST
Nmap scan report for 192.168.175.2
Host is up (0.0052s latency).
Not shown: 999 closed ports
…
(7)*********************************************************
socket for each process:
Netid State      Recv-Q Send-Q  Local Address:Port        Peer Address:Port
nl    UNCONN     0      0          rtnl:2072                       *
nl    UNCONN     0      0          rtnl:kernel                     *
…
```

在该脚本中，只是查看了系统运行情况的一部分信息，在实际工作中，关于系统运行情况有非常多的信息需要监控，在这里读者要学会使用脚本来完成日常系统监控工作，使运维工作更高效、更精确。

3.7.3 备份 MySQL 数据库

在运维中经常会对数据库进行备份，因为数据库中文件很多，不必对所有的数据库都进行备份，所以在备份时需要指出对哪些数据库文件进行备份，而且还要考虑到将数据库文件备份到哪个目录下，备份要保存多长时间等。在备份过程中，有时会有意外情况，如备份的数据库不存在、数据库已经备份完成等，为此，在编写数据库备份文件时要对这些情况进行判断，并做好应对措施。

下面就以备份 MySQL 数据库为例编写脚本，脚本名称为 cmysql.sh，内容如下所示：

```
#!/bin/bash
# 要备份的数据库列表
DBLIST="mysql test"

#备份的目录
BACKUPDIR=/mydata/backups/data/mysql

# 要保存的时间
```

```
NUMDAYS=30

# 备份要用到 Linux 命令和 MySQL 数据库配置
FINDCMD="find"
MYSQLCMD="mysql"
MyUSER="root"           # USERNAME
MyPASS=""               # PASSWORD
MyHOST="localhost"      # Hostname
DUMPCMD="mysqldump -u$MyUSER -h $MyHOST -p$MyPASS --lock-tables --databases "
GZIPCMD="gzip"

# 备份的日期
BACKUPDATE=`date +%Y%m%d_%H%M`

function USAGE() {
cat << EOF
usage: $0 options

This script backs up a list of MySQL databases.

OPTIONS:
  -h  Show this message
  -a  Backup all databases
  -l  Databases to backup (space seperated)
  -n  Number of days to keep backups
EOF
}

while getopts "hal:n:" opt; do
  case $opt in
    a)
      DBLIST=""
      ;;
    h)
      USAGE
      exit 1
      ;;
    l)
      DBLIST="$OPTARG"
      ;;
    n)
      NUMDAYS=$OPTARG
    ;;
    \?)
      USAGE
      exit
      ;;
    :)
      echo "Option -$OPTARG requires an argument." >&2
      exit 1
```

```
        ;;
    esac
done

function ERROR() {
  echo && echo "[error] $@ "
  exit 1
}

function NOTICE() {
  echo && echo "[notice] $@ "
}

function RUNCMD() {
  echo $@
  eval $@
}

# 用备份的数据作健壮性判断
if [ ! -n "$DBLIST" ]; then
  DBLIST=`$MYSQLCMD -N -s -e "show databases" | grep -viE '(information_schema|performance_schema|mysql|test)'`

  if [ ! -n "$DBLIST" ]; then
    ERROR "Invalid database list"
  fi
fi

if [ ! -n "$BACKUPDIR" ]; then
  ERROR "Invalid backup directory"
fi

if [[ ! $NUMDAYS =~ ^[0-9]+$ ]]; then
  ERROR "Invalid number of days: $NUMDAYS"
elif [ "$NUMDAYS" -eq "0" ]; then
  ERROR "Number of days must be greater than zero"
fi

#屏蔽字
umask 077

# $BACKUPDIR是前面定义的备份的目录变量
RUNCMD mkdir -p -v $BACKUPDIR

if [ ! -d $BACKUPDIR ]; then
  ERROR "Invalid directory: $BACKUPDIR"
fi

NOTICE "Dumping MySQL databases..."
RC=0
```

```
108
109 for database in $DBLIST; do
110   NOTICE "Dumping $database..."
111   RUNCMD "$DUMPCMD $database | $GZIPCMD >  $BACKUPDIR/$BACKUPDATE.sql.gz"
112
113   RC=$?
114   if [ $RC -gt 0 ]; then
115     continue;
116   fi
117 done
118
119 if [ $RC -gt 0 ]; then
120   ERROR "MySQLDump failed!"
121 else
122   NOTICE "Removing dumps older than $NUMDAYS days..."
123   RUNCMD "$FINDCMD $BACKUPDIR -name \"*.sql.gz\" -type f -mtime + $NUMDAYS -print0 |
    xargs -0 rm -fv"
124
125   NOTICE "Listing backup directory contents..."
126   RUNCMD ls -la $BACKUPDIR
127
128   NOTICE "MySQLDump is complete!"
129 fi
130
131 # exit 0
```

在该脚本的第 3～21 行代码中，参数 DBLIST 表示要备份的数据库名称，NUMDAYS 表示备份数据要保留多少天，MyUSER 和 MyPASS 表示 MySQL 数据库的用户名和密码。因为在本书中，MySQL 数据库的用户名没有更改，仍为 root，而密码为空，所以在执行过程中，遇到有密码输入直接按回车键。读者在备份自己的 MySQL 数据库时，可以更换成自己的 MySQL 用户名和密码。GZIPCMD 表示将备份的数据用 gzip 进行压缩，最终，每次执行这个脚本，就会生成一个类似“系统日期时间＋sql. gz”的备份文件名。例如，20170924_1859. sql. gz。

在第 23～35 行代码中，函数 USAGE()对脚本的用法进行说明。

- -h：显示帮助信息。
- -a：表示备份所有数据库。
- -l：指定要备份的数据库，多个数据库用空格分隔。
- -n：表示备份数据要保存的时间。

第 37～61 行代码中的 while 循环用于解析脚本执行时的选项，针对不同的选项进行不同的操作。

第 63～75 行代码中使用函数 ERROR()、NOTIEC()、RUNCMD()分别输出脚本选项的错误信息、提示信息与执行信息。

第 78～94 行代码用于在备份数据时做健壮性判断。第 78～84 行代码实现如果备份的数据库不存在，则备份所有的数据库（除去 information_schema | performance_schema | mysql | test 这 4 个数据库）；如果数据库列表中也不存在要备份的数据库，则报错“无效的数

据库”。在第86～88行代码中，如果备份数据库的路径不存在，则提示路径错误。第90～94行代码中，如果备份数据库的保存时间不对，则提示保存时间错误。

第106行代码开始导出数据库，第109～117行代码在for循环中获取数据库数据；第119～129行代码通过RC变量判断数据库是否备份成功，如果RC大于0则备份失败，输出错误信息；否则备份成功，输出相应的提示信息。

需要注意的是，该脚本中有一些命令只有root权限才能执行，因此在执行该脚本时，需使用root用户登录。赋予脚本执行权限，执行该脚本，具体如下所示：

```
[root@localhost]# ./cmysql.sh
mkdir -p -v /mydata/backups/data/mysql

[notice] Dumping MySQL databases...

[notice] Dumping mysql...
mysqldump -uroot -h localhost -p --lock-tables --databases mysql | gzip >/mydata/
backups/data/mysql/20170924_2008.sql.gz
Enter password:                              #遇到输入密码的地方,直接按回车键

[notice] Dumping test...
mysqldump -uroot -h localhost -p --lock-tables --databases test | gzip >/mydata/
backups/data/mysql/20170924_2008.sql.gz
Enter password:
mysqldump: Got error: 1049: Unknown database 'test' when selecting thedatabase

[notice] Removing dumps older than 30 days...
find /mydata/backups/data/mysql -name "*.sql.gz" -type f -mtime+30 -print0 | xargs -0 rm -fv

[notice] Listing backup directory contents...
ls -la /mydata/backups/data/mysql
总用量 12
drwx------. 2 root root  90 9月  24 20:08 .
drwx------. 3 root root  19 9月  24 18:59 ..
-rw-------. 1 root root  20 9月  24 18:59 20170924_1859.sql.gz
-rw-------. 1 root root 343 9月  24 19:44 20170924_1944.sql.gz
-rw-------. 1 root root 343 9月  24 20:08 20170924_2008.sql.gz

[notice] MySQLDump is complete!
```

由输出结果可知数据库MySQL备份成功，而test数据库没有找到，表明没有这个数据库。进入/mydata/backups/data/mysql目录下，会看到生成一个备份数据的压缩文件20170924_1859.sql.gz。

3.8　本章小结

本章首先讲解了Shell的相关知识，包括Shell的概念、使用技巧、变量、符号等；然后讲解了正则表达式；之后讲解了3个文本处理命令工具：grep、sed、awk；最后讲解了Shell脚本编写的语法格式，并用3个Shell脚本案例来加深读者对Shell脚本的理解。通过本章的

学习可以使读者为后续章节使用自动化软件进行批量运维做好铺垫。

3.9 本章习题

一、填空题

1. CentOS 7 操作系统中默认的 Shell 是________。
2. 在环境变量中，________变量记录了命令的存储目录。
3. 连接符________表示前后命令的执行遵循逻辑或关系。
4. 元字符________用于匹配行首。
5. 命令________与 grep -E 等价。
6. awk 有两个特殊模式：________和________，分别用于标识数据读取开始和结束。
7. 循环控制符________用于强行退出循环，然后执行循环之外的命令。
8. 在 Shell 脚本中，符号________表示注释。
9. awk 有 3 个逻辑运算符：________、________、________。
10. 用户定义的环境变量需要使用________关键字导出。

二、判断题

1. SHELL 变量的值不能被修改。 (　　)
2. Shell 中的双引号可以屏蔽所有字符的功能。 (　　)
3. 正则表达式中的元字符与 Shell 中的通配符意义完全相同。 (　　)
4. grep 无法搜索包含元字符的字符串。 (　　)
5. sed 命令可以对文本文件和标准输入进行行编辑。 (　　)
6. case 结构的判断条件只能是常量或正则表达式。 (　　)
7. until 循环只在循环条件不成立时才会执行循环体。 (　　)
8. Shell 脚本中还可以定义函数。 (　　)

三、单选题

1. 下列选项中，哪一个按键可以补齐 Shell 命令？(　　)
   A. Tab 键　　B. Shift 键　　C. Esc 键　　D. Ctrl 键
2. 下列选项中，哪一个符号是管道符号？(　　)
   A. ``　　B. $　　C. &　　D. |
3. 下列选项中，哪一项不是 Shell 的特殊变量？(　　)
   A. $#　　B. $$　　C. $&　　D. $@
4. 关于通配符，下列说法中哪个是错误的？(　　)
   A. “*”符号表示匹配多个字符
   B. “?”符号表示匹配任意单个字符
   C. [1-9]表示匹配之间的任意数字
   D. “[!]”符号表示匹配[]之外的任一字符

5. 关于正则表达式,下列描述正确的是哪一项?(   )
   A. 正则表达式是 Shell 的内建命令
   B. 元字符"+"表示可以匹配前导字符 0 次
   C. 正则表达式包括基础正则表达式和扩展正则表达式两种
   D. 元字符"."可以匹配任意单个字符
6. 关于 Shell 脚本,下列描述错误的是哪一项?(   )
   A. 脚本第一行以"#!"开头,用来指定命令解释器
   B. source 命令可以运行 Shell 脚本
   C. 脚本中的注释使用"#"符号标识
   D. Shell 脚本编写完毕就具有执行权限
7. 下列选项中,哪一个环境变量用来保存当前用户的家目录?(   )
   A. SHELL   B. HOME   C. PATH   D. PWD

四、简答题

1. 简述你对 Shell 的理解。
2. 简述 Shell 中几种引号的作用。
3. 简述什么是正则表达式。
4. 简述 awk 中 BEGIN 模式与 END 模式的作用。

五、编程题

1. 编写一个 Shell 脚本,计算 1~100 的和。
2. 编写一个 Shell 脚本,查询/etc/目录下以.conf 结尾的文件。

第 4 章 内核编译与管理

学习目标

- 了解内核的概念
- 掌握内核的编译和安装流程
- 掌握内核模块的管理方法

Linux 内核是 Linux 操作系统的核心，系统其他部分必须依靠内核提供的服务才能正常运行，不管学习 Linux 编程知识还是运维知识都需要对 Linux 内核有一定的了解。本章将介绍内核的概念、内核的编译安装和内核模块的管理。

4.1 Linux 内核

内核本质上就是用 C 语言编写的一个程序，只是这个程序比普通的 C 语言程序功能更强大，它可以调度硬件资源完成各种各样的任务。本节将针对内核的概念、任务、版本等进行讲解。

4.1.1 内核概述

内核(Kernel)是操作系统的核心，它是一个系统软件，负责管理系统中的进程、内存、设备驱动程序、文件和网络等。Linux 内核主要由以下部分组成：进程管理(process management)、定时器(timer)、中断管理(interrupt management)、内存管理(memory management)、模块管理(module management)、虚拟文件系统接口(VFS layer)、文件系统(file system)、设备驱动程序(device driver)、进程间通信(inter-process communication)、网络管理(network management)、系统启动(system init)等。

在操作系统中，内核独立于普通应用程序，它工作在内核空间。内核既要管理应用程序的运行，又要管理硬件设备的运作，其位置如图 4-1 所示。

操作系统的内核可以分为单内核和微内核两种。单内核是个独立的大进程，通常以单个静态二进制文件的形式存放于磁盘上。所有的内核模块都在这个大内核所在的地址空间中运行，模块间的通信是通过直接调用其他模块中的函数来实现的。

微内核并不作为一个单独的大进程来实现，它的功能被划分为多个独立的进程，所有的进程都保持独立并运行在各自的地址空间上，它们之间的通信是通过消息传递实现的。进程的独立有效地避免了一个进程出现故障而殃及另一个服务器，而且模块化的系统允许一个进程为了另一个进程而换出。

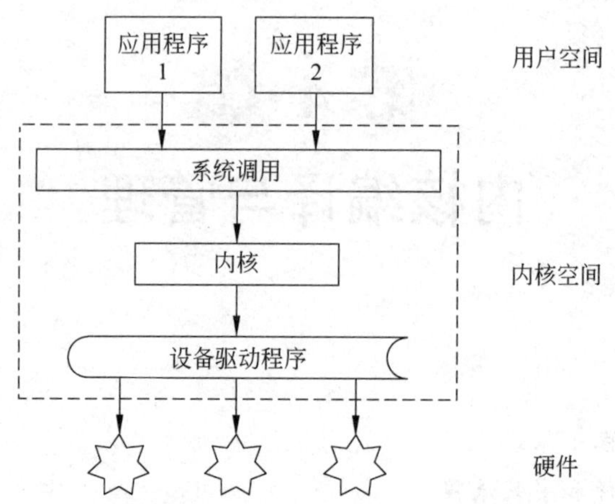

图 4-1 应用程序、内核和硬件的关系图

Linux 内核是一个单内核，但是它又汲取了微内核的精华，不仅如此，Linux 内核还避免了微内核设计上的性能损失缺陷，它直接调用函数进行通信，无须进行消息传递，因此 Linux 内核是一个融合了微内核优势的单内核。

4.1.2 内核的开发与更新

Linux 内核源码是开放的，任何遵守 GPL 协议的程序中都可以使用内核源码或对内核源码进行修改并发布。为了确保这些无序的开发过程能够有序进行，Linux 采用双树系统管理内核版本。双树系统包括稳定树(stable tree)和开发树(unstable tree，也称为不稳定树)。一些新特性、实验性改进等都在属于开发树的内核中进行，如果在开发树中所做的改进也可以应用于稳定树，那么在开发树中完成测试之后，就在稳定树中进行相同的改进。一旦开发树经过了足够的发展，开发树就会成为稳定树，它们的不同会体现在内核的版本号中，内核版本将在 4.1.4 节进行讲解。

Linux 内核在广大爱好者的支持下，版本不断更新，新的内核修订了旧内核中的 Bug，并增加了许多新特性。如果用户想要使用这些新的特性，或者根据自己的系统定制一个更高效、更稳定的内核，就需要重新编译内核进行更新。

另外，稳定树中更新的内核会支持更多的硬件，具备更好的进程管理能力，运行速度更快、更稳定，并且它一般会修复老版本中发现的许多漏洞，因此 Linux 使用者有必要经常性地升级更新内核。

新版本的内核在发布时有两种形式：一种是完整的内核版本；一种是 patch 文件，即补丁。完整版本的内核比较大，最新的稳定版本 4.12.9 有 94MB，完整版内核一般以 .tar.gz(.tgz)或 .bz2 的压缩包形式存在，在使用时首先需要解压缩。patch 文件则比较小，一般只有几十 KB，极少会超过 1MB，但是 patch 文件只能用于升级版本对应的内核版本。

4.1.3 内核版本

Linux 内核版本命名在不同的时期有其不同的规范，自第一个内核版本发布至今，内核版本的命名大约经历了 4 个阶段。

第一个阶段：从内核第一个 0.01 版本发布到 1.0 版本，这期间从 0.12 版本开始遵循 GPL 规范。

第二个阶段：1.0 版本发布之后，直到 2.6 版本，内核版本的命名格式为 A.B.C。数字 A 是内核主版本号，版本号只有在代码和内核的概念有重大改变的时候才会改变，这一阶段主版本号有两次变化。

(1) 第一次是 1994 年的 1.0 版本。

(2) 第二次是 1996 年的 2.0 版本。

数字 B 是内核次版本号，主版本号根据传统的“奇-偶”系统版本号来分配：奇数为开发版本，偶数为稳定版本。

数字 C 是内核修订版本号，修订版本号表示内核修改的次数，它在内核增加安全补丁、修复 Bug、实现新的特性或驱动时都会改变。

在这一个阶段，内核版本出了第四个数字。在 2.6.8 版本中，出现了一个需要立即修复的严重错误，但是已有的改变又不足以发布一个新版本，因此官方发布了版本 2.6.8.1，此版本仅仅修正了一个错误。

第三个阶段：2004 年 2.6 版本发布之后，内核开发者觉得基于更短时间的发布周期更为有益，所以在后来大约 7 年的时间里，内核版本号的前两个数一直保持在 2.6 没有改变，第三个数随着发布的次数增加，发布周期大约是两三个月。考虑到对某个版本的 Bug 和安全漏洞的修复，有时也会出现第四个数字，这一阶段是比较稳定的发展阶段。

第四个阶段：2011 年 5 月，Linus 宣布为了纪念 Linux 发布 20 周年，在 2.6.39 版本发布之后，将内核版本提升到了 3.0，但它继续遵循在 2.6 版本时引入的基于时间的发布规律。

到目前为止，Linux 内核已经发布到了 4.x 版本。本书安装的 CentOS 7 所使用的版本是 3.10.0 版本，读者可以使用命令 uname -r 来查看所使用的内核版本：

```
[itheima@localhost ~]$ uname -r
3.10.0-514.el7.x86_64
```

Linux 内核在正式发布之前，一般都冠以“待发布”(release candidates)字样，通过在内核次版本号之后添加后缀 rc 来表示，如 4.15-rc6 版本。有的版本号后面有类似于 tip 这样的后缀，它表示另一个开发分支，这些分支通常是一个人开始发起的。例如，ck 代表 Con Kolivas、ac 代表 Alan Cox 等。有时这些字母也可以表示内核建立分支的主要开发领域相关，如 wl 表示该分支主要测试无线网络。

4.2 内核的编译安装

Linux 内核的源码是开源的，这为读者学习 Linux 内核提供了很大便利，用户可以将内核源码下载到自己的主机上，像编译安装普通软件一样编译安装内核。

4.2.1 获取内核源码

内核源码可以从内核的官方网站(https://www.kernel.org/)获取，内核官网的首页如图 4-2 所示。

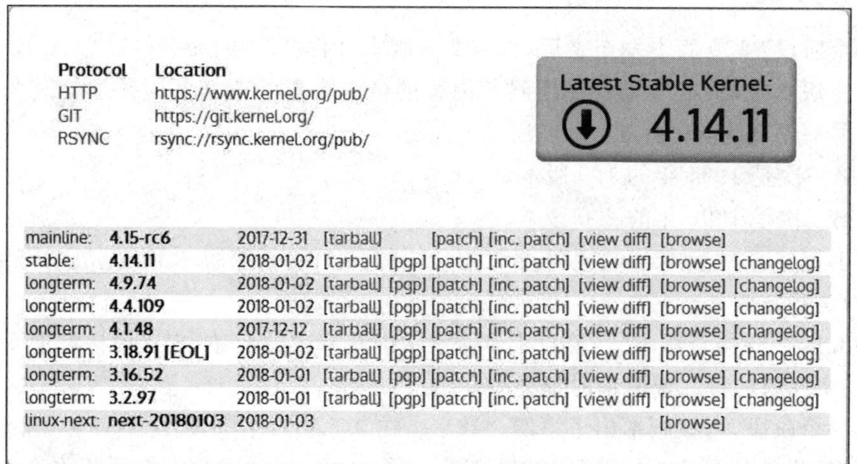

图 4-2　不同版本内核信息

图 4-2 中下半部分是 Linux 内核版本列表，该列表的前两项依次代表内核的版本分类与内核版本号。图 4-2 中包含 3 类内核，分别为 mainline、stable 和 longterm，下面针对这几种内核类型进行简单介绍。

- mainline：主线版本。目前主线版本为 4.15rc6，在此版本中有 rc 字样，表明这是一个还未正式发布的版本。
- stable：稳定版。stable 由 mainline 演变而来，时机成熟后 mainline 将被作为 stable 发布。稳定版也会在相应版本号的主线上提供 Bug 修复和安全补丁，但由于人力有限，较老版本会停止维护，不再维护的版本会标记上 EOL(End of Life)。
- longterm：长期支持版。长期支持的内核版本等到不再支持时，也会标记 EOL。

除了首页显示的版本，用户还可以下载其他版本。单击 HTTP 后面的链接地址，会弹出 Index of /pub/界面，如图 4-3 所示。

```
Index of /pub/

../
dist/                          01-Dec-2011 19:56        -
linux/                         11-Nov-2014 21:50        -
media/                         23-Sep-2008 23:35        -
scm/                           18-Apr-2017 18:28        -
site/                          09-Aug-2013 17:23        -
software/                      27-Nov-2011 17:31        -
tools/                         30-Apr-2008 22:31        -
```

图 4-3　Index of /pub/界面

在图 4-3 所示的界面中单击 linux/，会弹出 Index of /pub/linux/界面，该界面提供了 Linux 内核下载索引，如图 4-4 所示。

在图 4-4 所示的界面中单击 kernel，会弹出 Index of /pub/linux/kernel/界面，该界面提供了 Linux 内核分支，如图 4-5 所示。

在图 4-5 所示的界面中有各个分支的内核版本，用户可以根据自己的需要进入不同

Index of /pub/linux/		
../		
analysis/	21-Apr-2010 20:40	-
bluetooth/	29-Dec-2017 00:05	-
daemons/	10-Nov-2002 21:40	-
devel/	03-Mar-2001 03:08	-
docs/	19-Nov-2007 17:04	-
kernel/	26-Jun-2017 21:46	-
libs/	03-Jan-2012 22:25	-
network/	07-Aug-2014 00:34	-
perfmon/	11-Nov-2014 21:50	-
security/	22-Dec-2009 00:36	-
status/	23-Jan-2011 01:44	-
utils/	17-Jun-2015 16:54	-

图 4-4　Index of /pub/linux/界面

Index of /pub/linux/kernel/		
../		
Historic/	20-Mar-2003 22:38	-
SillySounds/	26-Jun-2017 21:57	-
crypto/	24-Nov-2001 14:54	-
next/	12-Jan-2018 05:33	-
people/	17-Apr-2017 18:13	-
ports/	13-Mar-2003 01:34	-
projects/	18-Sep-2012 20:27	-
testing/	14-Feb-2002 05:32	-
uemacs/	20-Mar-2003 23:31	-
v1.0/	20-Mar-2003 22:58	-
v1.1/	20-Mar-2003 22:58	-
v1.2/	20-Mar-2003 22:58	-
v1.3/	20-Mar-2003 23:02	-
v2.0/	08-Feb-2004 09:17	-
v2.1/	20-Mar-2003 23:12	-
v2.2/	24-Mar-2004 19:22	-
v2.3/	20-Mar-2003 23:23	-
v2.4/	01-May-2013 14:14	-
v2.5/	14-Jul-2003 03:50	-
v2.6/	08-Aug-2013 19:12	-
v3.0/	09-Jan-2018 08:45	-
v3.x/	09-Jan-2018 08:45	-
v4.x/	10-Jan-2018 08:34	-

图 4-5　Index of /pub/linux/kernel/界面

的分支下载相应的版本。本章选择的是 3.16.41 版本的内核源码，这个版本比本书使用的 CentOS 7 系统中的默认内核版 3.10.0 版本稍高，而且是长期支持的稳定版本。单击 v3.x 分支进入下载界面，下载界面中包含 3.x 分支的所有版本，包括完整版本和补丁，在此选择 3.16.41 版本的完整压缩包进行下载，如图 4-6 所示。

linux-3.16.4.tar.xz	05-Oct-2014 20:45	80519280
linux-3.16.40.tar.gz	23-Feb-2017 07:20	121967296
linux-3.16.40.tar.sign	23-Feb-2017 07:20	833
linux-3.16.40.tar.xz	23-Feb-2017 07:20	80649276
linux-3.16.41.tar.gz	27-Feb-2017 07:01	121966758
linux-3.16.41.tar.sign	27-Feb-2017 07:01	833
linux-3.16.41.tar.xz	27-Feb-2017 07:01	80661732
linux-3.16.42.tar.gz	16-Mar-2017 06:55	121975410
linux-3.16.42.tar.sign	16-Mar-2017 06:55	833
linux-3.16.42.tar.xz	16-Mar-2017 06:55	80655808
linux-3.16.43.tar.gz	05-Apr-2017 08:29	121972551
linux-3.16.43.tar.sign	05-Apr-2017 08:29	833
linux-3.16.43.tar.xz	05-Apr-2017 08:29	80664816

图 4-6　下载界面

需要注意的是，该界面中还提供3.16.41版本的补丁压缩包，不要将它与3.16.41版本的完整压缩包混淆。除了此版本，读者也可以根据自己的喜好下载其他版本。

4.2.2 编译与安装

4.2.1节讲解了如何获取内核源码，本节将针对内核源码的编译安装进行详细的讲解，编译安装需要root权限，因此读者要从普通用户切换到root用户。

1. 解压

下载的内核源码都是以压缩包的形式保存的，在编译之前首先要进行解压缩，命令如下所示：

```
[root@localhost ~]# tar -xf linux-3.16.41.tar.xz
```

解压缩之后会生成文件夹linux-3.16.41，内核源码就保存在其中的kernel目录下，读者可以进入该目录查看内核源码。此外，该文件夹还包含README文件和Makefile文件，由于Makefile文件已经存在，因此在编译的时候无须再执行./configure命令。

内核源码在编译之前需要先对源代码树进行清理，第一次编译时一般使用make mrproper命令进行清理工作，具体命令如下：

```
[root@localhost ~]# cd linux-3.16.41
[root@localhost linux-3.16.41]# make mrproper
```

make mrproper命令的作用是删除内核源码中的中间文件、配置文件和备份文件。需要注意它与clean和distclean的区别：make clean是只删除内核源码中的中间文件，不删除配置文件和编译支持的扩展模块；make distclean是删除源码中的各种文件、备份和补丁，它的删除范围比较大。Makefile文件提供了这3个命令的描述，描述代码段如下所示：

```
# Cleaning is done on three levels.
# make clean     Delete most generated files
#                Leave enough to build external modules
# make mrproper  Delete the current configuration, and all generated files
# make distclean Remove editor backup files, patch leftover files and the like
```

2. 内核环境配置

清理工作完成之后，需要进行内核配置工作，内核在编译安装时，需要一定的环境基础，接下来就要进行基础环境配置工作。首先检查编译内核需要的字符终端设备ncurses是否安装，如果没有安装，则需要先完成安装才能编译；如果已经安装，则忽略此步。安装字符终端设备ncurses的具体命令如下：

```
[root@localhost linux-3.16.41]# yum install ncurses-devel
```

然后复制本机的内核配置文件到新内核的目录下，具体命令如下：

```
[root@localhost linux-3.16.41]# cp /boot/config-3.10.0-514.el7.x86_64 .config
```

将内核的相关配置复制过来之后，需要对它进行保存。执行 make menuconfig 命令，调出配置菜单，可进行内核配置与保存。

```
[root@localhost linux-3.16.41]# make menuconfig
scripts/kconfig/mconf Kconfig
.config: 842: warning: symbol value 'm' invalid for BRIDGE_NETFILTER
.config: 1307: warning: symbol value 'm' invalid for OPENVSWITCH_GRE
.config: 1308: warning: symbol value 'm' invalid for OPENVSWITCH_VXLAN
*** End of the configuration.
*** Execute 'make' to start the build or try 'make help'.
```

以上命令执行后会弹出一个配置菜单，如图 4-7 所示。

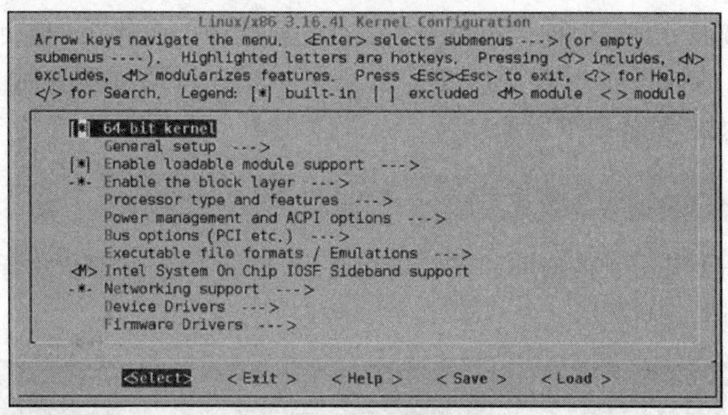

图 4-7　内核配置菜单

在图 4-7 中单击 Save 按钮保存配置，需要注意的是，这里不支持鼠标，要使用键盘的方向键与回车键进行保存。保存之后会弹出配置界面，如图 4-8 所示。

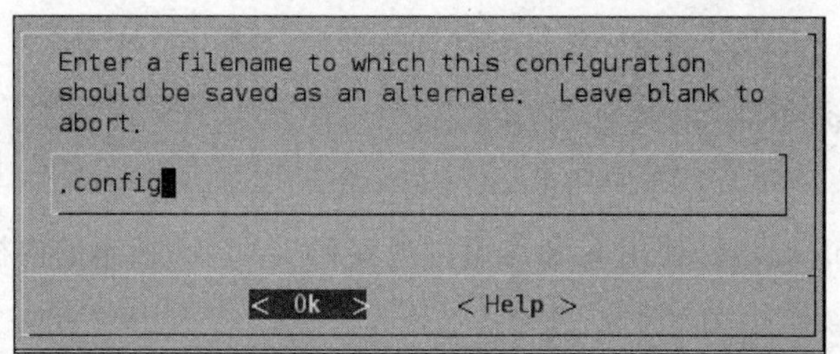

图 4-8　配置界面

单击 Ok 按钮之后会弹出退出界面，如图 4-9 所示。

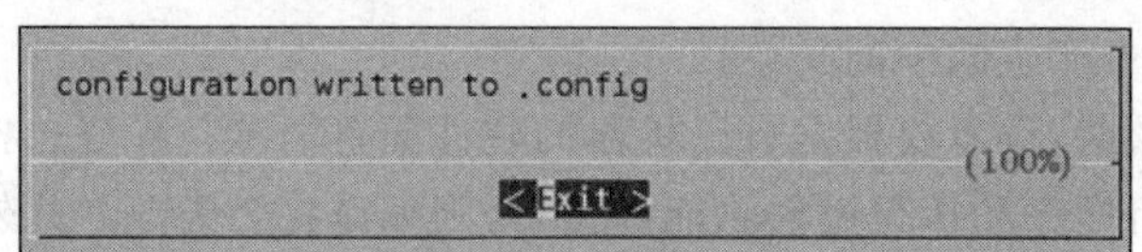

图 4-9　退出界面

在退出时会返回到如图 4-7 所示的界面，单击 Exit 按钮退出即可。

3. 编译安装

接下来就可以调用 make 命令对源码进行编译了。由于内核源码较多,编译将持续 4~5 小时。在编译时可以通过-j 命令同时启动多个进程共同编译。例如,本书同时启动 4 个进程进行编译,具体命令如下:

```
[root@localhost linux-3.16.41]# make -j4
```

编译完成之后,进行模块的安装,具体命令如下:

```
[root@localhost linux-3.16.41]# make modules_install
```

这个过程需要几分钟的时间。该命令其实就是将编译生成的.ko 模块文件复制到默认的安装目录,不同的内核版本默认的安装目录也不同。模块安装完成之后,执行 make install 命令安装内核,具体如下所示:

```
[root@localhost linux-3.16.41]# make install
```

安装过程也需要几分钟的时间。安装成功之后,重启系统,在开机引导界面可以看到刚才安装的内核,如图 4-10 所示。

```
CentOS Linux (3.16.41) 7 (Core)
CentOS Linux (3.10.0-514.el7.x86_64) 7 (Core)
CentOS Linux (0-rescue-2f26a4d5c8594ba28ec437f54b0e0e33) 7 (Core)
```

图 4-10 引导界面

选择 3.16.41 版本的内核进入系统,使用 uname -r 查看内核版本,可以看到现在的内核版本为 3.16.41。

```
[root@localhost ~]# uname -r
3.16.41
```

进入/lib/modules 目录,使用 ls 命令可以观察到 3.16.41 版本的内核。

```
[root@localhost ~]# cd /lib/modules
[root@localhost modules]# ls
3.10.0-514.el7.x86_64  3.16.41
```

至此,内核的编译安装就完成了。用户可以进入内核源码目录下执行 make clean 命令,清除掉编译过程中产生的中间文件。

在编译安装内核时,读者要根据自己机器的硬件配置情况与喜好选择合适的内核版本,在安装时要保证执行顺序和执行过程不能出错,否则编译将会失败。此外,编译时还要保证有足够的磁盘空间,现在的内核源码一般都有上百兆左右,它会产生大量的中间文件,如果磁盘空间不足,编译也会失败。因为编译过程很耗时,如果在编译了几个小时之后提示缺少文件或缺少包或磁盘空间不足,就需要重新编译,很浪费时间,所以在编译之前应尽量做好准备工作。

4.3　内核模块管理

Linux 内核包含多个模块，这些模块可以在编译内核时被编译到内核中，也可以在运行时动态加载到内核中，动态加载的模块在使用完之后可以被卸载。本节将针对内核模块的管理进行详细的讲解。

4.3.1　内核模块概述

本节将从内核模块的概念、内核模块的程序结构、内核模块的优缺点和内核模块之间的依赖关系来讲解内核模块。

1. 内核模块的概念

内核模块是 Linux 对外部提供的一个接口，它的全称是动态可加载内核模块(Loadable Kernel Module，LKM)，简称模块。Linux 之所以提供模块机制，是因为 Linux 内核是一个单内核，它把所有的内容集成在一起，虽然效率高，但可扩展性较差，模块机制正好弥补了这一设计缺陷。

模块是具有独立功能的程序，它可以被单独编译，但不能独立运行，因为它只有初始化函数，没有单独的 main()函数。动态加载模块时，模块被链接到内核并作为内核的一部分在内核空间运行，如图 4-11 所示。

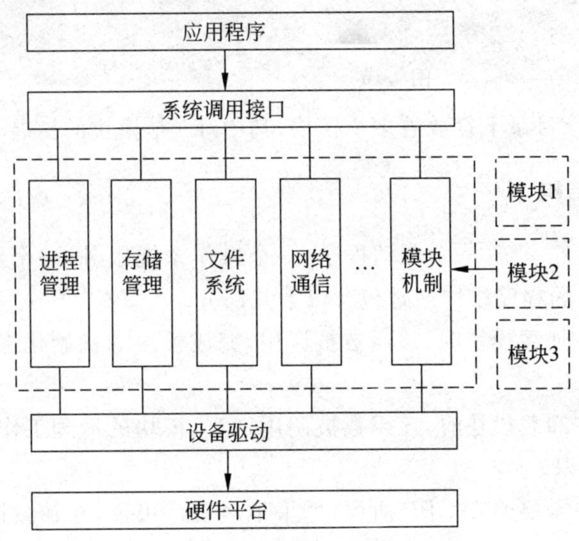

图 4-11　模块机制

当不再需要某个模块的功能时，可以从内核卸载该模块，不用重新编译内核。如果没有内核模块机制，想要增加额外功能就必须重新编译内核，这不仅耗费时间，还会使得内核变得非常臃肿。

内核模块被集中存放在/lib/modules/ 'uname -r'/kernel 目录下，其中 uname -r 是当前内核版本号。例如，查找本机的内核模块存放位置。

```
[root@localhost ~]# cd /lib/modules/3.10.0-514.el7.x86_64/kernel
[root@localhost kernel]# ls
arch  crypto  drivers  fs  kernel  lib  mm  net  sound  virt
```

在这个目录下存放着多个目录，每个目录中都保存着很多模块文件。读者可以进入任意一个目录查看模块。例如，进入 drivers 目录查看驱动模块的文件。

```
[root@localhost kernel]# cd drivers
[root@localhost drivers]# ls
acpi char    gpio      input       mfd       parport  pwm       uio      xen
ata          cpufreq   gpu         iommu     misc     pci       rtc      usb
auxdisplay   crypto    hid         isdn      mmc      pcmcia    scsi     uwb
base         dca       hv          leds      mtd      platform  ssb      vfio
bcma         dma       hwmon       md        net      power     staging  vhost
block        edac      i2c         media     ntb      powercap  target   video
bluetooth    firewire  idle        memstick  nvdimm   pps       thermal  virtio
cdrom        firmware  infiniband  message   nvme     ptp       tty      watchdog
```

在 drivers 目录下还有很多子目录，每个子目录中都包含多个模块。例如，在/drivers/acpi 目录下存放着 acpi 高级配置和电源管理接口模块，进入 acpi 查看相应模块，具体命令如下：

```
[root@localhost drivers]# cd acpi
[root@localhost acpi]# ls
acpi_extlog.ko  acpi_pad.ko  custom_method.ko  nfit.ko   sbs.ko
acpi_ipmi.ko    apei         ec_sys.ko         sbshc.ko  video.ko
```

由输出结果可知，在该目录下存放着多个模块，其中. ko 是模块的扩展名。

2. 内核模块的程序结构

模块用来实现一种文件系统、一个驱动程序、一个操作系统服务、一个新的系统调用或其他内核中的功能。模块的程序结构通常包含以下几部分。

- 模块加载函数：在加载模块时，该函数被调用，完成模块的初始化工作，该函数一般用 init 来标识。
- 模块卸载函数：在卸载模块时，该函数被调用，完成模块的清理工作，该函数一般用 exit 或 clean 来标识。
- 模块许可证：模块需要遵守 GPL 协议，如果不声明许可证，在加载模块时会收到内核被污染的警告。
- 模块参数：有的模块会有模块参数，模块参数在模块被加载时传递给模块。
- 模块导出符号：如果一个模块包含模块导出符，则模块中的变量和函数等可以被其他模块引用。
- 模块信息：模块的作者（开发者）信息、版本信息等。

内核模块程序使用 C 语言编写，但它与普通 C 语言模块并不相同，这两种模块之间的区别如表 4-1 所示。

表 4-1　普通 C 语言模块与内核模块的区别

区别＼程序	普通 C 语言模块	内核模块
空间	用户空间	内核空间
入口	main()	init_module()
出口	无	exit_module()
编译	gcc -c	gcc -c -D_KERNEL_-DMODULE
链接	gcc	insmod/modprobe
调试	直接运行	insmod/modprobe
运行	gdb	kdbug/kdb 等

由表 4-1 可知，内核模块与普通 C 语言模块的运行空间、入口、出口以及编译、链接、调试、运行时使用的命令都不相同。

3. 内核模块的优缺点

使用内核模块大大扩展了内核的功能，使得内核更加灵活，在修改内核时，不必重新编译整个内核，只要编译相应的模块，然后将模块加载到内核即可，而且模块可以不依赖于某一个固定的硬件平台，具有良好的可移植性。模块代码一旦被链接到内核，它的作用域就和静态链接的内核目标代码是一样的了。

虽然内核模块有很多优点，但它也有一些不足之处。并不是内核的每个部分都要使用模块，在加载内核模块时，由于内核所占用的内存并不会被释放，所以链接进内核的模块会给整个系统带来一定的性能和内存利用方面的损失，而且加载到内核的模块就成了内核的一部分，模块如果使用不当会导致整个系统的崩溃。

为了让模块能访问所有的内核资源，内核模块中必须维护一个内核符号表（kernel symbol table），并在加载和卸载模块时相应地修改符号表。一个模块可能会用到其他模块的功能，所以内核要维护模块之间的依赖性，这无疑又增加了内核的负担。

4. 内核模块之间的依赖关系

如果一个内核模块 A 要引用另一个内核模块 B 中的全局变量或函数，就说模块 B 被模块 A 引用，或者说模块 A 依赖模块 B。如果模块 A 依赖于模块 B，那么在加载模块 A 时，必须先要加载模块 B，否则模块 B 中的全局变量、函数等就不可能被加载到内核中，模块 A 也将无法使用，功能无法实现。

内核模块中的全局变量和函数也称为符号，内核模块支持使用导出符号 EXPORT_SYMBOL()或 EXPORT_SYMBOL_GPL()导出模块中的符号，以供其他模块调用。例如，在模块 B 中定义了函数 func()，模块 A 需要调用 func()函数，则模块 A 与模块 B 关于 func()函数的定义，以及函数 func()的导出方法如下所示。

模块 A：

```
extern void func();
func();
```

模块 B：

```
void func(){}
EXPORT_SYMBOL(fun);
```

需要说明的是，导出符号 EXPORT_SYMBOL_GPL 只能用于包含 GPL 许可证的模块。事实上，导出就是把符号和符号对应的地址保存在内核符号表中，在内核运行的过程中，可以让其他模块通过内核符号表找到这些符号对应的地址加以调用。

4.3.2 查看内核模块

Linux 提供了两个命令来查看内核模块：lsmod 和 modinfo。lsmod 用来查看已经加载的内核模块；modinfo 用来查看模块的具体信息。接下来将针对这两个命令进行详细讲解。

1. lsmod 命令

lsmod 命令可以列出目前系统中已经加载的所有模块，这个命令没有任何参数，直接执行即可，示例代码如下所示：

```
[root@localhost ~]# lsmod
Module                    Size      Used by
fuse                      87741     3
xt_CHECKSUM               12549     1
ipt_MASQUERADE            12678     3
nf_nat_masquerade_ipv4    13412     1 ipt_MASQUERADE
tun                       27226     1
ip6t_rpfilter             12595     1
…
```

以上命令执行后打印的内核模块信息分为 3 列：第一列 Module 表示模块名称，第二列 Size 表示模块占用内存大小(字节)，第三列 Used by 声明模块是否被其他程序使用。如果第三列为 0，则表明没有程序在使用这个模块，它可以随时被卸载；非 0 则表明有程序在使用它。例如 fuse 模块，Used by 的值为 3，表示有 3 个程序在使用这个模块，它就无法被卸载。

如果要查看具体某一个模块是否被加载，可以使用如下命令：

```
lsmod | grep 模块名
```

如果模块被加载了，那么它会显示出模块的各项信息；如果模块没有被加载，则不会输出任何信息。例如，查询一个已经被加载过的模块 fuse，它会输出模块名、模块大小和被占用情况，具体如下所示：

```
[root@localhost ~]# lsmod | grep fuse
fuse                    87741  3
```

下面再查询一个没有被加载的模块，如 vfat 模块，它用于处理长文件名，具体命令如下：

```
[root@localhost ~]# lsmod | grep vfat
```

命令执行后没有输出任何信息，表明模块 vfat 未被加载。

2. modinfo 命令

Linux 提供了 modinfo 命令来查看内核模块信息，命令格式如下：

```
modinfo [选项] 模块名
```

modinfo 命令的常用选项如表 4-2 所示。

表 4-2　modinfo 命令的常用选项

选项	说　明
-a	显示模块开发人员信息
-d	显示模块的使用说明
-l	显示模块遵循的规范，都遵循 GPL 规范
-h	显示帮助信息
-p	显示模块所支持的参数
-V	显示模块版本信息

用不同的命令行参数可以查看模块的相应信息，如果在查看模块时没有使用任何选项，则会输出关于这个模块的所有信息。例如，查看 sg 驱动模块，这个模块能够将 SCSI 命令直接发送给相应设备并获得返回信息，查看命令如下所示：

```
[root@localhost ~]# modinfo sg
filename:       /lib/modules/3.10.0-514.el7.x86_64/kernel/drivers/scsi/sg.ko
alias:          char-major-21-*
version:        3.5.36
license:        GPL
description:    SCSI generic (sg) driver
author:         Douglas Gilbert
rhelversion:    7.3
srcversion:     A41F7696E3AB081A2F088FA
depends:
intree:         Y
vermagic:       3.10.0-514.el7.x86_64 SMP mod_unload modversions
signer:         CentOS Linux kernel signing key
sig_key:        D4:88:63:A7:C1:6F:CC:27:41:23:E6:29:8F:74:F0:57:AF:19:FC:54
sig_hashalgo:   sha256
parm:           scatter_elem_sz:scatter gather element size (default:max(SG_SCATTER_SZ, PAGE
                _SIZE)) (int)
parm:           def_reserved_size:size of buffer reserved for each fd (int)
parm:           allow_dio:allow direct I/O (default:0 (disallow)) (int)
```

这里显示了 sg 模块的全部信息，包括作者、版本、遵循 GPL 规范、使用说明等。通过这个命令读者也可以查询其他内核模块的相关信息。

4.3.3 加载与卸载

模块可以动态地被加载到内核中，当模块完成相应功能后还可以被卸载。Linux 提供了 insmod 命令用于加载模块，rmmod 命令用于卸载模块。除此之外，Linux 还提供了 modprobe 命令，该命令既可以加载模块又可以卸载模块。本节将通过这几个命令的使用来讲解模块的加载与卸载。

1. modprobe

modprobe 命令不仅可以动态地加载模块，还可以卸载模块，通过 modprobe 命令加载、卸载模块时，命令格式如下：

```
modprobe [选项] 模块名
```

上述格式中，modprobe 命令有几个常用的选项，如表 4-3 所示。

表 4-3 modprobe 命令的常用选项

选项	说明
-a	加载命令行中的所有模块
-C	重载默认配置文件
-c	查看模块的配置文件
-d	模块目录，默认情况下是模块的根目录
-f	强制加载模块
-V	显示版本信息
-v	显示程序在做什么，通常在出错情况下才使用
-n	可以和-v 选项一起使用，在调试的时候非常有用
-r	卸载模块

加载与卸载模块时可直接使用模块名字，不需要带扩展名.ko。例如，使用 modprobe 加载 vfat 模块。

```
[root@localhost ~]# modprobe vfat
```

查询该模块是否加载成功。

```
[root@localhost ~]# lsmod | grep vfat
vfat                   17411  0
fat                    65913  1 vfat
```

由输出结果可知，vfat 模块加载成功。在加载模块时，如果模块依赖其他模块，modprobe 会自动先加载依赖的模块，然后再加载指定的模块。如果想要卸载这个模块，则可以使用-r 选项。以模块 vfat 为例，具体命令如下：

```
[root@localhost ~]# modprobe -r vfat
```

卸载模块之后，使用 lsmod 命令判断是否卸载成功。

```
[root@localhost ~]# lsmod | grep vfat
```

再次查询时没有输出任何信息，表明 vfat 模块已经被成功卸载。需要说明的是，在命令行中使用 modprobe 加载的模块仅是临时有效，重启系统之后内核并不会再次加载模块。在 CentOS 7 中，如果希望系统开机自动加载内核模块，则需要进入/etc/sysconfig/modules/目录，编写一个脚本文件将加载模块的命令写入脚本中。例如，新建一个名为 vfat.modules 的脚本文件，并在其中设置开机自动加载脚本 vfat.modules，脚本中的内容如下所示：

```
#!/bin/sh
    /sbin/modprobe vfat
```

脚本编写完成后，保存退出，赋予其执行权限，这样在开机时这个脚本会自动完成模块的加载。

```
[root@localhost modules]# chmod 755 /etc/sysconfig/modules/vfat.modules
```

重启系统，再次使用 lsmod 命令查询，这时候 vfat 模块就已经加载成功了。如果要卸载此模块，则 vfat.modules 脚本删除，然后重启系统即可。

2. insmod

insmod 命令的功能和 modprobe 类似，它也可实现加载模块的功能，但 insmod 命令在加载模块时需要带上模块的绝对路径，并且一定要有后缀名.ko。以加载/lib/modules/3.10.0-514.el7.x86_64/kernel/drivers/md/目录下的模块 raid1 为例，使用 insmod 命令加载模块的命令如下所示：

```
[root@localhost]#insmod /lib/modules/3.10.0-514.el7.x86_64/kernel/drivers/md/raid1.ko
```

查看模块是否加载成功：

```
[root@localhost]# lsmod | grep raid1
raid1                    39460   0
```

lsmod 查询时输出了 raid1 模块的信息，表明模块加载成功。insmod 命令在加载模块时无法自动处理模块之间的依赖关系，如果要加载的模块依赖其他模块，则需先手动加载被依赖的模块，因此在使用 insmod 命令加载模块时，要知道模块的存放位置以及它的依赖关系。insmod 命令用起来比较麻烦，并不建议读者使用。

3. rmmod

rmmod 命令用来卸载模块，modprobe 命令和 insmod 命令加载的模块都可以使用这个命令完成卸载。rmmod 命令的格式如下：

```
rmmod [选项] 模块名
```

上述格式中，rmmod 命令有几个常用的选项，如表 4-4 所示。

表 4-4 rmmod 命令的常用选项

选项	说 明
-v	显示命令执行的详细信息，一般只有出错时才会显示信息
-f	强制卸载模块
-s	向系统日志发送错误信息
-V	显示版本信息

接下来使用 rmmod 命令卸载之前加载的 raid1 模块，命令如下所示：

```
[root@localhost ~]# rmmod raid1
```

卸载 raid1 模块后，如果再次执行卸载命令，则会提示 raid1 模块当前并未被加载，具体如下所示：

```
[root@localhost ~]# rmmod -vraid1
rmmod: ERROR: Module raid1 is not currently loaded
```

4.3.4 修改内核参数

通过修改内核参数可对内核进行优化，Linux 操作系统提供了两种修改内核参数的方法，即通过命令进行修改或者通过/etc/sysctl.conf 配置文件进行修改。下面将针对这两种方法分别进行讲解。

1. 通过命令进行修改

/proc/sys/目录下存放着绝大部分的内核参数，且这些参数可以在系统运行时被修改。下面通过修改内核参数 ip_forward 的值来演示如何通过命令修改内核参数。ip_forward 控制着内核 ip 转发功能，它的值有两个：0 和 1。默认值为 0，表示禁止 ip 转发功能；如果值为 1，则是开启 ip 转发功能。首先，查看 ip_forward 的值，具体如下所示：

```
[root@localhost ~]#cat /proc/sys/net/ipv4/ip_forward
1
```

由输出结果可知 ip_forward 的值为 1，表明内核开启了 ip 转发功能。接下来修改 ip_forward 的值为 0，禁止 ip 转发。

```
[root@localhost ~]#echo 0 >/proc/sys/net/ipv4/ip_forward
```

这个命令将 0 写入了/proc/sys/net/ipv4/目录下的 ip_forward 参数中，将 ip_forward 的值改为 0，关闭了内核转发 ip 的功能。用这种方式修改内核参数是即刻生效的，但是系统重启后该设置将会失效。

2. 通过/etc/sysctl.conf 配置文件修改内核参数

/etc/sysctl.conf 配置文件用于保存或记录内核参数的存放位置，系统在启动时会通过此文件去读取内核参数，因此可以将内核参数写在此文件中以达到修改的目的。系统启动时会自动读取这个文件，因此通过修改此文件的内核参数，重启系统后仍然会有效。

下面通过/proc/sysctl.conf/配置文件修改内核的读写缓存 rmem_default 和 wmem_default 的大小，rmem_default 和 wmem_default 参数存放在/proc/sys/net/core/目录下，首先查看这两个缓存的大小。

```
[root@localhost ~]# cat /proc/sys/net/core/rmem_default
212992
[root@localhost ~]# cat /proc/sys/net/core/wmem_default
212992
```

两个缓存的大小均为 2 122 992，现在修改两个缓存大小，在/etc/sysctl.conf 文件中加入两行代码：

```
net.core.wmem_default=300000
net.core.rmem_default=300000
```

修改之后执行下面的命令使更改立即生效：

```
[root@localhost ~]# sysctl -p
net.core.wmem_default=300000
net.core.rmem_default=300000
```

4.4　本章小结

本章主要讲解与内核相关的知识，包括内核的概念、如何获取内核源码、内核的编译安装、内核模块的管理。通过本章的学习，读者应对 Linux 内核有一个整体的了解，并掌握内核安装、内核模块管理的方法。

4.5　本章习题

一、填空题

1. 内核是使用________语言编写的。
2. 操作系统的内核可分为________和________两种。
3. Linux 使用双树系统管理内核版本，双树系统包括________和________。
4. 内核版本前的________表示该版本是长期支持的版本。
5. 命令________可以列出已经加载的所有内核模块。
6. 为了解决内核模块间的依赖关系，内核必须维护一个________。
7. 如果想使修改的内核参数重启系统后仍有效，那么可以通过________配置文件修改内核参数。

二、判断题

1. 内核代码是开源的。 ( )
2. 在编译安装内核时,内核版本越高越好。 ( )
3. 内核模块可以独立运行。 ( )
4. 加载内核模块时,不需要重新编译内核。 ( )
5. 内核模块与普通程序一样运行在用户空间。 ( )
6. inmod 命令在加载内核模块时必须要带上模块的绝对路径。 ( )
7. Linux 内核可以像普通软件一样通过源码编译安装。 ( )
8. 编写内核源码之前只能使用 make mrproper 命令进行清理工作。 ( )
9. 在命令行中修改内核参数,重启之后就失效了。 ( )

三、选择题

1. 下列关于内核的描述,哪个选项是错误的?( )
   A. 操作系统的内核可以分为单内核和微内核两种
   B. 对内核的开发要遵守 GPL 协议
   C. 当 Linux 内核版本停止维护时,会标记上 EOF
   D. Linux 内核的开发都是在稳定树中进行
2. 关于内核模块,下列描述中哪个是错误的?( )
   A. 内核模块可以被单独编译
   B. 每个内核模块都是独立的,不能互相依赖
   C. 内核模块的扩展名为.ko
   D. 内核模块可以有模块参数
3. 下列选项中,哪一个命令可以查看内核模块开发人员信息?( )
   A. lsmod　　B. modprobe　　C. modinfo　　D. inmod
4. 下列关于 modprobe 命令的描述中,哪个是错误的?( )
   A. modprobe 命令既可以加载模块,又可以卸载模块
   B. modprobe 命令加载模块时不必带.ko 扩展名
   C. modprobe 命令加载模块时必须要带模块的绝对路径
   D. modprobe 命令会自动处理模块间的依赖关系
5. 关于 Linux 内核版本,下列说法中哪个是错误的?( )
   A. 4.2.2 表示稳定版本
   B. 2.2.6 表示对内核 2.2 的第 6 次修正
   C. 内核命令偏移为"主版本号.次版本号.修正次数"
   D. 3.3.2 表示稳定的发行版本
6. 下列选项中,哪一项不是内核管理的子系统?( )
   A. 进程管理系统　　B. 内存管理系统
   C. 硬件管理系统　　D. 文件管理系统

7. 关于内核源码编译前的清理,下列说法中哪个是错误的?(　　)
   A. make mrproper 删除内核源码中的中间文件、配置文件,不删除备份文件
   B. make clean 删除内核源码中的中间文件,不删除配置文件和编译支持的扩展模块
   C. make distclean 删除源码中的各种文件、备份和补丁
   D. 通常第一次编译内核源时使用 make mrproper 命令进行清理

四、简答题

1. 简述管理内核版本的双树系统。
2. 简述 modprobe 命令与 insmod 命令在加载内核时的区别。

第5章 网络服务

思政案例

学习目标

- 了解计算机网络基础知识
- 掌握 DHCP 服务原理
- 掌握 DNS 服务原理
- 理解电子邮件服务原理
- 熟悉电子邮件服务器的搭建方法
- 掌握 FTP 服务原理

当今社会是信息化社会，信息的传播离不开网络，随着计算机与因特网的发展和普及，网络已渗入到社会生活的各行各业，大到操作系统，小到手机应用，都与网络息息相关，因此，Linux 系统中网络服务的搭建与配置是运维人员必须掌握的重点技能。本章主要对 Linux 系统中常用的几种网络服务的原理与配置方法进行讲解，由于网络服务的介绍会涉及与网络相关的知识，在讲解网络服务之前先对计算机网络的基础知识进行讲解。

5.1 计算机网络基础

计算机网络(network)是继电信网络、有线电视网络之后出现的世界级大型网络。在计算机领域中，网络由若干个节点和连接这些节点的链路组成，网络中的节点可以是计算机、交换机、路由等。如图 5-1(a)所示，是一个最简单的计算机网络模型。

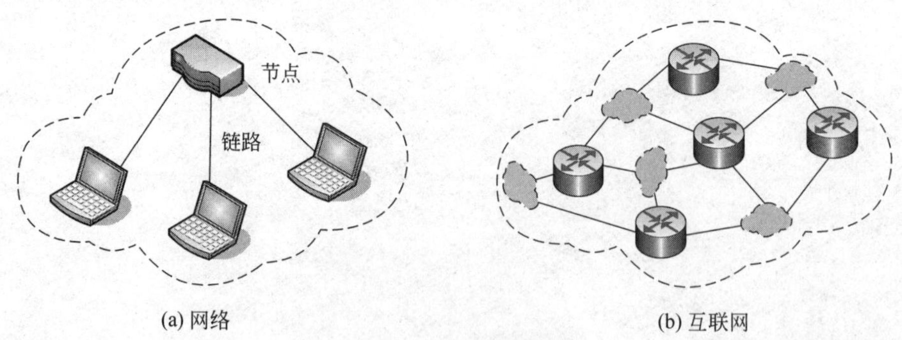

图 5-1 网络与互联网

此外，计算机网络之间可以相互连接，组成更大的网络，如图 5-1(b)所示，这种网络被称为互联网(internet)。互联网中最为知名的是起源于美国的因特网(Internet)，因特网是当今世界上最大的国际性网络。

根据网络的覆盖范围，网络可分为广域网（Wide Area Network，WAN）和局域网（Local Area Network，LAN）。局域网覆盖的范围较小，通常为一个城市或一个小型区域（如公司或学校）；广域网覆盖的范围从几十公里到几千公里，可连接多个城市和国家，形成国际性的远程网络。

5.1.1　协议与体系结构

网络通信是一个复杂的过程，为了保证通信能顺利进行，且目标主机能获取到准确、有效的数据，数据的封装必须遵循一系列事先约定好的规则，数据的传递与接收也要符合既定的流程。

人们把事先约定好的、为进行网络中的数据交换而建立的规则称为协议（protocol）。协议由如下几个要素组成。

• 语法，即数据与控制信息的结构或格式。

• 语义，即需要发出何种控制信息，完成何种动作以及做出何种响应。

• 同步，即事件实现顺序的详细说明。

复杂通信过程中的各项操作可能会出现各种各样的结果，如果只为其制定一组协议，那么这组协议必定会非常复杂。因此，人们基于计算机通信的流程，设计了包含多个层次的体系结构，意图将一次通信过程划分为多个阶段，为每个阶段的操作制定不同的规则。

较为常见的体系结构有 OSI（Open System Interconnect，开放式系统互联模型）和 TCP/IP（Transmission Control Protocol/Internet Protocol，传输控制协议/互联网协议模型）。

OSI 由国家标准协会 ISO 制定，共分为 7 层，由上而下依次为应用层、表示层、会话层、传输层、网络层、数据链路层和物理层，虽然 OSI 由 ISO 制定，但其实用性较差，并未得到广泛应用。

在 OSI 诞生之际，因特网已实现了全世界的基本覆盖，因此市面上应用最广泛的体系结构为因特网中使用的 TCP/IP 体系结构。该结构包含 4 层，即应用层、传输层、网际层和网络接口层。

相比之下，OSI 体系结构侧重于功能的层次划分，而 TCP/IP 侧重于网络设备间的数据传递，比 OSI 模型更为精简，也更加灵活。这两种体系结构间存在对应关系，其对应关系及各层常用的协议如图 5-2 所示。

除 OSI 和 TCP/IP 体系结构外，人们还提出了一种 5 层体系结构。这种体系结构由上而下依次为应用层、传输层、网络层、数据链路层和物理层，各层的功能分别如下。

• 应用层：为应用进程提供服务。该层的协议定义应用程序使用互联网的规则。

• 传输层：应用进程提供连接服务，实现两端进程的会话。该层的协议定义进程的通信规则。

• 网络层：为分组交换网上的不同主机提供通信服务。该层的协议定义应用程序封装数据的格式，以及数据包的转发机制。

• 数据链路层：该层从网络层获取的 IP 数据报组装成帧，在网络节点之间以帧为单位传输数据。该层的协议定义了帧的格式。

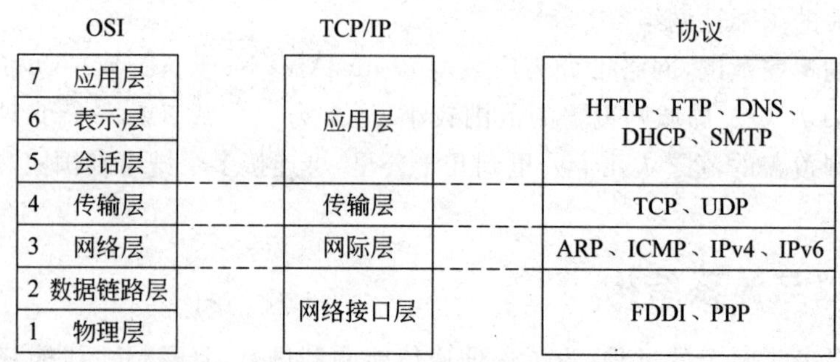

图 5-2 体系结构与常用协议

- 物理层：物理层以比特为单位传输数据，对应网络中的硬件设备。该层对网络设备的特性进行规范，以保证物理设备能互相连接并正常使用。

这种 5 层的体系结构一般用于帮助人们理解计算机网络中各层之间的关系，并不作为一种真正的网络结构，读者只需了解即可。

5.1.2 数据传输流程

数据由应用程序产生，若应用程序 A 要发送一组数据给应用程序 B，则数据在传输过程中的变化如图 5-3 所示。

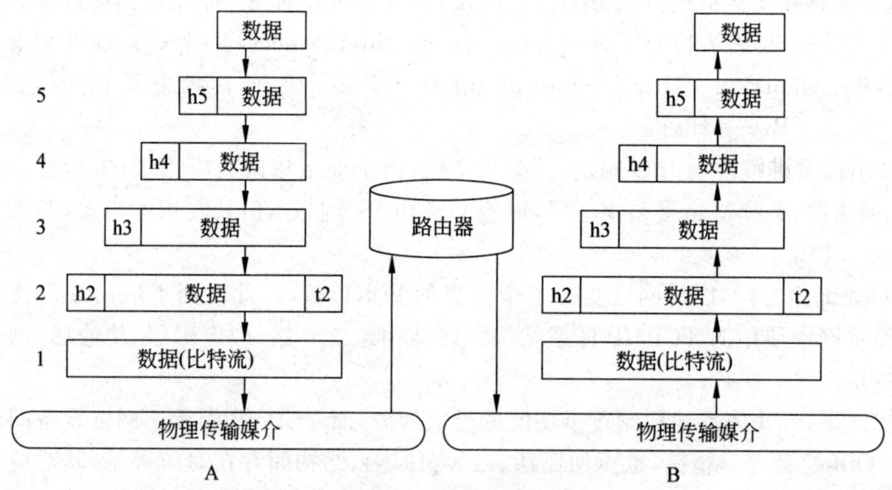

图 5-3 数据传输过程

图 5-3 中的 5、4、3、2、1 依次表示 5 层体系结构中的应用层、传输层、网络层、链路层、物理层。由图 5-3 可知，当两个应用程序进行通信，发送端进程 A 发送数据给进程 B 时，数据在传输过程中将会发生以下变化。

(1) 来自应用程序 A 的数据首先递达应用层，经应用层协议在其头部添加相应的控制信息后，该数据被传向传输层。

(2) 传输层接收到来自应用层的信息，经 TCP/UDP 协议添加 TCP 首部或 UDP 首部后，作为数据段或数据报被传送到网络层。

(3) 网络层接收到来自传输层的数据段或数据报，为其添加 IP 首部并封装为 IP 数据报，传送到链路层。

(4) 链路层接收到来自网络层的 IP 数据报，在其头尾分别添加头、尾控制信息，封装成帧数据，传递到物理层。

(5) 物理层接收到来自链路层的帧数据，将其转化为由 0、1 代码组成比特流，传送到物理传输媒介。

(6) 物理传输媒介中的比特流经路由转发，递达应用程序 B 所在的物理传输媒介中，之后 TCP/IP 协议簇中的协议先将比特流格式的数据转换为数据帧，并依次去除链路层、网络层、传输层和应用层添加的头部控制信息，最后将实际的数据递送给应用程序 B。至此，两个进程成功通过网络实现数据传递。

5.1.3 IP 地址与端口号

进行网络通信的对象实质上是网络中的进程，但一个网络中可能有许多台主机，每台主机中的进程也不唯一，那么发送方是如何正确地确定接收方呢？在计算机网络中，人们常用 IP 地址标识一台主机，使用端口号标识网络中的一个进程。

1. IP 地址

IP(Internet Protocol)是一种网络层协议。网络体系结构与各种协议规范了计算机通信的流程，但在通信之前，发送数据的主机应能明确接收方主机的地址。计算机网络中使用 IP 地址作为网络中一台主机的唯一标识。

目前常见的 IP 地址有 IPv4 和 IPv6 两个版本，其中 IPv4 是广泛使用的版本，IPv6 是最新版本。虽然 IPv6 是日后计算机 IP 地址的发展趋势，但目前普及率仍然较低，因此本书主要对 IPv4 进行讲解。

IPv4 版本的 IP 地址由 4 个字段和 3 个分割字段的"."组成，每个字段的取值范围为 0～255，即 0～2^8。如 127.0.0.1 就是一个标准的 IPv4 格式的地址，使用这种方式表示的地址称为"点分十进制"地址。IP 地址中的字段也可以使用二进制表示，如 127.0.0.1 也可表示为 11111111.00000000.00000000.00000001，这个地址是本机回送地址(Loopback Address)，可用于网卡在本机内部的访问。

IPv4 地址共分为 5 类，依次为 A 类 IP 地址、B 类 IP 地址、C 类 IP 地址、D 类 IP 地址和 E 类 IP 地址。其中 A、B、C 类 IP 地址在逻辑上又分为两个部分：第一部分标识网络，第二部分标识网络中的主机。如 IP 地址 192.168.43.34，该地址的前 3 个字段标识网络号为 192.168.43.0，最后一个字段 34 标识该网络中的主机。不同网络中多台主机的 IP 具体如图 5-4 所示。

由图 5-4 可知，处于同一网络中的主机由最后一个字段区分。

如图 5-4 所示的 IP 地址都是 C 类 IP 地址，IP 地址根据取值范围分类，具体如图 5-5 所示。

网络号相同的 IP 地址处于同一个网段，不同类别的 IP 地址其取值范围和可用 IP 数量也不相同，下面分别对各类 IP 地址的取值范围及可用 IP 数量进行说明。

1) A 类地址

A 类 IP 地址由 1 字节的网络号和 3 字节的主机号组成，网络号的最高位必须是 0。A

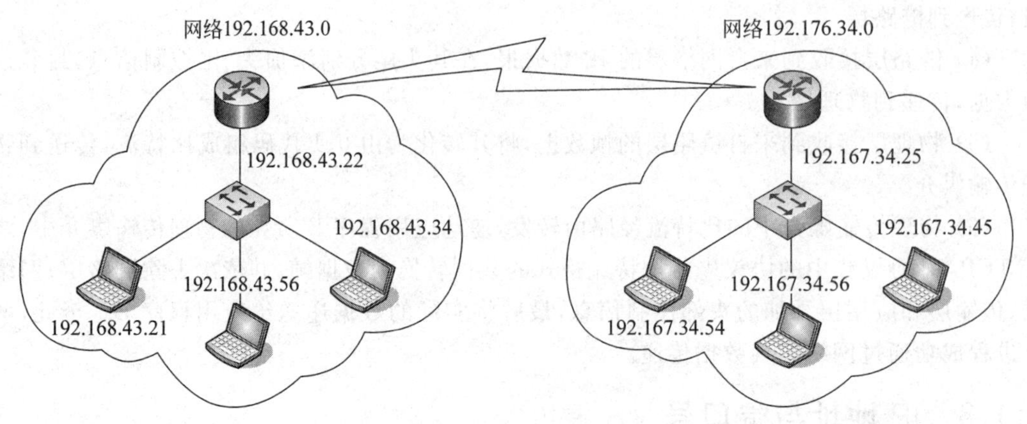

图 5-4　IP 地址图示

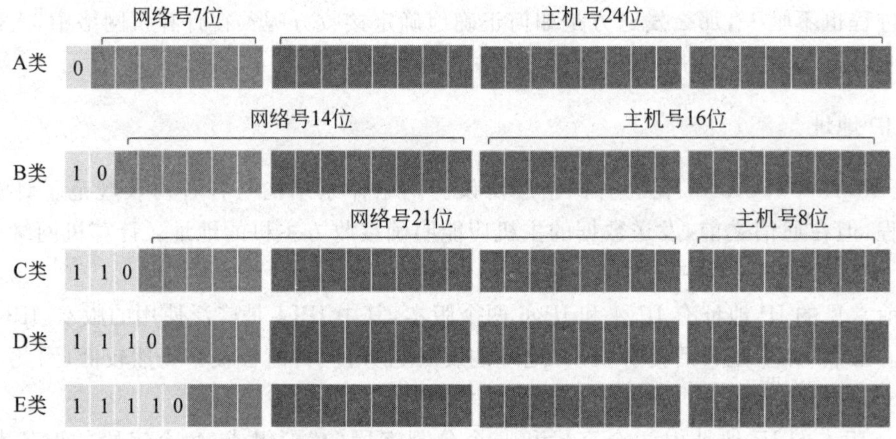

图 5-5　IP 地址的分类

类 IP 地址的范围为 1.0.0.1～126.255.255.254，可用 A 类网络共有 126(2^7-2)个；每个网络的可用 IP 地址有 $2^{24}-2$，即 1 677 214 个。

2) B 类地址

B 类 IP 地址由 2 字节的网络号和 2 字节的主机号组成，网络号的最高位必须是 10。B 类 IP 地址的范围为 128.1.0.1～191.255.255.254，可用 B 类网络有 16 384($2^{14}-2$)个，每个网络的可用 IP 地址有 $2^{16}-2$，即 65 534 个。

3) C 类地址

C 类 IP 地址由 3 字节的网络号和 1 字节的主机号组成，网络号的最高位必须是 110。C 类 IP 地址的范围为 192.0.1.1～223.255.255.254。每个 C 类网络中可用 IP 地址有 254(2^8-2)个。

4) D 类地址

D 类 IP 地址不分网络号和主机号，它固定以 1110 开头，取值范围为 224.0.0.1～239.255.255.254。D 类 IP 地址并不指向特定的网络，目前这一类地址被用在多播中。

5) E 类地址

E 类地址不分网络号和主机号，它固定以 11110 开头，取值范围为 240.0.0.1～255.

255.255.254。E类IP地址仅在实验和开发中使用。

A、B、C类IP地址每个网络号中的可用IP地址总是2^n-2(n为某类IP地址的网络号位数),这是因为主机号从0开始,但第一个编号0与网络号一起表示网络号(如C类IP地址的第一个网络号为127.0.0.0),最后一个编号255与网络号一起作为广播地址存在(如C类IP地址的第一个广播地址为127.0.0.255)。

此外,每个网段中都有一部分IP地址是供给局域网使用的,这类IP地址也称为私有地址,它们的范围如下:

- 10.0.0.0~10.255.255.255
- 172.16.0.0~172.31.255.255
- 192.168.0.0~192.168.255.255

由于使用4个字段表示的IP地址难以阅读和记忆,人们发明了域名系统,域名系统中的每个域名都对应唯一一个IP地址,即使用域名或者与域名对应的IP地址可以访问网络上的同一台主机。例如,使用域名www.baidu.com或者IP地址202.108.22.5都能访问百度的主机。

2. 端口号

IP地址只能确定网络中的主机,要确定主机中的进程,还需用到端口号(port)。在计算机中,端口号是主机进程的唯一标识,因此一个进程在向另一个进程发送数据时,要使用"IP地址+端口号"确定网络中的一个进程。

端口号的最大取值为65 535,其中0~1024号端口一般是由系统进程占用,用户可到www.iana.com查看由国际因特网地址分配委员会维护的官方已分配的端口列表。用户在配置自己的服务器时,可以选择一个大于1024、小于65 535的端口号对其进行标记,但要注意选择空闲端口号,避免与其他服务器产生冲突。

5.1.4 子网掩码

子网掩码又称为地址掩码,它用于划分IP地址中的网络号与主机号,网络号所占的位用1标识,主机号所占的位用0标识,因为A、B、C类IP地址网络号和主机号的位置是确定的,所以子网掩码的取值也是确定的,分别如下。

(1) 255.0.0.0,等同于11111111.00000000.00000000.00000000,用于匹配A类地址。

(2) 255.255.0.0,等同于11111111. 11111111. 00000000. 00000000,用于匹配B类地址。

(3) 255.255.255.0,等同于11111111. 11111111. 11111111. 00000000,用于匹配C类地址。

子网掩码通常应用于网络搭建中,申请到网络号之后,用户可利用子网掩码将该网络号标识的网络划分为多个子网,假设申请到了一个C类网络,网络号为192.93.54.a,这个网络中的可用IP地址有254个,若想将这个网络划分为4个子网,则可将子网掩码第三个字段的前两位设置为1,得到子网掩码11111111.11111111.11000000.00000000,即255.255.192.0。此时得到的4个子网的IP地址取值范围介绍如下。

- 网络号:192.93.54.0;IP范围:192.93.54.1~192.93.54.62。

- 网络号：192.93.54.64;IP 范围：192.193.54.65～192.93.54.126。
- 网络号：192.93.54.128;IP 范围：192.193.54.129～192.93.54.190。
- 网络号：192.93.54.192;IP 范围：192.193.54.193～192.93.54.254。

5.1.5 协议与服务

服务是应用程序的一种，这种应用程序一般在后台运行，用于执行指定的系统功能，以支持其他程序(尤其是底层程序)的运行。系统的正常运行离不开各种各样的服务，而服务的运行又离不开协议。

服务与协议息息相关，在协议的控制下，两个对等实体间的通信使得本层能够向上一层提供服务，而要实现本层的协议，还需要使用下一层提供的服务。形象地说，协议是"水平的"，用于规定一次通信中处于同一层的两个对等实体的通信规则；而服务是"垂直的"，本层服务协助的是当前实体的上层服务。

对工作在网络中的主机而言，配置与网络相关的服务必不可少，之后将对 Linux 系统中与网络相关的几种服务进行讲解。

5.2 DHCP 服务

DHCP 即动态主机配置协议，是 Dynamic Host Configuration Protocol 的缩写。DHCP 服务分为服务器和客户端两部分，其中服务器的功能为集中管理与 IP 相关的网络设置数据，处理客户端的 DHCP 请求，客户端的功能为使用服务器分配的 IP 配置网络。

DHCP 服务的主要功能是动态分配 IP 地址，它可以缓解 IP 地址不足这一问题。本节将对 DHCP 的常用术语、工作流程与配置方法进行讲解。

5.2.1 DHCP 常用术语

DHCP 服务常用的术语有 DHCP 服务器、DHCP 客户机、DHCP 中继代理、作用域、超级作用域、排除范围、地址池、租约、保留等，下面分别对这些术语进行简单介绍。

1. DHCP 服务器

DHCP 服务器是用于提供网络设置参数给 DHCP 客户机的 Internet 主机，用于配置 DHCP 服务器的主机必须使用静态 IP 地址，配置子网掩码与默认网关。

2. DHCP 客户机

DHCP 客户机是通过 DHCP 服务获取网络配置参数的 Internet 主机。若网络中存在 DHCP 服务器，则开启 DHCP 服务的客户机在接入网络后可获得由 DHCP 服务器动态分配的 IP 地址。

3. DHCP 中继代理

DHCP 中继代理是在 DHCP 客户机和服务器之间转发 DHCP 消息的主机或路由器。

4. 作用域

作用域指使用 DHCP 服务的网络中可用物理 IP 地址的集合，通常情况下，作用域被设置为网络上的一个子网。DHCP 服务器只能为 DHCP 客户端分配存在于作用域中的空闲 IP 地址。

5. 超级作用域

超级作用域是 DHCP 服务的一种管理功能，可用于物理子网上多个逻辑 IP 子网作用域的管理性分组，即将多个作用域组合为单个管理实体进行统一管理。

6. 排除范围

排除范围用于限定从 DHCP 服务作用域内排除的有限 IP 地址集合。排除范围中的 IP 地址为预留地址，这些地址通常预留给一些需要固定 IP 的设备(如服务器、可网管交换机等)使用。当 DHCP 服务动态为计算机分配 IP 时，普通设备不会获取到排除范围中的 IP 地址。

7. 地址池

在定义了 DHCP 服务的作用域，并设置排除范围后，剩余的可用 IP 地址集合称为地址池，DHCP 服务器可获取地址池中的 IP 地址分配给网络上的 DHCP 客户机。

8. 租约

DHCP 的前身是 BOOTP(Bootstrap Protocol，引导程序协议)，与 BOOTP 相比，DHCP 新增了“租约”的概念。租约是指 DHCP 服务器分配 IP 地址时，为 DHCP 客户机指定的客户机使用 IP 地址的时间长度。

若超过租约时间，客户机应通过服务器更新 IP 地址租约，否则 DHCP 服务器将回收该客户机占用的 IP 地址。若地址池富足，DHCP 服务器中会保存 IP 地址与主机 MAC 地址的映射列表中的此条记录，此时客户机若申请 IP 地址，则仍可获取之前使用的 IP；但若地址池不足，这个 IP 地址将会被租给其他主机。

9. 保留

保留是 DHCP 服务器的一种功能，使用该功能可使子网中的某个硬件设备始终使用相同的 IP 地址。

5.2.2 DHCP 的工作流程

在一个配置了 DHCP 服务器的网络中，若有新加入的客户机需要获取 IP 地址，则其过程如下。

(1) 客户机通过广播发送 dhcpdiscover 报文寻找 DHCP 服务器。dhcpdiscover 中包含源地址、目的地址、端口号和客户机的 MAC 地址，其中源地址为 0.0.0.0，目的地址为 255.255.255.255，端口号为 67(67 为 DHCP 服务器的默认端口)，由于客户机此时还没有获取到 IP 地址,网络中的 DHCP 服务器通过 MAC 地址来识别该主机。

(2) 服务器为客户机提供 IP 租约地址。服务器监听到客户端发送的 dhcpdiscover 报文后,会从地址池中选择最前面的空闲 IP,连同一些 TCP/IP 设置信息生成 dhcpoffer 报文一起返回给客户机。

(3) 客户端接收 IP 租约信息。客户端可能会收到网络上多台 DHCP 服务器返回的租约信息,但通常会挑选最先递达的租约信息来完善自己的网络配置信息,同时客户机还会再次通过广播向网络发送 dhcprequest 报文,通知所有 DHCP 服务器它将接收哪台服务器提供的 IP 地址。

若客户端检测到服务器返回的租约信息中包含的 IP 地址已被占用,则会向发出此条租约信息的服务器发送 dhcpdecline 报文,拒绝接收响应租约,并重新发送 dhcpdiscover 报文寻找 DHCP 服务器。

(4) 租约确认。若客户机成功接收租约,则 DHCP 服务器会在接收到客户机发送的 dhcprequest 报文后,向客户机发送回应信息 dhcpack,确认租约正式生效,这也意味着一次 DHCP 工作正式完成。

5.2.3 安装配置 DHCP

在安装 DHCP 前可先使用 rpm 命令查看系统中已有的 DHCP 软件包,具体命令如下:

```
[root@localhost ~]# rpm -qa | grep dhcp
```

以上命令的输出结果如下:

```
dhcp-common-4.2.5-47.el7.centos.x86_64
dhcp-libs-4.2.5-47.el7.centos.x86_64
```

由 rpm 命令的输出结果可知,系统中尚未安装 DHCP 软件包,此时可使用 yum 命令为系统安装 DHCP 软件包,具体命令如下:

```
[root@localhost ~]# yum -y install dhcp
```

再次使用 rpm 查看 DHCP 软件包列表,输出结果如下:

```
dhcp-common-4.2.5-47.el7.centos.x86_64
dhcp-libs-4.2.5-47.el7.centos.x86_64
dhcp-4.2.5-47.el7.centos.x86_64
```

DHCP 服务安装完成后需要进一步对其进行配置。DHCP 服务的配置文件为/etc/dhcp/dhcpd.conf,初始时该文件中不存在配置信息,使用 cat 命令查看其中内容,具体如下所示:

```
[root@localhost ~]# cat /etc/dhcp/dhcpd.conf
#
# DHCP Server Configuration file.
#   see /usr/share/doc/dhcp*/dhcpd.conf.example
#   see dhcpd.conf(5) man page
#
```

以上打印的是 DHCP 配置文件的说明信息，该信息表明用户可参照系统给出的模板来配置 dhcpd. conf 文件。当前系统中 DHCP 服务软件包版本为 4. 2. 5，因此模板的路径为 /usr/share/doc/dhcp-4. 2. 5/dhcpd. conf. example，模板中的有效内容如下：

```
option domain -name "example.org";
option domain -name -servers ns1.example.org, ns2.example.org;
default -lease -time 600;
max -lease -time 7200;
log -facility local7;
    subnet 10.152.187.0 netmask 255.255.255.0 {
}
subnet 10.254.239.0 netmask 255.255.255.224 {
    range 10.254.239.10 10.254.239.20;
    option routers rtr -239 -0 -1.example.org, rtr -239 -0 -2.example.org;
}
subnet 10.254.239.32 netmask 255.255.255.224 {
    range dynamic -bootp 10.254.239.40 10.254.239.60;
    option broadcast -address 10.254.239.31;
    option routers rtr -239 -32 -1.example.org;
}
subnet 10.5.5.0 netmask 255.255.255.224 {
    range 10.5.5.26 10.5.5.30;
    option domain -name -servers ns1.internal.example.org;
    option domain -name "internal.example.org";
    option routers 10.5.5.1;
    option broadcast -address 10.5.5.31;
    default -lease -time 600;
    max -lease -time 7200;
}
host passacaglia{
    hardware ethernet 0:0 : c0 : 5d : bd : 95;
    filename "vmunix.passacaglia";
    server -name "toccata.fugue.com";
}
host fantasia{
    hardware ethernet 08:00 : 07 : 26 : c0 : a5;
    fixed -address fantasia.fugue.com;
}
class "foo" {
    match if substring(option vendor -class -identifier, 0, 4)="SUNW";
}
shared -network 224 -29 {
    subnet 10.17.224.0 netmask 255.255.255.0 {
      option routers rtr -224.example.org;
    }
    subnet 10.0.29.0 netmask 255.255.255.0 {
```

```
        option routers rtr -29.example.org;
      }
      pool{
        allow members of "foo";
        range 10.17.224.10 10.17.224.250;
      }
      pool{
        deny members of "foo";
        range 10.0.29.10 10.0.29.230;
      }
    }
```

dhcpd.conf.example 模板给出了 DHCP 主配置文件中可配置的内容以及配置示例，DHCP 需要配置的内容主要包括 3 个部分，即 DHCP 服务的参数、声明和选项。下面对这 3 部分内容分别进行说明。

1. DHCP 服务参数

DHCP 配置文件中的参数用于设置 DHCP 服务器执行的任务、执行任务的方式以及将会发送给 DHCP 客户端的网络配置选项，DHCP 服务参数如表 5-1 所示。

表 5-1 DHCP 服务参数列表

参　数	说　明
ddns-update-style	配置全局启用/禁用动态 DNS 更新
authoritative	拒绝未经验证的 IP 地址的请求
default-lease-time	指定租约时间的最大值，单位为 s
max-lease-time	指定租约时间的最小值，单位为 s
hardware	指定网卡接口类型和 MAC 地址
fixed-address	为客户端主机指定固定 IP

2. DHCP 服务声明

DHCP 配置文件中的声明用于描述网络布局、客户端 IP 地址等信息，DHCP 服务声明如表 5-2 所示。

表 5-2 DHCP 服务声明列表

声　明	说　明
subnet	指定子网作用域
range	指定子网作用域
allows bootp/deny bootp	响应激活查询/拒绝响应激活查询
allow booting/deny booting	响应使用者查询/拒绝使用者查询

续表

声　明	说　明
host	指定保留主机
filename	指定启动文件,应用于无盘工作站
netx-server	设置文件共享服务器地址,应用于无盘工作站
shared-network	指定共享网络

3. DHCP 服务选项

DHCP 服务的选项用来配置 DHCP 的可选参数,选项总是放在关键字 options 之后。DHCP 服务的常用选项如表 5-3 所示。

表 5-3　DHCP 服务的常用选项

选　项	说　明	选　项	说　明
domain-name	设置客户端的 DNS 域名	subnet-mask	设置客户端的子网掩码
domain-name-servers	设置 DNS 服务器的 IP 地址	routers	设置客户端网关 IP 地址
host-name	设置客户端的主机名	broadcast-address	设置客户端的广播地址

掌握 DHCP 配置文件中的参数、声明和选项是编写和阅读 DHCP 配置文件的基础。下面通过一个示例,来展示这些信息在 dhcpd. conf 中的使用方法。

DHCP 服务的配置文件示例如下:

```
allow booting;                                        #允许引导时获取 IP 地址
#分配子网,网段为 192.168.255.0,子网掩码为 255.255.255.224
subnet 192.168.255.0 netmask 255.255.255.0 {
    range 192.168.255.100 192.168.255.199;        #设置子网的 IP 地址取值范围
    #设置为客户端分配的 DNS 服务器地址
    option domain-name-servers 192.168.255.2;
    #设置客户端的 DNS 域名
    option domain-name "internal.example.org";
    #设置网关地址
    option routers 192.168.255.2;
    #设置最短租约时长
    default-lease-time 600;
    #设置最大租约时长
    max-lease-time 7200;
    #设置文件共享服务器地址
    next-server 192.168.255.133;
    #设置文件服务器上共享的启动文件名称
    filename "pxelinux.0";
}
```

需要注意的是,在格式上,配置文件应与模板中提供的格式相同;在内容上,地址池的

IP 地址范围应在子网范围之内，本机网卡 IP 应在地址池范围之内。若不满足上述条件，在 DHCP 服务启动时，系统将会提示错误信息。本次修改的配置项将在下次启动服务后生效，用户亦可通过 systemctl 命令使配置立即生效。

除主配置文件 dhcpd.conf 外，DHCP 服务的配置文件还有服务器端租约文件 dhcpd.leases。租约文件 dhcpd.leases 存在于/var/lib/dhcpd/目录下，该文件用于保存已经分发出去的 IP 地址，文件内容默认为空。Linux 系统规定了 dhcpd.leases 文件的内容格式，其格式如下：

```
leases IP 地址{
    …
}
```

以上格式中的 IP 地址为服务器分配给客户端的 IP 地址，大括号中的内容定义 IP 地址的相关信息，如租约起始时间、结束时间、绑定状态、客户机 MAC 地址等，一个典型的 dhcpd.leases 文件的内容如下：

```
leases 192.168.255.127{                              #记录客户端 IP 地址
    start 1 2017/01/01 00:00:00;                     #设置租约开始时间
    ends 2027/01/01 00:00:00;                        #设置租约结束时间
    binding state active;                            #设置租约的绑定状态为 active
    next binding state free;                         #设置下一个租约的绑定状态为 free
    hardware ethernet 00:01:a5:b9:32:21;             #记录客户机网卡的 MAC 地址
    #用于验证客户机的 UID 标识
    uid "%content%32%content%21%content%02\420\31%\89";
    client-hostname "itheima";                       #客户机名称
}
```

DHCP 分为服务器端和客户端，服务器配置完成后，需在客户机中设置使用 DHCP 方式获取地址，此项操作通过配置客户机中网卡的配置文件实现，只需将网卡配置文件/etc/sysconfig/network-scripts/ifconfig-ens33 中的 BOOTPROTO 项设置为 dhcp，再重启网络服务即可。网卡工作方式的配置在第 1 章中已有讲解，此处不再赘述。

5.3 DNS 服务

人们难以记住大量用于访问网站服务器的 IP 地址，往往以域名形式（如 www.baidu.com）发起请求，但实际上网络中的计算机只能识别形如 192.168.43.127 的 IP 地址，而无法识别域名，那么浏览器是如何根据域名调取相应界面的呢？这一切都离不开 DNS。本节将针对 DNS 服务进行详细讲解。

5.3.1 DNS 简介

DNS（Domain Name System，即域名系统）实质上是一个分布式数据库，其中存储了域名和 IP 地址之间的映射关系，它的主要功能为域名解析，即通过域名获取对应 IP 地址。提供域名解析功能的主机被称为域名服务器，即 DNS 服务器。在域名服务器中，一个域名只能对应一个 IP 地址，但一个 IP 地址可以对应多个域名，也可以没有相应域名。本节将对与域名相关的知识，包括域名系统的结构、域名服务器的分类、域名查询机制以及常用资源记录类型进行讲解。

1. 域名系统的结构

域名系统采用类似目录树的等级结构，域名分为根域、顶级域、二级域、三级域和主机名 5 类，这 5 类域名的说明与示例如表 5-4 所示。

表 5-4　域名等级说明

类　型	说　　明	示　　例
根域	DNS 域名规则中规定，由尾部句点(.)来指定名称位于根或更高级别的域层次结构	单个句点(.)或由句点结尾的名称
顶级域	某个国家/地区/组织使用的域名	. cn、. com、. edu
二级域	个人或组织在 Internet 上使用的注册名称	baidu. com、qq. com
三级域	由二级域派生的域，常用于网站名	www. baidu. com、tieba. baidu. com
主机名	网络上特定计算机的标识	h1. www. baidu. com

域名的格式一般为“主机名. 三级域名. 二级域名. 顶级域名. ”，该格式在末尾使用“. ”表示根域，符合这种格式的域名称为全称域名(Fully Qualified Domain Name，简称 FQDN，也称为完全合格域名)。一般情况下，在浏览器中输入域名时并不需要输入根域，如只要在浏览器中输入 www. baidu. com 便可访问百度的主页，输入 news. baidu. com 便可访问百度的新闻等。

域名系统的域名结构图如图 5-6 所示。

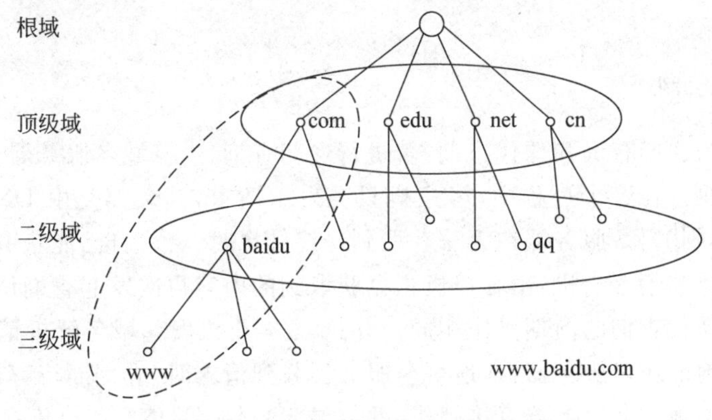

图 5-6　域名结构图

2. 域名服务器的分类

域名服务器(Domain Name Server)实质上就是一台配置了 DNS 服务，可实现域名解析功能的主机。根据不同的工作方式，域名服务器可分为主域名服务器、辅助域名服务器、缓存域名服务器和转发域名服务器。下面分别对这几种域名服务器进行讲解。

1）主域名服务器

网络中的主域名服务器负责维护域中所有的域名信息，当客户机发出查询请求时，主域名服务器将从本地数据库中查询响应的记录信息，并返回查询结果。

主域名服务器中存储的记录是所有其他类型服务器的权威信息源，主域名服务器中的所有数据，包括域名与IP地址的对应关系、刷新间隔、过期时间等都存储在相应域的区域数据文件中。

2）辅助域名服务器

辅助域名服务器可视为主域名服务器的备份，其中的记录从主域名服务器中复制而来，当主域名服务器出现故障或负载过重时，辅助域名服务器可代替主域名服务器提供域名解析服务。当主域名服务器的区域数据文件发生变化时，辅助域名服务器的区域数据文件随之改变，以保持数据的一致性。

3）缓存域名服务器

缓存域名服务器用于存储从某个远程服务器取得的域名服务器的查询结果，若下次需要查询相同的域名，则域名服务器可从高速缓存中迅速获取查询结果，以提高解析效率。缓存域名服务器并非权威的域名服务器，因为它提供的信息都是间接信息。

缓存域名服务器主要用于域名缓存，因此无须配置区域数据文件。默认情况下，只要DNS服务开启，缓存域名服务器便架设成功。需要说明的是，缓存域名服务器首先从缓存中查找记录，因此缓存域名服务器并非权威的域名服务器。

4）转发域名服务器

转发域名服务器负责所有非本地域名的本地查询。转发域名服务器接收到查询请求后，会在其缓存中查找，若缓存中不存在相应记录，则将请求依次转发到指定的域名服务器，直到获取查询结果，或无法映射为止。

域名解析是实现网络访问的基础，一个域中至少要有两台域名服务器，以避免服务器导致网络瘫痪。

3. 域名查询机制

域名查询分为递归查询和迭代查询，若进行递归查询，本机域名服务器会将查询的最终结果返回给客户机。在这个过程中，客户机只需发出请求，其余都交由DNS服务器完成。若进行迭代查询，则DNS服务器在无法获取到最终结果时，会将自己能获取的、与最终结果最为相近的内容反馈给客户机，由客户机根据获取到的内容再次发起查询请求。

递归查询和迭代查询的前期操作相同：当DNS客户机发起域名解析请求后，该请求首先会被发送给本地的域名服务器，本地域名服务器收到请求时，先判断待解析域名是否为本地域名，若是，则本地域名服务器直接解析，并将结果反馈给DNS客户机；否则查询本地缓存，若缓存中存在相应的域名信息，则同样将结果反馈给DNS客户机。

若本地域名服务器无法返回正确结果时，那么通过递归方式进行查询的流程与通过迭代进行查询的流程分别介绍如下。

1）递归查询

以解析百度域名为例，当本地域名服务器无法返回正确结果时，递归查询的流程如下。

(1) 本地域名服务器向根域服务器发出查询百度域名的请求，但由图5-6可知，根域服务器只管理顶级域名,因此本地域名服务器此次查询中得到的并非客户机请求中域名对应的 IP,而是 IP 中顶级域名服务器 com 的 IP 地址。

(2) 本地域名服务器以客户机的身份向顶级域名服务器 com 发送解析请求,顶级域名服务器返回二级域名服务器 baidu 的 IP 地址。

(3) 本地域名服务器以客户机的身份向二级域名服务器 baidu 发送解析请求,由于 www 确实为由二级域 baidu 管理的主机,因此二级域名服务器返回正确的请求结果到本地域名服务器。

(4) 本地域名服务器将结果反馈给 DNS 客户机,本次解析请求完成。

综上所述,递归查询流程如图 5-7 所示。

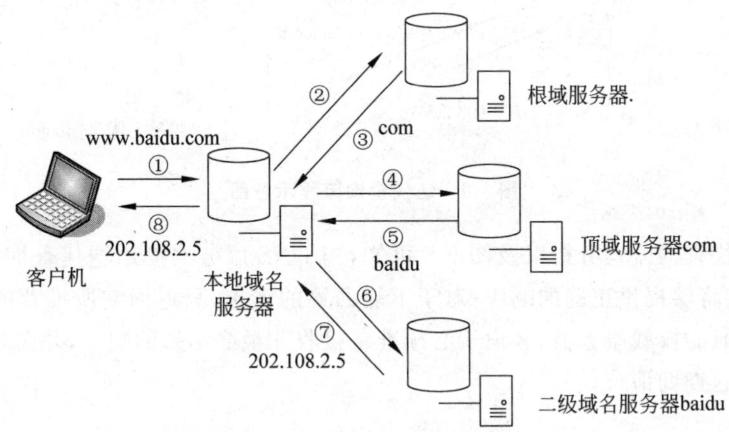

图 5-7　递归查询流程示意图

图 5-7 中步骤①表示客户机向本地域名服务器发起请求;步骤②、④、⑥分别表示本地域名服务器向根域服务器、顶域服务器、二级域名服务器发起请求;步骤③、⑤分别表示返回顶级域名服务器 com、二级域名服务器 baidu 的地址;步骤⑦表示正确的 IP 地址被返回给本地域名服务器,本地域名服务器存储返回结果,并在步骤⑧将得到的结果返回给客户端。

简言之,若 DNS 服务器采用递归方式且本地域名服务器无法应答请求,它将代替客户端主机向上级进行查询,直到获得最终结果为止。

2) 迭代查询

以解析百度域名为例,在之后的过程中,迭代查询的流程如下。

(1) 本地域名服务器向根域服务器发起查询请求,获取根域服务器返回的顶域服务器 com 的地址,并将顶域服务器地址直接反馈给客户机。

(2) 客户机向顶域服务器 com 发起查询百度地址的请求,顶域服务器 com 返回二级域名服务器 baidu 的地址。

(3) 客户机向二级域名服务器 baidu 发起查询百度地址的请求,由于 www 确实为 baidu 管辖范围内的主机,所以二级域名服务器 baidu 直接返回百度主页的地址。

综上所述,迭代查询流程如图 5-8 所示。

图 5-8 中的步骤①、③、⑤、⑦依次表示客户机向本地域名服务器、根域服务器、顶域服务器、二级域名服务器发起查询请求;步骤②、④、⑥依次表示客户机获取对应服务器返回的查询结果;步骤⑧表示客户机最终从二级域名服务器获取到最终查询结果。

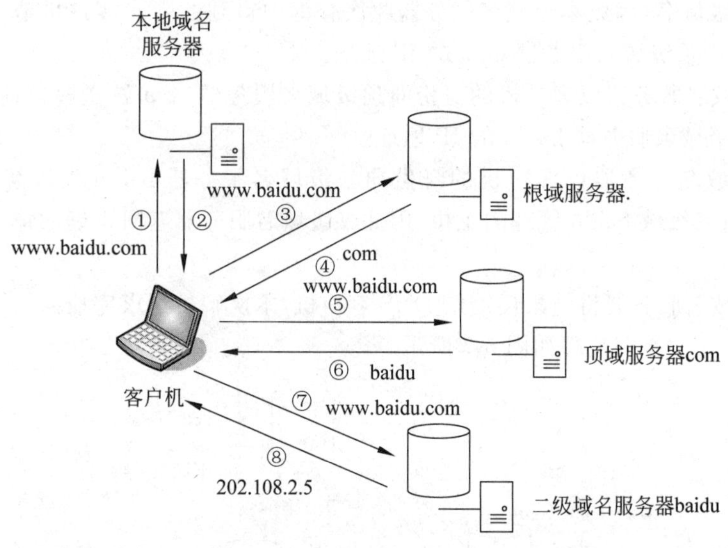

图 5-8 迭代查询流程示意图

由以上迭代查询流程分析以及图 5-8 可知，当 DNS 服务器使用迭代查询时，对于能够回答的请求，它将够提供正确的响应；对于不能回答的请求，只返回它所推荐的可能知道正确响应的其他域的权威服务器，客户端必须准备接收非最终结果的响应，并向响应中的推荐服务器再次发起查询请求。

4. 资源记录

资源记录（Resource Records，RR）即添加到区域数据文件中的记录，资源记录有许多类型，每种类型的功能各不相同。下面对常用的记录类型进行介绍。

1）A 记录与 AAAA 记录

A 表示 Address，A 记录即地址记录，是域名到 IPv4 地址的映射信息。A 记录的语法格式如下：

```
FQDN IN A IPv4 地址
```

AAAA 同样是地址记录，是域名到 IPv6 地址的映射信息。AAAA 记录的语法格式如下：

```
FQDN IN A IPv6 地址
```

2）PTR 记录

PTR 记录与 A 记录相反，是 IP 地址到域名的映射信息。PTR 记录的语法格式如下：

```
IP 地址 IN PTR FQDN
```

PTR 记录常用于反向解析数据文件中。

3）SOA 记录

SOA 是 Start of Authority Record 的缩写，意为起始授权记录，用于声明 DNS 服务器是 DNS 域中数据表的信息来源，是主机名的管理者。创建新区域时，SOA 记录会自动创建。

一个区域数据文件只允许存在唯一的 SOA 记录，其语法格式如下：

```
域名 记录类型 SOA 主域名服务器的 FQDN 管理员邮件地址 (
    序列号
    刷新间隔
    重试间隔
    过期间隔
    TTL)
```

以上格式中，管理员邮件地址为管理域的负责人的电子邮箱，在该电子邮箱中使用英文句号“.”代替符号“@”；序列号为区域文件的修订版本号；刷新间隔用于设置辅助 DNS 服务器请求与源服务器同步的等待时间；重试间隔用于设置辅助 DNS 服务器在请求区域传输失败后、再次发起请求前的间隔时间；过期间隔为 DNS 辅助服务器本地数据的有效时间，若在此时间内无法与源服务器进行区域传输，本地数据将被视为不可靠数据；TTL 为区域的默认生存时间和缓存否定应答名称查询的最大间隔。

4）NS 记录

NS 是 Name Service 的缩写，意为名称服务。NS 记录用于表明区域的权威 DNS 服务器，即在 NS 记录中指定的服务器会被其他服务器当作权威的来源，并能应答区域内所含名称的查询。NS 记录的语法格式如下：

```
区域名 IN NS FQDN
```

5）CNAME 记录

CNAME 记录用于为特定 FQDN 创建别名，可用于隐藏用户网络的实现细节，常用于在同一区域的 A 记录中的主机需要重命名，或为多台主机提供相同的别名时。CNAME 记录的语法格式如下：

```
别名 IN CNAME 主机名
```

6）MX 记录

MX 记录指向一个邮件服务器，用于指定邮件交换服务器。邮件交换服务器是为 DNS 域名处理或转发邮件的主机。MX 记录的语法格式如下：

```
区域名 IN MX 优先级 邮件服务器名称
```

5.3.2　安装 DNS

在 Linux 系统中，人们常用 BIND 软件包来配置 DNS 服务器。BIND(Berkeley Internet Name Domain)是一个可以提供 DNS 服务的软件，该软件由伯克利加州大学研发，是目前应用最广泛的 DNS 服务系统。BIND 支持各种 Linux 平台，同时也支持 UNIX 和 Windows 平台。

除主程序 bind 外，BIND 还包含两个重要的软件包：chroot 和 utils。chroot 软件包可使 BIND 主程序运行在 chroot 模式，该模式下主程序会从限定路径（非根目录）启动。chroot 模式默认的限定路径为/var/named/chroot/，该模式在一定程度上提升了系统的安全性。utils 软件包提供了一组 DNS 工具，包括 dig、host、nslookup、nsupdate 等，使用这些工具可以进行域名解析和 DNS 调试等工作。

配置 DNS 服务需要的 BIND 软件包有 bind、bind-chroot 和 bind-utils，在安装 BIND 之前，可使用 rpm 命令查看系统中是否已安装相关软件包，具体命令如下：

```
[root@localhost ~]# rpm -qa | grep bind
```

以上命令的输出结果如下：

```
bind-license-9.9.4-37.el7.noarch
bind-utils-9.9.4-37.el7.x86_64
rpcbind-0.2.0-38.el7.x86_64
bind-libs-lite-9.9.4-37.el7.x86_64
bind-libs-9.9.4-37.el7.x86_64
keybinder3-0.3.0-1.el7.x86_64
```

由输出结果可知，bind-utils 软件包已经安装，因此只需安装软件包 bind 和 bind-chroot 即可，具体命令如下：

```
[root@localhost ~]# yum -y install bind bind-chroot
```

此时再次使用 rpm 命令查看已经安装的、与 bind 相关的软件包，查询结果如下：

```
bind-libs-lite-9.9.4-51.el7.x86_64
bind-chroot-9.9.4-51.el7.x86_64
rpcbind-0.2.0-38.el7.x86_64
keybinder3-0.3.0-1.el7.x86_64
bind-libs-9.9.4-51.el7.x86_64
bind-utils-9.9.4-51.el7.x86_64
bind-9.9.4-51.el7.x86_64
bind-license-9.9.4-51.el7.noarch
```

yum 可自动处理依赖关系，在安装 bind 和 bind-chroot 时，部分相关软件包被同步更新，因此两次 rpm 命令打印的 bind 相关软件包版本有所不同。

安装完成后开启 DNS 服务，并设置其开机自启，具体命令如下：

```
[root@localhost ~]# systemctl start named
[root@localhost ~]# systemctl enable named
```

若要使 BIND 运行在 chroot 模式下，则需以限定目录为根目录，创建并配置相关文件，再使用 systemctl 命令启用 chroot。启用 chroot 环境，并使其开机自启的命令如下：

```
[root@localhost ~]# systemctl start named-chroot        #开启 chroot
[root@localhost ~]# systemctl enable named-chroot       #设置 chroot 开机自启
```

5.3.3　BIND 配置文件详解

如前所述，DNS 实质上是一个分布式数据库，其中存储着各级域名与 IP 地址的映射关系、更新周期等信息。若想为用户提供健全的 DNS 服务，首先需要在本地保存相关的域名数据库，但若将所有信息都保存在一个配置文件中，那么这个配置文件势必非常臃肿。

为了保证程序的执行效率，也为了方便日后数据的修改与维护，BIND 通过多个配置文件保存与 DNS 服务相关的信息。下面对常用的配置文件进行介绍。

1. 主配置文件

主配置文件 named.conf 中只包含 BIND 的基本配置，不包含任何 DNS 的区域数据。当 DNS 服务进程 named 启动时，该进程首先会读取主配置文件。主配置文件默认存储于 /etc/目录下，其中的原始有效配置如下(注释由编者添加)：

```
//全局配置信息
options {
    listen-on port 53 { 127.0.0.1; };                        //named 监听的端口号、IPv4 地址
    listen-on-v6 port 53 { ::1; };                           //named 监听的端口号、IPv6 地址
    directory   "/var/named";                                //区域数据文件的默认存放位置
    dump-file   "/var/named/data/cache_dump.db";             //域名缓存数据库文件位置
    statistics-file "/var/named/data/named_stats.txt";       //状态统计文件位置
    //服务器输出内存使用统计文件的位置
    memstatistics-file "/var/named/data/named_mem_stats.txt";
    allow-query { localhost; };                              //客户端查询范围,可设置为网段
    recursion yes;                                           //是否允许递归查询
    dnssec-enable yes;                                       //开启 DNSSEC(DNS 安全扩展)
    dnssec-validation yes;                                   //开启 DNSSEC 确认
    //配置相关文件路径
    bindkeys-file "/etc/named.iscdlv.key";
    managed-keys-directory "/var/named/dynamic";
    pid-file "/run/named/named.pid";
    session-keyfile "/run/named/session.key";
  };
logging {                                                    //日志配置文件
        channel default_debug {
            file "data/named.run";
            severity dynamic;
        };
};
zone "." IN {                                                //区域配置信息
    type hint;
    file "named.ca";
};
include "/etc/named.rfc1912.zones";                          //引入区域配置信息文件
include "/etc/named.root.key";                               //引入 DNS 资源机集的公共密钥文件
```

配置文件 named.conf 中的内容主要分为如下 3 项。

(1) 以“options {…}”形式定义的全局配置信息。

(2) 以“logging {…}”形式定义的日志配置信息。

(3) 以“zone {…}”形式定义的区域配置信息。

全局配置信息中定义的内容对全局生效,区域配置信息中的内容只对指定 IP 生效。

此外,named.conf 文件中可使用 include 引入其他文件。例如,配置文件 named.conf 的末尾有如下所示的两行内容:

```
include "/etc/named.rfc1912.zones";        //引入区域配置信息文件
include "/etc/named.root.key";             //引入 DNS 资源机集的公共密钥文件
```

以上两行内容使用 include 关键字分别包含了/etc/named.rfc1912.zones 和/etc/named.root.key 文件。其中,named.rfc1912.zones 文件可用来保存 DNS 服务的区域配置信息,named.root.key 文件用来保存用于签名和验证 DNS 资源集的公共密钥。

2. 区域配置文件

区域配置文件 named.rfc1912.zones 用于配置 DNS 服务域的相关信息,该文件默认存在于/etc/目录下,文件中的原始信息如下:

```
zone "localhost.localdomain" IN {
    type master;
    file "named.localhost";
    allow-update { none; };
};
zone "localhost" IN {
    type master;
    file "named.localhost";
    allow-update { none; };
};
zone "1.0.0.0.0.0.0.0.0.0.0.0.0.0.0.0.0.0.0.0.0.0.0.0.0.0.0.0.0.0.0.0.ip6.arpa" IN {
    type master;
    file "named.loopback";
    allow-update { none; };
};
zone "1.0.0.127.in-addr.arpa" IN {
    type master;
    file "named.loopback";
    allow-update { none; };
};
zone "0.in-addr.arpa" IN {
    type master;
    file "named.empty";
    allow-update { none; };
};
```

由以上信息可知,区域配置文件中包含多个 zone 语句。若在某个 zone 语句中配置了相应的域名信息,则说明希望 DNS 服务能维护该域名的解析过程。zone 语句中的选项主要有 type 和 file,其中 type 用于设置域类型,域类型可以有如下几种取值。

- hint:若本地找不到相关解析,可查询根域名服务器。

- master：定义权威域名服务器。
- slave：定义辅助域名服务器。
- forward：定义转发域名服务器。

file 用于定义区域数据文件，该选项中定义的文件保存在主配置文件 option 选项定义的目录下。

除 type 和 file 之外，zone 语句中常用的选项如表 5-5 所示。

表 5-5　zone 语句常用选项

选　　项	说　　明
allow-update	允许哪些主机动态更新域数据信息
allow-trandfer	哪些从服务器可从主服务器下载数据文件
notify	当域数据资料更新后是否主动通知其他域名服务器
masters	定义主域名服务 IP 地址，仅当 type 取值为 slave 时此选项生效

DNS 服务器的解析方式分为正向解析和反向解析，管理员可在/etc/named.rfc1912.zones 文件中通过 zone 语句配置域名的解析方式，若 zone 语句首行指定的域名符合格式“逆向 IP 地址.in-addr.apra”，说明此语句定义的是反向解析域。

全球的根域名服务器信息保存在 named.ca 文件中，BIND 软件安装成功后，/var/named/目录下会自动生成该文件。若定义了类型为 hint 的根域，那么本地域名服务器查询不属于自己维护的域名时，可以根据根服务器进行迭代查询，获取正确的结果。

3. 区域数据文件

在区域配置文件/etc/named.rfc1912.zones 中定义的每个域的数据都需要使用区域数据文件存储，区域数据文件即区域配置信息的数据库文件，此类文件的存储位置由主配置文件 named.conf 中 options 语句的 directory 选项指定。

DNS 服务器中的区域数据文件默认存放在/var/named/目录下，一台 DNS 服务器中可以存放多个区域数据文件，同一个区域数据文件也可以存放在多台 DNS 服务器中。

与区域类似，区域数据文件分为正向解析数据文件和反向解析数据文件，正向解析数据文件保存了域名到 IP 地址的映射记录，反向解析数据文件保存了 IP 地址到域名的映射记录。

1）正向解析数据文件

区域配置文件 named.rfc1912.zones 中指定区域 localhost 的正向解析数据文件为 named.localhost，使用 cat /var/named/named.localhost 命令打印文件中的内容，打印结果如下：

```
$TTL 1D
@   IN SOA  @rname.invalid. (
                0    ; serial
                1D   ; refresh
                1H   ; retry
```

```
            1W  ; expire
            3H) ; minimum
    NS  @
    A  127.0.0.1
    AAAA  ::1
```

以上文件中使用“;”添加注释。除注释外，该文件中还包含如下几项。

- TTL：表示该文件的生命周期。$TTL 1D 说明文件的生命周期为一天，通常所有的区域数据文件生存周期都相同。
- SOA 记录：设置区域的起始授权记录。SOA 选项第一行中的第一个@表示域名，其值为主配置文件 named.conf 中相应区域的名称，在 named.empty 和 named.localhost 文件中都代表 localhost；第二个@表示主域名服务器的 FQDN，之后的“rname.invalid.”表示管理员的邮箱，实际为“rname@invalid@”，因为该文件中使用@表示了 FQDN，所以邮箱地址中的@符号使用“.”表示。SOA 项小括号中的内容依次表示区域数据库的序列号为 0、域名服务器刷新间隔为 1 天、辅域名服务器的重试间隔为 1 小时、辅域名服务器中本地数据的过期间隔为 1 周、TTL 的最小值为 3 小时。
- NS 记录：表示区域的授权服务器为 localhost，即域名为 localhost。
- A 记录：表示主机 localhost 对应的 IPv4 地址为 127.0.0.1。
- AAAA 记录：表示主机 localhost 对应的 IPv6 地址为::1。

2）反向解析数据库文件

区域配置文件 named.rfc1912.zones 中指定 IP 地址 127.0.0.1 的反向解析数据文件为 named.loopback，使用 cat /var/named/named.loopback 命令打印文件中的内容，打印结果如下：

```
$TTL 1D
@   IN SOA  @rname.invalid. (
            0   ; serial
            1D  ; refresh
            1H  ; retry
            1W  ; expire
            3H) ; minimum
    NS  @
    A  127.0.0.1
    AAAA  ::1
    PTR  localhost.
```

反向解析数据库文件 named.loopback 中的内容与正向解析数据库文件 named.localhost 中的内容基本相同，唯一的区别为 named.loopback 文件的最后一行有一条 PTR 记录，用于记录 IP 地址到域名的映射，即 IP 地址 127.0.0.1 对应的主机名为“localhost.”。

5.3.4 部署主从 DNS 服务器

为了保障网络中 DNS 服务的可靠性，创建 DNS 服务时至少要搭建两台 DNS 服务器，其中一台作为主 DNS 服务器，负责域名数据存储、域名解析等工作，另外一台作为从 DNS

服务器，该服务器可从主 DNS 服务器中复制数据，并在主服务器故障时实现域名解析等工作。

假设现已向全球统一管理域名的机构申请并注册了域名 itcast.com，网络地址为 192.168.255.0/16，DNS 主、从服务器的 IP 地址与域名如表 5-6 所示。

表 5-6　IP、域名与服务器的对应关系

IP 地址	域　名	功　能
192.168.255.254	dns.itcast.com	主域名服务器
192.168.255.253	dnsc.itcast.com	从域名服务器
192.168.255.254	www.itcast.com	文件传输服务器

配置服务器以及配置过程中使用的软件包如下。

- bind：提供主程序。
- bind-libs：提供库文件。
- bind-utils：提供常用命令工具包。
- bind-chroot：更换服务器根路径到 DNS 目录。

在部署主从 DNS 服务器之前，应先在待使用的主机中安装以上软件包。软件包安装完毕后，方可正式开始部署主从 DNS 服务器。主从服务器需分别配置，具体部署过程如下。

1. 配置主 DNS 服务器

部署主 DNS 服务器时需要修改其主配置文件、区域配置文件以及区域数据文件，下面分别对这些配置文件的修改方法进行讲解。

1）修改主配置文件

由于此处使用 bind-chroot 软件包更换服务器根路径，因此需要先将/etc/目录下的主配置文件复制到/var/ named/chroot/etc/路径下，使用的命令如下：

```
[root@localhost ~]# cp /etc/named.conf /var/named/chroot/etc/named.conf
```

复制成功后，可使用 vi 命令打开/var/named/chroot/etc/路径下的 named.conf 文件，对其进行修改，具体如下：

(1) 设置监听对象。原始主配置文件 options 语句中的 listen-on 选项指定仅监听本机 127.0.0.1 的 53 端口，但实际使用中服务器应能监听整个网络，因此需对 listen-on 选项进行修改，修改后的 listen-on 语句如下：

```
listen -on port 53 { any; };              //named 监听所有主机的 53 端口
listen -on -v6 port 53 { any; };          //named 监听所有主机的 53 端口
```

需要注意的是，any 之后的“;”不可少，大括号中的语句与括号之间要有空格。

(2) 设置客户端查询范围。原始主配置文件 options 语句中的 allow-query 选项指定客户端仅能查询本机，但实际应用中客户端应能查询所有域名，对 allow-query 选项进行修改，修改结果如下：

```
allow-query { any; };        //客户端查询范围,可设置为网段
```

(3) 引用区域配置文件。我们将区域配置信息写入区域配置文件,在主配置文件中使用 include 语句引入区域配置文件,此处无须修改,具体如下:

```
include "/etc/named.rfc1912.zones";            //引入区域配置信息文件
```

2) 编辑区域配置文件

使用 Vi 编辑器打开区域配置文件 named.rfc1912.zones,在其中添加如下内容:

```
zone "itcast.com" IN {                         //正向区域解析文件
    type master;                               //服务器类型为 master,即主服务器
    file "itcast.com.zone";                    //文件名为 itcast.com.zone
    allow-transfer { 192.168.255.253; };       //允许完全传送的地址,即从服务器地址
};

zone "255.168.192.in-addr.apra" IN {           //反向区域解析文件
        type master;
        file "255.168.192.zone";
        allow-tranfer { 192.168.255.253; };
};
```

3) 编辑区域数据文件

保存区域配置文件,在/var/named/路径下分别创建正向解析数据文件 itcast.com.zone 和反向解析数据文件 255.168.192.zone,并依次打开,在其中添加区域配置信息。

(1) 正向解析数据文件。使用 Vi 编辑器打开正向解析数据文件,在其中写入如下内容:

```
$TTL 1D
@   IN SOA  dns.itcast.com admin.itcast.com. (
          1.0  ; 版本号
          1D   ; 更新时间
          1H   ; 重试时间
          1W   ; 超时时间
          2H   ; 否定回答缓存时间
)
      IN  NS    dns1
      IN  NS    dnsc
      IN  MX    5  mail       ;邮件服务器名称
dns   IN  A     192.168.0.254
dnsc  IN  A     192.168.0.253
www   IN  A     192.168.0.254
ftp   IN  CNAME www
```

(2) 反向解析数据文件。使用 Vi 编辑器打开反向解析数据文件,在其中写入如下内容:

```
$TTL 1D
@   IN SOA  dns.itcast.com admin.itcast.com. (
```

```
            1.0  ;版本号
            1D   ;更新时间
            1H   ;重试时间
            1W   ;超时时间
            2H   ;否定回答缓存时间
)
        IN  NS   dns.itcast.com.
        IN  NS   dnsc.itcast.com.
254     IN  PTR  dns.itcast.com.
253     IN  PTR  dnsc.itcast.com.
254     IN  PTR  www.itcast.com.
254     IN  PTR  ftp.itcast.com.
```

至此，主 DNS 服务器配置完毕。管理员可通过如下命令启动主 DNS 服务器中的 DNS 服务：

```
[root@localhost ~]# systemctl start named.service
```

以上命令中的 named 服务即由 BIND 提供的 DNS 服务。若配置正确，使用以上命令后，终端不打印任何信息，DNS 服务正常启动；否则 DNS 服务启动失败。

2. 配置从 DNS 服务器

从 DNS 服务器主机中安装好 BIND 软件包后，可对从 DNS 服务器进行配置。首先对从 DNS 服务器的主配置文件进行修改：从/etc/目录下复制 named.conf 文件到虚拟文件目录/var/named/chroot/etc/中，参照主 DNS 服务器主配置文件，修改从 DNS 服务器中主配置文件的内容。之后对从服务器主机中的区域配置文件/etc/named.rfc1912.zones 进行修改，在其中添加如下内容：

```
zone "itcast.com" IN {                    //正向区域解析文件
    type slave;                           //服务器类型为 slave,即从服务器
    file "/slaves/itcast.com.zone";       //文件存储于默认路径下的 slaves 目录中
    allow-transfer { none; };
};

zone "255.168.192.in-addr.apra" IN {      //反向区域解析文件
    type slave;
    file "slaves/255.168.192.zone";
    masters { 192.168.255.254; };         //指定主服务器的 IP 地址
    allow-transfer { none; };
};
```

在配置反向区域数据时，可以通过 masters 选项指定主服务器的 IP 地址，此处可设置多个主服务器 IP，但每个 IP 需用“;”分开。为保障服务器安全，将 allow-transfer 选项值设置为 none，不允许其他主机查看当前主机。

至此，从 DNS 服务器配置完毕。同样使用 systemctl start named.service 命令启动 DNS 服务。

从 DNS 服务器应能复制主 DNS 服务器的内容，但此操作可能并不会立刻执行，管理员可使用如下命令分别对主、从服务器进行同步。

```
[root@localhost ~]# rndc reload
```

5.4 电子邮件服务

电子邮件服务(E-mail 服务)是网络服务之一，一般用于实现网络间电子数据(如信件、单据、资料等)的传递与交换，虽然它根据传统的邮政服务模型建立，但与其相比，无论是传输速度、内容和形式，还是性价比与安全性都有很大程度的提升。本节将对与电子邮件服务相关的知识进行讲解。

5.4.1 电子邮件服务概述

各位读者应该都了解传统邮政服务的大致流程：寄件方投递信件到本地邮局，经零次或多次转投后，信件从本地邮局转到收件方所在地邮局，收件方所在地邮局接收信件，再将信件派送给收件方。电子邮件服务模型的工作流程与上述流程大致相同，但实现服务器功能的代理分为两种，第一种为客户提供“送信”功能，第二种为客户提供“收信”功能。

我们一般将电子邮件服务模型中的客户称为邮件用户代理(Mail User Agent，MUA)，MUA 主要用于编辑和发送邮件，以及从服务器中下载、管理、阅读邮件等；将提供送信功能的服务器称为邮件传输代理(Mail Transfer Agent，MTA)，MTA 一般也提供邮件存储功能；将提供收信功能的服务器称为邮件投递代理(Mail Delivery Agent，MDA)，MDA 主要负责将 MTA 接收的邮件投递到收件人的邮箱中。MUA、MTA、MDA 在电子邮件传输过程中的关系如图 5-9 所示。

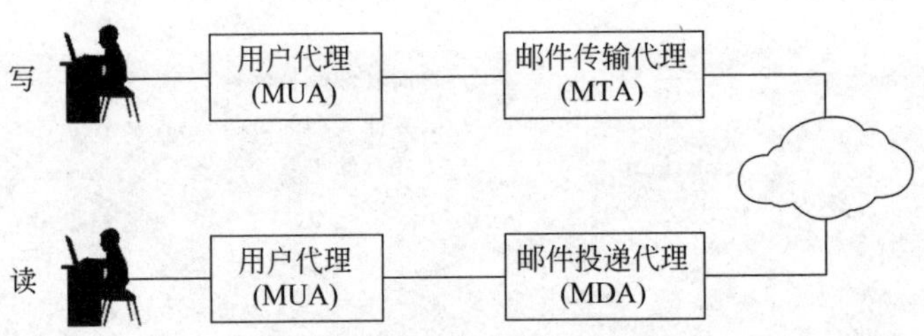

图 5-9　MUA、MTA、MDA 关系示意图

电子邮件服务器实际上是 MTA 和 MDA 的组合，它们在传递信件的过程中主要有以下几项行为。

(1) 接收用户投递的邮件。

(2) 将用户投递的邮件转发给其他邮件服务器。

(3) 接收其他邮件服务器转投的信件，并将邮件存储到自身管理的用户邮箱中。

(4) 为发起读信请求的用户提供读取服务。

我们接触到的电子邮件服务器(如 QQ、网易等)都同时提供送信与收信功能，服务器代理分为两种，每种代理使用不同的协议，其中一种协议制定送信规则，另一种协议指定收信规则。

5.4.2　电子邮件协议

常用的电子邮件协议有 SMTP、POP3、IMAP4 等，其中 SMTP 常用于发送邮件，POP3 和 IMAP4 常用于接收邮件。IMAP4 比 POP3 强大，但也要占用更多资源，所以大多数站点使用 SMTP 搭配 POP3 搭建邮件服务器，本书也将选择 SMTP 和 POP3 配置电子邮件服务器。下面先对这两种协议及其工作原理进行介绍。

1. SMTP 协议

SMTP(Simple Mail Transer Protocol)即简单邮件传输协议，是一组用于从源地址到目的地址传输邮件的规范，通过它可以控制邮件的中转方式。SMTP 属于 TCP/IP 协议簇，该协议提供基于连接、高效、可靠的邮件传输，可帮助每台计算机在发送或转送信件时找到下一个目的地。

SMTP 主要特点之一为能跨越网络传输邮件，即实现"SMTP 邮件中继"。SMTP 邮件中继的特点体现在 SMTP 的工作模式中，SMTP 有两种工作模式：一种为电子邮件从客户端传到服务器，另一种为电子邮件在两台 SMTP 服务器之间传递，具体如图 5-10 所示。

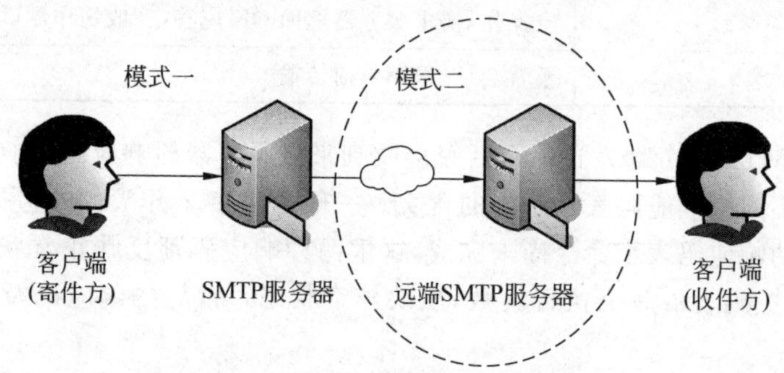

图 5-10　SMTP 服务器工作模式

在图 5-10 中，SMTP 服务器接收到用户邮件后，会根据邮件地址中的后缀判断此邮件是否为本地邮件，若是，则直接投送到本地用户邮箱；否则 SMTP 服务器将通过 DNS 服务查询邮件服务器中的 MX 记录，获取远端 SMTP 服务器地址，与之建立连接并转发邮件。例如，SMTP 服务器 mail.test.com 收到一封要发送到 chan@163.com 的邮件，则其工作流程如下。

(1) SMTP 服务器获取收件方域名 163.com，与自身的域名 mail.test.com 进行比较，发现域名与自身的域名不一致。

(2) SMTP 请求 DNS 服务器查找 163.com 的 MX 记录并获取相应的远端 SMTP 服务器 IP 地址。

(3) SMTP 服务器根据获取到的 IP 地址将邮件转发给远端 SMTP 服务器。

将一次邮件发送或转发过程中的发送方视为客户端，接收端视为服务器，则客户端向服务器发送邮件的过程如下。

(1) 客户端向服务器发起连接请求，建立 TCP 连接。

(2) 客户端发送 helo/ehlo 命令表明自己的身份。

(3) 客户端发送 mail from 命令设置发件人邮箱地址。

(4) 客户端发送 rcpt to 命令声明收件人地址。

(5) 客户端使用 data 命令,并输入正文内容,输入完毕后以“.”表示输入结束。

(6) 结束此次发送,用 quit 命令退出。

上述流程中提到的命令为 SMTP 的基础命令,这些命令的具体用法与其他常用 SMTP 命令如表 5-7 所示。

表 5-7 常用 SMTP 命令

命 令	说 明
helo/ehlo 客户端主机名	向服务器表明自己的身份
mail from:发件人邮箱	设置发件人身份
rcpt to:收件人邮箱	设置收件人邮箱地址,若需将邮件发送给多人,可重复使用此命令,设置多个收件地址
data	使用此命令,开始输入邮件正文,以“.”结束正文输入
vrfy 邮箱地址	验证指定邮箱是否存在,考虑到安全问题,此命令一般被禁用
noop	空操作,要求服务器返回 OK 应答,一般用作测试
rset	重置会话,取消当前传输

客户端向 SMTP 服务器发送命令后总会收到来自服务器的响应码,响应码表示此条命令的执行结果,不同的响应码表示不同的含义。一般以数字 2 开头的响应码表示命令执行成功,以 3 开头的响应码表示命令尚未完成,这里两种响应码都反映正常状态;以数字 4 开头和 5 开头的响应码表示命令执行失败,反映异常状态。常见的响应码及其说明如表 5-8 所示。

表 5-8 常见的 SMTP 响应码

响应码	说 明
220	服务器就绪
250	要求的邮箱操作完成
354	开始邮件输入,以“.”结束
450	要求的邮件操作未完成,邮箱不可用
452	系统存储不足,要求的操作未执行
454	临时认证失败,可能账号被临时冻结
550	要求的邮件操作未完成,邮箱不可用

2. POP3 协议

POP3(Post Office Protocol - Version3)即邮局协议第 3 版,该协议属于 TCP/IP 协议簇,主要用于支持客户端远程管理服务器上的电子邮件,即查收邮件。POP3 支持离线邮件处理，当邮件递达服务器后，邮件客户端可下载所有未阅读的电子邮件。POP3默认使用110号端口，与SMTP相比，其工作流程更加简单，具体如下。

(1) 客户端向服务器发起连接请求，连接到POP3的110端口。

(2) 连接成功后客户端使用user命令表明收件人身份，使用pass命令进行用户认证。

(3) 认证成功后客户端使用list命令查看POP3服务器中的邮件列表，再使用rert命令查看邮件内容。

(4) 查看完毕，使用quit命令退出客户端，关闭连接。

用户若想通过POP3服务器收取信件，必须先通过身份认证，只有认证成功的用户才可使用POP3服务器提供的功能。POP3支持客户端通过POP3命令执行相应操作，常用的POP3命令如表5-9所示。

表5-9　常用POP3命令

命　令	说　　明
user 用户名	表明收件人的身份
pass 密码	验证收件人身份
stat	查看邮件服务器的邮件状态，包括邮件的数量与大小
list	显示邮件服务器中的邮件列表，包括邮件的数量与每封邮件的大小
uidl	查看邮件服务器中的邮件数量与邮件的唯一标识符
retr [msg#]	显示指定邮件的内容，其中[msg#]表示邮件编号
dele [msg#]	标记邮件为已删除
rset	重置所有标记为删除的邮件
noop	空操作，一般用于检测服务器连接状态
quit	退出

与SMTP相似，客户端每输入一条命令，POP3服务器会返回表示本次命令执行情况的响应信息，POP3的响应可能有1行或多行，其中第一行以“+OK”或“-ERR”开头，“+OK”和“-ERR”分别表示命令执行成功与执行失败。

5.4.3　基于Postfix的邮件发送

Postfix是MTA的一种，常用于搭建SMTP服务器，以实现电子邮件服务器的发信功能，除Postfix外，常见的MTA软件有Sendmail、Qmail等。其中Sendmail功能最为强大，Qmail体积比较小巧，但Postfix兼顾效率与功能，且Postfix为CentOS 7中默认安装的MTA，因此本书选用Postfix演示电子邮件服务器的发信功能。

1. 安装Postfix

在Linux系统中一般借助telnet工具来测试Postfix，因此在演示Postfix用法之前，需先在系统中安装telnet，安装命令如下：

```
[root@localhost ~]# yum -y install telnet
```

使用 Postfix 前需保证 Postfix 已开启，使用 systemctl 命令开启 Postfix，并将其设为开机自启，具体命令如下：

```
[root@localhost ~]# systemctl start postfix
[root@localhost ~]# systemctl enable postfix
```

SMTP 默认使用 25 号端口，此时使用 netstat 命令查看系统中的端口，可看到 25 号端口已被 Postfix 占用，具体如下：

```
[root@localhost ~]# netstat -tnlp | grep :25
tcp     0     0 127.0.0.1:25      0.0.0.0:*       LISTEN     2401/master
tcp6    0     0 ::1:25            :::*            LISTEN     2401/master
```

2. 更改主机名

CentOS 主机默认名为 localhost. localdomain，此处将其更改为 test. com，具体操作为：使用 vi 命令打开/etc/sysconfig/network 文件，配置其中的 HOSTNAME 项为 test. com，保存退出。

3. 配置 Postfix

通过修改主配置文件/etc/postfix/main. conf 可更改 Postfix 的主要配置，按照如下内容对 Postfix 的主配置文件进行更改：

```
myhostname=mail.test.com
mydomain=test.com
myorigin=$mydomain
mydestination=$myhostname, localhost.$mydomain, localhost ,$mydomain
inet_interfaces=all
home_mailbox=Maildir/
```

以上 6 项依次设置主机名、服务器域名、发件人域名、收件人域名、Postfix 监听的网络接口、邮件存储位置。

配置文件更改后需重启 Postfix，使配置生效，具体命令如下：

```
[root@localhost ~]# systemctl restart postfix
```

4. 使用 Postfix 发送信件

用户可使用 telnet 命令向 SMTP 服务器发起连接请求，具体命令如下：

```
[root@localhost ~]# telnet 0 25
```

以上命令中的 0 表示本地服务器地址，亦可使用 localhost 或本地主机 IP 代替。若 SMTP 服务器连接成功，终端将打印出如下信息：

```
Trying 0.0.0.0...
Connected to 0.
Escape character is '^]'.
220 localhost.localdomain ESMTP Postfix   //连接成功,已正常登录
```

SMTP 不对用户进行认证，可随意设置发件人与收件人。首先向服务器表明身份，之后设置发件人为 chan@test.com、收件人为 test@test.com，具体操作如下：

```
helo mail.test.com                //向服务器表明身份
250 mail.test.com
mail from:chan@test.com           //设置寄件人
250 2.1.0 Ok
rcpt to:test@test.com             //设置收件人
250 2.1.5 Ok
```

以上操作只设置了一名收件人，若邮件要发送给多名用户，可重复使用 rcpt 命令设置收件人。以上每条命令执行后终端都返回 250，说明命令执行成功。下面设置正文内容，使用 data 命令，编辑邮件内容，以“.”结束。

```
data
354 End data with <CR><LF>.<CR><LF>
hello world!
.
250 2.0.0 Ok: queued as 55C1E1469B20
```

经过以上操作，用户 chan@test.com 向用户 test@test.com 发送了一封邮件，邮件内容为 hello world!。

邮件发送完成后使用 quit 命令退出 telnet，具体操作如下：

```
quit
221 2.0.0 Bye
Connection closed by foreign host.
```

至此，基于 Postfix 的邮件发送讲解完毕。使用本节搭建邮件服务器可以发送邮件到任意一台主机，但是因为没有配置 DNS 记录，邮件虽然能发送成功，收件人并不一定能看到邮件，因为邮件可能会被视为垃圾邮件而遭到拦截。

5.4.4　基于 Dovecot 的邮件收取

Dovecot 是 MDA 的一种，用于搭建 POP3/IMAP 服务器，以实现电子邮件服务器的“收信”功能。Dovecot 常与 Postfix 组合使用，共同搭建电子邮件服务器，因此本书将选用 Dovecot 演示电子邮件服务器的收信功能。

1. 安装 Dovecot

CentOS 7 中尚未安装 Dovecot，在演示 Dovecot 用法之前需先安装该软件，具体命令如下：

```
[root@localhost ~]# yum -y install dovecot
```

Dovecot 安装成功后，使用 systemctl 将其启动并设置为开机自启，具体命令如下：

```
[root@localhost ~]# systemctl start dovecot
[root@localhost ~]# systemctl enable dovecot
```

POP3 服务默认占用 110 号端口，Dovecot 启动成功后，使用 netstat 命令可查看到 110 端口被 Dovecot 占用，具体命令如下：

```
[root@localhost ~]# netstat -tnlp | grep :110
tcp    0    0    0.0.0.0:110      0.0.0.0:*       LISTEN     4042/dovecot
tcp6   0    0    :::110           :::*            LISTEN     4042/dovecot
```

之后方可使用 telnet 命令连接 POP3 服务器，具体命令与命令执行结果如下：

```
[root@localhost ~]# telnet 0 110
Trying 0.0.0.0...
Connected to 0.
Escape character is '^]'.
+OK Dovecot ready.
```

2. 配置用户认证方式

此时虽然可成功连接到 POP3 服务器，但还无法管理服务器中的软件，因为用户在通过 Dovecot 管理 POP3 中的邮件之前必须先进行认证。Dovecot 默认开启系统认证方式，此种认证方式会把系统中的用户视为邮箱用户。但直接使用系统用户很不安全，一般选择以文件认证的方式登录 Dovecot。

Dovecot 的认证方式通过配置文件/etc/dovecot/conf. d/10-auth. conf 进行设置，打开该文件，注释系统认证，启用文件认证，修改后的相应内容如下所示：

```
#! include auth-system.conf.ext
! include auth-passwdfile.conf.ext
```

使用文件方式认证时，需要先为用户配置认证文件。用户认证文件的路径由/etc/dovecot/conf. d/auth-passwdfile. conf. ext 中的 passwd 项指定，打开该文件，查看 passwd 项，可观察到如下内容：

```
passdb {
    driver=passwd-file
    args=scheme=CRYPT username_format=%u /etc/dovecot/users
}
```

由以上内容可知，用户认证文件为/etc/dovecot/users，该文件需要由用户自行创建。使用 vi 命令创建并打开该文件，向其中写入用户认证信息。以用户 test(密码为 test，id 为 1001)为例，写入的内容如下所示：

```
test:{plain}test:1001:1001::/home/test
```

以上内容由":"分隔为 5 项，依次表示用户名、加密方式与口令、代收用户的用户 id、代收用户的组 id、代收邮件的存储位置。其中，加密方式采用 plain，在这种机制下，用户名和口令会以 base64 格式在网络上传输，相当于明码。

3. 配置 mail_location

用户认证文件配置完成后，还需在/etc/dovecot/conf. d/10-mail. conf 文件中对选项

mail_location 进行配置,该选项的值遵循如下格式:

```
mail_location=mailbox-fomat:path[:key=value...]
```

以上格式中的 mailbox-fomat 表示邮件的格式,Dovecot 支持的邮件格式有如下几种。

- mbox:传统的 UNIX 邮件格式。
- maildir:一个文件包含一条邮件信息的格式。
- dbox:Dovecot 专用的高效邮件文件格式,可再细分为 sdbox、mdbox 和 dbox 3 类。
- cydir:Dovecot 专用的类似 Cyrus 格式的邮件格式。

mail_location 值格式中的 path 表示邮件存放的路径,此路径必须为绝对路径,且不能为根目录;path 后的 key=value 用于设置可选参数。

配置文件/etc/dovecot/conf.d/10-mail.conf 中给出了 mail_location 选项的 3 种示例取值,此处启用第二种取值,具体如下:

```
#   mail_location=maildir:~/Maildir
    mail_location=mbox:~/mail:INBOX=/var/mail/%u
#   mail_location=mbox:/var/mail/%d/%1n/%n:INDEX=/var/indexes/%d/%1n/%n
```

下面创建以上配置文件指定的用于存放邮件的目录,并将其所有者和所属组都更改为 test,具体命令如下:

```
[root@localhost ~]# mkdir -p /home/test/mail/.imap/INBOX
[root@localhost ~]# chown -R test:test /home/test/mail
```

认证方式、邮件格式、邮件存储位置配置完成后,需要使用 systemctl 命令重启 Dovecot,使配置生效,具体命令如下:

```
[root@localhost ~]# systemctl restart dovecot
```

至此,Dovecot 的基础信息配置完成。用户可通过 telnet 命令连接 POP3 服务器,并对服务器中的邮件进行管理。

4. 使用 Dovecot 管理邮箱

使用 telnet 命令登录邮箱后,需先使用 user 命令和 pass 命令完成用户认证,此处通过配置用户认证方式时使用的用户 test 进行认证,具体操作如下:

```
user test
+OK
pass test
+OK Logged in.
```

认证成功后方可通过 test 用户管理 POP3 服务器中的邮件,下面使用 5.2.3 节中的表 5-3中的命令来对 POP3 服务器中的邮件进行操作。

1) 使用 stat 命令查看邮件状态

stat 命令用于统计邮箱中邮件的数量与总大小,具体如下所示:

```
stat            #查看邮件状态
+OK 2 823
```

stat 命令执行后，终端打印出“＋OK 2 823”，其中“＋OK”表示命令执行成功，2 表示邮箱中的邮件数量，823 表示邮箱中所有邮件的大小之和。

2）使用 list 命令查看邮件列表

list 命令以列表的形式显示邮箱中邮件的信息，列表包含两项：第一项表示邮件编号，第二项表示邮件大小，具体如下：

```
list
+OK 2 messages:
1 427
2 442
.
```

3）使用 uidl 命令查看邮件列表

uidl 命令以列表的形式显示邮箱中的邮件，显示的信息分为两项：第一项为邮件编号，第二项为邮件的 uid。

```
uidl
+OK
1 000000015a4b3377
2 000000025a4b3377
.
```

4）使用 retr 命令查看邮件内容

retr 用于打印指定邮件的内容，此处使用该命令查看邮箱中编号为 2 的邮件内容，具体如下：

```
retr 2
+OK 442 octets
Return-Path: <chan@localhost.localdomain>
X-Original-To: test
Delivered-To: test@localhost.localdomain
Received: from localhost.localdomain (localhost [127.0.0.1])
    by localhost.localdomain (Postfix) with SMTP id 8BCCE1469B25
    for <test>; Tue, 2 Jan 2018 14:17:47 +0800 (CST)
Message-Id: <20180102061758.8BCCE1469B25@localhost.localdomain>
Date: Tue, 2 Jan 2018 14:17:47 +0800 (CST)
From: chan@localhost.localdomain

hello world!
.
```

以上信息中只有倒数第二行的“hello world!”为邮件正文，之上的内容为邮件信头。邮件信头中各项表示的含义如下。

- Return-Path：表示返回的路径。

- X-Original-To：表示发件人的组织单位或机构。
- Delivered-To：表示邮件的收件人及邮件最终到达的邮箱。
- Received：表示邮件所经过的服务器。
- Message-Id：表示邮件 ID 号，是邮件创建时的唯一标记。
- Date：表示邮件到达的时间。
- From：表示邮件的来源。

5）使用 dele 命令删除邮件

dele 命令可根据邮件编号，将邮件列表中的邮件标记为删除状态，具体操作如下：

```
dele 1          #删除信件
+OK Marked to be deleted.
list            #查看邮件列表
+OK 1 messages:
2 412
.
```

观察以上信息，邮件列表中已经没有编号为 1 的邮件。

6）使用 rset 命令重置邮件

rset 命令用于重置所有标记为删除的邮件。实际上使用 dele 命令后，指定的邮件并未被立刻删除，只是不会显示在邮件列表中，这种情况下，若想恢复邮件，只需执行 rset 命令即可，具体示例如下：

```
rset           #重置信件,取消删除标记
+OK
list           #看列表
+OK 2 messages:
1 411
2 412
.
```

7）使用 quit 命令退出

quit 命令执行后，用户将会退出，同时服务器会对邮件进行更新，具体操作如下：

```
quit           #退出
+OK Logging out.
Connection closed by foreign host.
```

至此，基于 Dovecot 的邮件分发介绍完毕。

5.5 FTP 服务

FTP(File Transfer Protocol)是 TCP/IP 协议簇中的协议之一，也称为文件传输协议，其主要功能是借助网络实现远距离主机间的文件传输。本节将对 FTP 服务原理与配置进行讲解。

5.5.1 FTP 概述

FTP 采用“客户机/服务器”模式，FTP 服务器主要用于在网络上提供文件传输服务，一般会提供上传和下载两项基本功能，上传即用户将客户机中的文件复制到远程服务器中；下载则是用户从远程服务器中复制文件到客户机。在上传和下载的过程中，需要注意配置文件的传输方式和服务器的工作模式，下面分别对这两点进行介绍。

1. FTP 服务器文件的传输方式

FTP 的文件传输方式分为 ASCII 传输和二进制传输两种，当用户复制的文件中只包含简单 ASCII 文本，且客户机和服务器的操作类型不同时，一般使用 ASCII 传输模式，此时 FTP 服务器通常会自动调整文件内容，以便将文件解释为客户端主机可存储的文本格式；若用户复制的文件为代码段、数据库、压缩文件等，为保证保存文件时，原始文件和复制得到的文件完全一致，通常在二进制传输模式下传输文件。

2. FTP 服务器的工作模式

FTP 在对外提供服务时需要维护两个连接：一个是控制连接，用于传输控制命令，该连接监听 TCP 21 号端口；另一个是数据连接，用于传输数据，该连接在主动传输模式下监听 TCP 20 端口。

主动模式是 FTP 的一种工作模式，当 FTP 工作在主动模式下时，客户端首先发起连接请求，与服务器的 21 号端口建立控制连接，连接成功后，客户端方借此发送命令。若客户端需要传输数据，客户端会通过已建立的连接通道向服务器发送信息，告知服务器客户端中接收数据的端口，之后服务器则通过 20 号端口连接到客户端指定的端口并传送数据。简言之，在主动模式下，控制连接的发起方是 FTP 客户机，而数据连接的发起方为 FTP 服务器。

除主动模式外，FTP 还可工作在被动模式下。当 FTP 工作在被动模式下时，客户端首先发起连接请求，与服务器的 21 号端口建立控制连接。之后仍由客户端发送信息，请求与服务器建立数据连接，服务器接收到此请求后，会随机打开一个高端端口（端口号一般大于 1024），并将该端口号告知客户端，此时客户端与服务器的该端口再建立数据连接，通过该通道进行数据传递。综上所述，在被动模式下，控制连接和数据连接的发起方都为客户机。

5.5.2 VSFTP 简介

Linux 系统中支持多种提供 FTP 服务软件，其中 VSFTP 是 Linux 系统下最常用的一种免费 FTP 服务器软件。本节将以 VSFTP 为例介绍在 Linux 系统中配置 FTP 服务，因此，此处先对 VSFTP 进行介绍。

1. VSFTP 的优点

VSFTP 的原意为 Very Security FTP，即“非常安全的 FTP”，顾名思义，VSFTP 是一款非常注重文件传输过程安全性的 FTP 服务器。在 VSFTP 之前，Linux 系统常用的 FTP 服务器软件为 Wu-FTP，但此款服务器存在安全漏洞，因而逐渐被 VSFTP 所取代。除安全性高外，VSFTP 还具有高速、稳定、小巧等优点。VSFTP 服务器在单机上可支持 4000 个以上的用户同时连接，根据红帽官方 FTP 服务器 ftp.redhat.com 提供的数据，VSFTP 最多可支持 15 000 个并发用户。基于上述优点，VSFTP 目前已被 ftp.gnome.org、ftp.kde.org 等诸多大型站点采用。

2. VSFTP 的用户类型

为了提高 FTP 服务器的安全性，VSFTP 将用户分为匿名用户、本地用户和虚拟用户 3 类：

- 匿名用户。安装 VSFTP 后，系统默认支持匿名用户登录与访问。默认的匿名用户有 ftp 和 anonymous，匿名用户的登录密码为空，在服务器中的工作目录为 /var/ftp。
- 本地用户。本地用户即/etc/passwd 文件中存储的、使用 Linux 操作系统的用户。本地用户对应的 FTP 服务器根目录为该用户的宿主目录，默认情况下，本地用户可访问 FTP 服务器中除 root 目录下的所有资料。
- 虚拟用户。虚拟用户是 FTP 服务器的专有用户，只能访问 FTP 服务器提供的资源。虚拟用户的用户名和口令通常保存在数据库文件或数据库服务器中。与匿名用户相比，虚拟用户只有在用户名和密码验证通过后才能获取 FTP 服务器中的资源。此种用户形式既可提高 FTP 服务器对用户的可管理性，也在一定程度上提高了 FTP 服务器的安全等级。

3. 安装并启动 VSFTP 服务

本书使用的 CentOS 7 操作系统中并未提供 VSFTP 的软件包，用户可通过 yum 命令下载并安装 VSFTP，具体命令如下：

```
[root@localhost ~]# yum -y install vsftpd
```

若执行以上命令后显示如下所示的内容，则说明 VSFTP 软件包已成功安装。

```
...
已安装：
    vsftpd.x86_64 0:3.0.2-22.el7

完毕!
```

VSFTP 安装并启动后，方可使用 VSFTP 服务。启动 VSFTP 服务的命令如下：

```
[root@localhost ~]# systemctl start vsftpd.service
```

若执行以上命令后，终端中未打印任何信息，且成功返回命令行，则说明 VSFTP 服务启动成功。

若想关闭 VSFTP 服务，可使用如下命令：

```
[root@localhost ~]# systemctl stop vsftpd.service
```

4. VSFTP 的配置文件

VSFTP 服务的配置文件主要为/etc/vsftpd/vsftpd.conf、/etc/vsftpd/ftpusers、/etc/vsftpd/user_list，下面对这几个配置文件进行讲解。

1) 主配置文件

/etc/vsftpd/vsftpd.conf 是 VSFTP 服务的主配置文件，原始配置如下所示：

```
anonymous_enable=YES            #开启匿名登录
local_enable=YES                #开启本地用户登录
write_enable=YES                #开启写入功能
local_umask=022                 #设置本地用户创建文件的 umask 值为 022
dirmessage_enable=YES           #激活目录消息
xferlog_enable=YES              #激活上传、下载功能
connect_from_port_20=YES        #设置 VSFTP 服务器的数据连接端口为 20
xferlog_std_format=YES          #将日志文件格式设置为标准的 FTP 服务器日志格式
listen=NO                       #该选项与 listen_ipv6 不可并存
listen_ipv6=YES                 #接受来自 IPv4 和 IPv6 客户端的连接
pam_service_name=vsftpd         #指定 VSFTPD 将使用的 PAM 服务的名称为 vsftpd
userlist_enable=YES             #加载用户名列表
tcp_wrappers=YES                #将 vsftp 与 tcp wrapper 结合使用
```

主配置文件/etc/vsftpd/vsftpd.conf 中可配置的选项虽然多，但都符合“选项＝值”的格式，简洁明了。用户可通过 man vsftpd.conf 命令查看该配置文件以及配置文件中选项的功能，常用的选项及其功能介绍如表 5-10 所示。

表 5-10　VSFTP 主配置文件的常用选项

选　项	说　明	默认值
anonymous_enable	设置是否允许匿名用户登录服务器	YES
local_enable	设置是否允许本地用户登录 FTP 服务器	NO
write_enable	写功能的总开关，用于控制匿名用户和本地用户的写操作	NO
local_mask	设置本地用户创建文件时的 umask 值	077
anon_upload_enable	允许匿名用户上传文件，理论上同时应为匿名用户创建一个写入目录	NO
anon_mkdir_write_enable	开启匿名用户创建新目录的权限，一般不建议开放此权限	NO
idle_session_timeout	设置空闲会话超时时间，单位为秒。若在指定时长内未收到数据或命令，则连接中断	300
data_connection_timeout	设置数据连接的等待超时时间，单位为秒。若数据连接的等待时长超过该时间，则连接中断	300
nopriv_user	设置运行 VSFTP 服务的独立且非特权的系统用户	nobody（这是用户名）
ascii_upload_enable	设置采用 ASCII 模式上传数据	NO
ascii_download_enable	设置采用 ASCII 模式下载数据	NO

续表

选　项	说　明	默认值
chroot_local_user	是否将所有用户限制在主目录	NO
chroot_list_enable	是否启动限制用户的名单	NO
chroot_list_file	是否限制/排除在主目录下的用户名单，限制或排除由 chroot_local_user 的值决定	/etc/vsftpd/chroot_list
userlist_enable	若启用此项，则 VSFTPD 会从 userlist_file 给出的文件名中加载一个用户名列表	NO
allow_writeable_chroot	是否开启 chroot 目录的写权限	NO
ftp_data_port	设置 FTP 数据传送端口	20
listen_port	设置 FTP 服务器的侦听端口	21
max_clients	设置单例模式下 VSFTPD 可连接的最大客户端数量	2000

2）用户控制配置文件

ftpusers 是 VSFTP 的用户控制配置文件，文件内容是一个用户列表。该文件的功能是限制用户名单中的用户登录 FTP 服务器，若 FTP 服务器需要拒绝某个用户访问，直接将该用户的用户名写在 ftpusers 文件的末尾即可。

3）用户列表配置文件

配置文件 user_list 中同样保存一个用户名单，该配置文件有两个功能：一是只允许此文件列表中的用户登录 FTP 服务器，但若用户名同时存在于 user_list 与 ftpusers 中，则此用户无法登录 FTP 服务器；二是拒绝 user_list 文件中的用户登录 FTP 服务器，该功能为默认功能。

4）限制/排除名单文件

配置文件 chroot_list 中存储的也是用户名单，其路径由主配置文件 vsftpd.conf 中的选项 chroot_list_file 指定。chroot_list 文件的功能有两个：一是限制，即用户名单中的用户只能在其主目录中活动；二是排除，即用户名单中的用户不仅能访问自己的主目录，还能跳出主目录，浏览服务器上的其他目录。

chroot_list 究竟实现何种功能由主配置文件 vsftpd.conf 中的选项 chroot_local_user 的值决定。chroot_local_user 选项是一个全局性的设定，当其值为 YES 时，全部用户限制在主目录；当其值为 NO 时，全部用户都可跳出主目录。

chroot_list 文件是否启用由 chroot_list_enable 的值决定。当 chroot_list_enable 的值为 YES 时，chroot_list 文件被启用；当 chroot_list_enable 的值为 NO 时，chroot_list 文件禁用(相当于被注释)。

简言之，chroot_list 中的用户总是 chroot_local_user 设定中的“例外”，若 chroot_local_user 的值为 YES，那么 chroot_list 被启用后，其中的用户可跳出自己的主目录，访问服务器中的其他目录；若 chroot_local_user 的值为 NO，那么 chroot_list 被启用后，其中的用户只能访问自己的主目录，而列表外的用户既能访问自己的主目录，也能访问服务器中的其他目录。

5. 安装 VSFTP 客户端

VSFTP 采用“客户机/服务器”模式，若想使用 VSFTP 服务器提供的功能，还需在系统中安装 FTP 客户端，具体的安装命令如下：

```
[root@localhost ~]# yum -y install ftp
```

若执行以上命令后终端中打印如下信息，则说明 FTP 客户端安装成功。

```
…
已安装:
    ftp.x86_64 0:0.17-67.el7

完毕!
```

成功安装 FTP 客户端后方可使用 VSFTP 服务。

6. 匿名登录

VSFTP 主配置文件中 anonymous_enable 的初始值为 YES，即可以使用匿名用户登录 FTP 服务器，此处先使用匿名用户 ftp 连接 VSFTP 服务器，具体命令如下：

```
[root@localhost ~]# ftp 192.168.255.157
```

以上命令中 192.168.255.157 为 VSFTP 服务器的 IP 地址，若连接成功，则终端中将会打印验证用户身份的信息，验证匿名用户身份，具体如下所示：

```
Connected to 192.168.255.157 (192.168.255.157).
220 (vsFTPd 3.0.2)
Name (192.168.255.157:root): ftp
331 Please specify the password.
Password:
230 Login successful.
Remote system type is UNIX.
Using binary mode to transfer files.
ftp>
```

若验证身份后终端中打印如上所示的“230 Login successful”字样，则说明用户登录成功，此时可通过匿名用户使用 VSFTP 服务。

5.5.3 配置匿名 FTP 服务器

虽然 VSFTP 服务器默认允许匿名用户登录，但匿名用户可使用的功能并不完善，一般只能从服务器下载部分文件。本节将通过实例配置一个具有上传文件、创建目录功能的匿名服务器，具体过程如下。

1. 创建本地用户

为了保证文件的安全性，VSFTP 服务一般会统一更改匿名用户所上传文件的所有者，因为文件所有者必须是本地用户，所以在扩展匿名用户的功能之前，应先创建一个本地用户，具体操作如下：

```
[root@localhost ~]# useradd Tom
[root@localhost ~]# passwd Tom
更改用户 user 的密码。
新的密码：
无效的密码：密码包含用户名在某些地方
重新输入新的密码：
passwd：所有的身份验证令牌已经成功更新。
```

2. 编辑主配置文件

为避免配置文件更改导致的问题，在更改配置文件前通常先对其进行备份，具体操作如下：

```
[root@localhost ~]# cp /etc/vsftpd/vsftpd.conf /etc/vsftpd/vf.bak
```

参考以下内容对主配置文件/etc/vsftpd/vsftpd.conf 进行更改，开启匿名用户的上传、创建目录、更名、删除文件的权限。

```
anonymous_enable=YES                    #允许匿名用户访问
write_enable=YES                        #允许登录用户有写权限(全局设置)
anon_root=/var/ftp                      #指定匿名用户登录的目录
anon_upload_enable=YES                  #打开匿名用户有上传文件的权限
anon_other_write_enable=YES             #打开匿名用户删除和重命名的权限
anon_mkdir_write_enable=YES             #打开匿名用户新增目录的权限
chown_uploads=YES                       #设置是否改变匿名用户上传文件的属主
chown_username=Tom                      #设置匿名用户上传文件的属主名
```

配置文件更改完成后，保存退出，重启 VSFTPD 服务，使配置生效，具体命令如下：

```
[root@localhost ~]# systemctl restart vsftpd.service
```

3. 创建匿名上传目录

使用匿名用户登录时，所登入的目录默认为/var/ftp(该目录可通过 vsftpd.conf 文件中的 anon_root 选项指定)。匿名用户作为其他人，若想成功上传文件，必须对登入目录有写权限，但登入目录的默认权限为 755，即用户所属组和其他人对该目录没有写入权限；又因为登入目录写权限不能与 chroot 限制并存，所以直接补全登入目录的权限会导致用户无法连接服务器。

综上所述，我们需要在登入目录下创建一个目录，更改其所属组和所有者，将其权限设置为 777，让匿名用户在此目录中间接实现上传功能，具体操作如下：

```
[root@localhost ~]# mkdir /var/ftp/userdir
[root@localhost ~]# chown ftp.ftp /var/ftp/userdir
[root@localhost ~]# chmod 777 /var/ftp/userdir
```

4. 配置防火墙和 SELinux 服务

下面将通过物理机上 Windows 系统中的命令行窗口对 VSFTP 服务器进行测试，但 Linux 系统自带的防火墙和安全防护软件 SELinux 会阻止 FTP 客户端对 VSFTP 服务器的访问，因此在测试之前，需先对这两个软件进行配置。

1）防火墙配置

因为防火墙默认不开放 21 端口的访问权限，当物理机上的 FTP 客户端尝试连接并访问虚拟机上的 VSFTP 服务器时，防火墙会过滤连接请求，从而导致连接失败。解决这一问题的方式有两种：一是直接关闭防火墙；二是配置防火墙，使其开放 21 号端口的访问权限。这两种方式所使用的命令分别如下所示。

(1) 关闭 Linux 防火墙。

```
[root@localhost ~]# systemctl stop firewalld.service
```

(2) 开启 21 号端口的访问权限。

```
[root@localhost ~]# firewall-cmd --add-port=21/tcp --permanent
```

使用防火墙配置端口访问权限时需保证防火墙处于开启状态。

2）关闭 SELinux

为了避免 SELinux 对服务器的访问造成影响，一般选择直接关闭 SELinux。关闭 SELinux 的方法有两种：一是通过 setenforce 命令临时关闭，二是通过配置文件直接修改 SELinux 的状态。此处给出第二种方式，具体操作为：打开 SELinux 的配置文件/etc/selinux/config，将其中的 SELINUX＝enforcing 改为 SELINUX＝disabled，之后重启计算机。

若执行此命令后直接返回终端提示符，则说明命令执行成功。

5. 测试

打开物理机中的命令行窗口，使用 ftp 命令连接到 VSFTP 服务器，并对匿名登录、上传、下载、创建目录这几项功能逐一测试。

1）登录测试

从物理机的 E 盘打开命令行窗口(Shift＋鼠标左键，选择“在此处打开命令窗口”)，使用 ftp 命令连接 VSFTP 服务器，并通过匿名用户 ftp 登录。

```
E:\>ftp 192.168.255.157                          #连接
连接到 192.168.255.157。
220 (vsFTPd 3.0.2)
用户(192.168.255.157:(none)): ftp               #匿名登录
331 Please specify the password.
密码：
230 Login successful.                            #登录成功
```

由以上测试结果可知，匿名用户可正常登录服务器。

2）下载功能测试

从 VSFTP 服务器下载文件的命令为“get 文件名”，此处先使用“ls -l”命令查看登入目录中的文件列表，再使用 get 命令下载文件，具体操作如下：

```
ftp>ls -l                        #查看登入目录中文件列表
200 PORT command successful. Consider using PASV.
150 Here comes the directory listing.
-rw-r--r--      1  0      0      0    Nov  17  02:01   aa.txt
drwxr--r--      3  0      1003   26   Nov  17  07:21   pub
drwxrwxrwx      2  0      50     20   Nov  17  07:34   userdir
226 Directory send OK.
ftp: 收到 190 字节，用时 0.00 秒 190000.00 千字节/秒。
ftp>get aa.txt                     #下载文件
200 PORT command successful. Consider using PASV.
150 Opening BINARY mode data connection for aa.txt (0 bytes).
226 Transfer complete.
```

由 get 命令执行后终端打印的信息，可知 get 命令执行成功；打开 E 盘，在其中可观察到文件 aa. txt，可知 VSFTP 服务器成功实现匿名下载功能。

3）上传功能测试

FTP 客户端可通过“put 文件名”命令上传文件到服务器，前面已在服务器端 VSFTP 的主配置文件中配置了匿名用户的登入目录为/var/ftp，默认情况下使用 put 命令后文件将被上传到/var/ftp 目录，但匿名用户对该目录并不具有写入权限，因此无法向该目录中上传文件，对此进行验证，具体操作如下：

```
ftp>put test.jpg                     #向登入目录上传文件
200 PORT command successful. Consider using PASV.
553 Could not create file.
```

由以上命令执行结果可知，本次上传失败。

使用 cd 命令进入匿名用户具有全部权限的 userdir 目录，再次尝试上传文件，具体操作如下：

```
ftp>cd userdir                                          #切换到权限为 777 的 userdir 目录
250 Directory successfully changed.
ftp>ls -l                                               #打印 userdir 文件列表，列表为空
200 PORT command successful. Consider using PASV.
150 Here comes the directory listing.
226 Directory send OK.
ftp>put test.jpg                                        #再次尝试上传文件
200 PORT command successful. Consider using PASV.       #上传成功
150 Ok to send data.
226 Transfer complete.
ftp: 发送 19234 字节，用时 0.00 秒 6411.33 千字节/秒。
ftp>ls -l                                               #查看 userdir 中的文件列表
200 PORT command successful. Consider using PASV.
150 Here comes the directory listing.
```

```
-rw-------  1 1005    50    19234 Nov 17 08:12 test.jpg
226 Directory send OK.
ftp: 收到 64 字节,用时 0.00秒 64.00千字节/秒。
```

观察以上测试流程,分析测试结果,可知匿名上传功能成功实现。

4) 目录创建功能测试

目录创建功能同样需要写入权限,在 userdir 目录中使用 mkdir 命令,创建目录 dir,具体操作如下:

```
ftp>mkdir dir                                       #创建目录
257 "/userdir/dir" created                          #创建成功
ftp>ls -l                                           #查看文件列表
200 PORT command successful. Consider using PASV.
150 Here comes the directory listing.
-rw-------    1  1005  50  19234   Nov  17  08:12  test.jpg
drwx------    2  14    50  6       Nov  17  08:43  dir
226 Directory send OK.
ftp: 收到 125字节,用时 0.00秒 125000.00千字节/秒。
ftp>
```

分析以上测试结果,可知匿名创建目录功能成功实现。

5.5.4 禁止指定用户登录

FTP 服务器中的普通本地用户一般都拥有登录、上传文件的权限,但在某些情况下,我们要限制部分用户的功能,禁止其登录 FTP 服务器。若需在系统中保留该用户,可将这部分用户添加到用户控制配置文件 ftpusers 中,如此,当这些用户视图登录 FTP 服务器时,便会收到来自 FTP 服务器的警告。

在实现禁止指定用户登录的功能前,我们先来查看 ftpusers 文件中已经存在的用户,使用 cat 命令查看其中内容,具体内容如下:

```
# Users that are not allowed to login via ftp
root
bin
daemon
adm
lp
sync
shutdown
halt
mail
news
uucp
operator
games
nobody
```

由以上信息可知,用户 itheima 并不在禁止登录名单中,因此,此处以 itheima 作为实验对象进行演示。

1. 使用 itheima 登录 FTP 服务器

初始时,用户 itheima 应能正常登录 FTP 服务器,使用该账户登录,过程及结果如下所示:

```
[root@localhost ~]# ftp localhost
Trying ::1...
Connected to localhost (::1).
220 (vsFTPd 3.0.2)
Name (localhost:root): itheima
331 Please specify the password.
Password:
230 Login successful.
Remote system type is UNIX.
Using binary mode to transfer files.
ftp>
```

由以上信息可知,此时用户 itheima 可正常登录 FTP 服务器。

2. 修改 ftpusers 文件

编辑 ftpusers 文件,将 itheima 追加到其中,如下所示:

```
…
uucp
operator
games
nobody
itheima
```

保存修改,使用 systemctl 命令重启 VSFTP 服务器,再次使用用户 itheima 登录 FTP 服务器,过程及结果如下:

```
[root@localhost ~]# ftp localhost
Trying ::1...
Connected to localhost (::1).
220 (vsFTPd 3.0.2)
Name (localhost:root): itheima
331 Please specify the password.
Password:
530 Login incorrect.
Login failed.
ftp>
```

由以上打印的登录信息可知,本次登录失败。对比两次登录结果可知,通过更改 ftpusers 文件可成功禁止指定用户 itheima 登录 VSFTP 服务器。

5.6 本章小结

本章主要对计算机网络基础知识与 Linux 系统中常用的网络服务进行了讲解。通过对本章的学习，读者应对与计算机网络相关的基础知识，包括协议与体系结构、网络数据传输流程、网络寻址方式等有所了解，掌握 Linux 系统中 DHCP 服务、DNS 服务、电子邮件服务、FTP 服务的工作原理，并能在 Linux 环境下实现各种服务软件的安装与基础配置。

5.7 本章习题

一、填空题

1. 计算机网络中常用的体系结构是 5 层协议体系结构，包括________、________、________、________和物理层。

2. ________用于确定网络中的主机，________用于确定主机中的进程。

3. ________指使用 DHCP 服务的网络中可用物理 IP 地址的集合。

4. DNS 实质上是一个分布式数据库，其中存储了域名和 IP 地址之间的映射关系，它的主要功能为________。

5. 电子邮件服务中常用的协议有________、________和 IMAP4。其中，________用于发送邮件，________用于收取邮件。

二、判断题

1. 主动模式是 FTP 的一种工作模式，当 FTP 工作在主动模式下时，客户端首先发起连接请求，与服务器的 21 号端口建立控制连接。 (　　)

2. 在被动模式下，控制连接和数据连接的发起方都为客户机。 (　　)

3. 匿名用户的登入目录/var/ftp 的默认权限为 755，用户所属组和其他用户对该目录没有写入权限，因此若想实现匿名上传功能，应提升该目录的权限。 (　　)

4. 在定义了 DHCP 服务的作用域后，剩余的可用 IP 地址集合称为地址池，DHCP 服务器可获取地址池中的 IP 地址分配给网络上的 DHCP 客户机。 (　　)

5. 主域名服务器中的记录是权威信息源，转发域名服务器中的记录不是权威信息源。 (　　)

三、选择题

1. 以下选项中，哪个不能作为主机的 IP 地址？(　　)

A. 192.168.255.132　　B. 192.168.255.2
C. 197.312.122.3　　D. 128.1.0.1

2. A、B、C 类 IP 地址每个网络号中的可用 IP 地址数为多少？(　　)

A. 2^n-2　　B. 2^n-1
C. 2^{n-2}　　D. 2^{n-1}

3. 下列哪个协议不属于电子邮件协议？（　　）

A. SMTP　　B. NFS　　C. IMAP4　　D. POP3

4. 下列选项中哪个域名服务器中的记录是权威信息源？（　　）

① 主域名服务器　②辅助域名服务器　③缓存域名服务器　④转发域名服务器

A. ①②③④　　B. ②③④　　C. ①②　　D. ②③

5. 下列哪个软件包的功能可提高 DNS 服务的安全性？（　　）

A. chroot　　B. utils　　C. bind　　D. libs

四、简答题

1. 简述 FTP 服务器的工作模式。
2. 简述 SMTP 协议的主要特点。

第6章 集中化运维工具——Ansible和SaltStack

思政案例

学习目标

- 了解自动化运维的概念
- 理解 Ansilbe 的工作原理
- 掌握 Ansible 的安装配置
- 掌握 Ansible 常用模块与 playbook 的用法
- 理解 SaltStack 的工作原理
- 掌握 StalStack 的安装配置
- 掌握 SaltStack 远程命令与各组件的使用

随着设备数量增多，原有的依靠人力或者脚本进行运维的方式已无法满足企业需求，因此各种集中化运维工具开始兴起。这些运维工具可以批量地完成运维任务，大大降低了人力成本，提高了运维的效率与可靠性。本章将会针对在运维工作中经常会用到的 Ansible 和 SaltStack 两个运维工具进行详细讲解。

6.1 运维概述

通过前面几章的学习，读者已经具备了运维的基础知识，在开始真正的运维之路前，首先要了解什么是运维，本节就从运维的概念开始学习，从最初传统的命令、脚本运维到集中化运维，让读者对运维的发展有一个整体的了解。

6.1.1 运维的概念

运维是指对一些已经搭建好的软件环境、硬件环境的维护。按领域划分，运维可分为业务运维、数据库运维、主机运维等，但大体上，运维主要分为硬件运维和软件运维两个方面。

1. 硬件运维

硬件运维主要是对基础硬件设施的维护，它主要包含以下几个方面。

(1) 机房规划：包括机房的选址、网络部署、服务器部署规划等。

(2) 网络系统维护：如网络调整扩容、带宽监控、网络链路优化等。

(3) 服务器管理：如采购、系统安装、维修等。

除此之外，硬件运维还包括对电源、空调、硬盘、内存等物理设备的维护。

2. 软件运维

软件运维包括系统运维和应用运维。系统运维是指对操作系统、数据库、中间软件等的维护，这些系统介于设备和应用之间，对它们的维护包括系统优化和性能监控；应用运维是指对业务系统的运维，如公司内部 OA、ERP 等。应用运维主要有 3 个大方向。

(1) 变更管理：确保公司业务系统在不断迭代的情况下稳定运行。

(2) 故障管理：如果出现故障，可以定位、排除故障，优化系统。

(3) 资源管理：确保应用系统在有限可用的资源下正常运行，并针对未来资源的增长使用进行预算审核。

很多时候系统运维和应用运维是结合在一起的，因为应用的稳定性需要依赖系统。无论哪一种运维，其最终目的都是让系统能够更稳定地运行，更好地为企业服务。

运维的范围很广泛，硬件运维与软件运维是两个截然不同的方向，本书主要讲解的是软件运维，在本章后续讲解中如无特殊说明，运维均指软件运维。

6.1.2　传统的运维面临的问题

随着信息技术的不断发展和完善，硬件和软件系统的体积都呈膨胀的趋势，承载的业务越来越多，传统的运维就面临着越来越多的问题。

1. 设备数量增加

在大数据时代来临之前，企业普遍的做法是：把一个应用部署在一套服务器之上，运维工作也相应地只需要维护少量的设备。但随着大数据时代的来临，应用系统慢慢增大，需要的设备也越来越多，运维工作师需要维护的系统与设备也越来越多，依靠不断重复实施软件的部署与运维已渐不可行。

2. 系统异构性大

一般企业的应用系统都会交由不同的开发商开发，因此多个应用系统部署在一起就容易出现问题。不同的应用系统需要的运行环境、Web 服务器，需要使用的数据库以及运行维护方式等都会不同，这就加大了运维工作的难度。

3. 虚拟化的成熟带来更大挑战

随着虚拟化技术的成熟，企业内的 IT 建设不需要漫长的采购流程、寻找机房安放设备等，管理人员只需要申请一台虚拟机，再配置管理数据库(CMDB)中填写主机信息就可以了。IT 建设的成本在不断降低，速度也在不断提升，需要运维的设备数量从原来的几百台迅速增加到成千上万台，运维工作无疑迎来了更大的挑战。

面对这些日益严峻的问题，单靠命令和脚本已经很难完成日常的运维工作，而集中化运维工具的出现则大大满足了运维人员的需求，借助运维工具，运维人员使用命令或脚本可以轻松完成成百上千台设备的运维任务。随着技术的不断发展，现在已经有许多不错的开源运维工具可供选择，目前比较流行的开源运维工具有 Ansible、SaltStack 等。

6.2 Ansible

Ansible是新兴的集中化运维工具，集合了众多运维工具（如puppet、cfengine、chef等）的优点，可批量实现系统配置、程序部署、命令运行等功能。本节将针对Ansible的工作原理、安装配置、模块使用、playbook与role的编写进行详细的讲解。

6.2.1 Ansible简介

Ansible是基于Python语言开发的一款轻量级集中化运维工具，它默认采用SSH的方式管理客户端，在主控端部署Ansible环境，通过SSH远程管理被控主机（节点）。Ansible提供了各种模块对客户端进行批量管理，包括执行命令、安装软件、执行特定任务等。对于一些复杂的需要重复执行的任务，可以通过Ansible下的playbook来管理。与其他运维软件相比，Ansible具有以下几个特点。

- 部署简单，只需在主控端部署Ansible环境，被控端无须做任何操作。
- 默认通过SSH（Secure Shell）协议对设备进行管理。
- 配置简单，功能强大，扩展性强。
- 支持API及自定义模块，可通过Python轻松扩展。
- 通过playbook来定制强大的配置、状态管理。
- 对云计算平台、大数据有很好的支持。
- 提供一个功能强大、可操作性强的Web管理界面和REST（Representational State Transfer，表述性状态转移）API接口——AWX平台。

Ansible是基于模块工作的，它本身只提供一个框架，并没有批量部署的能力，真正具有批量部署能力的是它所运行的模块。Ansible架构如图6-1所示。

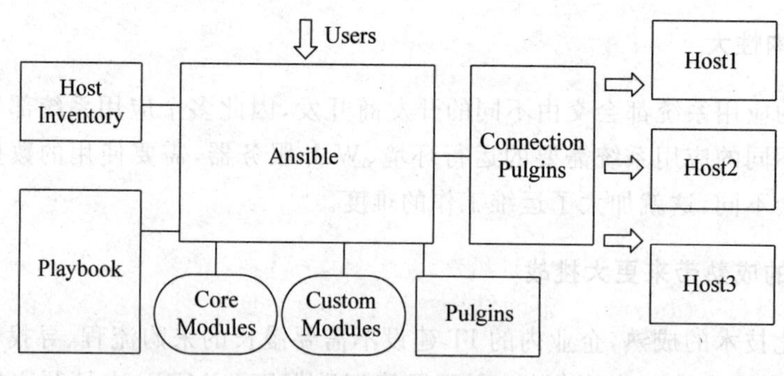

图6-1 Ansible架构

由图6-1可知，Ansible架构主要包含Ansible核心引擎、Host Inventory、Core Modules、Custom Modules、Pulgins、Playbook、Connection Pulgins模块。下面逐一对这些模块进行讲解。

- Ansible：核心引擎。
- Host Inventory：主机清单，定义Ansible的主机策略，默认是在Ansible的主机配置文件中定义节点，同时也支持自定义动态主机清单和指定配置文件的位置。

- Core Modules：核心模块，包含 Ansible 自带的模块，它们被分发到远程节点执行特定任务或匹配一个特定状态。
- Custom Modules：自定义模块，如果核心模块不足以完成某个功能，则可以通过添加自定义模块对 Ansible 进行扩展。
- Pulgins：插件，它用于补充模块功能，完成记录日志、邮件等功能。
- Playbook：脚本，定义 Ansible 任务的文件，可以将多个任务定义在一个 Playbook 脚本文件中，由 Ansible 执行。
- Connection Pulgins：连接插件，Ansible 通过连接插件实现与各个主机的连接，实现与被管节点通信。

Ansible 可以同时管理搭建了 Red Hat 系列 Linux 系统、Debian 系列 Linux 系统与 Windows 系统的主机，如图 6-2 所示。

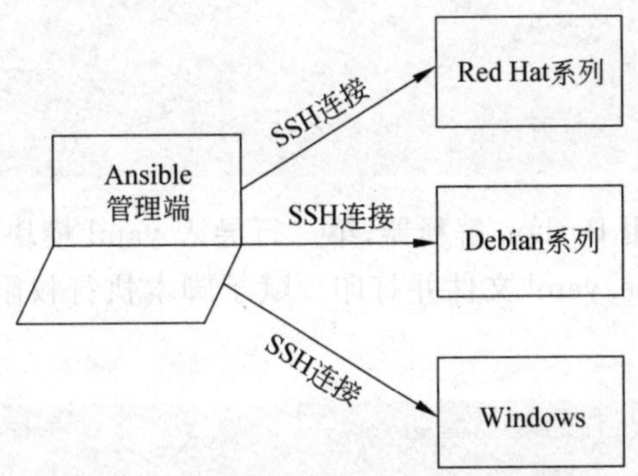

图 6-2　Ansible 对各种类型主机的管理

Ansible 是基于安全性、高可靠性设计的轻量级集中化运维工具，功能强大、部署便捷，简单易学，现在已成为非常受欢迎的集中化运维工具，广泛应用于各种规模、各个领域的企业。

6.2.2　YAML 简介

Ansible 中的配置文件和脚本都是使用 YAML 语言编写的，因此熟悉 YAML 语法及结构对理解环境的相关配置以及编写 Ansible 脚本非常重要。YAML 和 JSON 类似，是一种表示数据的文本格式。YAML 文件的扩展名为. yaml 或. yml，它最常见的层次和结构是列表(List)和字典(Dictionary)。下面结合这两种对象类型来学习 YAML 的语法格式。

1. 列表

YAML 文件的层次可以以列表形式展现，列表中的所有成员都以“- ”(横杠加空格)作为开头，并处于相同的缩进级别。另外，YAML 文件一般以“---”(3 个横杠)作为开始行，这是 YAML 格式的一部分，表明是一个文件的开始，但它不是必需的。例如，有一个存储员工姓名列表的 YAML 文件 name. yaml，文件内容如下：

```
---                     #开始行，非必需
-zhangsan
```

```
-Tom
-lili
-Jane
```

在 YAML 文件中，如果列表项下有子项，则缩进级别为两个空格。例如，在名字 zhangsan 下还有子项性别和年龄，则格式如下：

```
-zhangsan
  -M
  -20
```

编写一个脚本 name.sh 来读取这个文件，脚本内容如下：

```
#!/usr/bin/python
import yaml
file=open("name.yaml")
x=yaml.load(file)
print x
```

在脚本中，第一行调用 Python 解释器；第二行导入 yaml 模块；第三行读取 name.yaml 文件；第四、五行导入 name.yaml 文件并打印。赋予脚本执行权限，然后执行脚本，具体如下所示：

```
[itheima@localhost ~]$ chmod+x name.sh
[itheima@localhost ~]$ ./name.sh
['zhangsan', 'Tom', 'lili', 'Jane']
```

如果在导入 yaml 模块时失败，表明主机没有安装 python-yaml 模块，读者可以通过 yum install 命令在线安装该模块，安装命令如下所示：

```
[root@localhost ~]# yum install python-yaml
```

2. 字典

YAML 文件的层次还可以以字典形式展现出来，字典由"键：值"形式的元素组成。需要注意的是，冒号后面必须有一个空格。例如，建立一个文件 record.yaml，用于记录员工信息，可使用如下形式：

```
---
name: lili
job: developer
skill: elite
```

编写一个脚本文件执行这段代码。此处使用的脚本与 name.sh 基本相同，将 name.sh 中的文件名 name.yaml 改为 record.yaml 即可，此处不再重复编写。执行脚本，输出结果如下所示：

```
{'skill': 'elite', 'job': 'developer', 'name': 'lili'}
```

如果一个键有多个值,则可以使用如下形式:

```
laguage:
        -Java
        -C++
        -Python
```

6.2.3 Ansible 的安装

在安装之前,准备 3 台主机,主机信息如表 6-1 所示。

表 6-1　Ansible 主机信息

主机名	IP 地址
localhost	192.168.175.141
ansible1	192.168.175.135
ansible2	192.168.175.136

localhost 主机是 Ansible 的管理机,ansible1 与 ansible2 是被管理的远程主机(节点),安装 Ansible 时只在管理机(192.138.175.141)上安装即可。Ansible 的安装方法有很多种,本书推荐使用 yum install 命令安装,但目前 RHEL 官方的 yum 源还没有 Ansible 的安装包支持,因此在安装 Ansible 之前,需先在主机中安装包含 Ansible 软件包的 EPEL 源,具体命令如下:

```
[root@localhost ~]# yum install epel-release
```

EPEL 源安装完成后,方可安装 Ansible。需要注意的是,在安装之前需先关闭防火墙与 SELinux,安装命令如下:

```
[root@localhost ~]# yum-y install ansible
```

安装完成之后,可以使用如下命令查看 Ansible 的版本:

```
[root@localhost etc]# ansible --version
ansible 2.3.2.0
  config file=/etc/ansible/ansible.cfg
  configured module search path=Default w/o overrides
  python version=2.7.5 (default, Nov 6 2016, 00: 28: 07) [GCC 4.8.5 20150623 (Red Hat 4.8.5-11)]
```

由输出结果可知,Ansible 的版本为 2.3.2.0。

6.2.4 配置 SSH 无密码登录

设置 Linux 主机 SSH 无密码登录可以使用 ssh-keygen 与 ssh-copy-id 两个命令来实现。ssh-keygen 生成一对密钥(公钥和密钥);ssh-copy-id 把本地主机的公钥复制到目标主机上,而且它还可以给远程的用户目录(如/home、~/.ssh 等)设置合适的权限。

1. 生成一对密钥

在 localhost 主机，使用 ssh-keygen 命令生成一对密钥，命令如下所示：

```
[root@localhost ~]# ssh-keygen -t rsa
```

在命令执行过程中，对询问直接按回车键，命令最终执行结果如下所示：

```
Generating public/private rsa key pair.
Enter file in which to save the key (/root/.ssh/id_rsa):
Created directory '/root/.ssh'.
Enter passphrase (empty for no passphrase):
Enter same passphrase again:
Your identification has been saved in /root/.ssh/id_rsa.
Your public key has been saved in /root/.ssh/id_rsa.pub.
The key fingerprint is:
ab: e2: f6: 67: b3: fc: b4: 29: c8: 12: 85: 21: a2: f5: f0: 61 root@localhost.localdomain
The key's randomart image is:
+--[ RSA 2048]----+
|                 |
|.+E              |
|.o * +           |
|.  +.            |
|    .  S         |
|    .    .       |
|     o . . .     |
|    +oo=. o      |
|   o.+ooo=+      |
+-----------------+
```

ssh-keygen 命令执行完毕，会在/root/. ssh 下生成一对密钥，其中 id_rsa 为私钥，id_rsa. pub 为公钥，公钥需要下发到远程主机用户的. ssh 目录。

2. 将公钥下发到远程主机

使用 ssh-copy-id 命令将公钥下发到节点，命令如下所示：

```
[root@localhost.ssh]#ssh-copy-id root@192.168.175.135
```

在询问是否确定连接处输入 yes，进行公钥验证，执行结果如下所示：

```
The authenticity of host '192.168.175.135 (192.168.175.135)' can't be established.
ECDSA key fingerprint is 08: 88: 2a: ad: 61: d9: 0f: 37: cb: 7d: e0: fc: 3f: a8: dd: 37.
Are you sure you want to continue connecting (yes/no)? yes
/usr/bin/ssh-copy-id: INFO: attempting to log in with the new key(s), to filter out any that
are already installed
/usr/bin/ssh-copy-id: INFO: 1 key(s) remain to be installed --if you are prompted now it is to
install the new keys
root@192.168.175.135's password:

Number of key(s) added: 1

Now try logging into the machine, with:    "ssh 'root@192.168.175.135'"
and check to make sure that only the key(s) you wanted were added.
```

在提示确认是否连接处输入 yes，在提示输入密码处输入密码，至此，公钥下发完毕。

3. 保管私钥

公钥下发完毕之后，使用 ssh-add 命令将私钥交由 192.168.175.135 管理，命令如下所示：

```
[root@localhost ~]# ssh-add .ssh/id_rsa
```

命令执行完毕，ssh 无密码登录就配置完成了。在这个命令执行完毕之后，再执行下面的命令验证配置是否成功，命令如下所示：

```
[root@localhost ~]# ssh 192.168.175.135
```

如果能直接无密码进入目标主机，就说明 SSH 无密码登录配置成功，再以同样的方式配置 192.168.175.136 主机。

6.2.5　主机目录

主机目录（Host Inventory），又称主机清单，保存了 Ansible 所管理的远程主机的信息以及一些连接参数，也可用于对远程主机进行分类。远程主机的分类方式有许多。例如，根据用途分为数据库节点、服务节点，根据地点分为中部机房、西部机房等。

主机目录的配置文件默认是/etc/ansible/hosts，查看该文件，可以看到如下内容：

```
## green.example.com
## blue.example.com
## 192.168.100.1
## 192.168.100.10

## [webservers]
## alpha.example.org
## beta.example.org
## 192.168.1.100
## 192.168.1.110

## [dbservers]
##
## db01.intranet.mydomain.net
## db02.intranet.mydomain.net
## 10.25.1.56
## 10.25.1.57
```

前 4 行表示 Ansible 管理的节点有 4 个，而[webservers]和[dbservers]代表分组。现在将该文件清空，将被管理的节点信息添加进来，并且进行分组，内容如下所示：

```
[/etc/Ansible/hosts]
192.168.175.135
192.168.175.136
```

```
[webservers]
192.168.175.135
192.168.175.136
```

以上内容将节点 192.168.175.135 和 192.168.175.136 添加到了主机 192.168.175.141 的主机目录中，并对两个节点进行了分组。因为只有两个节点，所以仅设置一个分组；如果有多个要管理的节点，则可以根据要求分为不同的组。在该文件中添加节点时，除了用 IP 标识之外，还可以用域名、别名对节点进行标识。

配置完成之后，用 ping 模块对节点进行 ping 操作，测试节点与管理机是否连通，命令和执行结果如下所示：

```
[root@localhost ~]# ansible webservers -m ping
192.168.175.135 | SUCCESS=>{
    "changed": false,
    "ping": "pong"
}
192.168.175.136 | SUCCESS=>{
    "changed": false,
    "ping": "pong"
}
```

由输出结果可知，主机 192.168.175.141 与主机 192.168.175.135、192.168.175.136 连通，Ansible 正常工作。

6.2.6 Ansible 的常用模块

Ansible 提供了非常丰富的功能模块，包括命令行、包管理、系统服务、用户管理、云计算等，读者可以使用命令 ansible-doc -l 查看 Ansible 中已加载的模块。

```
[root@localhost ~]# ansible-doc -l
a10_server          Manage A10 Networks AX/SoftAX/Thunder/vThunder ..
a10_server_axapi3   Manage A10 Networks AX/SoftAX/Thunder/vThunder ..
a10_service_group   Manage A10 Networks AX/SoftAX/Thunder/vThunder ..
a10_virtual_server  Manage A10 Networks AX/SoftAX/Thunder/vThunder ..
accelerate          Enable accelerated mode on remote node
…
```

Ansible 提供的模块非常多，通过 ansible 命令可以调用这些模块。ansible 命令调用模块的格式如下所示：

```
ansible [节点] -m [模块] -a [参数]
```

上述格式中，-m 选项指定了要调用的模块，如果模块还有其他参数，则使用-a 选项指定。

如果不清楚模块的作用，还可以使用 ansible-doc 查看某个模块的具体用法，例如，查询 yum 模块的用法，具体操作如下：

```
[root@localhost ansible]# ansible-doc yum
>YUM    (/usr/lib/python2.7/site-packages/ansible/modules/packaging/os/yum.py)

        Installs, upgrade, downgrades, removes, and lists packages and groups with the
        'yum' package manager.
...
```

下面针对 Ansible 中几个常用的模块进行详细的讲解。

1. setup 模块

该模块可用于获取节点的详细信息，包括硬件和软件信息，如主机 IP、环境变量等。例如，可以使用 setup 模块查看 webservers 组的节点信息。

```
[root@localhost ~]# ansible webservers -m setup
192.168.175.136 | SUCCESS=>{
    "ansible_facts": {
        "ansible_all_ipv4_addresses": [
            "192.168.122.1",
            "192.168.175.136"
        ],
        "ansible_all_ipv6_addresses": [
            "fe80: : de8b: 1a8b: 39f: b0c7",
            "fe80: : f92: 9b52: c37c: 99c9",
            "fe80: : 3839: 2885: 428b: 84d7"
        ],
        "ansible_apparmor": {
            "status": "disabled"
        },
...
```

在上述命令中，指定的主机为[webservers]组的全部节点，-m 选项指定要调用的模块为 setup，该模块获取[webservers]组中全部节点的信息。

2. copy 模块

该模块可实现从管理机向节点复制静态文件，并且设置合理的文件权限。copy 模块在复制文件时会先比较一下文件的 checksum（校验和）。如果相同则不会复制，返回状态为 OK；如果不同才会复制，返回状态为 changed。copy 模块有几个常用的参数，其含义如表 6-2 所示。

表 6-2　copy 模块的常用参数及其含义

参　数	默认值	选　项	含　　义
dest	—	—	文件复制的目的地
src	—	—	复制的源文件
backup	no	yes/no	是否备份原始文件
validate	—	—	复制前是否检验需要复制目的地的路径

将/root/demo/demo1.txt 复制到所有节点的/root 目录下，具体命令如下所示：

```
[root@localhost ~]# cd demo
[root@localhost demo]# ansible all -m copy -a 'dest=/root src=/root/demo/demo1.txt'
```

上述命令中，all 表示指定所有的节点，-m 选项调用 copy 模块，执行完命令之后，可在 192.168.175.135 节点和 192.168.175.136 节点的/root 目录下查看到 demo1.txt 文件。

3. file 模块

file 模块主要用来设置文件、目录、软链接、硬链接的属性，如定义文件或目录的属组、权限，创建、删除文件或目录等。file 模块有一些常用的参数，其含义如表 6-3 所示。

表 6-3　file 模块的常用参数及其含义

参数	默认值	选　项	含　　义
mode	—	—	文件的读/写权限
path	—	—	文件路径
src	—	—	文件链接路径
stat	file	file	创建文件
		link	创建链接
		directory	创建文件夹
		hard	创建硬链接
		touch	创建一份文件
		absent	删除文件

如果要删除刚才复制到节点/root 目录下的 demo1.txt 文件，则可以使用如下命令：

```
[root@localhost demo]# ansible all -m file -a 'path=/root/demo1.txt state=absent'
192.168.119.135 | SUCCESS=>{
    "changed": true,
    "path": "/root/demo1.txt",
    "state": "absent"
}
192.168.119.136 | SUCCESS=>{
    "changed": true,
    "path": "/root/demo1.txt",
    "state": "absent"
}
```

显示如此结果就证明删除成功。读者可以分别到两个节点的/root 目录下查看，此时 demo1.txt 已经删除。

4. command 模块与 shell 模块

command 模块可以运行节点权限范围所有的 Shell 命令。但是 command 模块执行的

命令是获取不到 $HOME 这样的环境变量的，还有一些运算符，例如，“>”“<”等运算符在 command 模块上也是不能使用的，command 模块也不支持管道这样的操作。

shell 模块是 command 模块的增强版，可以执行远程主机的 shell 脚本文件，也支持管道。下面以查看远程主机的 mysql 进程是否存在为例，演示 command 模块与 shell 模块的使用方法。

(1) 使用 command 模块检查 mysql 进程是否存在，命令如下所示：

```
[root@localhost ~]# ansible all -m command -a 'ps -ef|grep mysql'
```

以上命令执行后会打印出错误信息 unsupported SysV option。

(2) 使用 shell 模块检查 mysql 进程是否存在，命令如下所示：

```
[root@localhost ~]# ansible all -m shell -a 'ps -ef|grep mysql'
```

其输出结果如下所示：

```
192.168.175.136 | SUCCESS | rc=0 >>
root   3659   3654  0 09: 00 pts/0  00: 00: 00 /bin/sh -c ps -ef|grep mysql
root   3661   3659  0 09: 00 pts/0  00: 00: 00 grep mysql

192.168.175.135 | SUCCESS | rc=0 >>
mysql  3826   1     0 08: 59 ?      00: 00: 00 /bin/sh /usr/bin/mysqld_safe --basedir=/usr
mysql  3993   3826  0 08: 59 ?       00: 00: 00 /usr/sbin/mysqld --basedir=/usr --datadir=/
var/lib/mysql --plugin-dir=/usr/lib64/mysql/plugin --log-error=/var/log/mysqld.log --
pid-file=/var/run/mysqld/mysqld.pid --socket=/var/lib/mysql/mysql.sock
root   4096   4091  0 09: 00 pts/1  00: 00: 00 /bin/sh -c ps -ef|grep mysql
root   4098   4096  0 09: 00 pts/1  00: 00: 00 grep mysql
```

由输出结果可知，节点 192.168.175.135 下有 mysql 进程，而节点 192.168.175.136 下没有 mysql 进程。

5. script 模块

script 模块用于将管理机上的 shell 脚本发送到节点上执行。例如，在管理机上有一个脚本/root/hello.sh，其内容如下：

```
#!/bin/bash
echo "hello ansible"
```

将该脚本发送到 webservers 组的节点上执行，命令如下所示：

```
[root@localhost ~]# ansible webservers -m script -a '/root/hello.sh'
192.168.175.135 | SUCCESS=>{
    "changed": true,
    "rc": 0,
    "stderr": "Shared connection to 192.168.175.135 closed.\r\n",
    "stdout": "hello ansible\r\n",
```

```
        "stdout_lines": [
            "hello ansible"
        ]
    }
192.168.175.136 | SUCCESS=>{
        "changed": true,
        "rc": 0,
        "stderr": "Shared connection to 192.168.175.136 closed.\r\n",
        "stdout": "hello ansible\r\n",
        "stdout_lines": [
            "hello ansible"
        ]
    }
```

由输出结果可知，webservers 组的节点都执行了该脚本，输出了 hello ansible 语句。因为在实际工作中，经常会通过发送脚本控制远程主机执行指定任务，所以该模块的使用会比较频繁。

6. ping 模块

这个模块用于检测管理机与节点的连通性，但它不像 Linux 下的 ping 命令可以直接使用，而要先检查是否能通过 SSH 登录节点，再检查其 Python 版本是否满足要求，如果都满足，则会返回 pong，表示成功。在 6.2.5 节学习主机目录的时候已经使用过 ping 模块，这里不再演示其用法。

7. group 模块

group 模块可以在节点上创建组，group 模块常用的参数及其含义如表 6-4 所示。

表 6-4　group 模块的常用参数及其含义

参数	默认值	选项	含　义
gid	—	—	用户组的 GID
name	—	—	用户组的名字
state	present	present absent	新增 删除
system	no	yes/no	是否为系统组

利用此模块在 webservers 组的节点上创建一个组名为 test、GID 为 2017 的组，具体如下所示：

```
[root@localhost ~]# ansible webservers -m group -a 'gid=2017 name=test'
192.168.175.136 | SUCCESS=>{
    "changed": true,
    "gid": 2017,
    "name": "test",
    "state": "present",
```

```
    "system": false
}
192.168.175.135 | SUCCESS=>{
    "changed": true,
    "gid": 2017,
    "name": "test",
    "state": "present",
    "system": false
}
```

由输出结果可知，在两个节点上都成功创建了 test 分组，可以到节点上的配置文件 /etc/group 中查看 test 组是否创建成功。另外，group 模块还可以查看节点是否拥有某一个组。例如，查看 webservers 组的节点是否拥有 test 组，具体如下所示：

```
[root@localhost ~]# ansible webservers -m shell -a 'cat /etc/group|grep test'
192.168.175.136 | SUCCESS | rc=0 >>
test: x: 2017:

192.168.175.135 | SUCCESS | rc=0 >>
test: x: 2017:
```

由输出结果可知，webservers 组的节点都拥有 test 组。

8. user 模块

user 模块用于管理批量节点中的用户，可实现创建、删除、更改用户账户与设置账户属性等功能。user 模块常用的参数及其含义如表 6-5 所示。

表 6-5　user 模块的常用参数及其含义

参数	默认值	选项	含　义
group	—	—	用户组
name	—	—	用户名
remove	no	yes/no	删除用户组
password	—	—	密码
append	—	—	增加到组
home	—	—	home 目录
state	present	present absent	新增 删除
system	no	yes/no	设置为系统账号

在 webservers 组的节点上创建一个用户名为 test、组名为 test 的用户，具体命令如下：

```
[root@localhost ~]# ansiblewebservers -m user -a 'name=test group=test'
```

用户创建完成后，读者可以在节点上切换到 test 用户，并且使用相应的命令来查看用

户信息,如 whoami、w 等命令。如果要删除此用户,可以使用如下命令:

```
[root@localhost ~]# ansible webservers -m user -a 'name=test group=test state=absent remove
=yes'
192.168.175.135 | SUCCESS=>{
    "changed": true,
    "force": false,
    "name": "test",
    "remove": true,
    "state": "absent"
}
192.168.175.136 | SUCCESS=>{
    "changed": true,
    "force": false,
    "name": "test",
    "remove": true,
    "state": "absent"
}
```

9. get_url 模块

get_url 模块可以使节点下载 url 到本地,这个模块在运维工作中用得比较多,以下载百度的首页到所有节点上为例,具体命令如下:

```
[root@localhost ~]# ansible all -m get_url -a
'dest=/root url=http://www.baidu.com'
```

执行完这个命令之后,读者可以到节点的/root 目录查看,会生成一个 index.html 文件,这个文件就记录了百度首页。

10. yum 模块

yum 模块能够从指定的服务器自动下载安装 RPM 包,并且可以自动处理依赖性关系。yum 模块的常用参数及其含义如表 6-6 所示。

表 6-6 yum 模块的常用参数及其含义

参数	默认值	选项	含义
config_file	—	—	yum 配置文件
disable_gpg_check	no	yes/no	是否开启 GPG 检查
disablerepo	—	—	禁用仓库
name	—	—	包名
state	present	present latest absent	安装 更新 卸载

使用 yum 模块在节点 192.168.175.135 上安装命令 tree,具体命令如下所示:

```
[root@localhost ~]# ansible 192.168.175.135 -m yum -a "name=tree state=present"
192.168.175.135 | SUCCESS=>{
    "changed": true,
    "failed": false,
    "msg": "",
    "rc": 0,
…
```

由输出结果可知，tree 命令已经在节点 192.168.175.135 上安装成功，读者可以到相应节点使用 tree 命令进行测试。如果将 state 值改为 absent，则可以实现卸载功能。

11. service 模块

service 模块用来管理节点上的服务，可开启、关闭、重启服务等，如 httpd、sshd、nfs、crond 等服务。service 的常用参数及其含义如表 6-7 所示。

表 6-7　service 模块的常用参数及其含义

参　数	默认值	选　项	含　义
enabled	—	yes/no	是否开机自启动
name	—	—	服务名称
pattern	—	—	若服务没响应，则 ps 查看是否已经启动
sleep	—	—	若服务被重启，则规定睡眠时间
state	—	started stopped restarted reloaded	启动 关闭 重启 重新下载

开启节点 192.168.175.135 端的 firewalld 服务，具体命令如下：

```
[root@localhost ~]# ansible 192.168.175.135 -m service -a "name=firewalld state=started"
```

命令执行结果如下所示：

```
192.168.175.135 | SUCCESS=>{
    "changed": true,
    "failed": false,
    "name": "firwalled",
    "state": "started",
    "status": {
        "ActiveEnterTimestamp": "二 2017-11-28 14: 40: 45 CST",
        "ActiveEnterTimestampMonotonic": "30230080",
…
```

读者可以在相应节点上使用 systemctl status firewalld 命令查看 firewalld 的状态，它已经被成功开启了。

6.2.7 playbook

在学习 Ansible 的模块时，都是使用命令在节点上执行任务，命令使用起来比较复杂，而且每执行一次任务都需要重复输入，为了避免重复输入命令，Ansible 提供了 playbook 脚本，一个可以被 Ansible 执行的 YAML 文件就叫作 playbook。playbook 包含 3 个基本部分。

1. 指定节点和用户

每一个 playbook 都需要指定针对哪些节点进行运维，并且以哪个用户来执行任务，这就需要指定节点和用户。指定节点使用 hosts 关键字，指定用户则使用 users 关键字。

```
---
- hosts: webservers         #webservers 组中的所有节点
  users: root               #用户为 root
```

hosts 的值可以是主机或组，也可以是关键字 all，指代全部节点。

2. 任务列表

任务列表即要执行的任务的队列，指定任务列表的关键字为 tasks。任务列表中的每个任务都通过调用 Ansible 模块完成，任务按预先定义的先后顺序执行。如下所示是一个 playbook 的任务列表。

```
tasks:
  - name: running nginx                          #第一个任务,启动 nginx 服务
    service: name=nginx state=running            #调用 service 模块

  - name: disable selinux                        #第二个任务,关闭 selinux
    command: /sbin/setenforce 0                  #调用 command 模块
```

任务列表中的 name 标签是对任务的描述，它不是必要的，但为了任务的可读性，一般都会使用 name 标签。

3. handlers

handlers 也是对 Ansible 模块的调用，用于处理一些动态事件。例如，若要在任务中修改 nginx 的配置文件，需要重启 nginx，这时可以将重启 nginx 设计成一个 handler，handler 被触发，就会重启 nginx。

```
handlers:
  - name: restart nginx service
    service: name=nginx state=restarted        #重启 nginx
```

handler 中的模块调用与任务列表中的任务不同，任务默认按定义顺序执行，而 handler 只有在被触发时才会执行。

6.2.8 playbook 的基本语法

6.2.7 节学习了 playbook 的概念，一个完整的 playbook 除了最基本的 3 个部分之外，还会使用到其他语法知识，如变量、条件语句、循环等，本节就来学习 playbook 的基础语法。

1. 变量

在 playbook 文件中是通过字段 vars 来定义变量的，示例代码如下所示：

```
- hosts: all
  vars:
    http_port: 80               #定义 http_port 变量,值为 80
```

定义变量可以更好地实现 playbook 的重用，也便于处理系统之间的差异。

2. 条件语句

playbook 中的条件语句由字段 when 声明。例如，当操作系统为 Red Hat 时执行重启命令，代码如下所示：

```
tasks:
    - name: reboot Red Hat host
      command: /usr/sbin/reboot
      when: ansible_os_family=="Red Hat"     #条件判断
```

它的执行顺序是先判断 when 条件。如果成立，返回 True，则执行上一条语句 command：/usr/sbin/reboot；如果不成立，返回 False，则不会触发上一条语句的执行。

3. 循环

在 playbook 中使用循环可以减少代码量，简化代码结构。常见的循环由字段 with_items 声明。例如，在指定节点上同时安装多个软件，示例代码如下：

```
tasks:
  - name: install LAMP
    yum: name={{item}} state=present
    with_items:        #循环
      - nginx
      - mysql-server
      - php
```

以上代码的功能为安装 nginx、mysql-server、php 3 个软件，with_items 会自动循环执行上面的语句"yum：name={{item}} state=present"，用软件名称替换 item，循环次数为元素的个数。

循环语句中还支持列表，由字段 with_flattened 声明。例如，修改上述示例代码，将 nginx、mysql-server、php 3 个软件放在一个列表里，使用 with_flattened 语句引用，代码如下所示：

```
---
packages_LAMP:
  - ['nginx','mysql-server','php']                    #软件列表
tasks:
  - name: install LAMP
    yum: name={{item}} state=present
    with_flattened:                                   #循环引用列表
      -packages_LAMP                                  #引用列表
```

4. include

include 可以解决 playbook 的重用问题，当多个 playbook 需要重复使用任务列表时，可以将任务的内容抽离出来写入独立的文件当中。若其他地方需要使用该任务列表，可以再使用 include 将其包含到文件中。例如，有单独的任务列表文件 tasks/nignx.yml，如下所示：

```
---
- name: install nginx
  yum: name=nginx state=present
- name: running nginx
  service: name=nignx state=running
```

该文件中的任务列表用于实现 nginx 的安装启动，如果有 playbook 要执行 nginx 的安装启动，就可以在需要的地方将该文件包含进来，代码如下所示：

```
tasks:
    - include: tasks/nginx.yml
```

学习了 playbook 的基础知识，下面用一个案例来演示 playbook 的编写与调用，如例 6-1 所示。

例 6-1 在本案例中，通过编写一个 playbook 实现 Apache 的安装与启动。首先创建 /etc/ansible/playbook 目录，命令如下所示：

```
[root@localhost ~]# mkdir /etc/ansible/playbook
```

在该目录下添加 apache.yml 文件，此文件就是一个 playbook，其内容如下：

```
---
- hosts: 192.168.175.135                    #指定主机
  user: root                                #指定用户
  vars:                                     #定义变量
    http_port: 80
    max_clients: 200

  tasks:                                    #任务列表
  - name: ensure apache is latest
    yum: pkg=httpd state=latest
  - name: write the apache config file
```

```
      template: src=/srv/httpd.j2 dest=/etc/httpd.conf
      notify:                                       #触发 handlers
      - restart apache
    - name: ensure apache is running
      service: name=httpd state=started


    handlers:                                       #handlers
      - name: restart apache
        service: name=httpd state=restarted
```

在此文件中，最重要的是任务列表 tasks。tasks 中包含任务：第一个任务是调用 yum 模块安装最新版本的 httpd 服务；第二个任务是下发 httpd 的配置文件，它以/srv/httpd.j2 文件(/srv/httpd.j2 是以 jinja2 格式编写的一个模板，读者创建一个空的模板文件即可)为模板生成 httpd.conf 配置文件，然后下发到 192.168.175.135 主机的/etc 目录下；第三个任务是调用 service 模块启动 httpd 服务。

定义好 apache.yml 文件之后，调用命令执行该文件。playbook 文件的执行命令为 ansible-playbook，后面直接跟 playbook 的文件名。该命令还有两个常用的参数，如下所示：

- -v -verbose：查看 playbook 的执行细节。
- -list-hosts：查看 playbook 文件操作哪些主机。

具体命令与执行结果如下：

```
[root@localhost ~]# ansible-playbook /etc/ansible/playbook/apache.yml

PLAY [192.168.175.135] ***********************************************

TASK [Gathering Facts] ***********************************************
ok: [192.168.175.135]

TASK [ensure apache is latest] ***************************************
ok: [192.168.175.135]

TASK [write the apache config file] **********************************
changed: [192.168.175.135]

TASK [ensure apache is running] **************************************
changed: [192.168.175.135]

RUNNING HANDLER [restart apache] *************************************
changed: [192.168.175.135]

PLAY RECAP ***********************************************************
192.168.175.135            : ok=5    changed=3    unreachable=0    failed=0
```

由输出结果可知，apache.yml 文件的任务成功执行。读者可以到 192.168.175.135 主机使用 systemctl status httpd 命令查看 httpd 的运行状态，若无异常，则 httpd 状态应为 running。此外，读者还可以在/etc 目录下查看到生成的 httpd.conf 配置文件，因为生成该配置文件的模板为空，所以该配置文件也为空。

6.2.9 role

role 是 Ansible 中一个非常重要的角色，与 include 相同，它也用于实现代码重用和分享，但 include 只能重用单个文件，而 role 可以重用一组文件，形成更完整的功能，它比 include 的功能更强大。例如，安装配置 Apache 时，既需要安装、启动、复制模板等任务，也需要生成 httpd. conf 和 index. html 的模板文件，以及定义 handlers 来实现重启。这些任务、配置文件、handlers 都可以放在一个 role 中，形成一套完整的功能，以供不同的 playbook 文件重用。

role 一般都存放在/etc/ansible/roles 目录下，每一个 role 都有一个完整的目录。例如，定义一个名字为 myrole 的 role，其完整的目录结构如下所示：

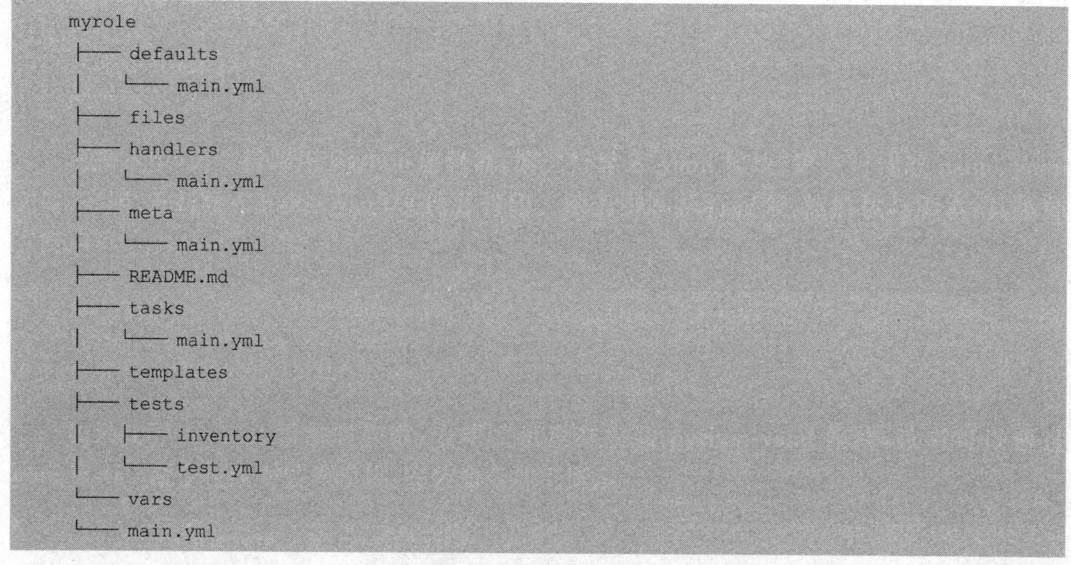

```
myrole
├── defaults
|   └── main.yml
├── files
├── handlers
|   └── main.yml
├── meta
|   └── main.yml
├── README.md
├── tasks
|   └── main.yml
├── templates
├── tests
|   ├── inventory
|   └── test.yml
└── vars
└── main.yml
```

下面对以上目录结构中目录和文件的功能进行说明。

- myrole/defaults/main. yml 文件：存储默认变量，这些变量优先级最低，一般可以被覆盖。
- myrole/files 目录：存放 copy、scripts 等被模块调用的静态文件。
- myrole/handlers/main. yml 文件：存储 handlers。
- myrole/meta/main. yml 文件：存储 myrole 所依赖的 role。
- myrole/README. md 文件：myrole 的使用说明。
- myrole/tasks/main. yml 文件：存储任务。
- myrole/templates 目录：存放 jinja2 模板文件，template 模块会自动到此目录下寻找 jinja2 模板文件并渲染。
- myrole/tests/{inventory，test. yml}：存放文件清单及测试文件。
- myrole/vars/main. yml：存储变量，这些变量优先级稍高，一般不会被覆盖。

Ansible 并不要求 role 包含上述所有的目录及文件，可以根据 role 的功能，加入对应的目录和文件。role 目录可以手动创建，也可以使用如下命令创建：

```
[root@localhost ~]# ansible-galaxy init role_name
```

使用命令创建的 role 目录比较完整，上述 myrole 就是使用此命令在/etc/ansible/roles 目录下创建而成的。role 可以在 playbook 中引用，playbook 与 role 应当是同级目录。接下来通过在 192.168.175.135 主机上部署 nginx 来演示 role 的编写与引用，如例 6-2 所示。

例 6-2　在/etc/ansible/roles/目录下创建 nginx 目录，即 role 的名称为 nginx。

```
[root@localhost ~]# mkdir /etc/ansible/roles/nginx
```

首先，确定部署 nginx 服务都需要执行哪些任务、定义哪些功能文件。在任务中，要安装、启动 nginx，以 jinja2 模板文件生成 nginx 配置文件，下发到节点；再给节点复制一个测试界面 index.html。因此，可以明确在 nginx 这个 role 中，需要定义的文件如下。

(1) 任务：nginx/tasks/main.yml 文件。

(2) 模板：定义 nginx/templates/nginx.conf.j2 文件。

(3) handlers：定义 nginx/handlers/main.yml 文件。

(4) files 目录：定义 nginx/files/index.html 文件。

进入/etc/ansible/roles/nginx 目录，创建 tasks、templates、handlers、files 4 个目录。

```
[root@localhost nginx]# mkdir {tasks,templates,files,handlers}
```

然后在 tasks 目录下创建 main.yml，内容如下所示：

```
---
- name: install nginx
  yum: name=nginx state=present
- name: copy nginx.conf template
  template:
    src=nginx.conf.j2
    dest=/etc/nginx/nginx.conf
    owner=root
    group=root
    backup=yes
    mode=0644
  notify: restart nginx
- name: copy index html
  copy:
    src=index.html
    dest=/usr/share/nginx/html/index.html
    owner=root
    group=root
    backup=yes
    mode=0644
- name: make sure nginx service running
  service: name=nginx state=started
```

在 templates 目录下创建 nginx.conf.j2 文件，内容如下所示：

```
worker_processes  1;          #启用 1 个工作进程
events {
    worker_connections  1024;
}
http {
    include       mime.types;
    default_type  application/octet-stream;
    sendfile        on;
    keepalive_timeout  65;
    server {
        listen       80;
        server_name  localhost;
        location / {
            root/usr/share/nginx/html/;
            index  index.html index.htm;
        }
        error_page   500 502 503 504  /50x.html;
        location=/50x.html {
            root   html;
        }
    }
}
```

在 files 目录下创建 index. html 文件，内容如下所示：

```
hello Ansible-nginx
```

在 handlers 目录下创建 main. yml 文件，内容如下所示：

```
---
- name: restart nginx
  service: name=nginx state=restarted
```

创建完功能文件之后，在/etc/ansible/roles 目录下创建 site. yml 文件，该文件就是一个 playbook，在其中引用定义的 nginx，具体内容如下：

```
---
- hosts: 192.168.175.135
    roles:
     - nginx
```

定义完成之后，使用 ansible-playbook 命令执行 site. yml 文件，结果如下所示：

```
[root@localhost roles]# ansible-playbook site.yml

PLAY [192.168.175.135] *****************************

TASK [Gathering Facts] *****************************
ok: [192.168.175.135]
```

```
TASK [nginx : install nginx] ***********************
changed: [192.168.175.135]

TASK [nginx : copy nginx.conf template] ************
changed: [192.168.175.135]

TASK [nginx : copy index html] *********************
changed: [192.168.175.135]

TASK [nginx : make sure nginx service running] *****
changed: [192.168.175.135]

RUNNING HANDLER [nginx : restart nginx] ************
changed: [192.168.175.135]

PLAY RECAP *****************************************
192.168.175.135            : ok=6    changed=5    unreachable=0    failed=0
```

由输出结果可知，在 192.168.175.135 主机上成功安装并启动了 nginx。读者可以到该主机上查看 nginx 服务的启动情况，通过网络连接到 nginx 服务会弹出如图 6-3 所示界面。

图 6-3　nginx 界面

若显示出如图 6-3 所示的界面，则说明通过 Ansible 在 192.168.175.135 主机上完成了 nginx 的安装，并成功启动。

Ansible 十分提倡在 playbook 中使用 role，并且提供了一个分享 role 的平台 Ansible Galaxy(https://galaxy.ansible.com)，在这个网站上，用户可以上传自己的 role，也可以下载别人的 role 来使用。在实际运维中，其实很少有运维人员自己编写 role，一般都会在此网站上下载已经编写测试完成的 role 来使用。

6.3 SaltStack

SaltStack 也是基于 Python 开发的集中化运维软件，与 Ansible 相比，它的功能更为强大，不仅具有配置管理和远程执行的能力，它还可以提供各种工具来管理服务器基础架构，满足各种需求，因此它的应用领域比 Ansible 更为广泛。

6.3.1 SaltStack 简介

SaltStack 是由 Thomas Hatch 在 2011 年开发的一个开源项目，它的底层使用 ZeroMQ

消息队列进行通信，使用 SSL 证书进行认证管理。SaltStack 主要有两种架构：一种是 Master-Minion 架构，即服务端-客户端架构；另一种是 SaltSSH。

在 Master-Minion 架构中，主要有 3 个节点：Master、Minion、Syndic。Master 是服务端，它负责调用命令，让 Minion 完成相应操作，来实现集中化操作。Minion 是客户端，它负责执行 Master 下发的命令，完成实际的运维任务。Syndic 是一个中间节点，负责解决网络拓扑中的二级代理问题，它需要在服务器主机上运行 Master，并让子网下的 Minion 指向自己，即伪装成 Master。Syndic 可以没有，如果有 Syndic，则 Master 通过 Syndic 对 Minion 进行管理。Master-Minion 架构可以进行多级扩展，如图 6-4 所示。

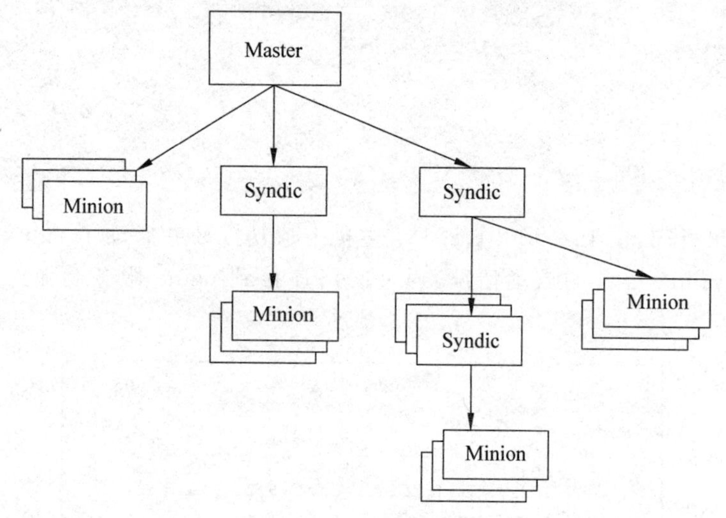

图 6-4　SaltStack 的 Master-Minion 架构

SaltSSH 是无 Master 的 Minion，在这种架构中，Minion 不受任何 Master 控制，通过本地运行即可完成相关功能。这种架构模式很少使用，目前市场上的产品一般都是使用 SaltStack 的 Master-Minion 架构进行配置管理。

SaltStack 的 Master-Minion 架构服务在 Master 端和 Minion 端都以守护进程的模式运行，Master 端一直监听配置文件中 ret_port（接收 Minion 请求，默认端口号为 4506）和 publish_port（发布消息，默认端口号为 4505）选项指定的两个端口，Minion 运行时会自动连接配置文件中定义的 Master 地址 ret_port 端口进行认证。

SaltStack 的主要设计理念就是远程执行和配置管理。远程执行时，它使用 Python 通过函数调用完成任务。配置管理基于远程执行之上，通过 Master 端的定义可以使相应的 Minion 达到理想的系统状态。

6.3.2　SaltStack 的安装配置

SaltStack 的安装也需要做一些前期准备工作，即准备 3 台主机，主机信息如表 6-8 所示。

表 6-8　SaltStack 主机信息

主机名	IP 地址
saltmaster	192.168.175.138
saltminion1	192.168.175.139
saltminion2	192.168.175.140

saltmaster 是管理机，即 Master 端（服务端），另外两台主机是被管理的远程主机，即 Minion 端（客户端）。

注意：在安装 SaltStack 之前需要关闭防火墙与 SELinux。

1. Master 端安装

在安装 SaltStack 之前，需要先安装 SaltStack 源，读者可以从官网上下载 CentOS 使用的 SaltStack 源，具体命令如下：

```
[root@saltmaster ~]# yum -y install
https://repo.saltstack.com/yum/Red Hat/salt-repo-latest-2.el7.noarch.rpm
```

SaltStack 源安装完成之后，在 192.168.175.138 主机上安装 SaltStack 服务端，命令如下所示：

```
[root@saltmaster]# yum -y install salt-master
```

2. Minion 端安装

在 Minion 端安装 SaltStack 源，然后使用如下命令安装 SaltStack 的客户端：

```
[root@minion ~]# yum -y install salt-minion
```

修改/etc/salt/minion 配置文件，添加如下内容：

```
master: 192.168.175.138
id: saltminion1
```

修改此配置文件，添加 Master 端的 IP 地址，让 Minion 端知道它是被哪台机器管理。添加 ID 是告诉 Master 本机的主机名，当 Minion 端启动时，它会将本机的配置信息发送到 Master 端；然后安装 saltminion2 客户端，进行同样的配置。

注意：向配置文件中添加内容时，每项的冒号后都有一个空格。

3. 连接测试

在连接之前，SaltStack 的 Master 端与 Minion 端需要先启动服务进程，服务端的启动命令如下：

```
[root@saltmaster ~]# systemctl start salt-master
```

Minion 端的启动命令分别如下：

```
[root@saltminion1 ~]# systemctl start salt-minion
[root@saltminion2 ~]# systemctl start salt-minion
```

启动 Minion 端之后，在 Master 端使用 salt-key 命令查看 Minion 端的连接情况，具体如下所示：

```
[root@saltmaster ~]# salt-key
Accepted Keys:
Denied Keys:
Unaccepted Keys:
saltminion1
saltminion2
Rejected Keys:
```

由输出结果可知，未经认证的 Minion 端有 saltminion1 和 saltminion2，使用 salt-key 命令对这两个客户端进行认证，具体如下所示：

```
[root@saltmaster ~]# salt-key -a saltminion1,saltminion2
The following keys are going to be accepted:
Unaccepted Keys:
saltminion1
saltminion2
Proceed? [n/Y]
```

在提示行后面输入 Y，两个客户端就会通过认证，并被允许连接到 saltmaster 服务端。再次使用 salt-key 命令查看所有客户端的证书颁发情况，具体如下所示：

```
[root@saltmaster ~]# salt-key
Accepted Keys:
saltminion1
saltminion2
Denied Keys:
Unaccepted Keys:
Rejected Keys:
```

由输出结果可知，saltminion1 与 saltminion2 两个客户端已经通过了认证。读者也可以使用 salt 命令来验证 Master 与 Minion 的通信是否正常，具体如下所示：

```
[root@saltmaster ~]# salt '*' test.ping
saltminion1:
    True
saltminion2:
    True
```

“*”符号表示匹配全部的客户端，由输出结果可知，saltminion1 与 saltminion2 两个客户端与服务端的通信是正常的。如果想要检测某一个 Minion 通信是否正常，可以将“*”符号替换成主机名，具体如下所示：

```
[root@saltmaster ~]# salt 'saltminion1' test.ping
saltminion1:
    True
```

6.3.3　远程命令

SaltStack 具有 Ansible 的优势，具备执行远程命令的功能，该功能通过 salt 命令实现，salt 的命令格式如下：

```
salt[选项] '<操作目标>' <方法>
```

以上格式中的操作目标指要操作的主机，默认匹配所有主机，用户可以通过选项指定匹配条件，筛选符合条件的主机；方法用于指定待执行的任务。在 salt 命令中，最重要的就是选项和方法，下面将对 salt 命令中的选项进行详细讲解。

salt 命令的选项可以控制匹配主机的方式，常用选项有-E、-L、-C、-S、-G、-I 等，下面将通过示例分别展示这些选项的用法。

1. -E 选项

选项-E 表示通过正则表达式进行匹配。例如，检测主机名称以字符串"salt"开头的主机是否连通，具体命令如下：

```
[root@saltmaster ~]# salt -E '^salt*' test.ping
```

以上命令的执行结果如下：

```
saltminion1:
    True
saltminion2:
    True
```

由输出结果可知，上述命令中的正则表达式匹配到了 saltminion1 和 saltminion2 客户端，且两个客户端都是连通的。

2. -L 选项

选项-L 可以指定 Minion 列表，该列表中可包含多个 Minion，每个 Minion 用逗号分隔。例如，测试列表中主机 saltminion1 与 saltminion2 的连通情况，具体命令如下：

```
[root@saltmaster ~]# salt -L saltminion1,saltminion2 test.ping
```

需要注意的是，列表中的主机必须是显式声明的，不能使用正则表达式表示。以上命令的执行结果如下：

```
saltminion2:
    True
saltminion1:
    True
```

由执行结果可知,列表中的主机 saltminion1 和 saltminion2 都符合条件。

3. -C 选项

选项-C 可根据条件运算符 not、and、or 来进行条件匹配。例如,查看主机名称以"salt"字符串开头,并且操作系统为 CentOS 的客户端是否通信正常,具体命令如下:

```
[root@saltmaster ~]# salt -C 'E@^salt* and G@os: Centos' test.ping
```

以上命令中的"E@"等价于选项-E,表示使用之后的正则表达式"^salt"进行匹配;"G@"等价于选项-G,该选项将在后面学习。命令的执行结果如下:

```
saltminion2:
    True
saltminion1:
    True
```

由执行结果可知,符合条件的主机有 saltminion1 和 saltminion2。

4. -S 选项

选项-S 可根据主机 IP 地址或子网 IP 地址进行匹配。例如,查看 IP 地址为 192.168.175.140 的主机通信是否正常,具体命令如下:

```
[root@saltmaster~]# salt -S 192.168.175.140 test.ping
```

以上命令的执行结果如下:

```
saltminon2:
    True
```

由命令执行结果可知,命令成功匹配到 IP 地址为 192.168.175.140 的主机。

5. -G 选项

选项-G 可根据被控主机的 grains 数据进行匹配。grains 数据指节点的主机信息,包括操作系统版本、CPU 架构等。salt 自带了大量的 grains 数据供用户查询匹配主机,但用户还可以自定义 grains 来满足各种不同的需求,关于 grains 将在 6.3.5 节详细学习。下面以查看操作系统为 CentOS 的客户端连接是否正常为例,展示-G 选项的用法,具体命令如下:

```
[root@saltmaster ~]# salt -G 'os: CentOS' test.ping
```

以上命令的执行结果如下:

```
saltminion2:
    True
saltminion1:
    True
```

由命令执行结果可知，符合匹配条件的主机有 saltminion1 和 saltminion2。

6. -I 选项

选项-I 可根据被控主机的 pillar 数据进行匹配过滤，pillar 数据与 grains 数据类似，关于-I 选项和 pillar 数据将在 6.3.6 节详细讲解。

6.3.4　模块方法

salt 命令的方法是 SaltStack 中预先定义的、可执行特定任务的函数，根据函数的功能，这些方法又被划分为不同的模块。Salt 内置了许多模块，每个模块都包含一些常用的方法。在使用模块中的方法时，模块和方法之间以“.”分隔，其格式如下：

```
模块名.方法
```

用户可以使用在 salt 命令中以 sys.list_modules 方法来查看 Minion 所有的模块，以查看 saltminion1 包含的模块为例，具体操作如下：

```
[root@saltmaster ~]# salt 'saltminion1' sys.list_modules
saltminion1:
    - acl
    - aliases
    - alternatives
    - archive
    - artifactory
    - at
    - augeas
…                          #省略部分
```

由于输出内容较多，本书只截取一部分显示。除了查询 Minion 所包含的模块之外，还可以使用 sys.list_functions 方法来查看某一个模块包含的函数方法。例如，查询 saltminion1 的 test 模块都包含哪些方法，具体操作如下：

```
[root@saltmaster ~]# salt 'saltminion1' sys.list_functions test
saltminion1:
    - test.arg
    - test.arg_clean
    - test.arg_repr
    - test.arg_type
    - test.assertion
…                          #省略部分
```

模块的一个方法就是一个函数，它们的功能都不相同，读者还可以通过 sys.doc 方法来查看每个方法的功能，以查询 test.ping 方法的功能为例，具体操作如下：

```
[root@saltmaster ~]# salt 'saltminion1' sys.doc test.ping
test.ping:
    Used to make sure the minion is up and responding. Not an ICMP ping.
```

```
    Returns ``True``.
    CLI Example:
        salt '*' test.ping
```

由命令执行结果可知，test.ping 方法的功能为确认 Minon 是否与 Master 连通。这个过程所使用的 sys 也是一个模块，类似于 Shell 命令 man，可以显示 Minion 支持的模块的详细操作说明，sys.list_modules、sys.list_functions、sys.doc 都是此模块常用的方法。

关于 salt 的远程命令执行模块有很多，下面介绍几个比较常用的模块与方法。

1. test 模块

test 模块大多用于测试 Master 与 Minion 的通信情况，其常用方法有 test.ping、test.echo、test.version，下面针对这几个方法进行详细讲解。

1）test.ping

test.ping 是 salt 最基本的命令，用于测试 Minion 与 Master 的连通情况。该方法此前已被多次调用，此处不再赘述。

2）test.echo

test.echo 方法用于让 Minion 显示出本机接收的字符串。例如，将字符串"hello salt"传递给主机 saltminion1 与 saltminion2，并使它们分别打印该字符串，具体操作如下：

```
[root@saltmaster ~]# salt '*' test.echo "hello salt"
saltminion2:
    hello salt
saltminion1:
    hello salt
```

3）test.version

test.version 方法用于返回 Minion 的 SaltStack 版本。在大规模的集群中，Minion 之间可能运行着不同版本的 SaltStack，如果排查错误时需要获取 Minion 版本，则可使用此方法。具体操作如下：

```
[root@saltmaster ~]# salt "*" test.version
saltminion2:
    2017.7.2
saltminion1:
    2017.7.2
```

2. cmd 模块

cmd 模块是常用的远程命令执行模块，其常用方法有 cmd.run、cmd.script。

1）cmd.run

cmd.run 方法用于执行命令，该方法需以命令作为参数，例如，在所有主机上执行“ls -l”命令，具体操作如下：

```
[root@saltmaster~]# salt '*' cmd.run 'ls -l'
saltminion1:
```

```
    total 1104
    -rw-------. 1 root root   2156 Sep 26 09: 10 anaconda-ks.cfg
    -rw-r--r--. 1 root root 111487 Sep 27 10: 03 index.html
  ...
saltminion2:
    total 1088
    -rw-------. 1 root root   2156 Sep 26 09: 10 anaconda-ks.cfg
    -rw-r--r--. 1 root root 111615 Sep 27 10: 03 index.html
  ...
```

此命令默认显示 Minion 端/root 目录下的文件信息。

2）cmd. script

cmd. script 方法将 Master 上的脚本下载到 Minion 上并执行。使用该方法需要在 Master 端配置/etc/salt/master 文件，将文件中的以下代码解注释：

```
file_roots:
  base:
    - /srv/salt/
```

以上几行代码指定 Master 端脚本的存放目录为/srv/salt，主机中不存在此目录，需要手动创建。配置完成之后，使用 systemctl restar salt-master 命令重启 salt-master 服务，创建/srv/salt 目录，在该目录下创建一个文件 hellosalt. sh，文件内容如下所示：

```
#!/bin/bash
echo "hellosalt"
```

然后使用如下命令执行该脚本。

```
[root@saltmaster ~]# salt 'saltminion1' cmd.script salt: //hellosalt.sh
saltminion1:
    ----------
    pid:
        4381
    retcode:
        0
    stderr:
    stdout:
        hello salt
```

由输出结果可知，脚本执行成功。读者可以在 saltminion1 客户端的缓存目录/var/cache/salt/minion/files/base/查看到下载到本地的 hellosalt. sh 文件。

3. pkg 模块

pkg 模块用于安装、管理软件包，其常用方法有 pkg. install 和 pkg. remove。

1）pkg. install

该方法用于在 Minion 端安装软件包，它类似于 yum install 命令。以在 saltminion1 端安装 nginx 为例，具体操作如下：

```
[root@saltmaster ~]# salt 'saltminion1' pkg.install 'nginx'
saltminion1:
    ----------
    nginx:
        ----------
        new:
            1:1.12.2-1.el7
        old:
…                                        #中间部分省略
    nginx-mod-stream:
        ----------
        new:
            1:1.12.2-1.el7
        old:
```

由命令执行结果可知，nginx 已经安装成功。需要注意的是，在安装某个软件包时，软件包的安装源要明确，安装源可以在本地，也可以来自 http 或 FTP。安装完成之后，可使用 pkg. version 方法查看所安装的 nginx 版本。

```
[root@saltmaster ~]# salt 'saltminion1' pkg.version 'nginx'
saltminion1:
    1:1.12.2-1.el7
```

2）pkg. remove

pkg. remove 方法用于删除由 pkg. install 安装的软件包。例如，删除上文安装的 nginx，具体操作如下：

```
[root@saltmaster ~]# salt 'saltminion1' pkg.remove 'nginx'
saltminion1:
    ----------
    nginx:
        ----------
        new:
        old:
            1:1.12.2-1.el7
 …                                       #省略中间部分
    nginx-mod-stream:
        ----------
        new:
        old:
            1:1.12.2-1.el7
```

4. service 模块

service 模块主要对 Minion 的服务进行维护管理，它可以开启、关闭某个服务，也可以设置服务开机自启或禁止开机自启。service 模块的常用方法如下。

- service. start：开启服务。
- service. stop：关闭服务。

- service. restart：重启服务。
- service. enable：设置开机自启。
- service. disable：禁止开机自启。
- service. status：查看服务状态。

下面在 saltminion1 客户端安装 nginx，以 nginx 为例来演示 service 模块的使用。首先查看 nginx 的状态，命令如下所示：

```
[root@saltmaster ~]# salt 'saltminion1' service.status 'nginx'
saltminion1:
    False
```

结果为 False，表明 nginx 服务并未开启，开启 nginx 服务再次查看，具体操作如下：

```
[root@saltmaster ~]# salt 'saltminion1' service.status 'nginx'        #开启服务
saltminion1:
    True
[root@saltmaster ~]# salt 'saltminion1' service.status 'nginx'        #查询状态
saltminion1:
    True
```

由输出结果可知，成功启动 nginx 服务后再次查看其状态，结果为 True，表明 nginx 服务为开启状态；然后关闭 nginx 服务，再次查看状态，结果为 False，表明 nginx 服务为关闭状态。另外，读者还可以使用 service. enable 和 service. disable 来设置 nginx 是否开机启动，具体操作如下：

```
[root@saltmaster ~]# salt 'saltminion1' service.enable 'nginx'
saltminion1:
    True          #开机启动
[root@saltmaster ~]# salt 'saltminion1' service.disable 'nginx'
saltminion1:
    True          #禁止开机启动
```

5. file 模块

file 模块是文件管理模块，其常用方法是 file. stats，用于查询文件的详细信息。例如，查询 saltminion1 客户端/etc/salt/minion 文件，具体操作如下：

```
[root@saltmaster ~]# salt 'saltminion1' file.stats /etc/salt/minion
saltminion1:
    ----------
    atime:
        1511515941.42
    ctime:
        1511314769.89
    gid:
        0
    group:
        root
```

```
    inode:
        1965391
    mode:
        0640
    mtime:
        1511314769.89
    size:
        35345
    target:
        /etc/salt/minion
    type:
        file
    uid:
        0
    user:
        root
```

SaltStack 的远程命令执行模块还有很多,此处不再做过多讲解,有兴趣的读者可以查阅资料自行学习。

6.3.5 grains 组件

grains 用于存储 Minion 主机的基本信息,这些信息通常都是一些静态数据,包括 CPU 架构相关信息、操作系统相关信息、虚拟化支持相关信息等。这些数据都以键值对形式存储在 Minion 本地,Master 端可以利用这些信息灵活控制 Minion,对不同业务进行个性化配置,解决平台的差异性。查看 saltminion1 与 saltminion2 的 grains 信息,具体操作如下:

```
[root@saltmaster ~]# salt '*' grains.items
saltminion2:
    ----------
    SSDs:
    biosreleasedate:
        07/02/2015
    biosversion:
        6.00
  …                     #省略部分
saltminion1:
    ----------
    SSDs:
    biosreleasedate:
        07/02/2015
    biosversion:
        6.00
  …                     #省略部分
```

因内容较多,本书只截取部分内容显示。除了查看 Minion 主机的 grains 信息,还可以将某个特定 grains 数据对应的名字作为参数传递给 grains. item 方法,查看某个特定信息。

SaltStack 提供了很多默认的 grains 数据,但 grains 数据也可以由用户自定义,定义 grains 数据的方法有两种:命令行方式和模块方式,下面将针对这两种定义方式进行详细讲解。

1. 命令行方式

在命令行中定义 Minion 的 grains 数据，格式如下所示：

```
salt [Minion] grains.setval 属性 值
```

上述格式中，Minion 是要被定义 grains 数据的节点；grains. setval 是定义 grains 数据的模块方法；属性和值是要定义的 grains 数据。

例如，在 Master 端使用如下命令为 saltminion1 定义一组 grains 数据（name: saltminion1）。

```
[root@saltmaster ~]# salt 'saltminion1' grains.setval name saltminion1
saltminion1:
    ----------
    name:
        saltminion1
```

设置成功后，saltminion1 端的/etc/salt 目录下会生成一个 grains 文件，查看此文件，可在其中观察到以上设置的 name: saltminion1 数据信息。

```
[root@saltminion1 salt]# cat grains
name: saltminion1
```

在命令行中还可以通过列表、字典对多个值进行批量处理，具体操作如下：

```
[root@saltmaster ~]# salt 'saltminion1' grains.setval key "{'key1': 'val1','key2': 'val2'}"
saltminion1:
    ----------
    key:
        ----------
        key1:
            val1
        key2:
            val2
[root@saltmaster ~]# salt 'saltminion1' grains.setval grain_dict'["one","two","three"]'
saltminion1:
    ----------
    grain_dict:
        - one
        - two
        - three
```

2. 模块方式

SaltStack 的 Master 端和 Minion 端都支持使用模块方式定义 grains 数据，下面对在 Master 端和 Minion 端定义 grains 信息的方式分别进行讲解。

1）Master 端

在 Master 端定义 grains 数据时，首先需创建/srv/salt/_grains 目录，具体命令如下：

```
[root@saltmaster ~]# mkdir -pv /srv/salt/_grains
```

目录创建完成后，在此目录下创建 runtime.py 文件，并在文件中写入一个用来抓取服务器的运行时间的模块，文件内容如下：

```
#!/usr/bin/python
import commands
def runtime():                    #定义 python 函数,即模块
    grains={}                     #定义一个列表 grains
    grains['runtime']=commands.getoutput("uptime|awk -F'up|days' '{print $2}'")
                                  #grains 中的 runtime 值为服务器的运行时间
    returngrains                  #返回列表
```

然后使用 saltutil.sync_all 方法将 runtime.py 文件同步到 saltminion1 端，具体操作如下：

```
[root@saltmaster _grains]# salt 'saltminion1' saltutil.sync_all
saltminion1:
    ----------
    beacons:
    clouds:
    engines:
    grains:
        - grains.runtime       #同步到 saltminion1 成功
    log_handlers:
    modules:
    output:
    proxymodules:
    renderers:
    returners:
    sdb:
    states:
    utils:
```

由输出结果可知，grains.runtime 模块已经同步成功。同步之后，可使用 ls 命令查看同步到 saltminion1 的/var/cache/salt/minion/extmods/grains/目录下的文件，具体操作如下：

```
[root@saltminion1 ~]# ls /var/cache/salt/minion/extmods/grains/
runtime.py  runtime.pyc
```

同步之后，还需要使 saltminion1 重新加载模块，即刷新 Minion 端使模块生效，具体操作如下：

```
[root@saltmaster~]# salt 'saltminion1' sys.reload_modules
saltminion1:
    True
```

由输出结果可知，saltminion1 客户端已经成功加载模块。之后在 Master 服务端查看

runtime 信息，具体操作如下：

```
[root@saltmaster ~]# salt 'saltminion1' grains.item runtime
saltminion1:
    ----------
    runtime:
        27 min,  2 users,  load average: 0.01, 0.05, 0.09
```

2) Minion 端

在 Minion 端同样可以定义 grains 数据，登录 saltminion1 客户端，在/etc/salt/minion.d 目录下创建文件 grains. conf 文件，在文件中定义如下 grains 数据：

```
grains:
  time: 00: 00: 00
  week:
   -Mon
   -Tue
   -Wen
   -Thu
   -Fri
   -Sat
   -Sun
```

以上文件中定义了 time 与 week 两个属性信息。重启 salt-minion 服务，加载新配置的文件，具体命令如下：

```
[root@saltminion1 ~]# service salt-minion restart
```

重启之后，到 Master 端查看 saltminion1 定义的 grains 数据，具体操作如下：

```
[root@saltmaster ~]# salt ' saltminion1' grains.item time
saltminion1:
    ----------
    time:
        00: 00: 00
[root@saltmaster ~]# salt ' saltminion1' grains.item week
saltminion1:
    ----------
    week:
        -Mon -Tue -Wen -Thu -Fri -Sat -Sun
```

以这种方式定义的 grains 数据可以通过 grains. delval 方法删除。例如，删除 time 属性，具体操作如下：

```
[root@saltmaster ~]# salt ' saltminion1' grains.delval time
saltminion1:
    None
```

由输出结果可知，time 已经被删除。

6.3.6　pillar

pillar 与 grains 数据类似，也用于定义与 Minion 相关的数据，但是 grains 定义的都是静态数据，而 pillar 定义的是动态数据，如变量、属性等。此外，pillar 存储在 Master 端，相应地，在 Minion 端查看 pillar 数据时，只能查看到与自己相关的数据信息，因此，pillar 的安全性比较高，适用于一些敏感的数据。读者可以通过如下命令查看 Minion 的 pillar 数据。

```
[root@saltmaster ~]# salt '*' pillar.data
saltminion1:
    ----------
saltminion2:
    ----------
```

由输出结果可知，Master 并未给 Minion 端定义相应的 pillar 数据。在 Master 端定义 pillar 数据，首先要取消配置文件/etc/salt/master 中如下所示内容的注释：

```
pillar_roots:
  base:
    - /srv/pillar
```

以上内容指定 pillar 数据的存储目录为/srv/pillar，默认情况下该目录不存在，可使用以下命令创建该目录：

```
[root@saltmaster ~]# mkdir -pv /srv/pillar
```

在该目录下定义两个文件：nginx. sls 和 apache. sls，这两个文件分别用于描述 nginx 与 apache 相关的属性，文件格式必须遵守 YAML 规范。文件 nginx. sls 中的内容如下：

```
nginx:
   user: itcast            #用户信息
   port: 12345             #端口信息
```

文件 apache. sls 中的内容如下：

```
apache:
   apache-server: 192.168.175.138       #服务器 IP 地址
   time: 2017                           #部署时间
```

定义完 pillar 数据文件，还需要定义入口文件 top. sls，在 top. sls 文件中将 Minion 与 pillar 数据进行关联。top. sls 文件的定义方式很简单，其格式如下所示：

```
base:
'*'
  -sls 文件
```

以上格式中的 base 表示标签，top. sls 默认从标签开始解释执行；下一级的'*'是操作目标，可以通过正则表达式、grains 模块或分组名进行匹配；-sls 文件是要执行的文件。下面定义一个 top. sls，内容如下所示：

```
base:                          #标签
  'saltminion1':               #指定 saltminion1 主机
    - nginx                    #包含 nginx.sls 文件
    - apache                   #包含 apache.sls 文件
```

以上 top. sls 文件指定 nginx. sls 与 apache. sls 文件中的 pillar 数据均属 saltminion1 所有。接下来再次使用命令"salt '*' pillar. data"查看 Minion 的 pillar 数据，具体如下所示：

```
[root@saltmaster ~]# salt '*' pillar.data
saltminion1:
    ----------
    apache:
        ----------
        apache-server:
            192.168.175.138
        time:
            2017
    nginx:
        ----------
        port:
            12345
        user:
            itcast
saltminion2:
    ----------
```

如果上述命令执行后没有输出结果，读者可以使用 saltutil. refresh_pillar 方法将数据刷新到 saltminion1 端，然后再查看，刷新命令如下：

```
[root@saltmaster ~]# salt '*' saltutil.refresh_pillar
```

pillar 数据可以使用-I 选项进行匹配。例如，使用-I 选项匹配 nginx 文件中 user 属性值为 itcast 的主机，让该主机执行 date 命令，则具体匹配命令如下所示：

```
[root@saltmaster ~]# salt -I 'nginx: user: itcast' cmd.run 'date'
saltminion1:
    Sun Nov 26 18: 28: 46 CST 2017
```

上述命令通过 nginx：root：itcast 条件匹配到了 saltminion1 主机，该主机又通过 cmd. run 方法执行 date 命令来输出当前日期。

6.3.7　state

state 用于对被控制的主机进行状态管理，是 SaltStack 核心模块之一，它的作用是在 Master 端为 Minion 端制定配置任务，使 Minion 按照要求执行任务达到预设的状态。state 也是通过 sls 文件描述的，文件遵循 YAML 格式规范。

state 提供了很多模块用于执行 Master 端下发的配置任务，通过 sys. list_state_modules 方法可列举 Minion 端的所有状态模块。例如，列举 saltminion1 的状态模块，具体操作如下：

```
[root@saltmaster ~]# salt 'saltminion1' sys.list_state_modules
saltminion1:
    - acl
    - alias
    - alternatives
    - archive
    - artifactory
…                #省略部分
```

其中的每一个模块又提供了多种方法用于实现不同的功能，读者可以通过 sys. list_state_functions 方法来查询指定模块中的方法列表。例如，查询 pkg 模块所提供的方法，具体操作如下：

```
[root@saltmaster ~]# salt 'saltminion1' sys.list_state_functions pkg
saltminion1:
    - pkg.downloaded
    - pkg.group_installed
    - pkg.installed
    - pkg.latest
    - pkg.mod_aggregate
    - pkg.mod_init
    - pkg.mod_watch
    - pkg.patch_downloaded
    - pkg.patch_installed
    - pkg.purged
    - pkg.removed
    - pkg.uptodate
…             #省略部分
```

读者也可以使用 sys. state_doc 方法来查看每一个模块方法的使用说明。例如，查看 pkg. installed 方法的说明，具体操作如下：

```
[root@saltmaster salt]# salt 'saltminion1' sys.state_doc pkg.installed
saltminion1:
    ----------
    pkg:

        Installation of packages using OS package managers such as yum or apt-get
…                #中间省略部分
            pkg.installed

        A more involved example involves pulling from a custom repository.

            base:
              pkgrepo.managed:
                - humanname: Logstash PPA
                - name: ppa: wolfnet/logstash
…                #省略部分
```

state 提供的状态模块有很多,下面将对其中常用的模块进行讲解。

1. file 模块

file 模块用于管理 Minion 端的文件操作,该模块中常用的方法有 file.managed 和 file.directory。

1）file.managed

file.managed 用于在 Master 端管理一个给定的文件。例如,编写配置文件信息,而且它允许从 Master 端下载文件到 Minion 端。file.managed 有几个常用参数,如表 6-9 所示。

表 6-9　file.managed 方法的常用参数

参　数	含　义
name	文件名
source	文件来源。可以是 Master 端的本地文件路径,也可以是 HTTP 或 FTP 地址。文件来源可以有多个,如果有多个路径,首先查找第一个路径;如果第一个路径不存在,再查找第二个路径,以此类推
user	指定文件用户
group	指定用户组
mode	指定文件权限
template	文件模板。如果使用此参数,将通过该参数指定的模板渲染下载的文件
makedirs	管理目录,默认为 Fasle,若要管理的文件父目录不存在,则管理失败。设置为 True,若父目录不存在,则会创建父目录

file.managed 使用示例如下所示:

```
/etc/http/conf/http.conf:                           #htttpd.conf 配置文件信息
  file.managed:
    - source: salt://apache/http.conf               #文件来源,确保文件存在
    - user: root                                    #用户
    - group: root                                   #用户组
    - mode: 644                                     #文件权限
    - template: jinja                               #文件模板
    - defaults:                                     #文件其他配置,用于渲染模板
        custom_var: "default value"
        other_var: 123
{% if grains['os']=='Ubuntu' %}
    - context:
        custom_var: "override"
{% endif %}
```

上述代码用于生成 Apache 配置文件 http.conf,然后下发到 Minion 端。

2）file.directory

file.directory 用于管理 Minion 端的目录,它可以创建一个目录并赋予权限,它常用的参数与 file.managed 相同。下面使用 file.directory 在 saltminion1 端创建一个目录,在编

写 state 文件之前，需要先配置/etc/salt/master 文件，取消文件中以下内容的注释：

```
file_roots:
  base:
    - /srv/salt/
   dev:
     - /srv/salt/dev/services
     - /srv/salt/dev/states
   prod:
     - /srv/salt/prod/services
     - /srv/salt/prod/states
```

以上内容指定了 state 文件默认存储目录为/srv/salt，该目录默认不存在，需要手动创建。在该目录下创建一个 state 文件 mkdir.sls，文件内容如下：

```
/srv/stuff/substuf:                  #在 saltminion1 端要创建的目录
  file.directory:
    - user: root                     #用户
    - group: root                    #用户组
    - mode: 755                      #权限
    - makedirs: True                 #若父目录不存在则创建
```

文件编辑完成之后，使用如下命令将文件下发到 saltminion1 端去执行，具体操作如下：

```
[root@saltmaster ~]# salt 'saltminion1' state.sls mkdir
saltminion1:
----------
          ID: /srv/stuff/substuf
    Function: file.directory
      Result: True
     Comment: Directory /srv/stuff/substuf updated
     Started: 10: 43: 48.860142
    Duration: 33.987 ms
     Changes:
              ----------
              /srv/stuff/substuf:
                  New Dir

Summary for saltminion1
------------
Succeeded: 1 (changed=1)
Failed:      0
------------
Total states run:      1
Total run time:   33.987 ms
```

由输出结果可知，saltminion1 端已经成功完成该文件中规定的任务，生成了/srv/stuff/substuf 目录。读者可以在 saltminion1 端使用 tree 命令查看生成的目录，具体操作如下：

```
[root@saltminion1 ~]# tree /srv/stuff
/srv/stuff
└── substuf
1 directory, 0 files
```

2. pkg 模块

pkg 模块用于软件包的管理，如安装、更新、卸载等，其常用方法有 pkg. installed、pkg. latest、pkg. removed。

1）pkg. installed

pkg. installed 用于安装软件包，其常用参数如表 6-10 的所示。

表 6-10　pkg. installed 方法常用参数

参　数	含　义
name	软件包名，此参数可被忽略。可以直接使用 pkgs 或 source 源
version	软件包版本
fromrepo	指定要安装软件包的存储库
skip_verify	在安装时跳过 GPG 检查

需要注意的是，在参数 name 中，如果使用 pkgs 选项，那么软件包必须要存储在 Master 本地；如果使用 source 选项，则软件包可来自 HTTP 或 FTP 等文件服务器。

pkg. installed 方法的使用示例如下：

```
httpd:
pkg.installed:
    - fromrepo: mycustomrepo              #软件源
    - skip_verify: True                   #跳过 GPG 检查
    - skip_suggestions: True              #禁用替代包
    - version: 2.0.6~ubuntu3              #版本
    - refresh: True                       #在安装软件之前更新软件源
    - cache_valid_time: 300               #有效缓存时间,300s
    - allow_updates: True                 #允许更新
    - hold: False                         #禁止强制安装
```

2）pkg. latest

pkg. latest 用于更新软件包，其常用参数与 pkg. installed 相同，pkg. latest 方法的使用示例如下所示：

```
httpd:
pkg.latest:
    - refresh: True                       #更新
    - cache_valid_time: 300               #缓存有效时间
```

3）pkg. removed

该方法用于卸载删除安装的软件包，其常用参数有 name 与 version，pkg. removed 使用示例如下所示：

```
vim-enhanced:
pkg.removed:
    -version: 2: 7.4.160-1.el7          #版本
```

3. service 模块

service 模块用于 Minion 端的程序服务管理，该模块的常用方法有 service. running、service. dead、service. enabled 和 service. disabled。

1）service. running 和 service. dead

service. running 用于启动某个服务，service. dead 用于关闭正在运行的服务，其常用参数有 name 和 enable，如表 6-11 所示。

表 6-11　service. running 与 service. dead 方法的常用参数

参数	含　义
name	要管理的服务的名称
enable	设置某个服务是否开机自启动。设置为 False，禁止开机自启动；设置为 True，开机自启动。它的默认值为 None，不启用或禁用任何服务

service. running 的使用示例如下：

```
redis:                                   #启动 redis 服务
service.running:
    - enable: True                       #设置开机启动
    - watch:                             #监视，当服务状态有改变时，可以重启服务
        - pkg: redis
```

2）service. enabled 和 service. disabled

service. enabled 用于设置开机自启动；service. disabled 禁止服务开机自启动，它们只有 name 参数可以使用。

4. user 模块

user 模块用于创建和管理用户设置，其常用方法有 user. present 和 user. absent。

1）user. present

user. present 方法确保指定的用户具有指定的属性，其常用参数如表 6-12 所示。

表 6-12　user. present 方法的常用参数

参数	含　义	参数	含　义
name	要管理的用户名称	groups	用户组
uid	用户 ID	gid	组 ID

2）user. absent

user. absent 用于删除用户，其常用参数如表 6-13 所示。

表 6-13 user.absent 方法的常用参数

参数	含义
name	要管理的用户名称
purge	默认值为 False。设置为 True，则是将用户与用户的所有文件都删除
force	默认值为 False。设置为 True，即使该用户在线也会被强制删除

user 模块的使用示例如下所示：

```
user.present:                        #创建用户
      -name: itcast                  #用户名
      -shell: /bin/itcast            #登录 shell 的路径
      -home: /home/it                #用户 home 目录
      -uid: 4000                     #用户 ID
      -gid: 4000                     #组 ID
      -groups:                       #用户组
        -wha
        -jzmy
        -zl
```

5. cron 模块

cron 模块用于管理 Minion 端的定时任务(crontab)。该模块的常用方法有 cron.present 和 cron.absent。

1) cron.present

该方法用于设置定时任务，其常用参数如表 6-14 所示。

表 6-14 cron.present 方法的常用参数

参 数	含 义	参 数	含 义
name	定时任务执行的命令	daymonth	设置月中的某一天
user	定时任务的用户名，默认为 root	month	设置月份
minute	设置分钟	dayweek	设置周中的某一天
hour	设置小时		

2) cron.absent

该方法用于删除定时任务，它常用的参数有 name 和 user，其含义与 cron.present 中的 name 和 user 相同。

cron 模块的使用示例如下所示：

```
date > /tmp/crontest:
        cron.present:
            -user: root
            -minute: '*/5'      #每 5 分钟执行一次
```

多学一招：require 关键字与 watch 关键字

当配置具有先后顺序的状态时，可以使用 SaltStack 中的 require 关键字，它专门用于设置状态的先后顺序。以安装 Apache 为例，其配置状态如下所示：

```
install_httpd:
  pkg.installed:
    - name: httpd
httpd_running:
  service.running
    - name: httpd
    -require:
      -pkg.install_httpd
```

这段代码中包含了两个状态：安装 httpd 和启动 httpd。要启动 httpd，则必须先完成安装，require 关键字就是控制这两种状态的执行顺序，保证先完成安装再启动。

watch 关键字经常与 service 模块一起使用，它一般用于监视服务的配置文件，当配置文件发生变化，即服务状态发生变化时，就触发重启服务的操作。

6.3.8 部署 LAMP 环境

LAMP 是 Linux 操作系统、Apache（HTTP 服务器）、MySQL 数据库和 PHP 的简称。Linux 操作系统提供了灵活且可定制性的操作系统，为其他组件的高效运行提供了保障；Apache 作为 Web 服务器，提供了功能强大且稳定性极高的 Web 平台；MySQL 是一款非常优秀的数据库软件；PHP 是一种开发源码的多用途脚本语言，可嵌入 html 中，适用于 Web 开发，并且它编写的数据可访问 MySQL 数据库和 Linux 提供的动态内容。它们的结合提供了非常强大的功能，在网络应用和应用开发方面有着非常广泛的应用。本节将通过部署 LAMP 环境来演示 state 的用法。

搭建 LAMP 环境需要编写 3 个模块：httpd、php、mysql。

(1) httpd 模块：该模块需实现的功能有 httpd 软件包的安装、httpd 服务的启动与配置文件下发。

(2) php 模块：该模块需实现的功能为 php 软件包（包括存在依赖关系的软件包）的安装和 php 配置文件的下发。

(3) mysql 模块：该模块需实现的功能为 MySQL 软件包（包括存在依赖关系的软件包）的安装与 mysqld 服务的启动。

分析完各个模块，接下来在/srv/salt 目录下创建 state 文件 lamp.sls，实现各模块功能。文件 lamp.sls 中的内容如下：

```
###### httpd模块 #########
install_httpd:                      #安装 httpd
  pkg.installed:                    #调用 pkg.installed方法进行安装
    - name: httpd
http_running:                       #运行 httpd
  service.running:                  #调用 service.running运行 httpd服务
    - name: httpd
```

```
    - enable: True                          #设置开机启动
    - require:                              #先安装后运行
      - pkg: install_httpd
    - watch:                                #如果配置文件 httpd_conf 与 php_conf 有改变,重启服务
      - file: httpd_conf
      - file: php_conf
httpd_conf:                                 #httpd 配置文件
  file.managed:                             #使用 file.managed 方法管理配置文件
    - name: /etc/httpd/conf/httpd.conf      #配置文件下发到 saltminion1 主机上的路径
    - source: salt: //httpd.conf            #配置文件在 saltmaster 主机上的路径
    - user: root
    - group: root
    - mode: 600
###### php 模块 #########
install_php:                                #安装 php
  pkg.installed:                            #调用 pkg.installd 方法安装 php
    - name: php_all
    - pkgs:                                 #安装下面所有具有依赖关系的包
      - php
      - php-mysql
      - php-common
      - php-gd
      - php-mbstring
      - php-devel
      - php-xml
    - require:
      - pkg: install_httpd
php_conf:                                   #php 配置文件
  file.managed:
    - name: /etc/php.ini                    #配置文件 php.ini 下发到 satlminion1 主机上的路径
    - source: salt: //php.ini               #配置文件 php.ini 在 saltmaster 主机上的路径
    - user: root
    - group: root
    - mode: 600
###### mysql 模块 #########
mysql_repo_install:                         #安装 mysql 源
  cmd.run:
    - onlyif: [ ! -f /etc/yum.repos.d/mysql-community.repo ]
    - names:
      - rpm -ivh http://repo.mysql.com/mysql-community-release-el7-5.noarch.rpm
install_mysql:                              #安装 mysql
  pkg.installed:
    - name: mysql-community-server
    - pkgs:                                 #mysqlf 需要安装下面两个包
      - mysql-community-client
      - mysql-community-devel
mysql_running:                              #运行 mysql
  service.running:
    - name: mysqld
```

需要注意的是，下发 httpd.conf 配置文件、启动服务之前，需确保先进行安装，因此 httpd 模块中应先使用 require 保证在启动之前先进行安装。在安装 php 时，要保证 httpd 服务已经安装。在安装 mysql 模块时，需要先安装相应的 yum 源 mysql_repo，如果 saltminion1 主机上已经安装了 mysql_repo，则会因安装失败而报错，因此在安装 mysql_repo 源时要进行判断，仅在没有安装 yum 源时执行 mysql_repo_install 操作。

注意：安装 mysql_repo 之后，会在/etc/yum.repos.d/目录下生成 mysql-community.repo 文件，因此 mysql 模块的 mysql_repo_install 方法中以是否存在/etc/yum.repos.d/mysql-community.repo 文件作为依据判断 mysql_repo 源是否已经安装。

各模块编写完成之后，使用如下命令为 saltminion1 部署 LAMP 环境：

```
[root@saltmaster~]# salt 'saltminion1' state.sls lamp
saltminion1:
----------
          ID: install_httpd
    Function: pkg.installed
        Name: httpd
      Result: True
     Comment: All specified packages are already installed
     Started: 10: 10: 32.739530
    Duration: 1422.505 ms
     Changes:
----------
          ID: httpd_conf
    Function: file.managed
        Name: /etc/httpd/conf/httpd.conf
      Result: True
     Comment: File /etc/httpd/conf/httpd.conf is in the correct state
     Started: 10: 10: 34.164394
    Duration: 14.682 ms
     Changes:
----------
          ID: php_conf
    Function: file.managed
        Name: /etc/php.ini
      Result: True
     Comment: File /etc/php.ini is in the correct state
     Started: 10: 10: 34.179216
    Duration: 9.753 ms
     Changes:
----------
          ID: http_running
    Function: service.running
        Name: httpd
      Result: True
     Comment: The service httpd is already running
     Started: 10: 10: 34.189220
    Duration: 48.374 ms
     Changes:
```

```
----------
          ID: install_php
    Function: pkg.installed
        Name: php_all
      Result: True
     Comment: All specified packages are already installed
     Started: 10: 10: 34.237899
    Duration: 0.638 ms
     Changes:
----------
          ID: install_mysql
    Function: pkg.installed
        Name: mysql-community-server
      Result: True
     Comment: All specified packages are already installed
     Started: 10: 10: 34.238625
    Duration: 0.395 ms
     Changes:
----------
          ID: mysql_running
    Function: service.running
        Name: mysqld
      Result: True
     Comment: The service mysqld is already running
     Started: 10: 10: 34.239098
    Duration: 41.777 ms
     Changes:

Summary for saltminion1
------------
Succeeded: 7
Failed:     0
------------
Total states run:      7
Total run time:    1.538 s
```

由输出结果可知，Succeeded 值为 7，表明 7 个任务都成功执行，LAMP 环境部署完成。通过此案例，读者可以加强对 state 的理解与应用，在实际运维环境中，state 可以快速批量配置 Minion 状态，功能非常强大。

注意：关于配置文件 httpd.conf 和 php.ini，本书只是演示一个 LAMP 环境的搭建，并不使用它完成其他功能，因此使用的是默认配置文件，如果读者想使用其他相关功能，需修改相应的配置文件。

6.4　本章小结

本章主要讲解了两个集中化运维工具 Ansible 和 SaltStack，包括工作原理、安装配置、各种命令和组件的使用。书中使用的环境模拟的是实际工作中的运维环境，通过本章的学习，读者会更加理解集中化运维，为下一章学习系统监控工具实现自动化运维打下基础。

6.5 本章习题

一、填空题

1. 机房规划、网络系统维护等是属于________运维。
2. Ansible 是基于________开发的一款集中化运维工具。
3. YAML 文件的层次结构可以使用________和________两种形式展现。
4. Ansible 主机目录的配置文件为________。
5. Ansible 的________模块用于获取节点的详细信息。
6. 在 Ansible 中，________可以重用一组文件。
7. SaltStack 主要有________和________两种架构。
8. SaltStack 中的________模块用于安装管理软件包。
9. 在 SaltStack 中，________和________组件用于存储 Minion 主机的基本信息。
10. 如果要更新 SaltStack 的 Minion 端的某一个软件，可以使用________模块方法。

二、判断题

1. 总体来说，运维主要分硬件运维和软件运维两个方面。 (　　)
2. Ansible 默认采用 SSH 方式管理客户端。 (　　)
3. Ansible 可以管理多种类型的主机。 (　　)
4. Ansible 的 shell 模块可以执行远程主机的 shell 脚本。 (　　)
5. 定义使用 role 时，必须包含 role 所有的目录及文件。 (　　)
6. 在部署 Ansible 与 SaltStack 之前，需要关闭防火墙与 SELinux。 (　　)
7. SaltStack 中的 service 模块用于对 Minion 端的服务进行维护管理。 (　　)
8. 在 SaltStack 中，pillar 与 grains 数据是相同的。 (　　)

三、选择题

1. 关于运维，下列描述中哪一项是错误的？(　　)
   A. 运维是指对一些硬件环境以及搭建好的软件环境的维护
   B. 硬件运维主要包括机房规划、网络系统维护、服务器管理等
   C. 软件运维是指系统运维
   D. 设备数量增加、系统异构性增大、虚拟化技术的发展等都给传统运维带来了挑战
2. 关于 Ansible，下列描述中哪一项是正确的？(　　)
   A. 在部署 Ansible 时，需要在管理端与被控端都部署 Ansible 环境
   B. Ansible 可通过 playbook 来定制状态管理
   C. Ansible 是一款轻量级集中化运维工具，无法支持云计算平台
   D. Ansible 的配置文件是遵循 JSON 格式编写的

3. 下列命令中,哪一个命令可以生成一对密钥?( )
   A. ssh-add .ssh/id_rsa　　B. ssh-keygen -t rsa
   C. ssh-copy-id　　D. ssh
4. 下列选项中,哪一个不是 playbook 的组成部分?( )
   A. 任务列表　　B. 指定节点和用户
   C. 配置主机目录　　D. handlers
5. 下列选项中,哪一项是 playbook 的循环语句?( )
   A. with_items　　B. when　　C. vars　　D. include
6. 下列命令中,哪一项可以启动 SaltStack 的 Master 端服务?( )
   A. systemctl start master
   B. systemctl start salt-master
   C. systemctl start salt_master
   D. systemctl start saltmaster
7. 在 salt 命令中,下列哪一个选项可以指定 Minion 列表?( )
   A. -E　　B. -L　　C. -C　　D. -S
8. 关于 pillar 数据,下列描述中哪一项是错误的?( )
   A. 查看 Minion 端的 pillar 数据可以使用 pillar. data 模块方法
   B. pillar 数据类似 grains 数据,都是定义 Minion 相关信息
   C. pillar 数据存储在 Master 端
   D. 在 Minion 端可以查看所有节点的 pillar 数据
9. 关于 SaltStack 的 state 模块,下列描述中哪一项是错误的?( )
   A. 可使用 sys. list_state_modules 模块方法来查看 Minion 的所有状态模块
   B. pkg 模块用于安装更新软件包,但它不能实现卸载功能
   C. service 模块用于 Minion 端的程序服务管理
   D. cron 模块用于管理 Minion 端的定时任务

四、简答题

1. 简述传统运维主要面临的问题。
2. 简述你对 SaltStack 中 Master-Minion 架构的理解。

第 7 章 监控系统

思政案例

学习目标

- 掌握监控系统的框架与功能
- 了解常用监控软件
- 熟悉监控环境的搭建方法
- 掌握 Zabbix 的基础操作
- 熟悉 Zabbix 中的模板
- 熟悉 Zabbix 中的宏

如今的企业大多都配备了各种各样的电子设备，随着企业规模的提升，设备的种类、数量不断增加，设备环境也愈加复杂，因此，如何对已有的设备环境进行科学、系统和高效的监控，获取与每个环节相关的、尽可能详细且实时、准确的数据，是各企业需要重视、思考与解决的主要问题，也是企业运维与管理部门非常重要的工作之一。为了实时掌握设备环境的运行状态，及时预防与解决各个环节可能出现的问题，搭建一套符合企业需求的监控系统势在必行。本章将针对监控系统的结构以及如何在 Linux 环境下搭建、使用监控系统进行讲解。

7.1 监控系统简介

监控系统监测的对象需基本涵盖 IT 行业软、硬件环境的各个环节，包括机房环境、硬件、网络、软件、服务等，也要涵盖各个环节中的各项细节。例如，在硬件环境监控中服务器的工作温度、风扇转速，在系统环境监控中操作系统的运行状况、CPU、内存、I/O、存储空间使用情况、网络流量、进程数量，服务监控中服务器的状态等。那么，该如何搭建一个优秀的监控系统呢？

基础的监控系统通常包含监控端和被监控端。监控端运行监控系统的服务器(server)，负责管理命令的发送、数据存储、数据分析、数据展示与报警等工作；被监控端运行监控系统的代理(agent)，主要负责收集被监控设备上的各项数据。基础监控系统的框架如图 7-1 所示。

代理采集数据的方式不唯一，在 Linux 操作系统上，主要通过 SNMP 或自定义脚本获取数据。SNMP 即简单网络管理协议，是一种基于网络的管理协议，只要设备环境中的设备连接到网络，管理员便可通过 SNMP 协议监控并收集与该设备相关的数据。Linux 系统本身已提供了许多状态获取命令，如用于监测 CPU 和内存使用情况的 vmstat，用于监测 I/O 使用率的 iostat 等，管理员可将这些命令嵌入脚本文件中，通过脚本文件周期性生成系统监

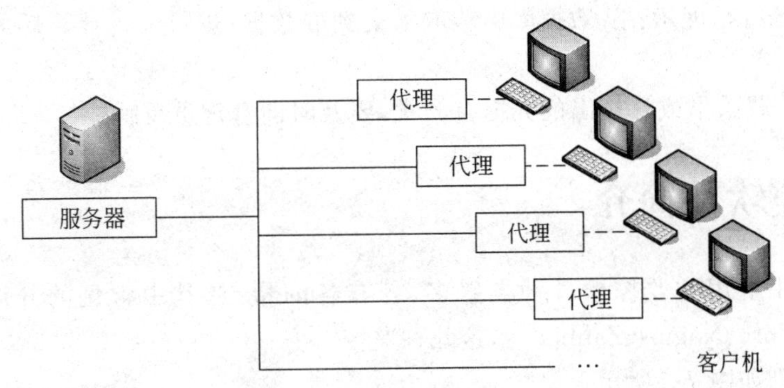

图 7-1　基础监控系统框架

测所需的数据。

一般情况下，通过上述两种方式收集的数据并不直接传递给管理员，而是由专用的 agent 客户端整合后再统一提供。

当设备环境比较复杂、被监控端数量较多、待监控节点比较繁杂时，监控系统中服务器的工作量将会非常巨大，为减轻服务器负担，人们通常会在监控系统中添加代理服务器(proxy)，由代理服务器负责接收各节点中代理收集的数据，再将汇总后的数据一次性发送给服务器，此种监控系统框架如图 7-2 所示。

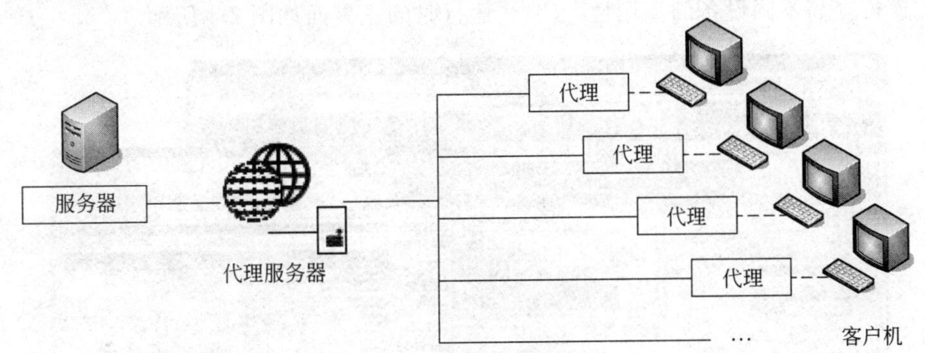

图 7-2　大型监控系统框架

在图 7-2 中，各个分支客户机上的 agent 收集的数据在代理服务器中汇总，由代理服务器统一交到监控系统所在的服务器中。

监控系统的服务器端在获取到数据后，通常会以 Web 界面的形式提供涵盖了各种运行指标的系统运行状态图，同时 Web 界面会随数据实时更新。当然并非所有性能都由即时数据反映，若某项性能需要通过分析一段时间内的原始数据才能获得，服务器端会先将这段时间内采集到的原始数据进行存储，在数据量足够多后，再对原始数据进行计算，获取并展示计算结果。若服务器端通过智能分析，发现某一环节出现异常，则需通过报警系统，向管理员发送警告信息。

综上所述，一个成熟的监控系统应具备如下几项功能。

(1) 数据采集：从各个环节的设备上收集各项数据。

(2) 数据存储：将一定时间内采集到的所有数据存储到数据库中。

（3）数据分析与展示：从数据库中获取采集到的数据，进行分析计算后展示到 Web 界面中。

（4）报警：若采集或计算出的数据有异常，要及时向管理员反映。

7.2　监控软件简介

运维行业中常用的监控软件种类繁多，各有各的特点，其中常见的开源监控软件有 Cacti、Zenoss Core、Nagios、Zabbix 等，这几种监控软件的图标分别如图 7-3 所示。

下面将对这几种开源软件进行简单介绍。

图 7-3　常见开源软件图标

1. Cacti

Cacti 是一套基于 PHP、MySQL 开发的网络流量监测图形分析工具，它通过 SNMP 获取数据，使用 RRDTool 绘图（用户完全无须了解 RRDTool 的各项参数）提供非常强大的数据和用户管理功能，可指定每一个用户能查看的树状结构、主机以及任何一张图，还可以与 LDAP（轻量目录访问协议）结合进行用户验证，同时具备强大的运算能力、支持自定义模板，可通过添加模板提高不同设备的复用性。Cacti 运行时的主界面如图 7-4 所示。

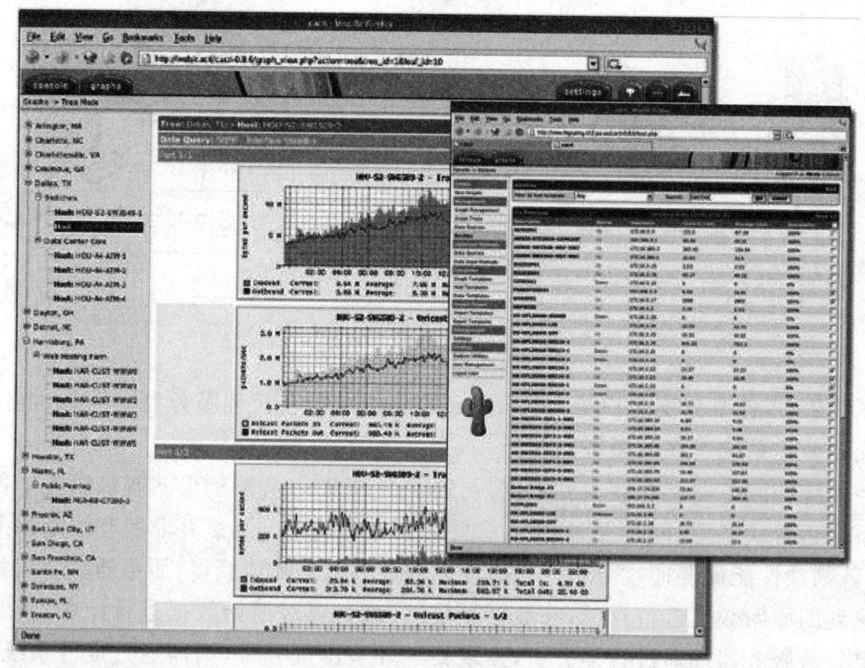

图 7-4　Cacti 主界面

2. Zenoss Core

Zenoss Core 是一款开源的企业级 IT 管理软件，也是网络与系统管理软件，它允许 IT

管理员依靠单一的 Web 控制台来监控网络架构的状态和健康度。Zenoss Core 的强大之处在于其深入的列表与配置管理数据库，且可自动发现和管理企业设备环境中的各个环节(包括服务器、网络和各种结构设备)。Zoness Core 也可以创建关键资产清单和对应的组件(接口、服务、进程、已安装的软件等)级别。监控模型建立之后，便可监控与报告设备环境中各种资源的状态与性能。此外，Zenoss Core 还提供与 CMDB 关联的事件和错误管理系统，以协助提高各类事件和提醒的管理效率，进而提高运维与管理人员的效率。Zenoss Core 的界面如图 7-5 所示。

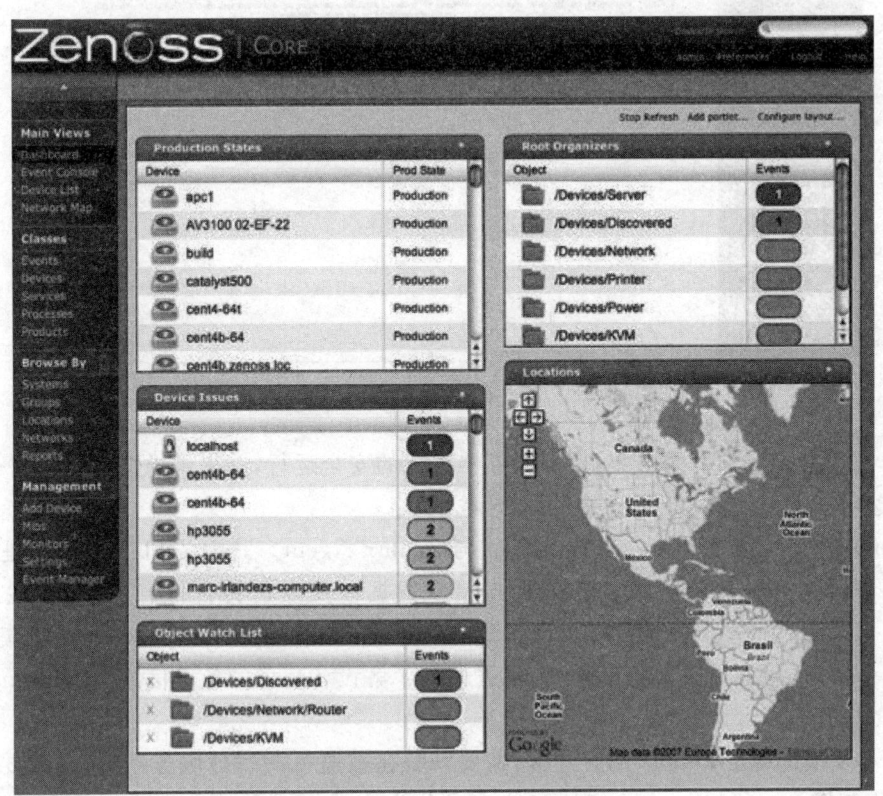

图 7-5　Zenoss Core 界面

3. Nagios

Nagios 是一款监视系统运行状态和网络信息的监控系统软件，该软件主要可监视各种网络服务、主机资源等，其主要特点是提供了完善的异常通知功能。此外，Nagios 提供可选的基于浏览器的 Web 界面展示设备环境中的多项性能，但实际上 Nagios 不关心数据采集和展示，而是关心各组件的状态，以便在状态转换时实现报警。因此，正常情况下 Nagios 采集到的数据是不需要保存的，只在发生状态转换时保存相关的异常数据。当然 Nagios 有插件，也可以将数据保存，但是需要额外配置。Nagios 的界面如图 7-6 所示。

4. Zabbix

Zabbix 是一个基于 Web 界面的、提供分布式系统监控以及网络监控功能的企业级开

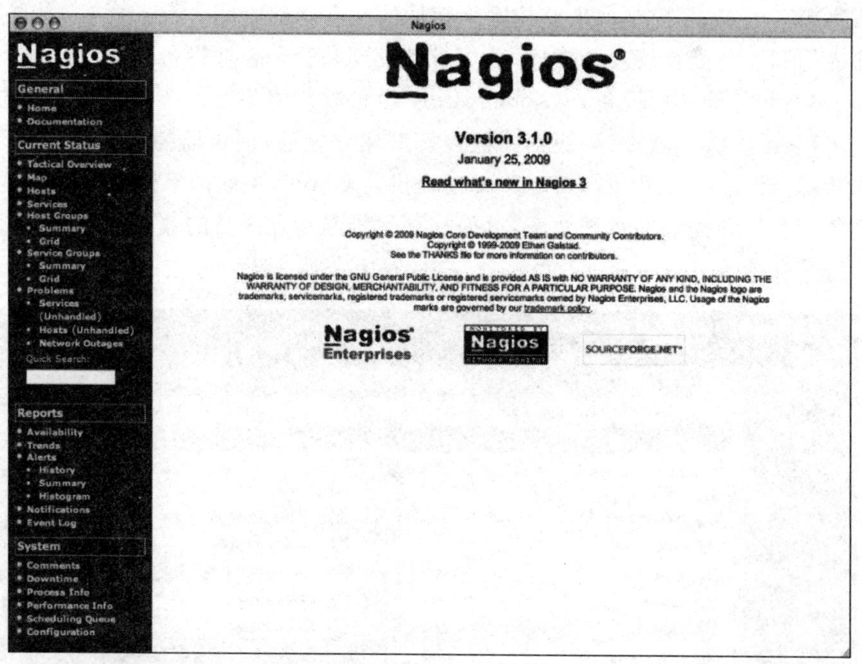

图 7-6　Nagios 界面

源软件，它能监视各项网络参数，保证服务器系统的安全运行，并提供异常通知机制，帮助管理员快速定位与解决设备环境中的各种异常。

Zabbix 主要包含两端：Zabbix Server 与 Zabbix Agent。其中 Zabbix Server 是 Zabbix 的服务器端，主要负责收集、存储、分析与展示数据以及发送警告信息，可运行在 Linux、Solaris、HP-UX、AIX、Free BSD、Open BSD、OS X 等平台之上。Zabbix Server 也集成了良好的 Web 界面，使运维人员能够更直观、方便地了解设备环境的各项信息。Zabbix Web 的主界面如图 7-7 所示。

Zabbix Agent 是 Zabbix 的客户端，需要安装在被监视的目标服务器上，它主要负责信息的收集与发送。Zabbix Agent 的监控方式分为主动模式和被动模式。其中，被动模式下，Zabbix Agent 监听 10050 端口，等待 Zabbix Server 发出的监控信息收集请求；主动模式下，Zabbix Agent 采集监控信息，并通过 10050 端口主动将数据传给 Zabbix Server 所在服务器的 10051 端口。除 Zabbix Agent 外，Zabbix 也支持通过 SNMP 协议、JMX 框架或 IPMI 接口等进行监控。

除 Server 端和 Agent 端外，Zabbix 也支持使用 Proxy 统一收集各 Agent 采集的数据，一次性转交给 Server。

以上几种工具都是非常著名的监控工具，其中，Cacti 依赖 SNMP，不需要在设备上安装客户端(agent)，更偏向于数据采集分析展示工具；Nagios 只关心状态，所以能很好地实现报警，但是不能很好地展示数据，因此一般会将 Nagios 和 Cacti 一起使用。需要说明的是，报警本身对即时性要求极高，当同时监控大量节点(估计 200 个以上)时，Nagios 会有延迟，因此 Cacti 和 Nagios 不适合在大型企业中使用；此外 Nagios 的安装配置比较复杂，不适合新手使用。

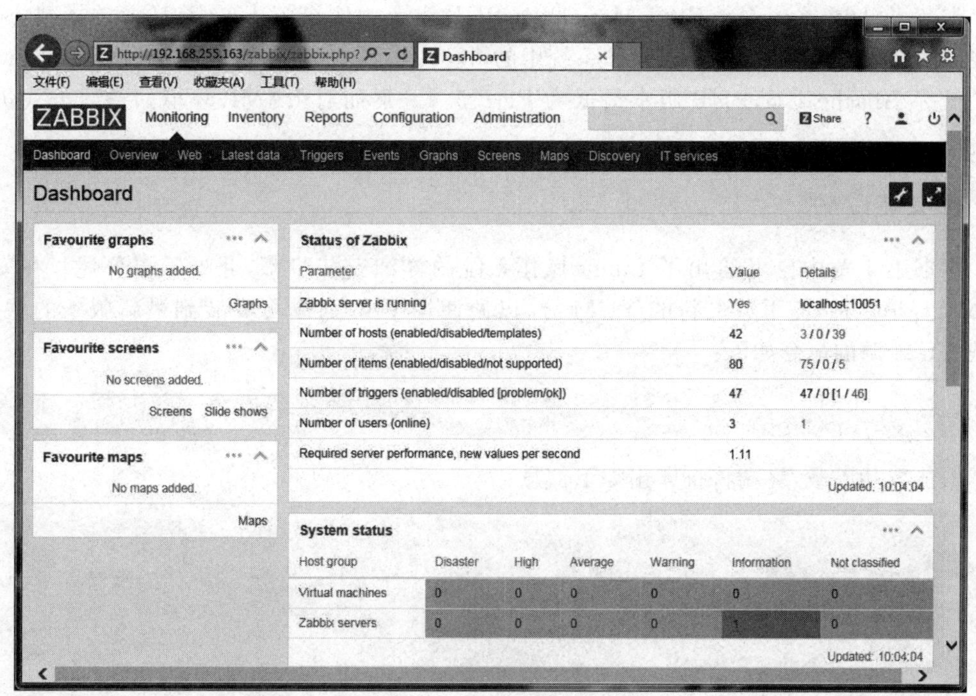

图 7-7　Zabbix 主界面

与 Cacti、Nagios 和 Cacti 相比，Zabbix 功能全面，报警机制完善，且安装步骤简单，因此，本章将以 Zabbix 为例配置监控系统。Zabbix 的版本众多，目前最新的版本为 Zabbix 3.4，企业中使用较多的为 Zabbix 2.x，因此本书选择 Zabbix 3.0 作为示例环境。

7.3　Zabbix 的安装与配置

本节将讲解 Zabbix 安装、配置方式，并在安装、配置后对服务器端和客户端的连通性进行测试。由于 Zabbix Server 集成了 Web 界面，人们一般将 Zabbix 安装在 Web 环境——LAMP 或 LNMP 中，因此在安装配置 Zabbix 之前，本节先对 Web 环境的配置方法进行讲解。

7.3.1　Web 环境搭建

LAMP 和 LNMP 是常见的 Web 环境，它们实质上是 4 类应用软件的组合，各字母代表的软件分别如下。

- L：Linux，Linux 操作系统。
- A 或 N：Apache 或 Nginx，Web 服务器软件。
- M：MySQL 或 MariaDB，数据库软件。
- P：PHP、Perl、Python，脚本软件。

这些软件本身都是独立的程序，但常被组合在一起使用(每项选择一种即可)，且兼容度越来越高，因此人们将其视为一体环境，并取其首字母将其简称为 LAMP 或 LNMP。

本节将以 Linux＋Apache＋MariaDB＋PHP 组合为例讲解 LAMP 环境的搭建方式。需要说明的是，Zabbix 3.0 要求操作系统中的 MySQL 版本最低为 MySQL 5.0，Apache 版本最低为 Apache 1.3，PHP 版本最低为 PHP 5.4。下面对 LAMP 环境的搭建方式进行讲解。

1. 安装 LAMP

本书第 1 章中已经给出了 Linux 操作系统的详细安装步骤，此处不再赘述。在安装 LAMP 环境之前，需下载最新的 YUM 源，以便使用 yum 命令可安装到最新版本的软件。下载 YUM 源的命令如下：

```
[root@localhost ~]#wget -P /etc/yum.repos.d http://mirrors.aliyun.com/repo/Centos-7.repo
```

若能成功下载，终端将打印出如下信息：

```
--2017-12-01 15:15:46--  http://mirrors.aliyun.com/repo/Centos-7.repo
正在解析主机 mirrors.aliyun.com (mirrors.aliyun.com)... 124.193.226.97, 124.193.226.98, 124.193.226.99, ...
正在连接 mirrors.aliyun.com (mirrors.aliyun.com)|124.193.226.97|:80... 已连接。
已发出 HTTP 请求，正在等待回应... 200 OK
长度：2573 (2.5K) [application/octet-stream]
正在保存至："/etc/yum.repos.d/Centos-7.repo"

100%[================================================>] 2,573    --.-K/s 用时 0.001s

2017-12-01 15:15:46 (3.45 MB/s) - 已保存"/etc/yum.repos.d/Centos-7.repo" [2573/2573])
```

YUM 源安装成功后，可使用 yum 命令向系统中安装 MariaDB、PHP 以及 httpd，并借助 YUM 的自身特性解决 LAMP 各组件间的依赖关系，具体如下所示：

```
[root@localhost ~]#yum -y install mariadb mariadb-server php php-mysql httpd
```

以上命令将会安装 Mariadb 的主程序 mariadb、服务器程序 mariadb-server，PHP 主程序 php、数据库连接程序 php-mysql 以及 Apache 的主程序 httpd。若以上命令执行成功，终端将会打印出如下信息：

```
已安装：
  httpd.x86_64 0:2.4.6-67.el7.centos.6      mariadb.x86_64 1:5.5.56-2.el7
  mariadb-server.x86_64 1:5.5.56-2.el7      php.x86_64 0:5.4.16-43.el7_4
  php-mysql.x86_64 0:5.4.16-43.el7_4

作为依赖被安装：
  httpd-tools.x86_64 0:2.4.6-67.el7.centos.6
  libzip.x86_64 0:0.10.1-8.el7
  mailcap.noarch 0:2.1.41-2.el7
  perl-Compress-Raw-Bzip2.x86_64 0:2.061-3.el7
  perl-Compress-Raw-Zlib.x86_64 1:2.061-4.el7
  perl-DBD-MySQL.x86_64 0:4.023-5.el7
```

```
  perl-DBI.x86_64 0: 1.627-4.el7
  perl-IO-Compress.noarch 0: 2.061-2.el7
  perl-Net-Daemon.noarch 0: 0.48-5.el7
  perl-PlRPC.noarch 0: 0.2020-14.el7
  php-cli.x86_64 0: 5.4.16-43.el7_4
  php-common.x86_64 0: 5.4.16-43.el7_4
  php-pdo.x86_64 0: 5.4.16-43.el7_4

作为依赖被升级：
  mariadb-libs.x86_64 1: 5.5.56-2.el7  openssl.x86_64 1: 1.0.2k-8.el7
  openssl-libs.x86_64 1: 1.0.2k-8.el7

完毕!
```

由以上信息可知，Apache 2.4.6、MariaDB 5.5.56、PHP 5.4.16 已被成功安装。

2. 配置 SELinux 与防火墙

因为 SELinux 会给 LAMP 以及 Zabbix 的使用带来各种麻烦，所以建议直接关闭 SELinux 来规避这些问题。关闭 SELinux 的方式在第 5 章中已有讲解，此处不再赘述。

Apache 通过 HTTP 协议传输数据，HTTP 协议默认使用服务器主机的 80 端口，因此需在防火墙设置中开启 80 端口，具体命令如下：

```
[root@localhost ~]# firewall-cmd --zone=public --add-port=80/tcp --permanent
```

若以上命令执行成功，则将在打印出提示信息 success 后返回终端。设置完成后使防火墙重新加载配置信息，以更新相关配置，具体命令如下：

```
[root@localhost ~]# firewall-cmd --reload
```

该命令若执行成功，同样在打印出提示信息 success 后返回终端。

3. 测试 Apache

通过 Apache 访问服务器时，需先启动 HTTP 服务，具体命令如下：

```
[root@localhost ~]# systemctl start httpd
```

将 HTTP 服务设置为开机自启，具体命令如下：

```
[root@localhost ~]# systemctl enable httpd
```

若开机自启命令执行成功，终端将在打印出如下信息后返回：

```
Created symlink from /etc/systemd/system/multi-user.target.wants/httpd.service to
/usr/lib/systemd/system/httpd.service.
```

下面对 Apache 进行测试。在浏览器中输入 Apache 所在主机的 IP 地址(本书 Apache 所在主机 IP 为 192.168.255.159)，若浏览器跳转到如图 7-8 所示的界面，则说明 Apache 配置成功。

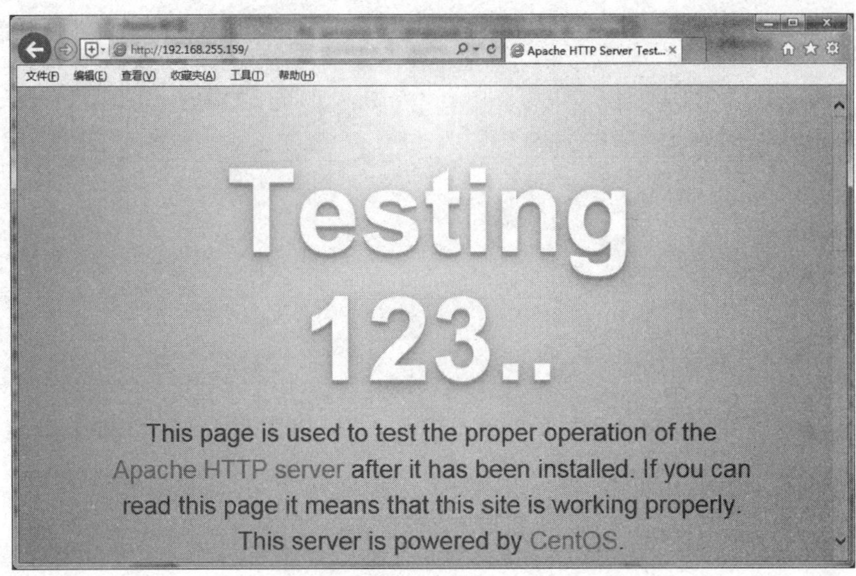

图 7-8 Apache 主页

4. 配置数据库

数据库安装成功后，需将数据库设置为开机启动，并开启数据库，具体命令如下所示：

```
[root@localhost ~]# systemctl enable mariadb        #开机启动
[root@localhost ~]# systemctl start mariadb         #开启数据库
```

若第一条命令执行成功，终端将在打印如下信息后返回：

```
Created symlink from /etc/systemd/system/multi-user.target.wants/mariadb.service to
/usr/lib/systemd/system/mariadb.service.
```

若第二条命令执行成功，终端将直接返回。

初始时数据库的 root 用户密码为空，因此需要先为 root 用户设置密码，并初始化数据库的一些选项。初始化数据库的命令如下：

```
[root@localhost ~]# mysql_secure_installation
```

执行以上命令后，数据库初始化开始，此时将进入交互界面，用户可通过键盘输入数据以初始化数据，具体操作如下：

```
NOTE: RUNNING ALL PARTS OF THIS SCRIPT IS RECOMMENDED FOR ALL MariaDB
      SERVERS IN PRODUCTION USE!  PLEASE READ EACH STEP CAREFULLY!

In order to log into MariaDB to secure it, we'll need the current password for the root user.
If you've just installed MariaDB, and you haven't set the root password yet, the password will
be blank, so you should just press enter here.
#输入数据库中 root 用户密码(默认为空,按回车键即可)
```

```
Enter current password for root (enter for none):
OK, successfully used password, moving on...

Setting the root password ensures that nobody can log into the MariaDB
root user without the proper authorisation.
#是否设置 root 密码？是
Set root password? [Y/n] y
New password:
Re-enter new password:
Password updated successfully!
Reloading privilege tables..
... Success!

By default, a MariaDB installation has an anonymous user, allowing anyone to log into MariaDB
without having to have a user account created for them.  This is intended only for testing, and
to make the installation go a bit smoother.  You should remove them before moving into a
production environment.
#是否移除匿名用户？是
Remove anonymous users? [Y/n] y
... Success!

Normally, root should only be allowed to connect from 'localhost'.  This ensures that someone
cannot guess at the root password from the network.
#是否禁止 root 用户远程登录？否(按回车键跳过,保留默认设置)
Disallow root login remotely? [Y/n]n
...skipping.

By default, MariaDB comes with a database named 'test' that anyone can access.  This is also
intended only for testing, and should be removed before moving into a production environment.
#是否删除测试用的数据库和权限？是
Remove test database and access to it? [Y/n] y
- Dropping test database...
... Success!
- Removing privileges on test database...
... Success!

Reloading the privilege tables will ensure that all changes made so far will take effect
immediately.
#是否重新加载权限表？是
Reload privilege tables now? [Y/n] y
... Success!

Cleaning up...

All done!  If you've completed all of the above steps, your MariaDB installation should now be
secure.

Thanks for using MariaDB!
```

至此，数据库安装并初始化完成。

5. 创建 Zabbix 数据库及用户

Zabbix 服务器采集到的数据要保存在数据库中，因此需要在 MariaDB 中创建一个用于保存 Zabbix 数据的数据库，以及可使用 Zabbix 数据库的用户。下面分别对 Zabbix 数据库和 Zabbix 用户的创建方式进行讲解。

1）创建 Zabbix 数据库

创建 Zabbix 数据库的方式有两种：第一种为在命令行中使用 mysql 命令的-e 选项调用数据库操作命令完成创建；第二种需先登录数据库，再通过数据库操作命令完成创建。此处以第一种方式为例进行演示，具体命令如下所示：

```
[root@localhost ~]#mysql -uroot -pitcast -e "create database zabbix default character set
utf8 collate utf8_bin;"
```

以上命令使用 root 用户创建了名为 zabbix 的数据库，并设置数据库 zabbix 的字符编码格式为 utf8，其中的-pitcast 由选项-p 和用户 root 的密码 itcast 组成。

2）创建 Zabbix 用户

创建 Zabbix 用户即在当前系统中创建一个普通用户，赋予其操作数据库 zabbix 的权限。创建 Zabbix 用户的命令如下：

```
[root@localhost ~]# useradd zabbix
[root@localhost ~]# passwd zabbix
更改用户 zabbix 的密码
新的密码：
无效的密码：密码包含用户名在某些地方
重新输入新的密码：
passwd：所有的身份验证令牌已经成功更新
```

以上命令创建了新用户 zabbix，并将该用户的密码设置为 zabbix。

为用户 zabbix 赋予操作 zabbix 数据库权限的方式与创建 Zabbix 数据库的方式类似，此处仍在命令行中进行演示，具体命令如下：

```
[root@localhost ~]# mysql -uroot -pitcast -e "grant all on zabbix.* to 'zabbix'@'%'
identified by 'zabbix';"
```

以上命令通过 root 用户赋予了 zabbix 用户操作数据库 zabbix 的权限，-e 选项之后的内容为数据库命令，数据库命令中出现的 3 个 zabbix 依次表示数据库名、用户名、用户密码。此条数据库命令的含义为：赋予以 zabbix 验证（即密码为 zabbix）的用户 zabbix 在任意主机（%）上操作数据库 zabbix 中任意一张表（.*）的全部权限（all）。

3）测试 Zabbix 用户

对前面创建的 Zabbix 用户进行测试，检测该用户是否可以连接到 MariaDB 数据库，具体操作如下：

```
[root@localhost ~]# mysql -uzabbix -pzabbix                    #使用 zabbix 登录数据库
Welcome to the MariaDB monitor.  Commands endwith; or \g.      #登录成功
```

```
Your MariaDB connection id is 13
Server version: 5.5.56-MariaDB MariaDB Server

Copyright (c) 2000, 2017, Oracle, MariaDB Corporation Ab and others.

Type 'help;' or '\h' for help. Type '\c' to clear the current input statement.

MariaDB [(none)]> show databases;          #以 zabbix 身份查看所有数据库
+--------------------+
| Database           |
+--------------------+
| information_schema |
|zabbix              |
+--------------------+
2 rows in set (0.01 sec)

MariaDB [(none)]>exit
Bye
```

由以上信息可知，用户 zabbix 可成功连接到 MariaDB，并查看 MariaDB 中的所有数据库。

至此，LAMP 环境搭建以及 Zabbix 前置配置全部完成，之后方可在 Linux 系统中安装配置 Zabbix。

7.3.2　Server 端安装配置

Zabbix Server 端的各项功能分散在软件包 zabbix-server-mysql、zabix-web-mysql 与 zabbix-get 中，其中 zabbix-server-mysql 提供服务器端与数据库交互的功能，zabbix-web-mysql 提供服务器端的 Web 界面与数据库交互的功能，zabbix-get 提供收集数据的指令。下面依次对在 Linux 服务器端安装这些软件包、配置 Zabbix 数据库、访问 Zabbix 以及 Zabbix Web 界面的配置方式进行讲解。

1. 软件包安装

在安装 Zabbix 软件包之前需先获取 YUM 源，获取方式如下：

```
[root@localhost ~]# rpm -ivh http://repo.zabbix.com/zabbix/3.0/rhel/7/x86_64/zabbix-
release-3.0-1.el7.noarch.rpm
```

若以上命令执行后直接返回终端，则说明命令执行成功。之后通过 yum 命令安装 Zabbix Server 端软件包，具体命令如下：

```
[root@localhost ~]# yum -y install zabbix-server-mysql zabbix-web-mysql zabbix-get
```

若该命令执行成功，终端将会打印如下所示的提示信息：

```
[root@localhost ~]# yum -y install zabbix-server-mysql zabbix-web-mysql zabbix-get
已安装：
  zabbix-get.x86_64 0: 3.0.13-2.el7        zabbix-server-mysql.x86_64 0: 3.0.13-2.el7
```

```
  zabbix-web-mysql.noarch 0: 3.0.13-2.el7

作为依赖被安装:
  OpenIPMI-libs.x86_64 0: 2.0.19-15.el7        OpenIPMI-modalias.x86_64 0: 2.0.19-15.el7
  fping.x86_64 0: 3.10-1.el7                   iksemel.x86_64 0: 1.4-2.el7.centos
  php-bcmath.x86_64 0: 5.4.16-43.el7_4         php-gd.x86_64 0: 5.4.16-43.el7_4
  php-ldap.x86_64 0: 5.4.16-43.el7_4           php-mbstring.x86_64 0: 5.4.16-43.el7_4
  php-xml.x86_64 0: 5.4.16-43.el7_4            t1lib.x86_64 0: 5.1.2-14.el7
  unixODBC.x86_64 0: 2.3.1-11.el7              zabbix-web.noarch 0: 3.0.13-2.el7

完毕!
```

由以上信息可知，使用 yum 命令安装的软件包版本为 3.0.13。至此，Zabbix Server 端软件包安装完毕。

2. 配置数据库

在使用 Zabbix 之前，需要先将其与数据库进行连接，具体步骤如下。

1）导入表结构

Zabbix 自定义了数据库中表的结构，为了保证 MariaDB 能够以 Zabbix 定义的形式存储数据，应先在数据库中导入 Zabbix 表结构，具体命令如下：

```
[root@localhost ~]# cd /usr/share/doc/zabbix-server-mysql-3.0.13/
[root@localhost zabbix-server-mysql-3.0.13]# zcat create.sql.gz | mysql -uroot -pitcast
zabbix
```

2）修改配置文件 zabbix_server.conf

配置文件 zabbix_server.conf 是 Zabbix Server 端的配置文件，在该文件中可配置数据库主机地址、数据库名、Zabbix 用户的账户信息，只有这些信息配置无误，Zabbix 服务器才能成功连接到 MariaDB 数据库。

使用 Vi 编辑器打开该文件，按照如下信息对其中的相应选项进行设置：

```
DBHost=localhost
DBName=zabbix
DBUser=zabbix
DBPassword=itcast
```

3）修改配置文件 zabbix.conf

Zabbix Server 端的主配置文件为 zabbix.conf，该文件位于/etc/httpd/conf.d/目录下，其中设置了 Server 端的基础配置信息，使用 Vi 编辑器打开该文件，参照如下信息对其中的相应选项进行配置：

```
…
   <IfModule mod_php5.c>
       php_value max_execution_time 300
       php_value memory_limit 128M
       php_value post_max_size 16M
```

```
        php_value upload_max_filesize 2M
        php_value max_input_time 300
        php_value always_populate_raw_post_data -1
        php_value date.timezone Asia/Shanghai
    </IfModule>
...
```

以上配置中重点需修改选项 date.timezone，该选项用于配置 Zabbix 的时区，由于监控系统本身对时间的准确度要求极高，配置正确的时区非常重要，用户可根据自己所在位置选择合适的时区。此处将时区设置为 Asia/Shanghai。

4）启动 zabbix-server

至此，Zabbix Server 端的配置基本完成，使用 systemctl 命令启动 zabbix-server 并将其设置为开机自启，具体命令如下：

```
[root@localhost ~]# systemctl start zabbix-server
[root@localhost ~]# systemctl enable zabbix-server
```

若配置文件正确无误，命令执行后将正常返回。

3. Zabbix 访问测试

因为主机环境中新增了 Zabbix，所以在开始测试之前需先重启 Apache，具体命令如下：

```
[root@localhost ~]# systemctl restart httpd
```

Apache 重启后，通过地址 http://ip 地址/zabbix/setup.php 可访问 Zabbix 的安装界面，若可成功访问该界面，则说明 Zabbix Server 3.0 已被正确安装。Zabbix 安装界面的首页如图 7-9 所示。

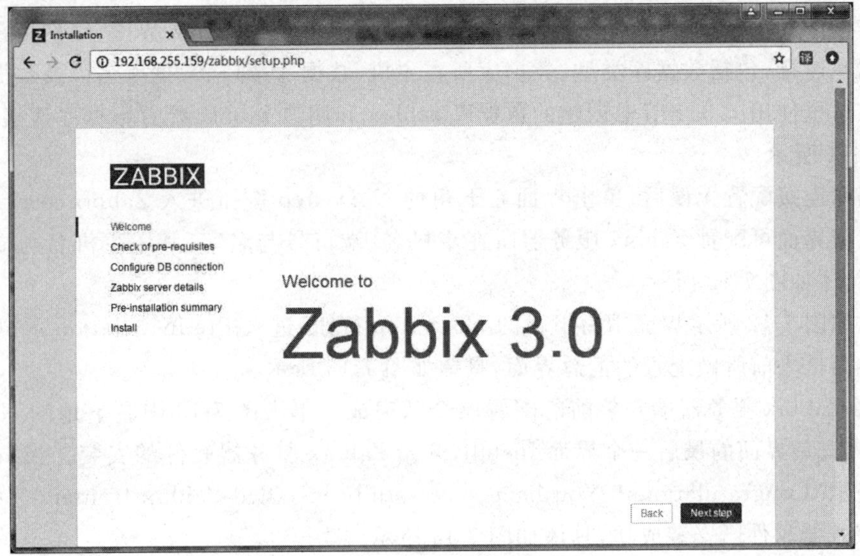

图 7-9　Zabbix 安装界面

4. 配置 Web 界面

使用 Zabbix Web 之前需先在 Web 界面进行配置，将 Zabbix 数据库与 Web 关联。在图 7-9 展示的 Zabbix 安装界面左侧有一个标签列表，该列表中的标签都基于 setup. php 文件展示的界面。单击图 7-9 右下角的 Next step 按钮进入 Check of pre-requisites 界面，用户可在该界面检测目前已配置的先决条件，具体如图 7-10 所示。

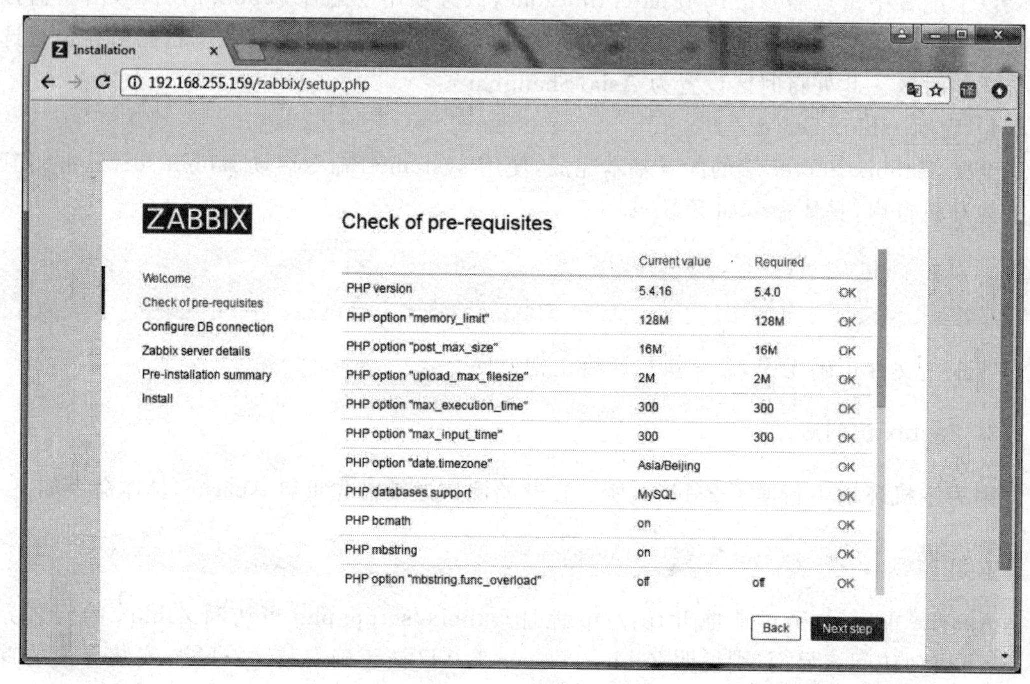

图 7-10 检测先决条件

单击图 7-10 中的 Next step 按钮，进入 Configure DB connection 界面，用户可在该界面配置数据库连接，包括数据库类型、数据库所在主机、数据库端口、数据库名以及数据库的登录信息。这里使用 7.3.1 节中创建的数据库 zabbix 和用户 zabbix 配置数据库连接，具体配置如图 7-11 所示。

数据库连接配置无误后，单击界面右下角的 Next step 按钮进入 Zabbix server details 界面。在该界面可配置 Zabbix 服务器所在主机名、端口号与名字，其中主机名与端口号为必填项，具体如图 7-12 所示。

单击如图 7-12 所示界面中右下角的 Next step 按钮，进入 Pre-installation summary 界面。该界面是之前所做配置的汇总界面，具体如图 7-13 所示。

至此，Zabbix 服务器端安装前的配置已全部完成。单击图 7-13 中右下角的 Next step 按钮，进入安装界面的最后一个界面 Install，开始 Zabbix 服务器软件的安装。当 Install 界面出现提示“Congratulations! You have successfully installed Zabbix frontend.”时，说明 Zabbix 服务器软件已安装成功，具体如图 7-14 所示。

由图 7-14 中提示信息下的内容“Configuration file "etc/zabbix/web/zabbix. conf. php" created.”可知，Zabbix 安装过程中产生的配置信息已被保存到了配置文件/etc/zabbix/

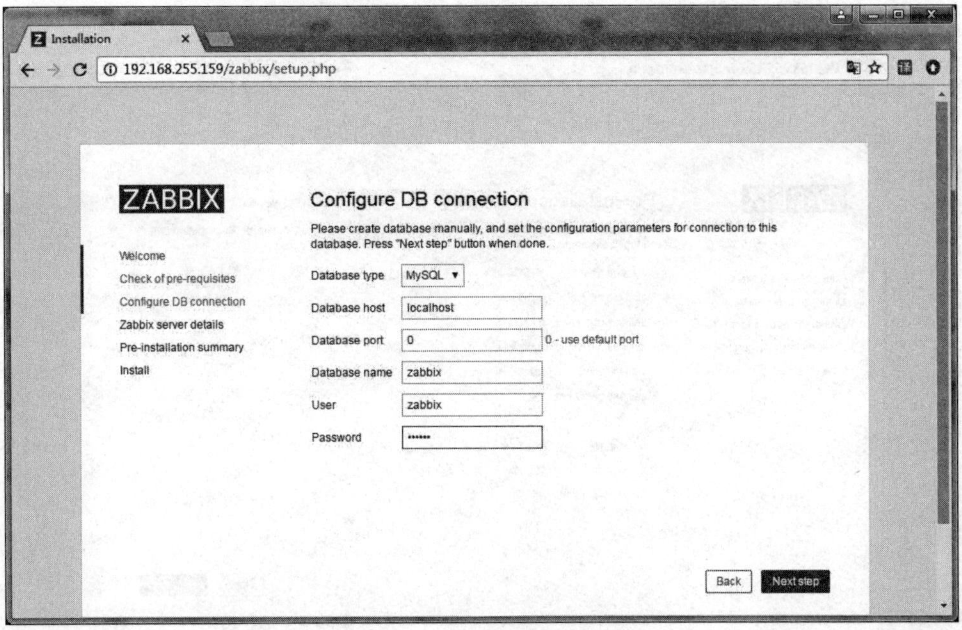

图 7-11 数据库连接配置

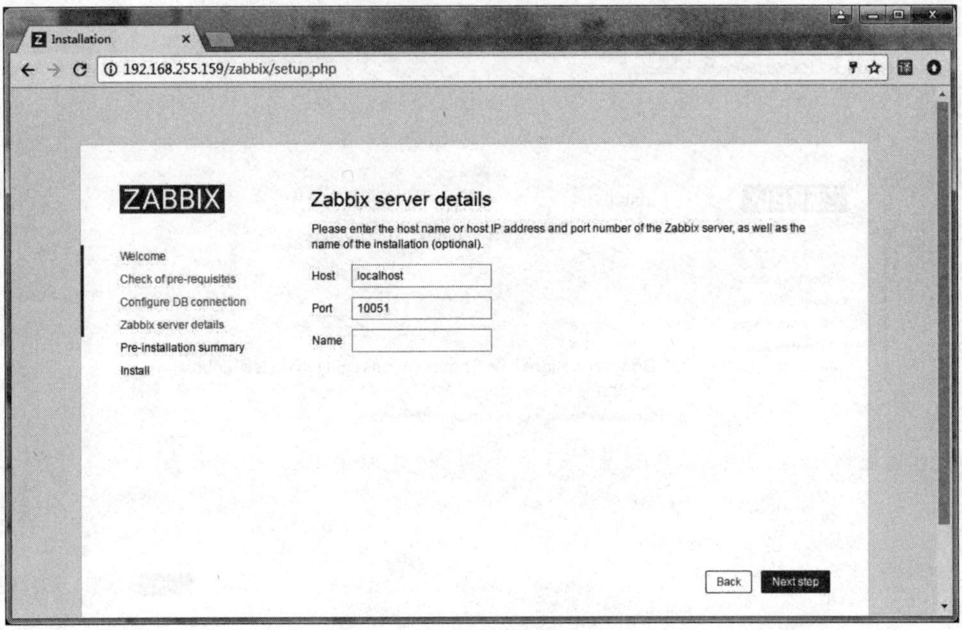

图 7-12 Zabbix 服务器配置

web/zabbix. conf. php 中，该文件中的内容与图 7-13 一致，此处不再展示，有兴趣的读者可自行查阅。

单击图 7-14 右下角的 Finish 按钮，完成 Zabbix 的 Web 配置，并跳转到 Zabbix 的登录界面。Zabbix 的登录界面如图 7-15 所示，由图 7-15 可知，从安装界面到登录界面，访问地址发生了改变。

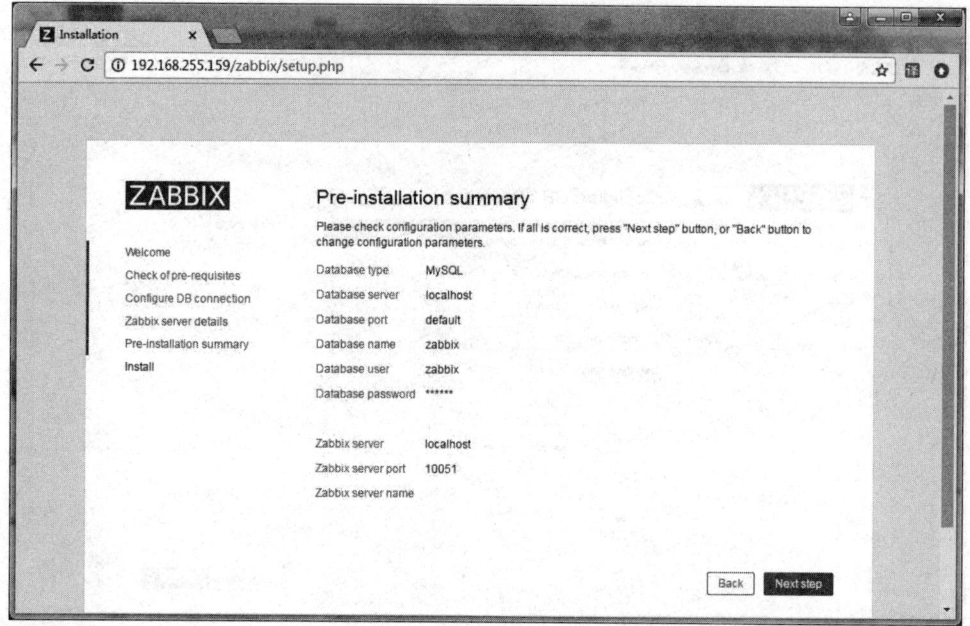

图 7-13 预安装摘要

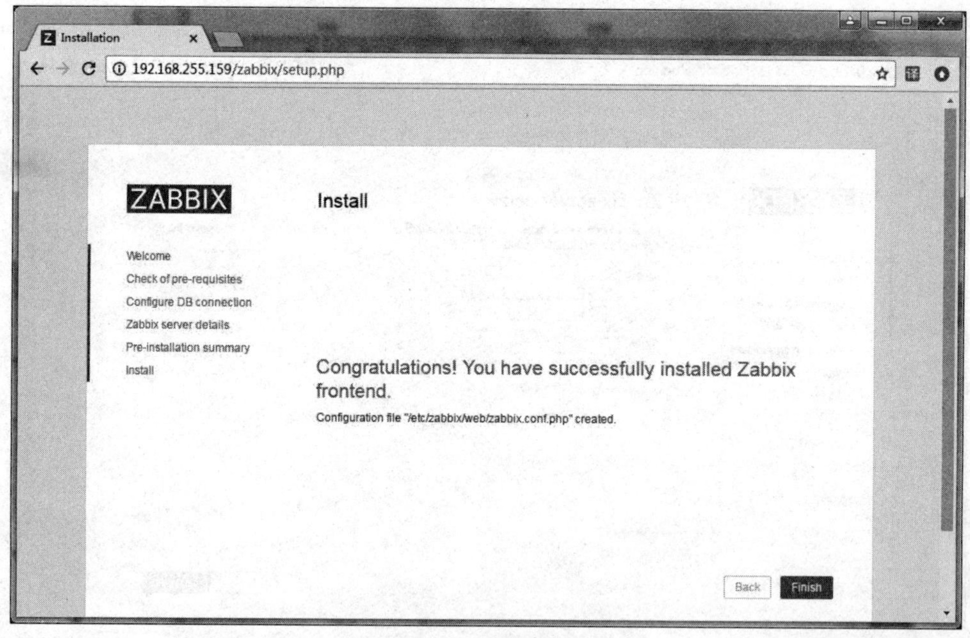

图 7-14 成功安装 Zabbix

用户可在登录界面通过用户名 Admin(注意 A 为大写)和密码 zabbix 进行验证(Admin 为 Zabbix Web 的默认用户),验证成功后方可进入 Zabbix Web 首页。Zabbix Web 首页如图 7-16 所示。

至此,Zabbix Server 端的安装与配置全部完成。需要注意的是,模拟环境中服务器所在主机可能需要经常关机或重启,若服务器所在主机使用 DHCP 方式动态获取 IP 地址,后

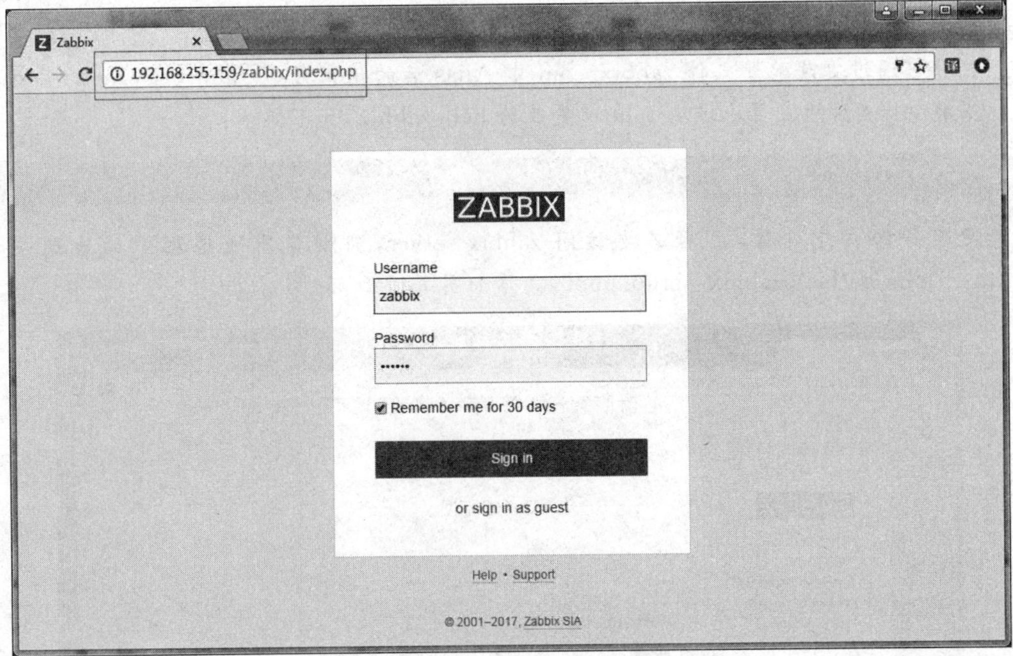

图 7-15　登录 Zabbix

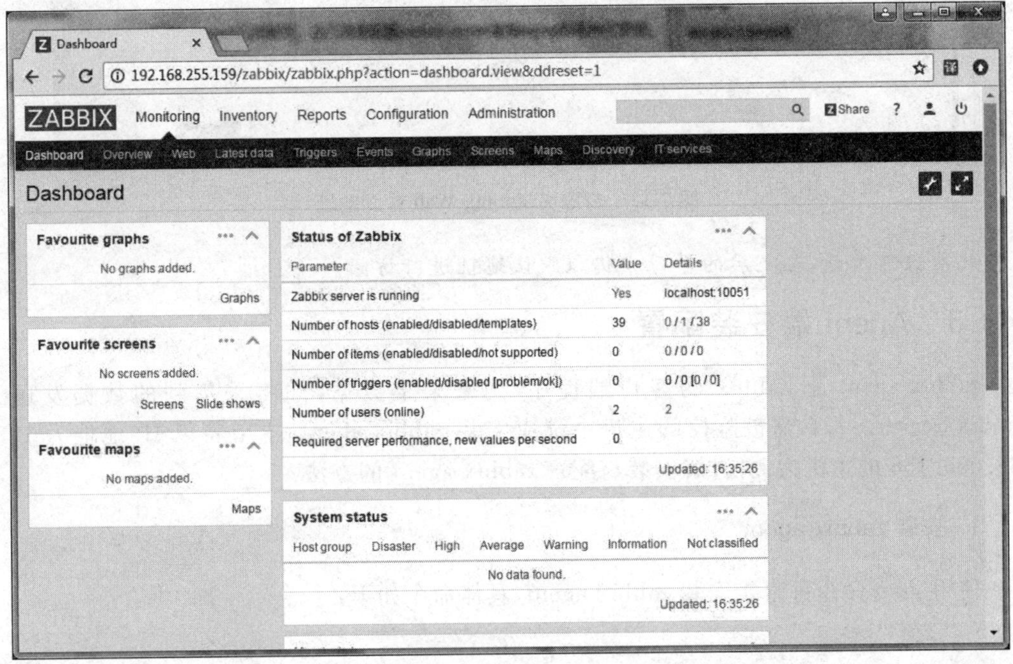

图 7-16　Zabbix Web 首页

续测试中 Zabbix 服务器地址可能发生改变，所以用户应设置服务器主机使用静态方式获取 IP 地址。

多学一招：更改 Zabbix Web 主页地址

用户可通过更改配置文件 zabbix.conf 中 Alias 后的值来设置 zabbix-server 的首页地址。若将 Alias 后的首页地址从 zabbix 更改为 hellozabbix，如下所示：

```
Alias /hellozabbix /usr/share/zabbix
```

更改并保存此设置，之后若要访问 zabbix-server，则浏览器地址栏中的地址应为“http://ip 地址/hellozabbix/setup.php”，具体如图 7-17 所示。

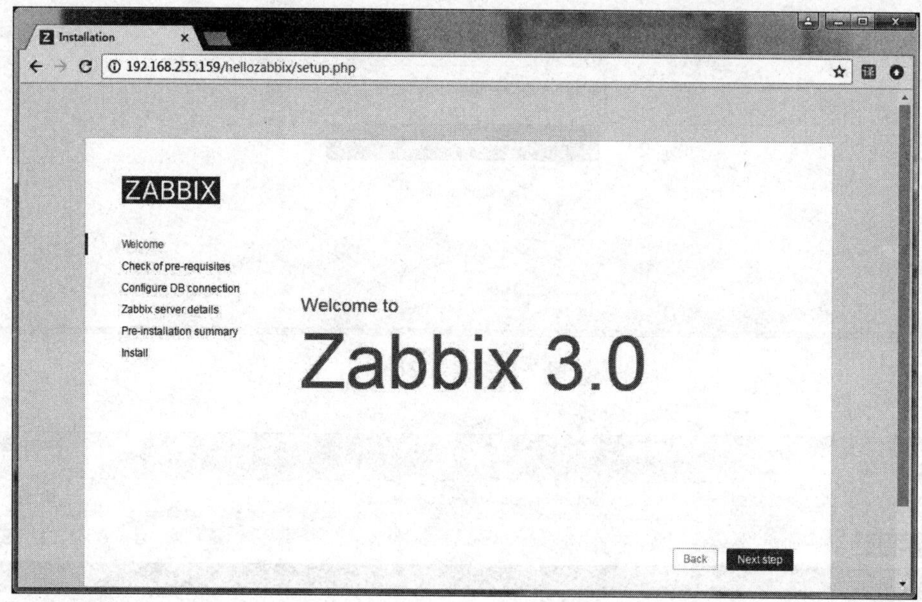

图 7-17 自定义 Zabbix Web 首页地址

此处仅作示范，在之后的学习中仍以默认地址进行访问。

7.3.3 Agent 端安装配置

zabbix-agent 是 Zabbix 的客户端程序，用来采集数据，并将采集到的数据发送给 Zabbix Server。每台需被监控的主机中都应安装 zabbix-agent，本节将以 IP 地址为 192.168.255.158 的主机为例，讲解安装与配置 zabbix-agent 的方法。

1. 安装 zabbix-agent

使用 yum 命令可直接安装 zabbix-agent，具体命令如下：

```
[root@localhost ~]# yum -y install zabbix-agent
```

若该命令执行成功，则终端将在打印如下信息后返回：

```
已安装
zabbix-agent.x86_64 0: 3.0.13-2.el7

完毕!
```

2. 配置 zabbix-agent

配置 zabbix-agent 的目的是确保客户端能准确找到服务器主机。此项配置非常简单，只需修改配置文件/etc/zabbix/zabbix_agentd.conf 中的 Server、ServerActive 和 Hostname 这 3 项即可。其中，Server 用于配置 Zabbix 服务器的 IP 地址，ServerActive 用于配置 Zabbix 代理服务器地址(若没有设置代理，则为 Zabbix 服务器地址)，Hostname 用于配置被监控端的 IP 地址。本书环境中/etc/zabbix/zabbix_agentd.conf 的配置如下所示：

```
Server=192.168.255.159
ServerActive=192.168.255.159
Hostname=192.168.255.158
```

需要说明的是，Zabbix 服务器同样需加入监控列表，因此 Zabbix 服务器主机也应安装并配置 zabbix-agent，安装步骤不再赘述，其配置文件/etc/zabbix/zabbix_agentd.conf 中内容具体如下：

```
Server=192.168.255.159
ServerActive=192.168.255.159
Hostname=192.168.255.159
```

注意：/etc/zabbix/目录下有一个与 zabbix_agentd.conf 极其相似的文件——zabbix_agent.conf，若将以上内容写入该配置文件，则 Zabbix 服务器端将无法正确获取到客户端主机信息，之后在 Zabbix 服务器的 Web 界面中添加主机后将会出现如下错误：

```
assuming that agent dropped connection because of access permissions
```

3. 启动 zabbix-agent

启动主机中的 zabbix-agent 也是必不可少的环节，若不启动 zabbix-agent，Zabbix Server 端将无法通过 Agent 获取主机中的数据。启动 zabbix-agent 并将其设为开机自启，具体命令如下：

```
[root@localhost ~]# systemctl start zabbix-agent
[root@localhost ~]# systemctl enable zabbix-agent
```

4. 配置防火墙与 SELinux

为避免防火墙拦截服务器发送到客户端上 10050 端口的指令，需设置防火墙，使其开放 10050 端口的访问权限，具体命令如下：

```
[root@localhost ~]# firewall-cmd --zone=public --add-port=10050/tcp --permanent
```

用户也可关闭防火墙并禁止其开机启动。此外，为避免 SELinux 引起不必要的麻烦，应关闭 SELinux。关闭防火墙与 SELinux 的方法在第 5 章已有讲解，此处不再赘述。

7.3.4 连通性测试

7.3.2 节在服务器主机中配置 Zabbix Server 的同时，安装了一个名为 zabbix-get 的软件包,这个软件包是 Zabbix 中的一个程序,使用此程序,Zabbix 服务器可向 Zabbix 客户端索取数据,通常运维人员也使用此程序来验证 Zabbix Agent 的配置。zabbix-get 提供的命令为 zabbix_get,该命令的语法格式如下:

```
zabbix_get-s <host name or IP> [-p <port>] [-I <IP address>] -k <key>
```

以上命令格式中包含多个选项,这些选项分别指定不同的内容,具体介绍如下。

- -s:指定远程 Zabbix Agent 的 IP 地址或者主机名。
- -p:指定远程 Zabbix Agent 的端口,默认端口号为 10050。
- -I:设置本机发送指令的 IP 地址,用于一台物理机配置有多个网卡的情况。
- -k:key 是 Zabbix Agent 中数据的唯一标识,-k 选项用于指定 key。

以获取客户端主机 192.168.255.158 中信息,验证该主机中 Zabbix Agent 的配置为例,zabbix_get 命令的具体用法如下:

```
#获取主机 192.168.255.158 的操作系统名称
[root@localhost ~]# zabbix_get -s 192.168.255.158 -k system.uname
Linux localhost.localdomain 3.10.0-514.el7.x86_64 #1 SMP Tue Nov 22 16: 42: 41 UTC 2016 x86_64
#获取主机 192.168.255.158 的处理器 15 分钟内的平均负载
[root@localhost ~]# zabbix_get -s 192.168.255.158 -k system.cpu.load[all,avg15]
0.050000
```

如上所示,在 Zabbix Server 端使用 zabbix_get 命令后成功从主机 192.168.255.158 中获取数据,由此可知,主机 192.168.255.158 中的 zabbix-agent 配置成功。

7.4　如何使用 Zabbix

zabbix_get 一般用于测试 Zabbix Agent 的配置情况,Zabbix 的正式使用集中在 Zabbix 的可视化界面——Zabbix Web 中。运维人员可通过 Zabbix Web 观察处于 Zabbix 监控下的各主机的状态。如果是首次使用 Zabbix,那么整个使用流程是从登录开始,继而添加主机(Host)、添加监控项(Item)、添加触发器(Trigger)以及设置动作(Action)等。本节将针对 Zabbix 的这些操作进行讲解。

7.4.1　创建 Zabbix 用户

Zabbix Web 提供了默认账户 Admin,用户可通过此账户登录 Zabbix,但为保障系统安全,应在登录后通过 Admin 创建新用户,通过新用户使用 Zabbix。下面对创建新用户的方式进行讲解。

单击 Zabbix 主页(见图 7-16) 菜单栏中的 Administration 按钮,选择 Users 选项,单击 Users 界面右上角的 Create user 按钮,进入创建用户界面,如图 7-18 所示。

在如图 7-18 所示界面的文本框中填入 Alias(别名)、Name(用户名)、Surname(姓)、Group(用户组)、Password(用户密码)等信息,单击菜单栏的 Media,为该用户添加媒介(即设置 Zabbix 发送警告的通道);单击顶部的 Permissions 切换到相应标签页为用户设置权限,具体设置如下。

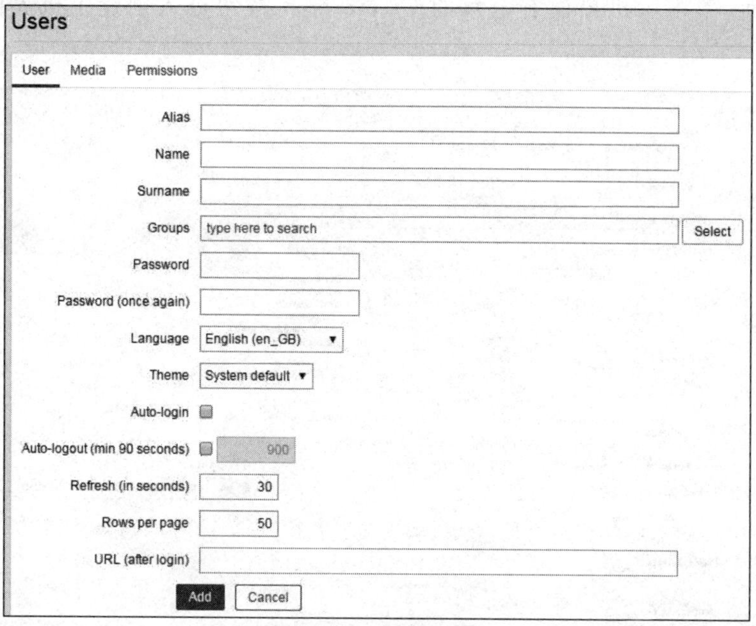

图 7-18　创建用户界面

- Alias：chan。
- Name：chan。
- Surname：chan。
- Groups：Zabbix administrations。
- Media：root@localhost. localadmi。
- Permissions：Zabbix Super Admin。

设置完成后单击界面下方的 Add 按钮，完成新用户的创建，之后可在 Users 界面的用户列表中看到新增的用户。添加用户 chan 后的用户列表如图 7-19 所示。

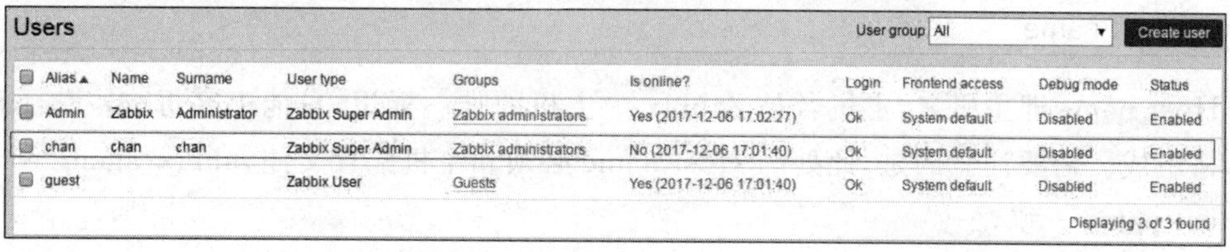

Alias ▲	Name	Surname	User type	Groups	Is online?	Login	Frontend access	Debug mode	Status
Admin	Zabbix	Administrator	Zabbix Super Admin	Zabbix administrators	Yes (2017-12-06 17:02:27)	Ok	System default	Disabled	Enabled
chan	chan	chan	Zabbix Super Admin	Zabbix administrators	No (2017-12-06 17:01:40)	Ok	System default	Disabled	Enabled
guest			Zabbix User	Guests	Yes (2017-12-06 17:01:40)	Ok	System default	Disabled	Enabled

图 7-19　Users 列表

至此，新用户 chan 创建成功。

7.4.2　添加 Host

监控系统是为了实时掌握服务器状态，保证服务器正常运作而设的，换言之，监控系统中的被监控端一般都是服务器主机(Host)。此处开始，将使用 7.4.1 节创建的用户 chan 登录 Zabbix，并由该用户向 Zabbix 中添加待监控主机。

向 Zabbix 中添加主机的操作为：单击 Zabbix Web 首页的 Configuration→Hosts 命令

进入主机界面，单击主机界面右上角的 Create host 按钮进入创建主机界面，如图 7-20 所示。

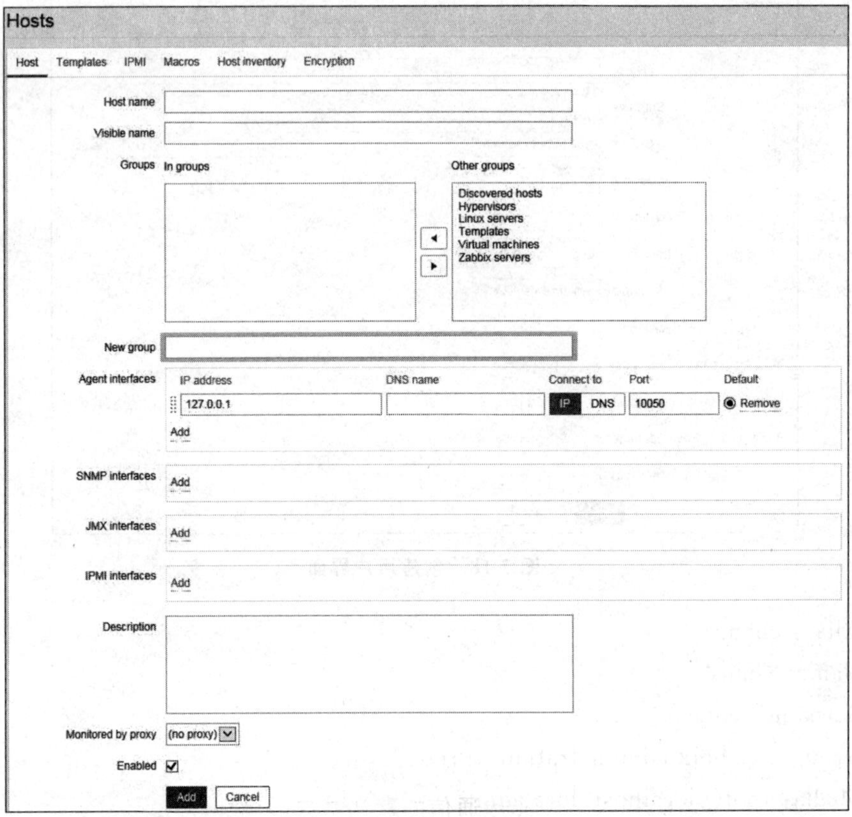

图 7-20 创建新的主机

在创建新主机之前需先对其进行配置。下面先对图 7-20 中的各项内容进行讲解。

1. Host name

Host name 即主机名，主机名是 Zabbix 中主机的唯一标识，只能由字母、数字、下画线和空格组成。需要注意的是，此处的 Host name 必须和主机配置文件 zabbix_agent.conf 中的 Host name 一致。

2. Visible name

Visible name 为可选项，意为显示名称，即该主机显示在 lists、map 中的名称，支持 utf8 编码。

3. Groups

Groups 用于选择主机要加入的组，一台主机至少要加入一个组。主机组的设置是为了方便对同一类主机的管理，分组一般按照如下几种原则进行。

- 按主机中系统的版本进行分组。

• 按主机所在地理位置的纬度分组。
• 按主机负责的业务为单位分组。
• 按主机的用途进行分组。
• 按主机使用的应用程序分组。
• 其他。

4. New group

通过 New group 可创建新组，若已有的主机组并非要加入的组，可在此处写入组名，将主机加入新建的主机组。

5. interfaces

interfaces 意为接口，此项的功能是在主机上添加一个接口，即配置主机采集数据的方式。这里可添加的接口有 4 种，分别为 Agent、SNMP、JMX 和 IPMI。Zabbix 中主机定义的接口可以不唯一，若配置了多种接口，当需要获取数据时，Zabbix 会按照 Agent→SNMP→JMX→IPMI 的顺序依次调用接口，直到找到合适的接口为止。

Zabbix 为主机定义的每种接口又包含以下几项内容。

• IP address：即主机的 IP 地址，此项为可选项。
• DNS name：即主机的 DNS 名，此项亦为可选项。
• Connect to：设置 Zabbix 寻找主机的方式。若选择 IP，则根据输入的 IP 地址去寻找主机；若选择 DNS，则根据 Host name 和 DNS 去解析 IP。
• Port：Zabbix 使用的 TCP 端口，默认使用主机的 10050 端口。
• Default：表示该接口为与 Agent 通信的默认端口。

6. Description

Description 中一般需写入主机的描述信息，表明主机的功能，方便其他运维人员了解服务器。

7. Monitored by proxy

主机可以被 Zabbix 服务器监控，由服务器收集所有主机中 Agent 采集到的数据，也可以被 Zabbix Proxy 监控。Zabbix Proxy 即 Zabbix 服务器的代理，可代替服务器收集数据，将从多台主机中收集到的数据一次性交给服务器。此项可配置使用哪个 Proxy 监控主机，默认选项 no proxy 表示不使用代理。

8. Enabled

Enabled 用于选择是否启用当前主机，此项默认选中，表示启用。

下面将配置一台新主机。在如图 7-20 所示的界面中写入 Host name（主机名）、选择 Groups In grous、填入客户机接口信息（IP address 与 Port），这几项的具体设置如下。

• Host name：Test_Host1。
• Groups In groups：Virtual machines。

- IP address：192.168.255.158。
- Port：10050。

其他设置保持不变，单击界面末尾的 Add 按钮，完成主机的创建并返回已监控的客户机界面，此时界面如图 7-21 所示。

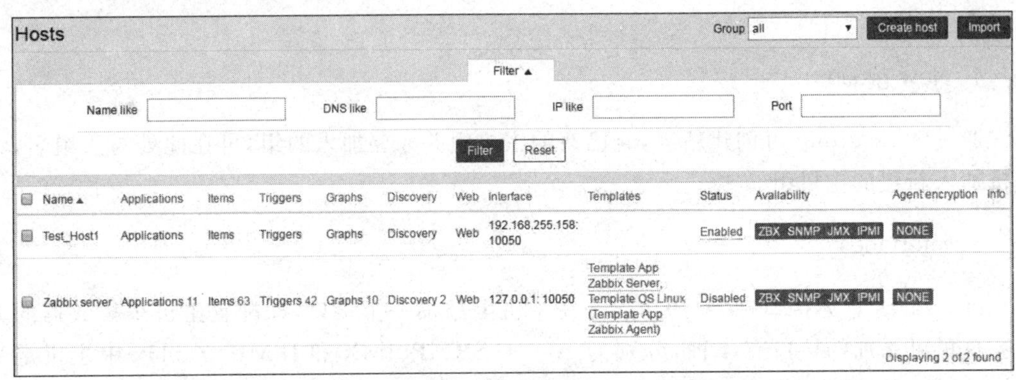

图 7-21　已监控的主机列表

由图 7-21 可知，主机 192.168.255.158 已被成功添加到监控列表中。监控列表中除刚添加的 Test_Host1 外，还有一台名为 Zabbix server 的主机，这台主机是 Zabbix 服务器所在主机，它也需要被监控。Zabbix 服务器会自动添加该主机到监控列表中，但默认情况下该主机 Status 项的值为 Disabled，表明 Zabbix server 处于禁用状态，即 Zabbix 服务器并未开启对自身所在主机的监控。用户可单击 Disabled，将其状态更改为 Enabled。

观察图 7-21，被监控主机列表中 Availability 的值皆为灰色，Zabbix Web 界面中灰色一般表示未启用。我们在创建主机 Test_Host1 时已为其添加了 Agent 接口，此处之所以仍显示为灰色，一般是因为主机尚未安装 zabbix-agent。在主机 Test_Host1 与服务器主机中安装并开启 zabbix-agent，配置防火墙，关闭 SELinux，刷新 Zabbix 的 Web 界面，此时界面如图 7-22 所示。

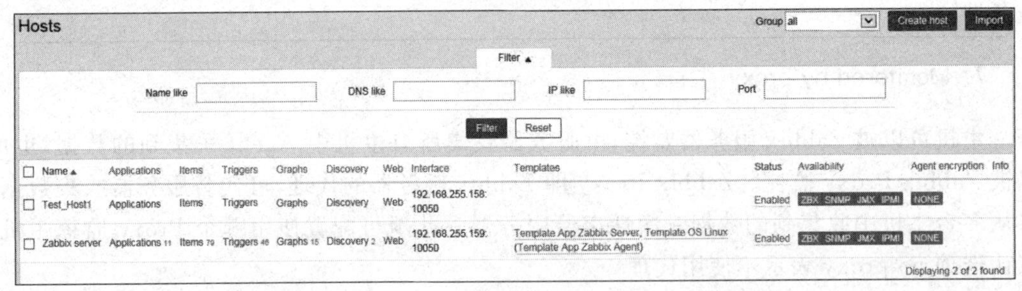

图 7-22　配置主机 Test_Host1 的监控方式

至此，主机添加完成。

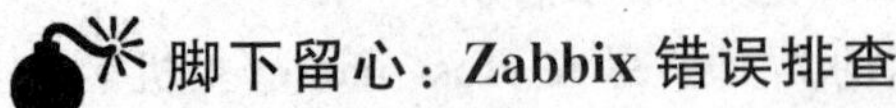

脚下留心：Zabbix 错误排查

在向 Zabbix 服务器中添加主机时可能会出现异常（Web 界面中通过红色表示异常），下面将对常见的几种异常进行分析，并给出排错方式。

1. No route to host

No route to host 意为“没有到达主机的路由”，将鼠标指针放在 ZBX 图标上后，会显示如图 7-23 所示的错误信息。

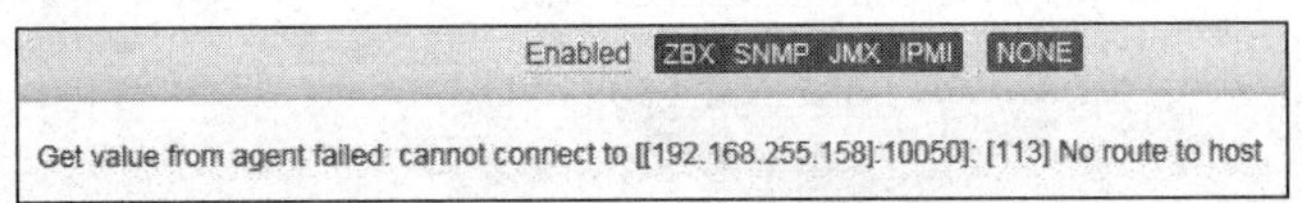

图 7-23　No route to host

此种错误的原因通常与网络连接有关，用户可按照以下步骤逐项排查。

(1) 查看相应主机是否开启。

(2) 在 Zabbix Server 所在主机中 ping 相应主机，测试网络是否连通。

(3) 使用 telnet 测试 10050 和 10051 端口，检测主机是否允许这两个端口通信。

(4) 查看防火墙是否拦截 10050 与 10051 端口，以及 SELinux 是否开启。

2. Connection refused

Connection refused 意为“拒绝连接”，该错误信息具体如图 7-24 所示。

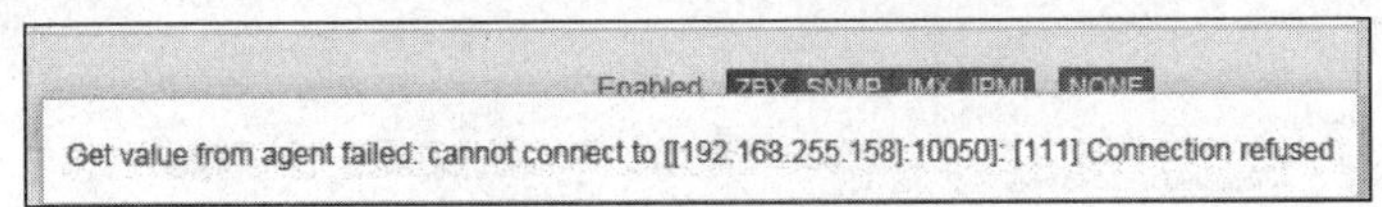

图 7-24　Connection refused

出现此错误的原因一般为被监控主机未打开 zabbix-agent，使用 systemctl 命令开启即可。

7.4.3　配置 Item

Item(监控项)是与特定监控指标相关的数据，这些数据来源于被监控的主机(也称为被监控对象)。对于 Zabbix 而言，没有监控项，也就没有数据，监控项是数据的核心。Zabbix 中的每个监控项都由 Key(键值)标识。

单击 Zabbix Web 首页的 Configuration→Hosts 命令，进入主机界面，在主机列表中单击主机 Test_Host1 的 Items 项，进入 Items 界面，此时可看到该界面下半部分的 Subfilter 列表为空，说明该主机尚未添加 Items，单击 Items 界面右上角的 Create item 按钮进入创建监控项界面，如图 7-25 所示。

创建 Item 之前需先对 Item 的属性进行配置，下面先来了解图 7-25 中的 Item 各属性的含义。

1. Name

Name 项用于设置 Item 的名字，支持中文与符号，但一般使用英文表示。

2. Type

Type 用于设置 Item 的监控类型，单击 Type 项右边下拉列表框中的箭头，可看到此项的所有取值，具体如图 7-26 所示。

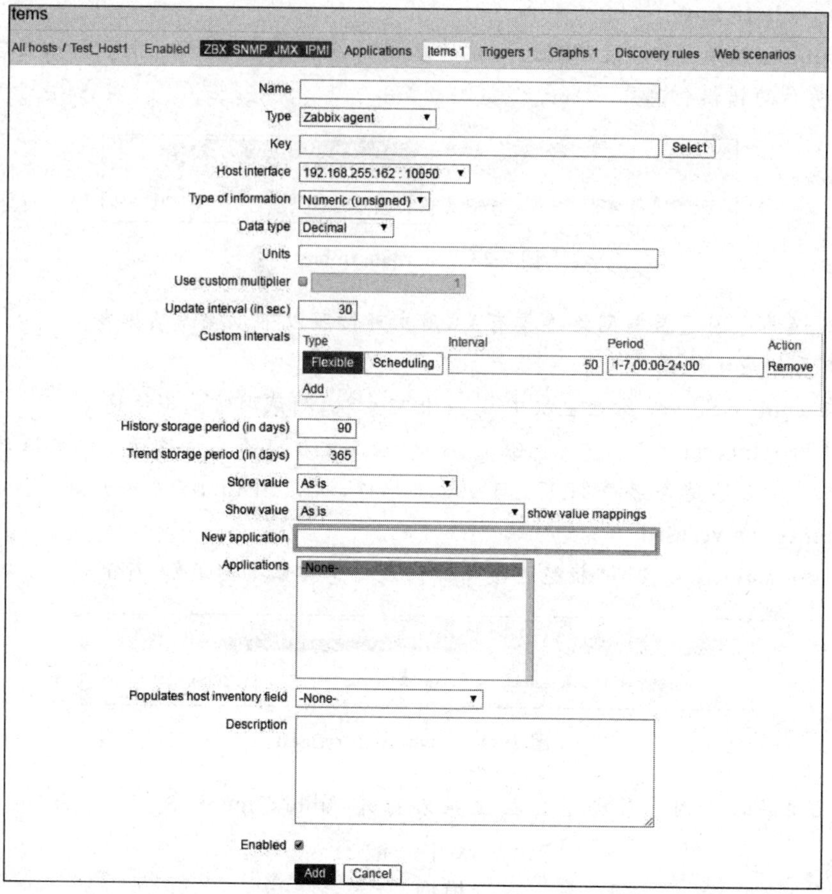

图 7-25　创建 Item

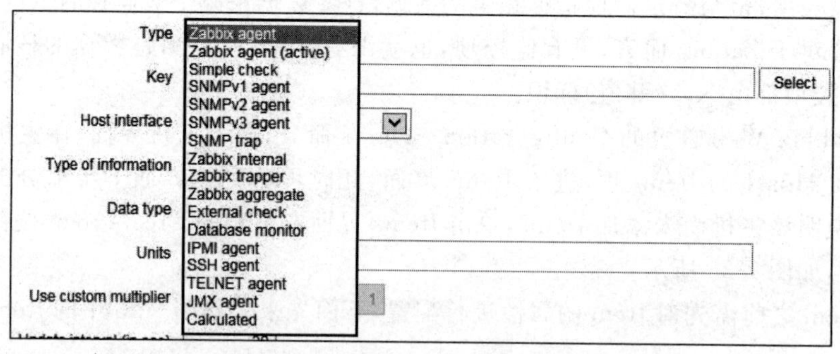

图 7-26　Item 的可选类型

在使用 Agent 采集数据时，监控类型分为 Zabbix agent 与 Zabbix agent(active)两种，其中，Zabbix agent 为被动模式，由 Zabbix Server 向 Zabbix Agent 索取数据；Zabbix agent (active)为主动模式，由 Zabbix Agent 主动将数据提交给 Zabbix Server。

3. Key

Key 表示键值，是主机中 Item 的唯一标识。Zabbix 中内置了一些 Key，单击该选项右侧的 Select 按钮可查看已有的 Key。

4. Host interface

Host interface 表示主机接口，与主机配置中的 interfaces 关联，可从相关主机配置的所有 interfaces 中进行选择。

5. Type of information

Type of information 表示 Key 返回值的数据类型，可选类型如下。

- Numeric(unsigned)：64 位无符号整型。
- Numeric(float)：浮点型。
- Character：字符型。
- Log：日志文件，选择此项时 Key 必须为 log[]。
- Text：文本类型。

6. Data type

Data type 用于设置获取到的整数数据的表示方法，可选取值有 Boolean(布尔类型)、Octal(八进制)、Decimal(十进制)与 Hexadecimal(十六进制)。获取到数据后 Zabbix 会自动将其转换为数字。

7. Units

Units 用于设置数据的单位。Zabbix 中一般不使用大数字表示数据。例如，不使用 86400 来表示一天，因为这种大数字概念模糊，且容易出错。Zabbix 设置了单位的概念，将大数字进行简化。常用的单位有时间单位(如 s、m、h、d、w、y)、流量单位(如 B、K、G、M、T)、量度单位(K、M、G、T)等。

8. Use custom multiplier

Use custom multiplier 意为“使用自定义乘数”。若开启此项，所有接收到的整数或浮点数都会乘以此项对应的文本框中的数值。

9. Update interval

Updateinterval 表示数据更新间隔，单位为秒。若该项值为 0，则表示这个数据永不更新。

10. Custom intervals

Custom intervals 用于设置自定义间隔，此项有两种模式可供选择，分别为 Flexible(灵活模式)和 Scheduling(时间表模式)。这两种模式可指定相同的数据更新间隔，如设置更新间隔为每周一到周五的 6:00～18:00，每 10 秒更新一次数据时，Flexible 与 Scheduling 模式下的设置分别如图 7-27(a)和图 7-27(b)所示。

一般情况下，若需要自定义间隔，且需覆盖原有数据更新间隔时，使用 Flexible 模式；若

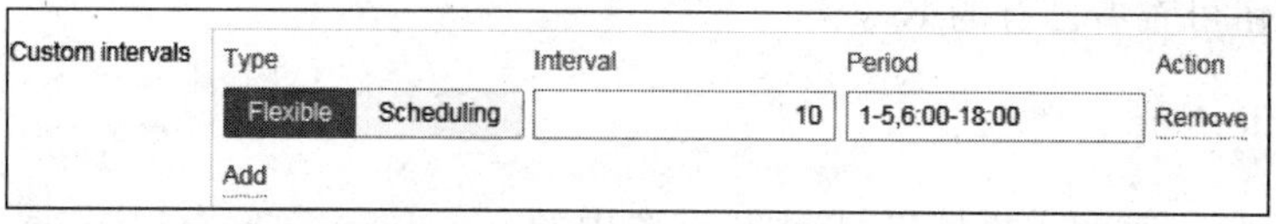

Custom intervals | Type | Interval | Period | Action
Flexible | Scheduling | 10 | 1-5,6:00-18:00 | Remove
Add

(a) Flexible

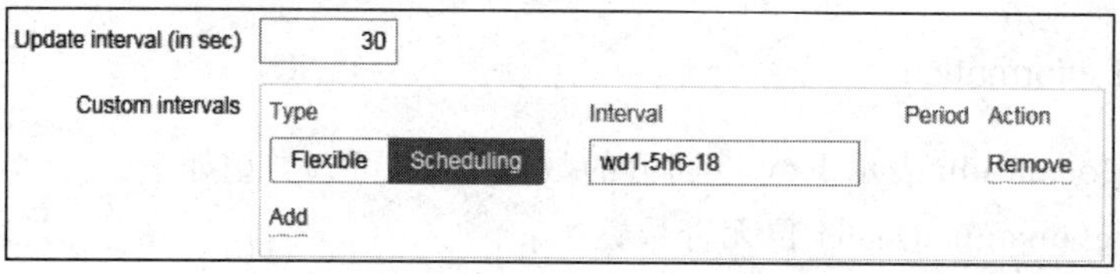

Update interval (in sec) 30
Custom intervals | Type | Interval | Period | Action
Flexible | Scheduling | wd1-5h6-18 | Remove
Add

(b) Scheduling

图 7-27　自定义间隔

仅自定义间隔，则使用 Scheduling 模式，数据更新间隔沿用 Update interval 的设置。

11. History storage period(in days)

History storage period 表示历史存储时间，单位为天。此项用于设置历史记录可在数据库中保存的时间，过期的历史数据将被删除。

12. Trend storage period(in days)

Trend storage period 表示趋势数据存储时间，单位为天。此项用于设置趋势数据在数据库中保留的时长，过期的趋势数据将被删除。

13. Store value

Store value 用于设置存储数值的方式，可选方式有 As is、Delta(speed per second)与 Delta(simple change)3 种。

(1) 当选择 As is 时，数据直接被存储，不做任何处理。

(2) 当选择 Delta(speed per second)时，使用如下公式进行计算。

$$(value-prev\_value)/(time-prev\_time)$$

此公式中的 vaule 为获取到的原始数据，prev_value 为上次接收到的值，time 为当前时间，prev_time 为上次接收到数据的时间。此种方式一般用于增长型数据，如网卡流量、每次获取到的都是网卡的总流量。

值得注意的是，若本次获取的值小于上次获取的值，那么本次的值将被 Zabbix 忽略。

(3) 当选择 Delta(simple change)时，使用如下公式进行计算：

$$(value-prev\_value)$$

14. Show value

Show value 表示值映射，使用此项需配置数字映射到字符的映射表。例如，映射表中存在记录“1=>login. com”，那么当 key 返回的值为 1 时，监控界面不显示 1，而是显示 login. com 访问正常。只有返回值为整型且直接保存的 key 值可以使用此项。

15. New application

一个监控项可以属于零个或多个应用，若监控项需包含的应用不存在，则可通过此项新建应用。

16. Applications

Applications 用于显示当前监控项所属的应用列表。

17. Populates host inventory field

Populates host inventory field 意为填充主机清单字段，随着 Zabbix 监控的设备规模逐步扩增，运维人员将很难彻底了解每台服务器的配置，因此一般公司都会设置自己的资产清单。Zabbix 则专门设置了设备资产管理功能，当在 Zabbix 中创建或编辑主机时，可看到设备环境中的清单信息（包括 MAC 地址、硬件信息等）。运维人员可通过手动模式或自动模式创建或配置主机，自动模式下部分信息会被自动填充。

18. Description

Description 一般需写入监控项的描述信息，表明监控项的功能，方便其他运维人员了解监控项。

19. Enabled

Enabled 用于选择是否启用当前监控项，此项默认选中，表示启用。

了解创建监控项界面的各项配置信息后，下面来为主机 Test_Host1 创建一个监控项，此监控项中需额外配置的信息如下。

- Name：CPULoad。
- Type：Zabbix agent。
- Key：system. cpu. load[,avg1]。
- Host interface：192. 168. 25. 162：10050。
- Type of information：Numeric(float)。

按照以上内容配置新监控项，其余各项保持默认设置。配置完成后，单击界面底部的 Add 按钮，完成 Item 的创建。之后界面会跳回 Items 界面，此时可观察到该界面中的 Items 项后出现数字 1（该数字即为主机已有 Item 的数量），同时可在界面下方的 Subfilter 列表中观察到方才新增的 Item 项，如图 7-28 所示。

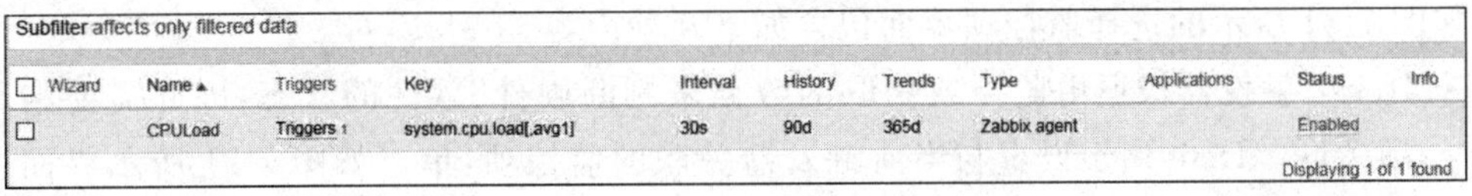

Subfilter affects only filtered data

☐ Wizard	Name ▲	Triggers	Key	Interval	History	Trends	Type	Applications	Status	Info
☐	CPULoad	Triggers 1	system.cpu.load[,avg1]	30s	90d	365d	Zabbix agent		Enabled	

Displaying 1 of 1 found

图 7-28　Subfilter 列表

注意到 Subfilter 列表上方有如图 7-29 所示的区域，此部分区域用于过滤监控项，用户可在该区域选择配置信息，过滤出希望查看的监控项。

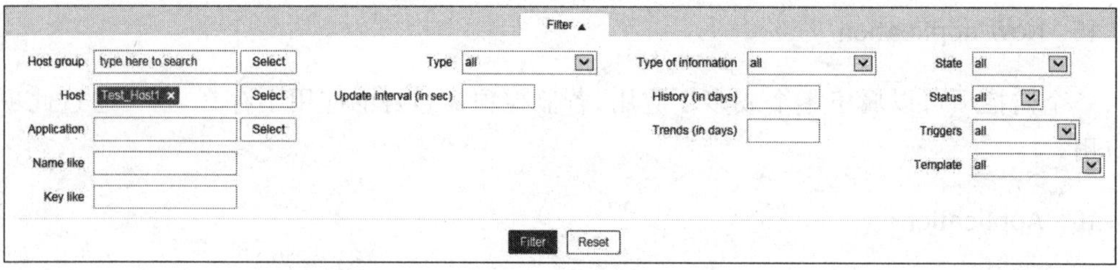

Filter ▲

Host group | type here to search | Select | Type | all | Type of information | all | State | all
Host | Test_Host1 ✕ | Select | Update interval (in sec) | History (in days) | Status | all
Application | Select | Trends (in days) | Triggers | all
Name like | Template | all
Key like

Filter | Reset

图 7-29 过滤器

当然这种添加单个 Item 的方法并不实用，当设备环境中主机较多时，运维人员一般通过模板(Template)为主机批量添加 Item。模板实际上是一组 Item，当将一个模板关联到一台主机时，该模板中的所有 Item 以及触发器(Trigger)、图表(Graph)等都会被添加。相对而言，模板显然更加高效，关于模板的知识将在 7.6 节讲解。

7.4.4 创建 Trigger

Zabbix 中的 Trigger(触发器)主要用于评估某个监控对象中特定 Item 内相关数据是否合理，其核心是一个表达式，表达式格式如下：

```
{<server>:<key>.<function>(<parameter>)}<operator><constant>
{<主机>:<键值>.<函数>(<参数>)}<表达式><常数>
```

表达式的结果影响触发器的状态。若触发器的原始状态为 OK，当表达式的结果为 True 时，触发器的状态将从 OK 变为 Problem，否则触发器的状态保持不变；若触发器的原始状态为 Problem，那么当表达式的结果不为 True 时，触发器的状态从 Problem 变为 OK。

下面将演示如何为一个监控项添加触发器：单击 Zabbix Web 首页的 Configuration→Hosts 命令，进入主机界面，单击主机 Test_Host1 的 Triggers 项，进入 Triggers 界面(此时可看到该界面下半部分的 Severity 列表为空，说明该主机尚未添加 Triggers)，单击 Triggers 右上角的 Create triggers 按钮进入创建触发器界面，如图 7-30 所示。

Name、Description 与 Enabled 分别表示触发器名、描述信息与是否启用此触发器。下面对如图 7-30 所示的创建触发器界面中包含的其他主要配置进行讲解。

1. Expression

Expression 用于设置触发器的表达式，每个触发器都需与监控项关联，单击该选项表格右侧的 Add 按钮，可通过如图 7-31 所示界面选择并设置监控项。

如图 7-31 所示的选择监控项界面包含如下几项内容。

- Item：触发器根据由监控项获取的数据来判断硬件、软件的状态，因此需要与监控项关联。Item 用于设置与当前触发器关联的监控项，单击如图 7-31 所示界面中的 Select 按钮，可在弹出的监控项列表中通过单击监控项名称选择监控项。
- Function：当前触发器使用的函数表达式，单击此项下拉列表框中的下拉箭头，可在如图 7-32 所示的功能列表中进行选择。

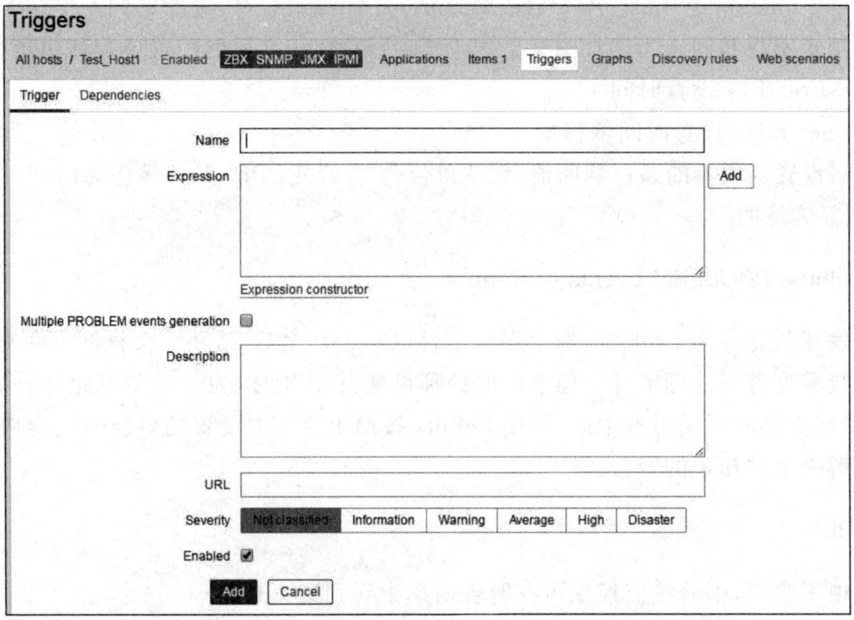

Triggers
All hosts / Test_Host1　Enabled　ZBX SNMP JMX IPMI　Applications　Items 1　Triggers　Graphs　Discovery rules　Web scenarios
Trigger　Dependencies
Name
Expression　Add
Expression constructor
Multiple PROBLEM events generation
Description
URL
Severity　Not classified　Information　Warning　Average　High　Disaster
Enabled
Add　Cancel

图 7-30　创建触发器

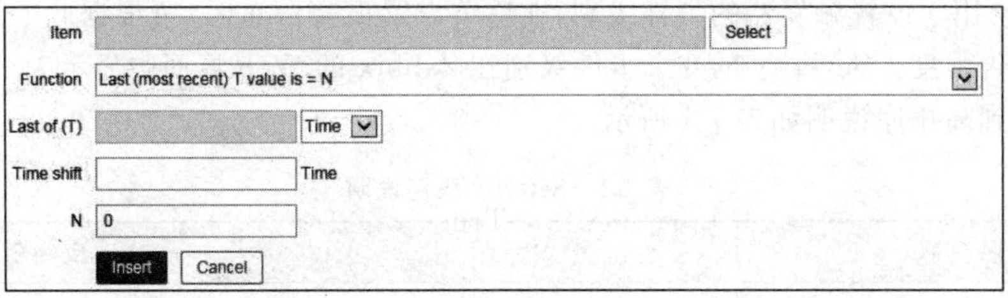

Item　Select
Function　Last (most recent) T value is = N
Last of (T)　Time
Time shift　Time
N　0
Insert　Cancel

图 7-31　选择监控项

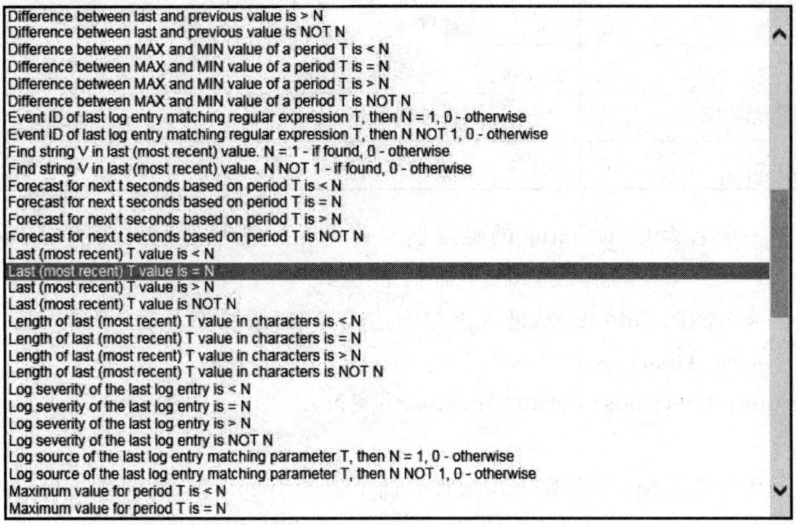

Difference between last and previous value is > N
Difference between last and previous value is NOT N
Difference between MAX and MIN value of a period T is < N
Difference between MAX and MIN value of a period T is = N
Difference between MAX and MIN value of a period T is > N
Difference between MAX and MIN value of a period T is NOT N
Event ID of last log entry matching regular expression T, then N = 1, 0 - otherwise
Event ID of last log entry matching regular expression T, then N NOT 1, 0 - otherwise
Find string V in last (most recent) value. N = 1 - if found, 0 - otherwise
Find string V in last (most recent) value. N NOT 1 - if found, 0 - otherwise
Forecast for next t seconds based on period T is < N
Forecast for next t seconds based on period T is = N
Forecast for next t seconds based on period T is > N
Forecast for next t seconds based on period T is NOT N
Last (most recent) T value is < N
Last (most recent) T value is = N
Last (most recent) T value is > N
Last (most recent) T value is NOT N
Length of last (most recent) T value in characters is < N
Length of last (most recent) T value in characters is = N
Length of last (most recent) T value in characters is > N
Length of last (most recent) T value in characters is NOT N
Log severity of the last log entry is < N
Log severity of the last log entry is = N
Log severity of the last log entry is > N
Log severity of the last log entry is NOT N
Log source of the last log entry matching parameter T, then N = 1, 0 - otherwise
Log source of the last log entry matching parameter T, then N NOT 1, 0 - otherwise
Maximum value for period T is < N
Maximum value for period T is = N

图 7-32　选择触发器函数

常用的 Function 有 Last、Average、Maximun、Minimun 等，选择不同的 Function，之后显示的选项也不尽相同。当选择图 7-32 中所选的函数时，之后的配置项及其功能如下。

- Last of(T)：设置时间。
- Time shift：设置时间偏移量。
- N：设置触发器的条件判断值，默认单位为 s，若使用 m、h、d 等作为时间单位，则必须显式注明。

2. Multiple PROBLEM events generation

当触发器状态变为 Problem 时会触发事件(Event)，之后 Zabbix 会根据事件发送警报，由运维人员根据警报处理事件。但事件的处理可能并不及时，为了避免因此导致的系统漏洞，在配置触发器时可通过选中此项，使 Zabbix 按照 Items 中设置的更新时间为周期，不断发送与未解决事件相关的警告。

3. URL

若此项不为空，则后续监控中可在警告信息中看到此 URL。

4. Severity

Severity 用于设置触发器的事件级别，在后续设置报警信息时，可根据此处选择的事件级别设置警告强度。Severity 的 6 个事件级别在 Zabbix 的 Web 界面中显示为不同的颜色，以级别由低到高排序说明如表 7-1 所示。

表 7-1 Severity 级别说明

名　称	说　明	对应颜色
Not classified	未分类	灰色
Information	一般信息	蓝色
Warning	警告	黄色
Average	一般故障	橙色
High	高级别故障	红色
Disaster	致命故障	紫红色

下面新建一个名为 CPUStatus 的触发器。首先在配置触发器界面的 Name 选项中写入触发器名 CPUStatus，之后设置触发器的表达式，单击新建触发器界面(见图 7-30)Expression 选项右侧的 Add 按钮，进入添加表达式界面，按照如下信息配置表达式。

- Item：Test_Host1：CPULoad。
- Function：Last(most recent) T value is＝N。
- N：2。

表达式其余两项留空，单击表达式配置界面下方的 Insert 按钮，将配置好的表达式插入触发器界面的 Expression 中。此时，Expression 的值如图 7-33 所示。

图 7-33 中表达式“{Test_Host1：system. cpu. load[，avg1]. last()}＞2”的含义为：当

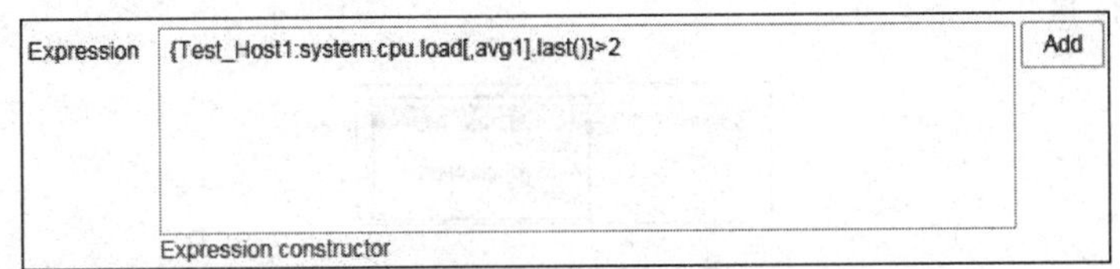

图 7-33　触发器表达式

主机 Test_Host1 中 Item 采集到监控项 system. cpu. load 一分钟内的均值大于 2 时，触发级别为 High 的事件。

表达式添加完成后，选中 Multiple PROBLEM events generation 与 Enabled，单击选择 Severity 的 High 级别，开启重复报警、启用触发器并设置触发器触发的事件级别为 High。

配置完成后，单击界面下方的 Add 按钮完成触发器的创建，界面将返回 Triggers 界面，此时可观察到 Severity 列表中新增了名为 CPUStatus 的项，如图 7-34 所示。

图 7-34　触发器 CPUStatus

Severity 列表上方也有一个过滤器，如图 7-35 所示，用户可根据触发器触发 Severity、State、Status 3 个选项过滤触发器。

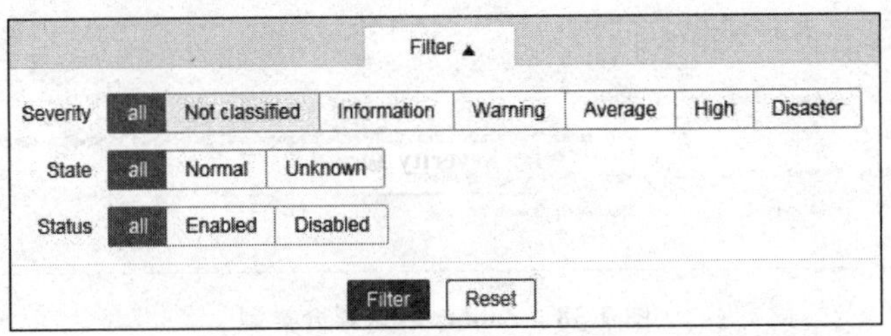

图 7-35　触发器过滤器

7.4.5　设置 Action

Action(动作)是对 Zabbix 中事件的响应，当 Zabbix 中有新的事件产生时，往往需要根据事件的类型对其进行处理，如发送时间通知，或按预定的程序执行某些脚本或命令等，此时便需配置 Action。

单击 Zabbix Web 界面工具栏中的 Configuration，选择列表中的 Actions 选项，将会跳转到 Actions 界面，在该界面可查看 Zabbix 上设置的所有事件列表，如图 7-36 所示。

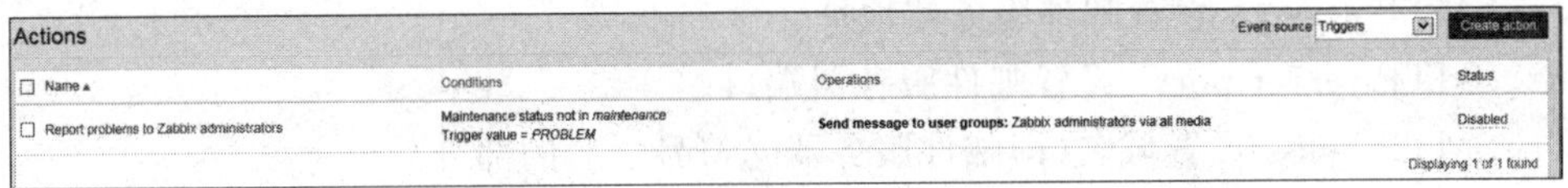

图 7-36　Actions 界面

Actions 界面右上角有一个名为 Event source 的下拉列表，单击下拉箭头，可看到如

图 7-37 所示的信息。

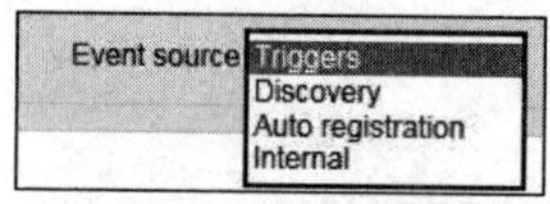

图 7-37 Event source

图 7-37 中下拉列表展示的是 Zabbix 支持的事件来源，其中每一项的含义如表 7-2 所示。

表 7-2 Zabbix 事件来源说明

名 称	说 明
Triggers	Trigger 的状态发生变化时产生事件 Triggers
Discovery	发生网络发现功能(network discovery)时产生事件 Discovery
Auto registration	当有新的 Zabbix Agent 自动注册到 Zabbix 时产生事件 Auto registration
Internal	Items 变为异常状态(unsupported)或 Trigger 变为未知状态时产生事件 Internal

运维人员无法时时注意服务器的状态，因此 Zabbix 应能使用一种即时且有效的方式主动向运维人员发送报警信息。Zabbix 默认定义了 3 种媒介(Media)，可通过 Administration→Media types 查看，如图 7-38 所示。

Media types　　Create media type

Name ▲	Type	Status	Used in actions	Details
Email	Email	Enabled		SMTP server: "mail.company.com", SMTP helo: "company.com", SMTP email: "zabbix@company.com"
Jabber	Jabber	Enabled		Jabber identifier: "jabber@company.com"
SMS	SMS	Enabled		GSM modem: "/dev/ttyS0"

Displaying 3 of 3 found

图 7-38 Zabbix 默认媒介类型

在如图 7-38 所示的媒介类型列表中，Email 指邮件；Jabber 指 XMPP(Extensible Messaging and Presence Protocol)，是一种以 XML 为基础的开放式即时通信协议；SMS 指短信，Zabbix 默认的 SMS 服务需要在机器上安装一个发送短信的硬件设备。

运维人员通常选用 Email 发送报警信息。单击 Email，可对媒介 Email 进行配置，配置界面如图 7-39 所示。

如图 7-39 所示界面中各选项的功能分别如下。

- Name：设置 Media 的名字。
- Type：设置媒介类型。
- SMTP server：设置邮件服务器地址。
- SMTP server port：设置邮件服务器端口。
- SMTP helo：设置域名(即邮件服务器@符号之后的部分)。
- SMTP email：设置发送报警邮件的邮箱。
- Connection security：设置连接方式。
- Authentication：设置身份验证的方式(此处可设置用户名和密码)。

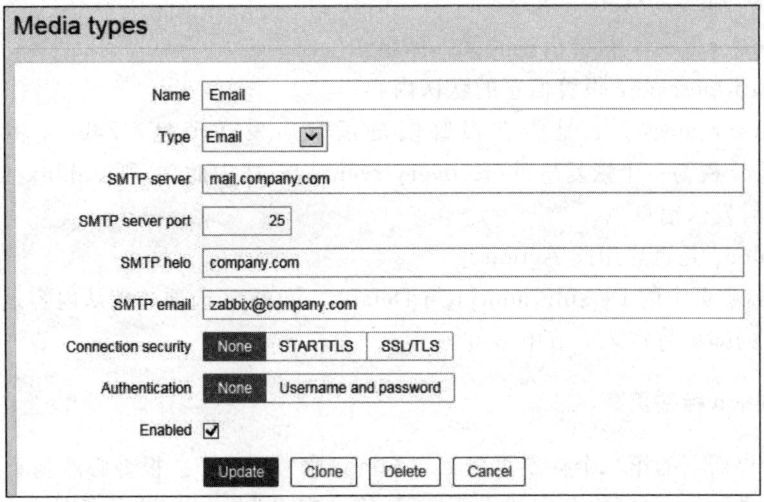

图 7-39　Media 配置界面

• Enabled：设置是否启用此媒介。

Media 配置界面保存默认配置，使用名为 mail. company. com、端口号为 20、域名为 company. com 的邮件服务器发送邮件，读者亦可根据实际情况，对其配置进行更改。

至此，报警媒介 Email 已配置完毕，下面将讲解如何新建 Action。单击 Zabbix-Web 界面中的 Configuration，选择 Actions，单击新界面右上角的 Create action 按钮，进入创建 Actions 界面，具体如图 7-40 所示。

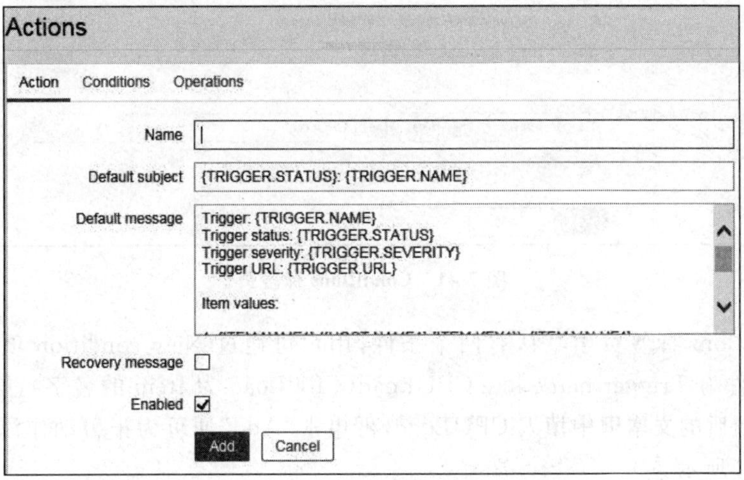

图 7-40　创建 Actions

Actions 界面有 3 个标签页，分别为 Action、Conditions 以及 Operations，下面对这 3 个标签页中的选项进行讲解。

1. Action 标签页

Action 标签页下各选项的功能如下。

- Name：唯一的 Action 名字。
- Default subject：报警信息的默认标题。
- Defautl message：报警信息的默认内容。
- Recovery message：是否在报警恢复正常后发送消息。Zabbix 将 OK 状态的 Trigger 视为一个恢复事件(recovery rvent)，若选中此项，则 Zabbix 会在报警恢复正常后发送消息。
- Enabled：是否启用此 Action。

Action 标签页中的 Default subject 与 Default message 选项的默认内容是 Zabbix 内置的宏，关于宏的知识将在 7.7 节中学习。

2. Condition 标签页

Actions 界面下的第二个标签页为 Condition，意为“条件”。报警必然基于某个条件，如 CPU 负载超过 80%、可用内存空间小于 1GB 等。在 Zabbix 中，这种条件一般为 Trigger，但 Zabbix 不可能为每一个 Trigger 都设置一个 Action，最好的方式是为 Trigger 分类，按类触发 Action。因此，在 Trigger 与 Action 之间，Zabbix 抽象出了 Condition 的概念，Condition 中可以配置一组条件，当某个 Trigger 满足这组条件时，就触发相应的 Action。如图 7-41 所示，为 Conditions 的默认界面。

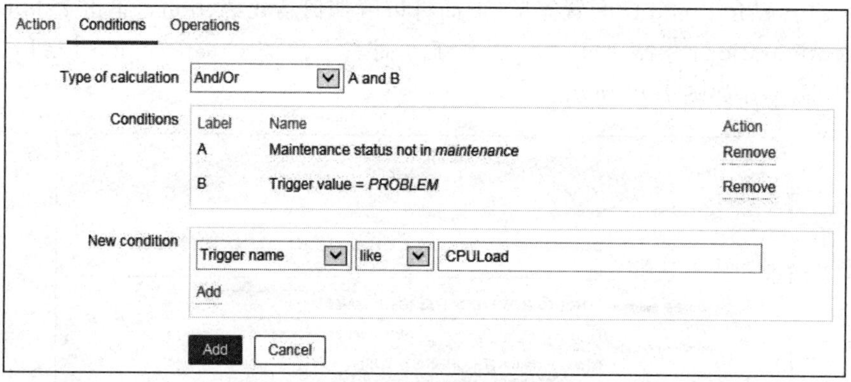

图 7-41 Conditions 标签页

在 Conditions 标签页中默认有两个条件，用户可通过 New condition 项创建新条件。例如，新建条件为 Trigger name like CPULoad(CPULoad 为 Item 的名字)，则只需在 New condition 选项后的文本框中填入 CPULoad，再单击“Add”便可为报警动作添加新的条件，效果如图 7-42 所示。

Conditions 标签页的第一项 Type of calculation 用于设置条件的计算方式，如图 7-43 所示。条件的计算方式分为 And(逻辑与)、Or(逻辑或)与 Custom expression(自定义表达式)3 种。

3. Operations 标签页

Actions 界面的第三个标签页为 Operations，如图 7-44 所示。

Operations 标签页用于配置 Action 触发后的具体操作，一般情况下 Zabbix 支持两种

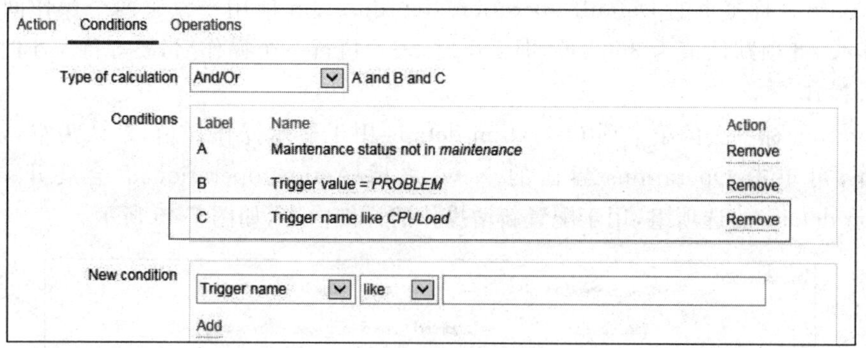

图 7-42　新增 Condition

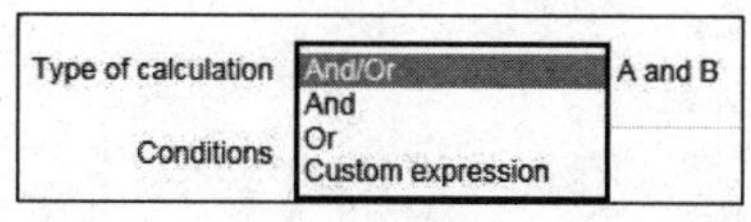

图 7-43　条件计算方式

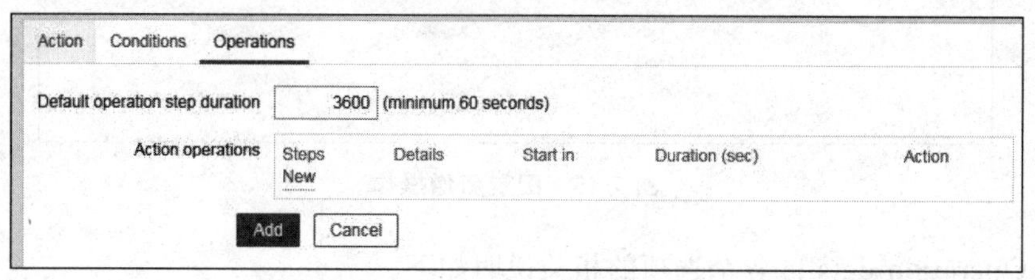

图 7-44　Operations 标签页

操作方式，分别是发送一条信息和执行一个命令。当事件为 Discovery 时，Zabbix 还支持如下几项额外动作。

- 添加主机(add host)。
- 移除主机(remove host)。
- 启用主机监控(enable host)。
- 关闭主机监控(disable host)。
- 添加主机到主机组中(add to group)。
- 将主机从主机组中删除(delete from group)。
- 将主机与模板链接(link to template)。
- 取消主机与模板的链接(unlink from template)。

当事件为 Auto-registration 时，Zabbix 也有以下几项额外动作。

- 发送消息(send message)。
- 远程命令(remote command)。
- 添加主机(add host)。
- 关闭主机监控(disable host)。
- 添加主机到主机组(add to group)。
- 将主机与模板链接(link to template)。

Operations 标签页的 Default operation step duration 项用于设置两个操作间的间隔，即操作步长，此项默认值为 3600 秒，即 1 小时，表示执行一个操作后，要等待 1 小时，才会执行下一个操作。

Operation 标签页的第二项 Operation details 用于显示操作详情，默认为空，若要新增具体操作，可单击 Operations 界面的 New，之后 Action operation 下会展开一个名为 Operation details 的选项组，用于配置新增操作的详细内容，如图 7-45 所示。

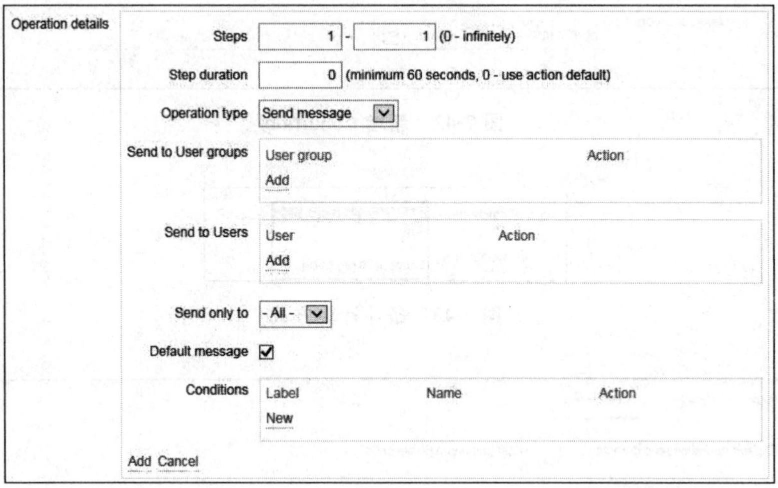

图 7-45 配置新增操作

关于 Operation details 各个选项的相关说明如下。

(1) Steps 项用于设置在报警升级与扩散时动作的执行顺序，此项有两个文本框，分别用于设置步的开始与结束。

(2) Step duration 项用于设置单步操作的默认持续时间，最低为 60 秒。若将其设置为 0，则使用 Default operation step duration 选项设置的值作为默认值。同一个步骤中可以有多个操作，若这些操作的默认持续时间不同，那么实际以最短的 duration 为准。

(3) Operation type 用于设置操作类型，此项可有两种取值：Send message 和 Remote command，即发送邮件与执行远程命令。Operation details 的后 5 项与 Operation type 的选择有关，当选择 Send message 时，之后的各项如图 7-45 所示，每项代表的含义如下。

- Send to User groups：单击此项的 Add，可添加一些 User Group，将报警信息批量发送给用户组中的所有用户。
- Send to Users：单击此项的 Add，可添加一个或多个接收报警信息的目标用户。
- Send only to：选择发送报警信息时使用的媒介类型，若选择 Email，将会通过电子邮件发送报警信息。
- Default message：使用默认格式发送邮件，此项默认选中，若取消选中，可看到邮件的默认格式。
- Conditions：Conditions 即前文提到的“条件”，若要使用此项，可单击 Conditions 选项对应的 New，创建条件。

当选择 Remote command 作为操作类型时，Operation details 的选项依次为 Operation type、Target list、Type、Execute on、Commands、Conditions，具体如图 7-46 所示。

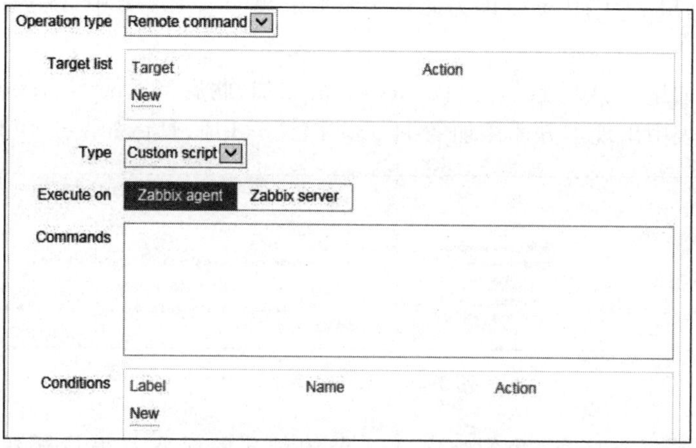

Operation type　Remote command

Target list　Target　Action　New

Type　Custom script

Execute on　Zabbix agent　Zabbix server

Commands

Conditions　Label　Name　Action　New

图 7-46　Remote command 选项

图 7-46 中除 Operation type 外的其余各项的说明分别如下。

- Target list 意为目标列表，用于设置 Action 使用的命令。单击 New，可展开如图 7-47 所示的 Target 项，在 Target 中可选择执行命令的主机或主机组。

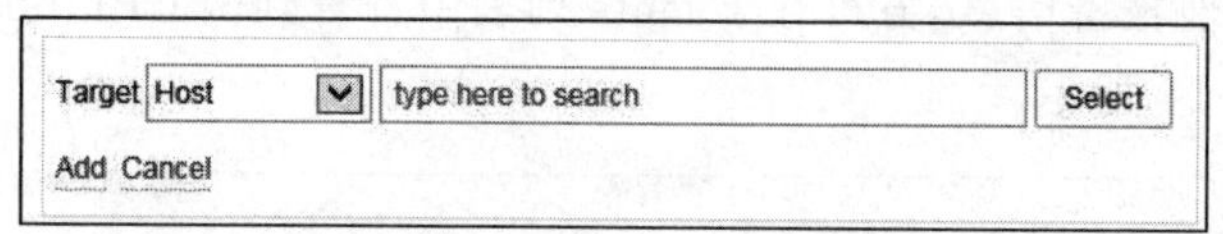

图 7-47　新增 Target

- Type 用于选择执行命令的类型，可选项有 IPMI、SSH、Telnet 以及 Custom script 与 Global script，后面两种以脚本的方式执行命令，当选择 Custom script 时，可选择命令执行位置（Zabbix agent 或 Zabbix server），并设置要执行的命令；当选择 Global scripts 时，可直接从主机的全局脚本列表中选择要执行的脚本。
- Conditions 与选择 Send mail 时的 Conditions 含义相同，此处不再赘述。

当以上各项配置完成，单击 Operation details 项底部的 Add，所有配置信息将被添加到 Action operations 中。假设 Opeartions type 选择 Send mail，其余各项保持默认值，单击 Add 后，Action operations 选项的信息如图 7-48 所示。

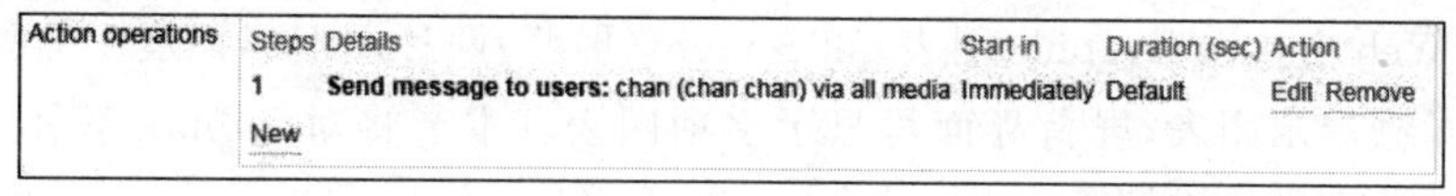

图 7-48　Action operations 配置结果

了解 Actions 界面各个选项的含义后，下面为 7.4.3 节配置的监控项 CPULoad 配置动作。

（1）在 Action 标签页设置 Actions 的 Name 为 High CPULoad。

（2）在 Operations 标签页，新建 Action operations，选择将报警信息发送给 7.4.1 节中创建的用户 chan，其余各项保持默认并保存此标签页信息。

(3) 在 Conditions 标签页中，设置 Type of calculation 项为 And，添加 New condition 项 Trigger name like CPULoad(即为此动作添加依赖于 7.4.4 节中 Trigger 的条件)，保存此页内容。

(4) 单击界面中的 Add 按钮，完成 Action 的添加，此后将返回到 Actions 界面，并可观察到 Actions 列表中出现了方才添加的 High CPULoad 项，具体如图 7-49 所示。

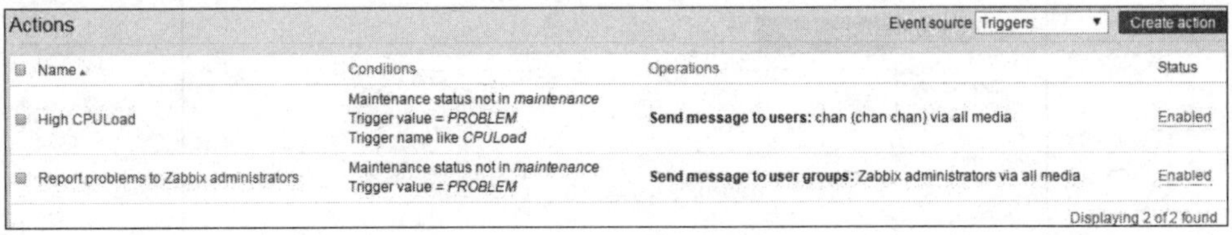

Actions　　Event source Triggers　　Create action

Name ▴	Conditions	Operations	Status
High CPULoad	Maintenance status not in *maintenance* Trigger value = *PROBLEM* Trigger name like *CPULoad*	**Send message to users:** chan (chan chan) via all media	Enabled
Report problems to Zabbix administrators	Maintenance status not in *maintenance* Trigger value = *PROBLEM*	**Send message to user groups:** Zabbix administrators via all media	Enabled

Displaying 2 of 2 found

图 7-49　Action 添加结果

为了能够查看报警信息，我们将 7.4.4 节中创建的触发器表达式从"{Test_Host1: system.cpu.load[,avg1].last()}>2"更改为"{Test_Host1: system.cpu.load[,avg1].last()}>0"，只要主机 Test_Host1 处于开机状态，触发器 Trigger 便会被触发，相应产生 Event，进而 Actions 生效。

更改完成后，单击 Zabbix Web 中的 Monitoring→Events，在过滤器中选择触发器 CPUStatus，过滤其他报警信息，方可在 Events 列表中查看到因 CPULoad 异常而持续产生的警告，具体如图 7-50 所示。

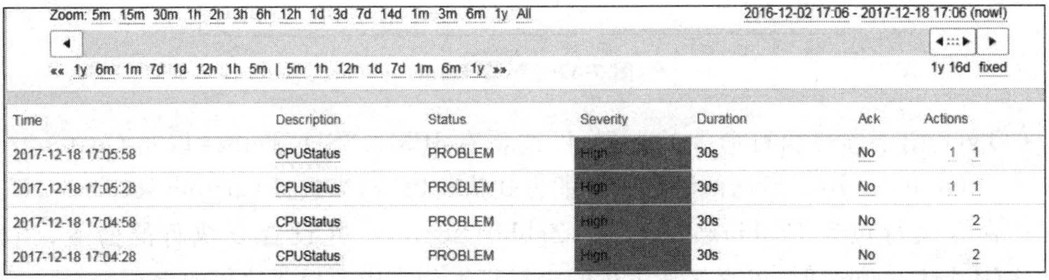

Zoom: 5m 15m 30m 1h 2h 3h 6h 12h 1d 3d 7d 14d 1m 3m 6m 1y All　　2016-12-02 17:06 - 2017-12-18 17:06 (now!)

«« 1y 6m 1m 7d 1d 12h 1h 5m | 5m 1h 12h 1d 7d 1m 6m 1y »»　　1y 16d fixed

Time	Description	Status	Severity	Duration	Ack	Actions
2017-12-18 17:05:58	CPUStatus	PROBLEM	High	30s	No	1 1
2017-12-18 17:05:28	CPUStatus	PROBLEM	High	30s	No	1 1
2017-12-18 17:04:58	CPUStatus	PROBLEM	High	30s	No	2
2017-12-18 17:04:28	CPUStatus	PROBLEM	High	30s	No	2

图 7-50　警告信息

7.5　数据可视化

Zabbix Web 支持以 Graphs(图表)和 Screens(屏幕)两种图形界面展示监控信息，其中图表界面可单独展示图表，屏幕界面可显示多项图表。本节将对 Zabbix Web 中图表和屏幕的使用方法分别进行讲解。

7.5.1　图表的使用

Graphs 界面位于 Zabbix Web 首页 Monitoring 工具的 Graphs 选项之中，进入 Graphs 界面，可观察到如图 7-51 所示的图表。

如图 7-51 所示的图表 CPU load 展示了主机 Zabbix server 中 CPU 近 1 小时内的负载情况，由左下角的图例可知，3 条折线分别记录 1min、5min 与 15min 内处理器每个内核的平

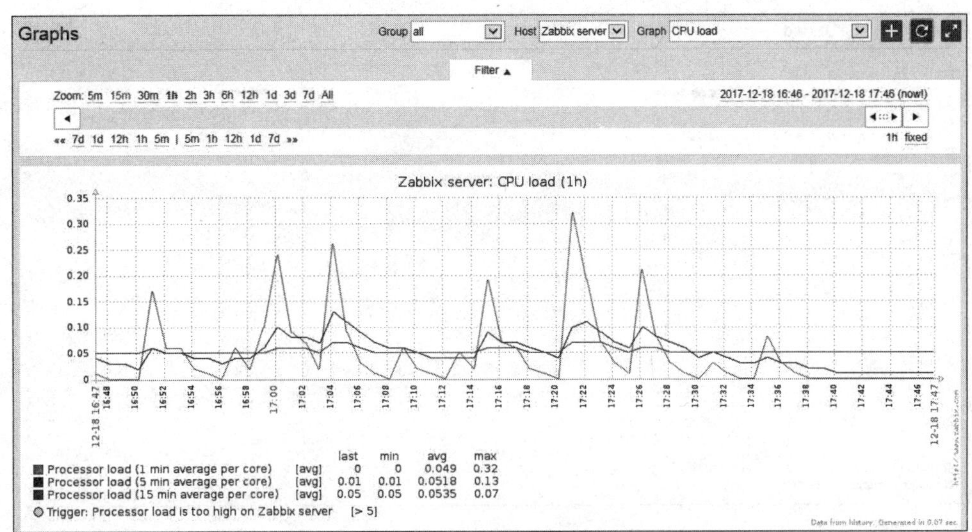

图 7-51　Graphs 界面

均负载。

Graphs 界面每次只能显示一张图表,用户可更改该界面右上角下拉列表 Group、Host、Graph 的值查看其他主机组中某台主机某个监控项的图表。

Graph 与 Item 关联,每创建一个 Item,Zabbix Web 会自动生成一个 Graph,用户可在 Latest data 界面中查看与某个 Item 相应的 Graph。其具体操作为:单击 Monitoring→Latest data 进入 Latest data 界面后,在此界面中通过过滤器选择主机与主机组,并在过滤器下方查看最近监测到的有变动的数据。具体如图 7-52 所示。

Latest data
Filter ▲
Host groups: Virtual machines × / type here to search — Select
Hosts: type here to search — Select
Application: — Select
Name:
Show items without data ☑
Show details ☐
Filter　Reset

Host	Name ▲	Last check	Last value	Change	
Test_Host1	- other - (1 Item)				
	CPULoad	2017-12-18 17:55:58	0		Graph

图 7-52　Latest data 界面

图 7-52 右下角有个 Graph 链接,单击此链接,界面会跳转并显示主机 Test_Host1 中监控项 CPULoad 的图表,该图表界面如图 7-53 所示。

Graph 可由用户自行创建,具体操作为:单击 Configuration→Hosts,在主机列表中单击主机 Test_Host1 的 Graphs 选项,进入主机 Test_Host1 的 Graphs 界面,如图 7-54 所示。

单击图 7-54 右上角的 Create graph 按钮,进入创建 Graph 的界面,如图 7-55 所示。

如图 7-55 所示界面中的其他配置项会随选项 Graph type 值的更改而变动,其中,Graph type 选项用于设置图表类型,其取值如下。

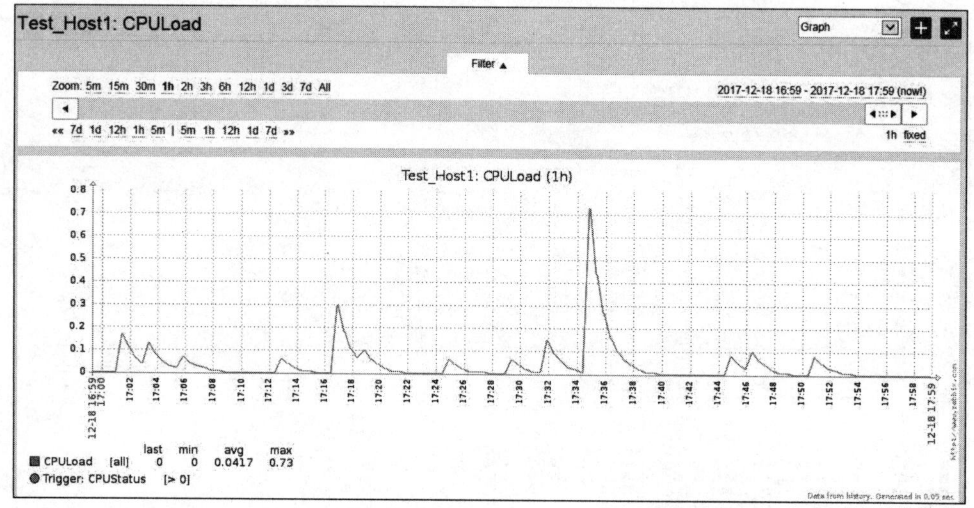

图 7-53 Test_Host1：CPULoad

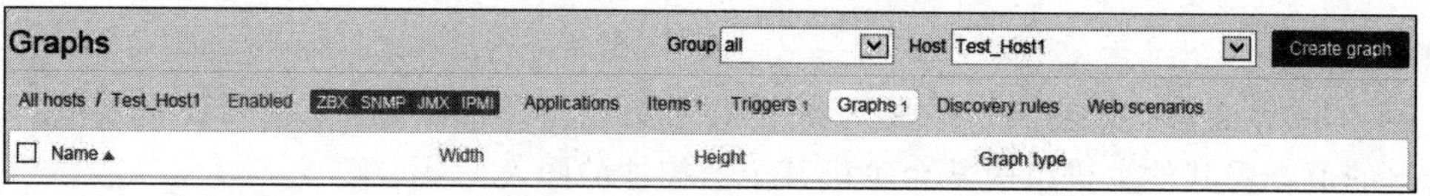

图 7-54 Graphs：Test_Host1

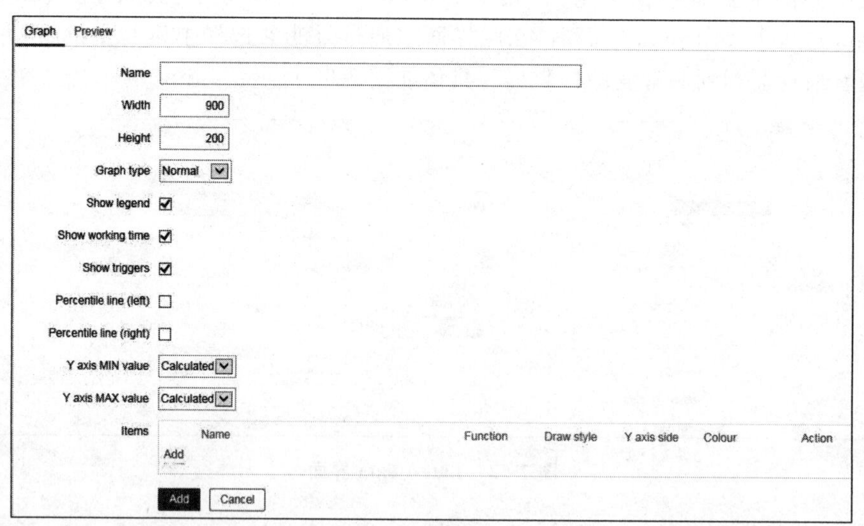

图 7-55 创建 Graph

- Normal：常规图表，值以线条显示。
- Stacked：叠图，显示填充区域。
- Pie：饼图。
- Exploded：裂开的饼图，显示部分切出的饼图。

除 Graph type 外，如图 7-55 所示的创建图表界面中其他各项的含义如下。

- Name：设置 Graph 的名称。
- Width：设置 Graph 的宽度。
- Height：设置 Graph 的高度。
- Show legend：显示图例。
- Show working time：显示工作时间。
- Show triggers：显示触发器。
- Percentile line(left)：左百分位线。
- Percentile line(right)：右百分位线。
- Y axis MIN value：Y 轴最小值的获取方式，取值有 Calculated（通过计算获取）、Fixed（固定值）与 Item（根据 Item 获取）。
- Y axis MAX value：Y 轴最大值的获取方式，取值同上。
- Items：设置 Graph 中要显示的 Item，此项可对图表进一步设置。

下面为 Test_Host1 的监控项 CPULoad 创建图表 Graph，具体配置如图 7-56 所示。

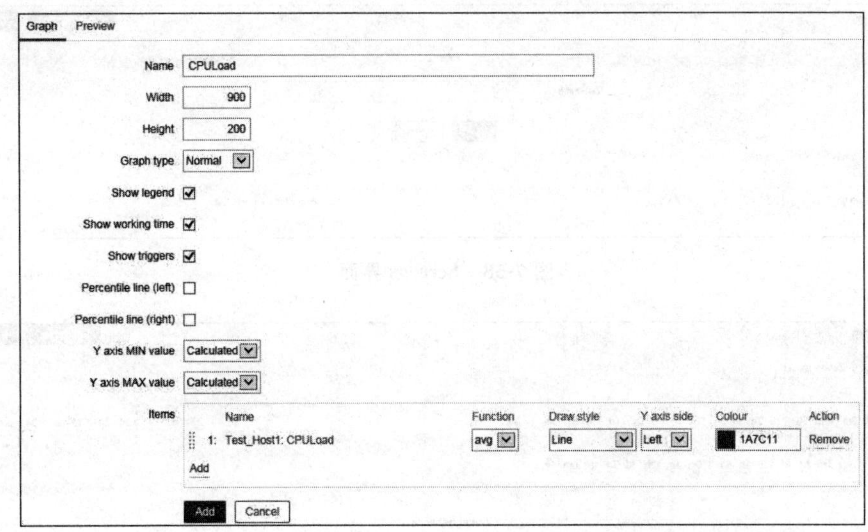

图 7-56　Test_Host1 中图表 CPULoad 的具体配置

配置完成后，单击界面底部的 Add 按钮，完成 Graph 的创建，并返回 Graphs 界面（见图 7-54），此时 Graphs 界面的列表中新增名为 CPULoad 的图表。用户可到 Monitoring→Graphs 界面中，在该界面右上角选择方才创建的 Graph，图表 CPULoad 如图 7-57 所示。

7.5.2　分屏的实现

Zabbix Web 中可通过 Screens 功能实现分屏效果。Screens 意为“屏幕”，使用 Screens 可在一个界面中分屏显示多项监控信息，具体操作为：单击 Monitoring→Screens，进入 Screens 界面，如图 7-58 所示。

Screens 界面上半部分是一个过滤器，在过滤器中输入 Screen 名可过滤出与主机相关的 Screen 信息；界面下半部分是已有的 Screens 列表。Zabbix Web 中内置了一个名为 Zabbix server 的 Screen，单击该 Screen 名，可进入相应的 Screens 界面，如图 7-59 所示。

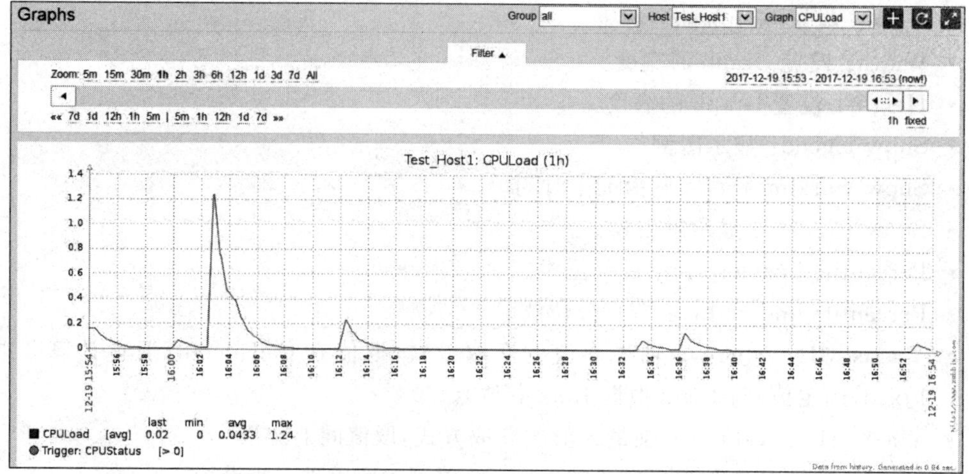

图 7-57 Test_Host1：CPULoad

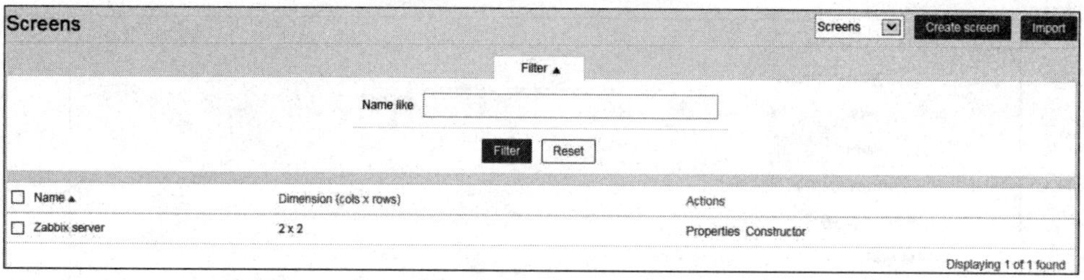

Screens

Screens Create screen Import

Filter ▲

Name like

Filter Reset

Name ▲	Dimension (cols x rows)	Actions
Zabbix server	2 x 2	Properties Constructor

Displaying 1 of 1 found

图 7-58 Screens 界面

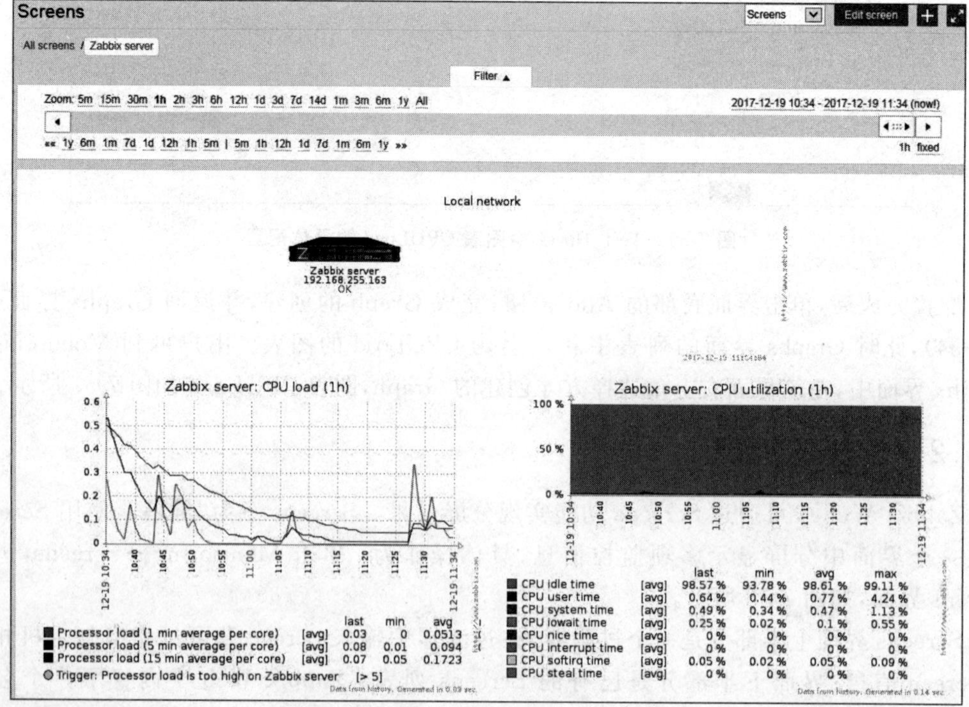

图 7-59 Zabbix server 的 Screens 界面

如图 7-59 所示的 Zabbix server 的 Screens 分为 3 屏，图表 Locak network、CPU load、CPU utilization 放在同一屏中显示。单击该界面右上角的 Edit screen 按钮可对该 Screens 界面进行编辑，此时 Zabbix server 的 Screens 界面如图 7-60 所示。

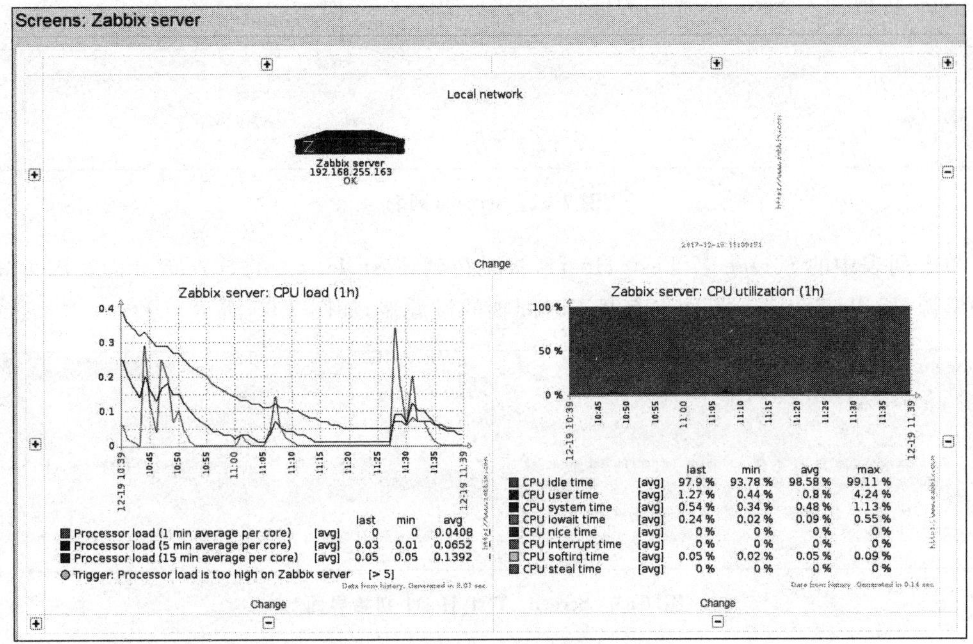

图 7-60　Screens：Zabbix server

编辑状态可对 Screens 界面进行的操作有新建屏幕、删除屏幕和编辑屏幕内容。这 3 种操作分别通过界面上的"＋""－"和 Change 按钮实现。

Zabbix Web 中仅内置了屏幕 Zabbix server 这一个 Screen，用户可自定义 Screen。单击 Monitoring→Screens，进入 Screens 首页(见图 7-58)，或单击图 7-59 左上角的 All screens 返回 Screens 首页，单击右上角的 Create Screen，进入创建 Screen 界面，如图 7-61 所示。

Screens

Screen　Sharing

Owner　Admin (Zabbix Administrator) ×　Select

Name

Columns　1

Rows　1

Add　Cancel

图 7-61　创建 Screen

图 7-61 中各选项的说明如下。

- Owner：用于设置 Screen 的所有者。
- Name：用于设置 Screen 的名称。

• Columns：用于设置 Screen 的列数。

• Rows：用于设置 Screen 的行数。

在此处创建一个名为 Test_Host1、属于用户 chan 的 2 行 2 列的 Screen，创建完成后这个 Screen 将被加入 Screens 界面的屏幕列表中，如图 7-62 所示。

Name ▲	Dimension (cols x rows)	Actions
Test_Host1	2 x 2	Properties Constructor
Zabbix server	2 x 2	Properties Constructor
		Displaying 2 of 2 found

图 7-62 Screens 列表

单击列表中的 Screen 名 Test_Host1，将跳转到 Test_Host1 的 Screen 界面。因为尚未添加资源，所以该 Screen 界面仅有基于时间轴的过滤器，如图 7-63 所示。

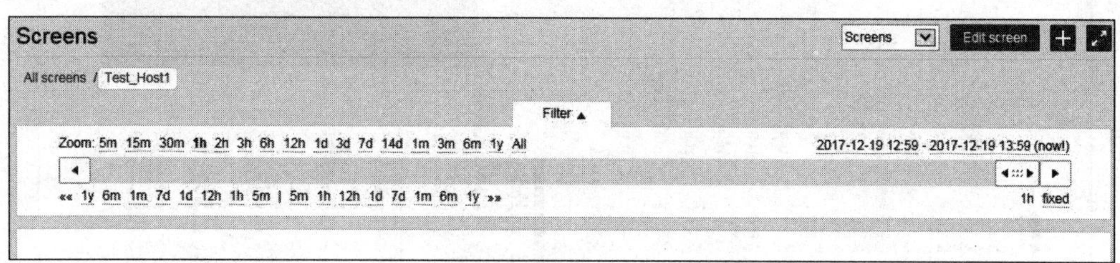

图 7-63 Screen：Test_Host1 初始界面

单击右上角的 Edit screen 按钮，界面将显示一个 2 行 2 列的表格，单击表格中的 Change 可编辑相应 Screen 中的资源信息，编辑界面如图 7-64 所示。

Screens: Test_Host1

Resource Graph
Graph Select
Width 500
Height 100
Horizontal align Left Center Right
Vertical align Top Middle Bottom
Column span 1
Row span 1
Dynamic item
Add Cancel
Change
Change
Change

图 7-64 添加资源

如图 7-64 所示界面中的 Resource 项用于设置屏幕中展示的资源类型。Zabbix 的 Screens 中可展示 19 种资源类型，不同类型资源的配置项会有所不同。以 Graph 为例，需要配置的选项如下。

• Graph：通过 Select 按钮从已有 Graph 列表中选择要展示的 Graph。

- Width：Screen 的宽度。
- Hight：Screen 的高度。
- Horizontal align：Screen 中元素的水平对齐方式（左、居中、右）。
- Vertical align：Screen 中元素的垂直对齐方式（顶、中间、底）。
- Column span：列跨度，即当前元素占用几列。
- Row span：行跨度，即当前元素占用几行。
- Dynamic item：选中此项，当前添加的元素将被视为一个动态元素。

下面将 7.5.1 节中为主机 Test_Host1 创建的图表 CPULoad 添加到屏幕 Test_Host1 中。编辑屏幕 Test_Host1，单击屏幕列表中的第一个 Change，按图 7-65 进行配置。

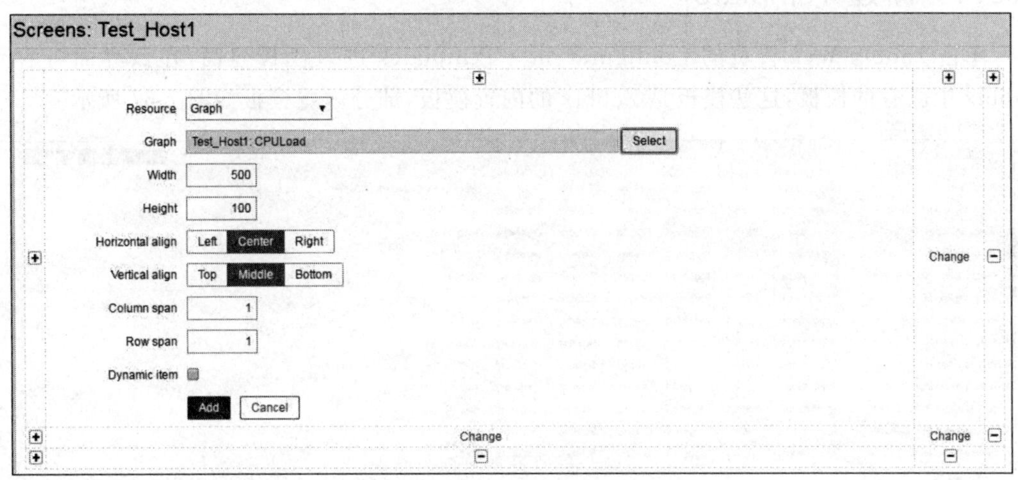

图 7-65　配置 Screen：Test_Host1

配置完成后单击 Add 按钮，界面上方出现提示信息 Screen update，图表 CPULoad 展示在界面中，说明添加成功，此时的界面如图 7-66 所示。

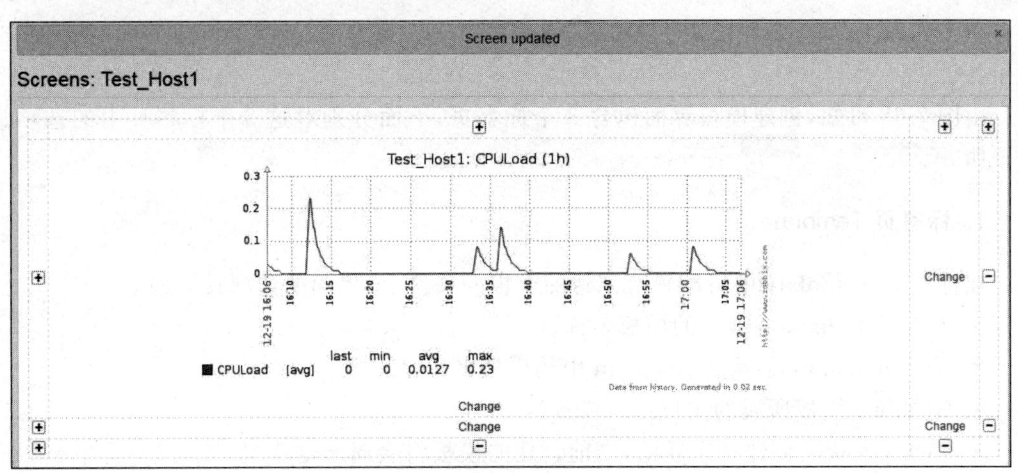

图 7-66　添加 Screen：Test_Host1

7.6 Zabbix 中的模板

当一些配置信息(如监控项、触发器、图表等)需要应用于几十、几百甚至成千上万台主机中时,若逐台为主机添加配置项,势必会耗费大量的时间与精力,Zabbix 提供了模板以解决这个问题。Zabbix 中的模板(Template)实际上是一些预先定义的配置信息的集合,运维人员只需实现创建好模板,再将需要使用该模板的所有主机与该模板进行连接,即可完成大量通用信息的配置。下面对模板的使用和配置方法进行讲解。

7.6.1 新建 Template

单击 Zabbix Web 首页的 Configuration→Templates 进入模板界面,在该界面可看到 Zabbix 中已有的模板,这些模板是 Zabbix 的内置模板,部分内置模板如图 7-67 所示。

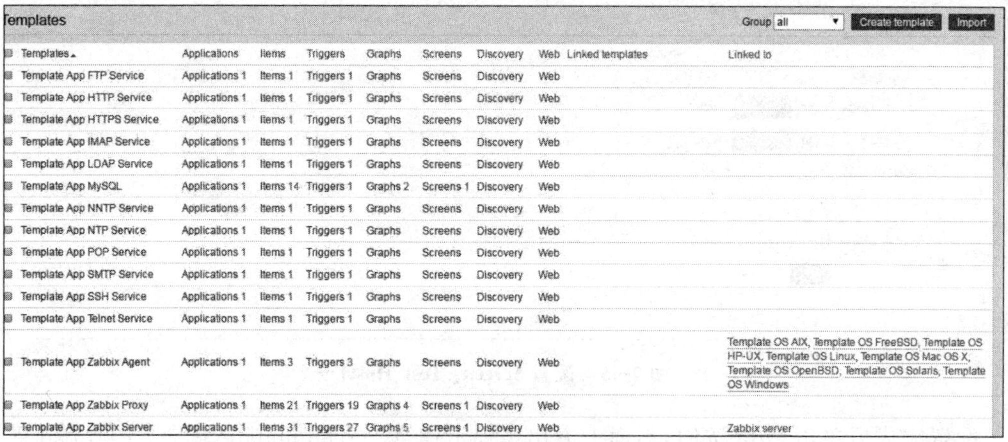

Templates　　Group all　Create template　Import

Templates ▴	Applications	Items	Triggers	Graphs	Screens	Discovery	Web	Linked templates	Linked to
Template App FTP Service	Applications 1	Items 1	Triggers 1	Graphs	Screens	Discovery	Web		
Template App HTTP Service	Applications 1	Items 1	Triggers 1	Graphs	Screens	Discovery	Web		
Template App HTTPS Service	Applications 1	Items 1	Triggers 1	Graphs	Screens	Discovery	Web		
Template App IMAP Service	Applications 1	Items 1	Triggers 1	Graphs	Screens	Discovery	Web		
Template App LDAP Service	Applications 1	Items 1	Triggers 1	Graphs	Screens	Discovery	Web		
Template App MySQL	Applications 1	Items 14	Triggers 1	Graphs 2	Screens 1	Discovery	Web		
Template App NNTP Service	Applications 1	Items 1	Triggers 1	Graphs	Screens	Discovery	Web		
Template App NTP Service	Applications 1	Items 1	Triggers 1	Graphs	Screens	Discovery	Web		
Template App POP Service	Applications 1	Items 1	Triggers 1	Graphs	Screens	Discovery	Web		
Template App SMTP Service	Applications 1	Items 1	Triggers 1	Graphs	Screens	Discovery	Web		
Template App SSH Service	Applications 1	Items 1	Triggers 1	Graphs	Screens	Discovery	Web		
Template App Telnet Service	Applications 1	Items 1	Triggers 1	Graphs	Screens	Discovery	Web		
Template App Zabbix Agent	Applications 1	Items 3	Triggers 3	Graphs	Screens	Discovery	Web		Template OS AIX, Template OS FreeBSD, Template OS HP-UX, Template OS Linux, Template OS Mac OS X, Template OS OpenBSD, Template OS Solaris, Template OS Windows
Template App Zabbix Proxy	Applications 1	Items 21	Triggers 19	Graphs 4	Screens 1	Discovery	Web		
Template App Zabbix Server	Applications 1	Items 31	Triggers 27	Graphs 5	Screens 1	Discovery	Web		Zabbix server

图 7-67 Zabbix 内置模板

单击如图 7-67 所示界面右上角的 Create template 按钮进入创建模板界面,如图 7-68 所示。

由图 7-68 可知,创建模板界面包含 3 个标签页,下面分别对这 3 个标签页中的选项进行说明。

1. 标签页 Template

在标签页 Template 中可配置待创建的模板的属性,该界面的选项具体如下。

- Template name:唯一的模板名称。
- Visible name:显示在 list、map 中的模板名称。
- Groups:模板所属的主机组或模板组。
- New Group:创建一个新组,当前新建的模板将会属于这个组。
- Hosts/templates:配置与当前模板关联的主机和模板。
- Description:模板的描述信息。

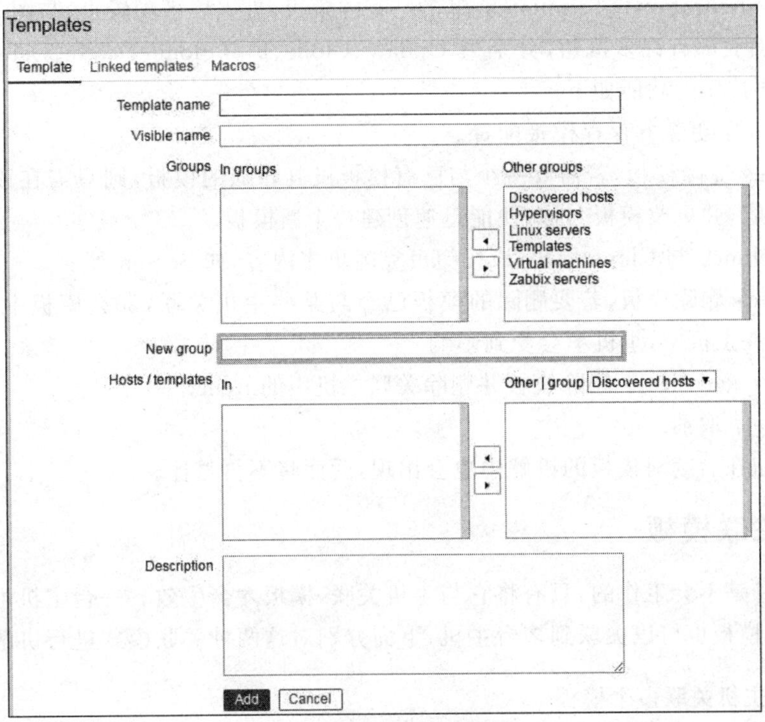

图 7-68　创建模板界面

2. 标签页 Linked templates

在标签页 Linked templates 中可建立模板和模板之间的继承关系，该界面如图 7-69 所示。

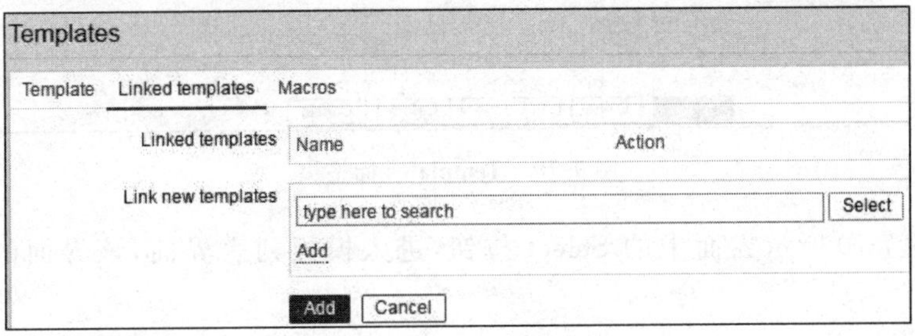

图 7-69　标签页 Linked templates

假设新建的模板为模板 A，已有模板中存在一个模板 B，若模板 A 继承于模板 B，那么模板 B 的所有配置都会被添加到模板 A 中。

3. 标签页 Macros

在标签页 Macros 中可配置当前新建的模板使用的宏。Zabbix 中内置的模板非常丰富，内置模板可经修改后直接使用，此处不再创建新的模板，后面的内容将以内置模板为例进行讲解。

单击 Configuration→Templates，单击已有的模板，进入模板配置页，与图 7-68 相比，此时的配置界面底部有许多按钮，分别为 Update、Clone、Full clone、Delete、Delete and clear、Cancel。这些按钮的功能如下。

- Update：更新并保存模板配置。
- Clone：克隆模板，若需要一个与已有模板极其相似的模板，则只需在该界面调整模板内容，并更改模板名称，便能迅速创建一个新模板。
- full clone：与 Clone 相比，该按钮可克隆更多内容，如 Screen 等。
- Delete：删除模板，若要删除的模板已经与某些主机关联，那么模板中的 item 依然保留在主机中，主机不会受到影响。
- Delete and clear：删除模板并删除关联主机中的 item。
- Cancel：取消。

以上按钮在后续对模板的讲解中也会出现，后面将不再赘述。

7.6.2 关联模板

模板自身是不会工作的，只有将它与主机关联，模板才会生效。一台主机可以与多个模板关联，一个模板也可以关联到多台主机，下面分别对这两种关联模式进行讲解。

1. 一台主机关联多个模板

配置主机界面包含一个 Templates 标签页，如图 7-70 所示。

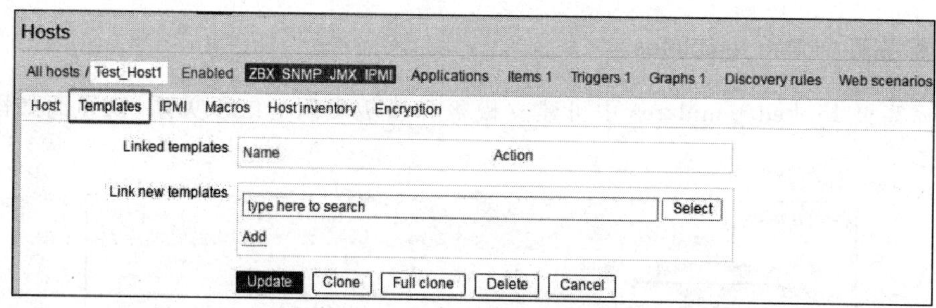

图 7-70 Templates 标签页

单击如图 7-70 所示界面中的 Select 按钮，进入模板列表界面，该界面的部分模板如图 7-71 所示。

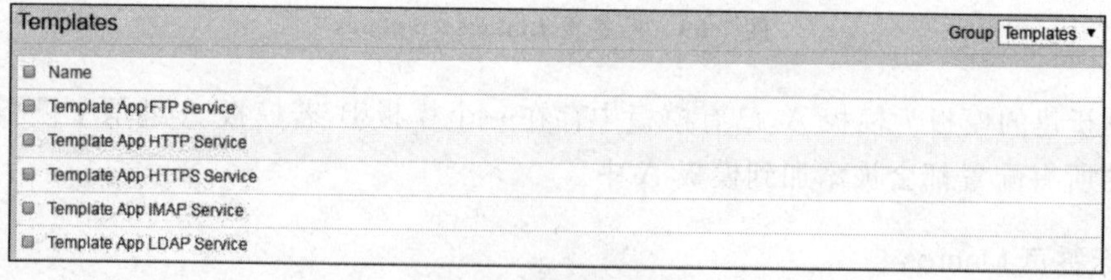

图 7-71 模板列表页

用户可在模板列表界面通过双击添加相应模板到主机中，若需添加多个模板，可多次单击 Select 按钮打开模板列表界面，并选择模板。选中的模板会被添加到 Templates 标签页中，如图 7-72 所示。

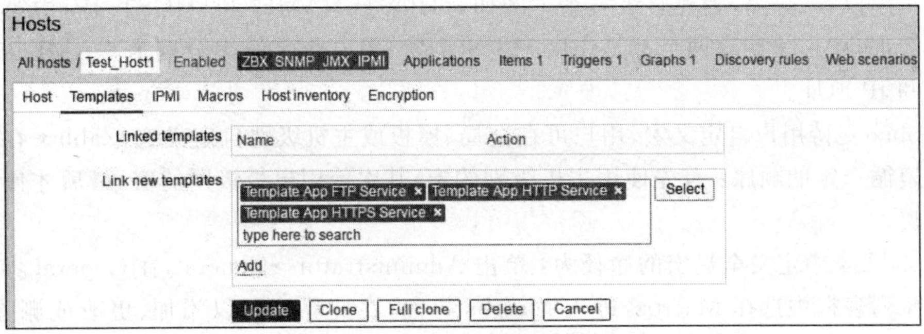

图 7-72　已选模板

用户亦可在如图 7-70 所示界面的文本框中输入模板名称进行搜索，并单击搜索结果中的模板进行添加。模板添加完成后，单击如图 7-72 所示界面下方的 Update 按钮，主机便会与模板建立关联。

需要注意的是，若待关联主机中已有的 Item 与模板中所含 Item 重名，将无法成功添加模板。另外，模板直接与主机关联，即便将模板放在某个主机组中，主机组中的主机也不会与模板自动关联。

2. 一个模板关联多台主机

单击 Configuration→Templates，进入模板列表界面（如图 7-67 所示），以该界面的第一个模板 Template App FTP Service 为例，单击该模板名，进入模板配置界面（如图 7-68 所示），通过该界面的 Hosts/templates 选项可将模板与多台主机关联：单击该选项右侧的下拉列表，选择主机组，并在下拉列表下方的文本框中选中要关联的主机（可在单击的同时按下 Ctrl 键，可一次性选择多台主机），如图 7-73 所示。

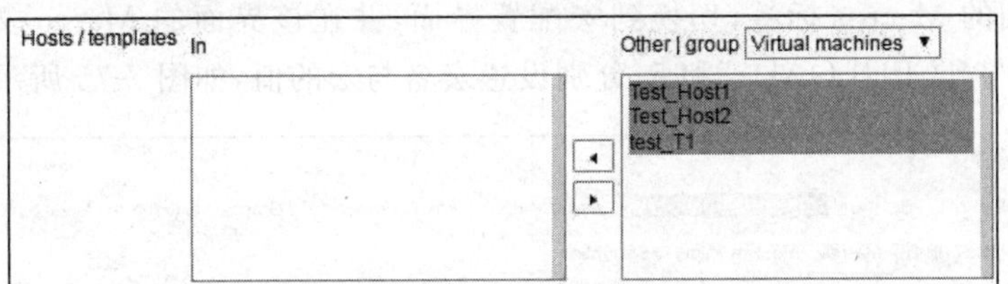

图 7-73　关联主机示例

单击如图 7-73 所示界面中的箭头，可将选择的内容传送到相应方向的文本框中，实现或取消关联。

7.7　Zabbix 中的宏

Zabbix 中的宏是根据一系列规则对一些抽象内容进行的预先定义，若 Zabbix 中的某些配置中使用到宏，配置生效时其中的宏会被替换为实际的文本。

Zabbix 中有许多内置宏，如{HOST. NAME}、{HOST. IP}、{TRIGGER. NAME}、

{TRIGGER. EVENTS. ACK}等，这些宏都包含在“{}”中的一个或多个字符串，一个宏中的多个字符串以“.”分隔，表现层级关系。例如，{HOST. NAME}和{HOST. IP}中第一个字符串都为 HOST，表明这两个都是作用于主机的宏；第二个字符串分别为 NAME 和 IP，表示名字和 IP 地址。

Zabbix 支持用户自定义宏，用户可在全局、模板或主机级别自定义宏，Zabbix 在进行宏替换时遵循一定的顺序：首先使用主机级别的宏，其次使用模板级别的宏，最后才使用全局级别的宏。

在 Zabbix 中定义全局宏的途径为：单击 Administrator→General，在 General 界面右上角的下拉列表框中选择 Macros，进入 Macros 界面，在此界面可以添加、更改或删除宏，如图 7-74 所示。

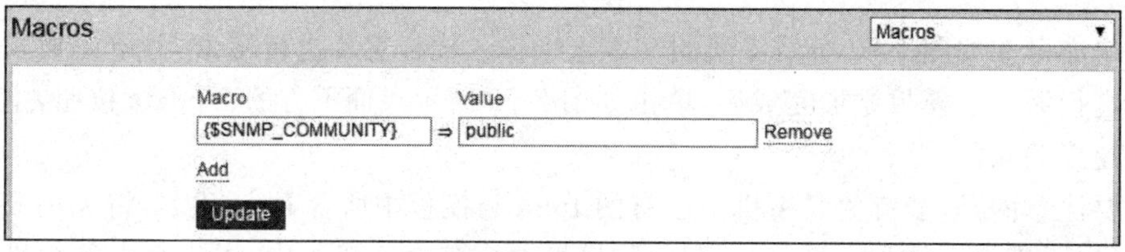

图 7-74　编辑全局宏

如图 7-74 所示的界面中展示了一个名为{$SNMP_COMMUNITY}的宏，若要新建全局宏，单击该界面中的 Add 按钮，在文本框中写入宏名与宏对应的值即可。若要定义主机或模板级别的宏，则只需编辑主机或模板中标签页 Macro 中的选项即可。下面以定义主机级别的宏为例，展示自定义宏的用法。

1. 新建自定义宏

单击 Configuration→Hosts，选择主机列表界面中的主机 Test_Host1，进入配置主机界面；单击该界面的 Macros 标签，切换到宏配置界面，并在该界面的 Macro 文本框和 Value 文本框中写入“{$CPULOAD}”和 5，分别设置宏名与宏的值，如图 7-75 所示。

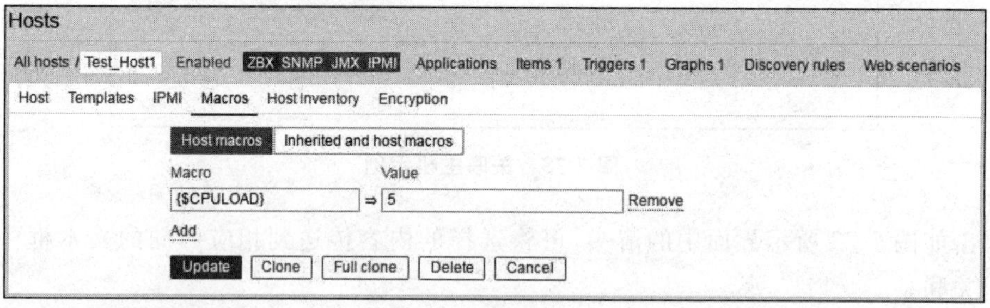

图 7-75　编辑主机宏

单击界面下方的 Update 按钮保存宏，并在主机 Test_Host1 的触发器中使用此宏。

2. 自定义宏的使用

单击 Configuration→Hosts，选择主机列表界面主机 Test_Host1 的 Triggers 选项，进

入触发器列表界面，单击触发器 CPUStatus 编辑触发器。在编辑触发器界面，使用宏替换 Expression 项中表达式"{Test_Host1: system. cpu. load[,avg1]. last()}＞0"的阈值，如图 7-76 所示。

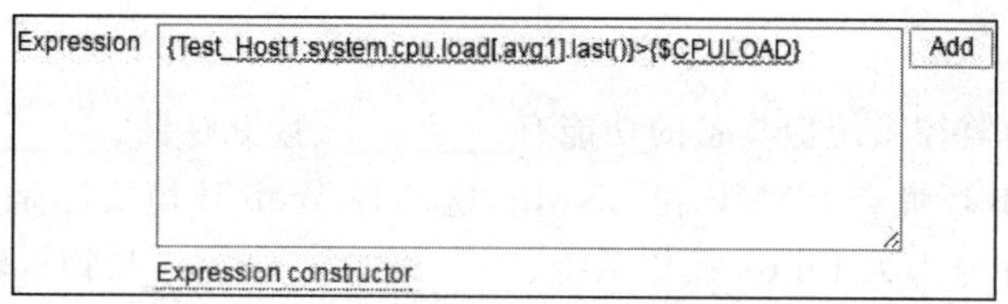

图 7-76 在触发器中使用宏

单击编辑触发器界面下方的 Update 按钮，保存修改。

3. 检测自定义宏

单击 Monitoring→Graphs，在界面上方的下拉列表框中分别选择 Vritual machines、Test_Host1 和 CPULoad，查看图表 Test_Host1: CPULoad，此时可在界面左下角的图例中，观察到触发器 CPUStatus 的值为 5，如图 7-77 所示。

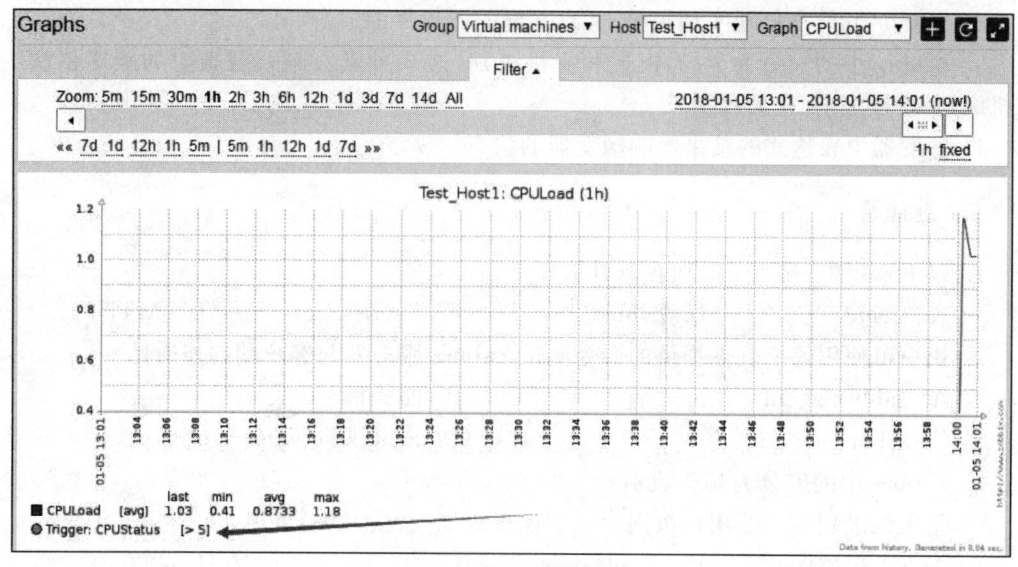

图 7-77 检测自定义宏

由此可知，宏 CPULOAD 定义并成功使用。

7.8 本章小结

本章主要讲解了在 Linux 系统中实现系统监控的方式，包括监控系统原理、常用监控软件，以及监控软件 Zabbix 的安装、配置与使用方法。通过本章的学习，读者应对监控系统的组成与监控流程有全面的认识，掌握在 Linux 系统中使用 Zabbix 搭建监控系统的方法，并了解 Zabbix 监控系统的基础用法。

7.9 本章习题

一、填空题

1. 一个成熟的监控系统应具备的功能有________、数据存储、________和________。

2. 常见的Web环境有LAMP和LNMP，这两种Web环境实际是4类应用软件的组合，这4类应用软件分别为Linux操作系统、________、________和脚本软件。

3. Zabbix客户端采集数据的方式不唯一，一般通过专用的客户端软件或________协议采集数据。

4. Zabbix Web支持在________和________中以屏幕或图表的形式展示监控信息。

5. ________是一组预先定义的配置信息的集合。

二、判断题

1. 监控工具Cacti依赖SNMP，不需要在设备上安装客户端，该工具更偏向于数据采集与数据分析展示。 ( )

2. Nagios既能良好地实现报警，又有友好的图形界面。 ( )

3. Zabbix中的宏分为全局、模板和主机级别，这3种宏在进行替换时的顺序依次为：主机级别、模板级别、全局级别。 ( )

4. 触发器中表达式的结果影响触发器的状态。 ( )

三、选择题

1. 以下选项中，哪个不是监控软件？( )

A. Cacti　B. Zabbix　C. Zenoss Core　D. SMTP

2. 用户可使用哪个软件提供的命令测试Zabbix服务器与客户端的连通性？( )

A. zabbix-agent　B. 防火墙

C. zabbix-server　D. zabbix-server-mysql

3. Zabbix中的宏分为哪些级别？( )

①主机级别　②用户级别　③模板级别　④全局级别

A. ①②③④　B. ①③④　C. ①②　D. ②③

4. 下列选项中哪个可说明Zabbix中宏替换的顺序？( )

A. 主机宏、模板宏、全局宏　B. 全局宏、模板宏、主机宏

C. 全局宏、模板宏、用户宏　D. 全局宏、主机宏、模板宏

四、简答题

简述监控系统的工作流程。

第8章 网络安全与防火墙

学习目标

- 了解网络安全的概念
- 了解常见的网络攻击与防御
- 了解防火墙的概念与分类
- 了解 IDS 与 IPS
- 掌握 iptables 的工作原理与工作方式
- 掌握 firewalld 的配置管理

思政案例

随着计算机技术的迅速发展,网络安全成为一个越来越严峻的话题,面对无所不在的网络攻击,如何更有效保护重要的信息数据成为一个亟待解决的问题。防火墙作为计算机的第一道屏障,有效抵御了网络攻击。本章就从网络安全的概述出发,学习网络安全与防火墙的相关知识。

8.1 网络安全

现代社会对信息网络的依赖性与日俱增,对计算机网络的安全性也提出了严格的要求,但黑客技术的不断发展,给网络信息安全带来了极大的安全隐患。掌握网络安全的知识,保护网络的安全已经成为确保现代社会稳步发展的必要条件。

8.1.1 网络安全简介

本节在介绍网络安全时分别从网络安全的概念、网络安全的特征、网络安全的目标进行讲解。

1. 网络安全的概念

国际标准化组织(ISO)对网络安全的定义如下:网络安全是指网络系统的硬件、软件及其系统中的数据受到保护,不因无意或恶意的威胁而遭到破坏、更改或泄露,从而保证网络服务不中断,网络系统连续、可靠、正常地运行。从本质上来说,网络安全就是网络上的信息安全,保证数据的完整性、真实性、保密性等,数据不会通过互联网泄露、被窃取、被篡改等。

网络安全的具体含义会随着“角度”变化而变化。例如,从用户(个人或企业)角度来说,用户希望自己的信息在网络上保存或传输时受到保护,不被非法分子破坏、篡改、窃听等,从而保证信息的机密性、完整性、真实性;从管理者角度来说,网络安全主要是指采取访问控制措施,防止黑客和病毒攻击,避免网络信息受到威胁;从安全保密角度来说,网络安全是指对非法的、有害的信息进行打击，同时防止重大机密信息的泄露，避免信息的泄露对社会、对国家造成危害；从社会教育和意识形态角度来说，网络安全是指营造一个健康积极的网络环境，控制不健康内容的传播。

2. 网络安全的特征

根据角度不同，网络安全的具体含义也不同，但总体来说，网络安全主要具备以下 4 个方面的特征。

(1) 完整性：指信息在存储、传输过程中不会丢失，并且不会被修改、不会被破坏的特性，即保持信息"原貌"，这是网络安全最基本的特征。

(2) 机密性：指非授权对象无法获取信息而加以利用。

(3) 可用性：指被授权对象在需要时可以获取信息并按需求使用。

(4) 可控性：指对信息的具体内容及传播能够实现有效的控制。

3. 网络安全的目标

网络安全的目标就是保证网络信息的安全，而网络信息安全包括存储安全与传输安全。存储安全是指信息可以安全地保存在计算机中，不会被非法调用；传输安全是指信息可以在网络中安全地传输，不会被截获、篡改、中断等。为保证网络信息的传输安全，在信息传输过程中需要防止以下几个问题。

(1) 截获：攻击者通过一定的技术手段非法截获网络上传输的信息，进而获取用户的敏感信息。

(2) 伪造：如果用户的身份验证密码在登录时以明文在网络上传输，那么很容易被攻击者截获。攻击者获取到用户身份后，就会冒充用户身份登录，从而进行非法活动。

(3) 篡改：攻击者截获网络信息后修改其内容，使用户无法获得准确、有用的信息，或者落入攻击者的陷阱。

(4) 中断：攻击者通过一定的手段中断信息传输双方的正常通信，以达到自己的目的。

(5) 重发：攻击者截获用户信息之后，如果这些信息是密文，攻击者并不会破译它们，而是将这些信息经过处理(如植入木马病毒)再次发送给有关服务器，以达到恶意破坏目的。

8.1.2 威胁网络安全的因素

任何可能对网络造成潜在破坏的人、对象或事件都称为网络安全威胁。从这个角度来说，网络安全威胁既包括环境和灾害因素，也包括人为因素和系统自身因素。总体来说，威胁网络安全的因素大致可分为 3 种。

1. 物理因素

物理因素是指在物理媒介上保证网络信息的安全，它主要受网络设备所处理的环境影响，包括温度、温度、静电、灰尘、强电磁场、电磁脉冲等，自然灾害中的火灾、水灾、地震等，均有可能破坏数据，影响网络的正常工作。目前，针对这些非人为的环境和灾害因素已有较好的应对策略。

2. 人为因素

人为因素是指是由于人员的疏忽或黑客的主动攻击造成的网络安全事件，这些网络事件可能是有意的，也可能是无意的。有意的网络破坏行为是指人为主动的恶意攻击、违纪、违法和犯罪等。无意的网络破坏行为是指由于操作疏忽而造成的失误，对网络造成不良影响。网络安全防护技术主要就是针对网络安全威胁进行防护。

3. 系统自身因素

系统自身因素是指网络中的计算机系统或网络设备由于自身的原因引发的网络安全风险，威胁网络安全的系统因素主要包括以下 3 种情况。

(1) 计算机硬件系统的故障。

(2) 各类计算机软件故障或安全缺陷，包括系统软件（如操作系统）、应用软件的故障或缺陷。

(3) 网络和通信协议自身的缺陷。

系统自身的脆弱和不足是造成网络安全问题的内部根源，攻击者正是利用系统的缺陷使各种威胁变成现实危害的。

对网络安全的引起威胁的物理因素可以从系统硬件设施（包括物理环境、系统配置、系统维护等）以及人员培训、安全教育等方面入手进行防护，而人为的恶意攻击和系统自身因素则是互联网面临的主要威胁，是目前网络安全迫切需要解决的问题。

8.2　网络攻击与防御

由 8.1 节可知，网络攻击是互联网发展的最大威胁，随着技术的不断发展，网络攻击的手段越来越先进，攻击类型也越来越多，为了保证网络的健康发展，应采取积极有效的防御措施来抵抗这些攻击行为，本节将学习常见的网络攻击类型与防御措施。

8.2.1　常见的网络攻击类型

目前，网络攻击模式呈现多方位、多手段化，让人防不胜防，概括来说，网络攻击可分为 4 种：拒绝服务攻击、利用型攻击、信息收集攻击、假消息攻击。

1. 拒绝服务攻击

拒绝服务攻击企图通过使用户的服务计算机崩溃或把它压垮来阻止为用户提供服务，这是最容易实现的攻击行为。拒绝服务攻击主要包括以下 8 种。

1) 死亡之 ping(ping of death)

早期的许多操作系统在 TCP/IP 栈的实现中，对 ICMP 包的最大尺寸都规定为 64KB，并且在读取包头信息之后，要根据包头信息为有效荷载生成缓冲区。畸形的 ICMP 包的尺寸超过 64KB，会出现内存分配错误，导致 TCP/IP 堆栈崩溃，致使接收方死机。

现在所有的标准 TCP/IP 都能实现处理超大尺寸的包，并且对防火墙进行配置，阻断 ICMP 以及任何未知协议，都能防止此类攻击，现在大多数操作系统都具有抵抗一般“死亡之 ping”攻击的能力。

2）泪滴(teardrop)

“泪滴”攻击利用 TCP/IP 栈对 IP 碎片的包头信息的信任来实现攻击。IP 分段含有指示信息，即该分段所包含的是信息源包的哪一段，TCP/IP 栈在收到含有重叠偏移的伪造分段时将导致目标操作系统崩溃。

服务器应用最新的服务包，或者设置防火墙不直接转发分段包，而对它们进行重组，这样就可以防御“泪滴”攻击。

3）UDP 洪水(UDPFlood)

“UDP 洪水”攻击利用简单的 UDP 服务在两台主机之间生成足够多的无用数据流，从而耗尽带宽的服务攻击。例如，利用大量 UDP 小包冲击服务器，将线路骨干设备(如防火墙)摧毁，使整个网络陷于瘫痪。

由于 UDP 协议是无连接状态的协议，并且其应用比较杂，因此防护起来比较困难，要根据具体情况而定。例如，攻击的是业务端口，则可以根据该业务最大包设置包的大小以过滤异常包。

4）SYN 洪水(SYNFlood)

“SYN 洪水”攻击主要利用 TCP/IP 协议缺陷，给受攻击方发送大量的 TCP 连接请求，耗尽其资源，致使对方系统崩溃，从而达到攻击目的。

对于“SYN 洪水”攻击，可以检查单位时间内收到的 SYN 连接是否超过系统设定的值，当在限定时间内接收到大量 SYN 连接请求数据包时，通知防火墙阻断连接请求或丢弃这些数据包，并进行系统审计。

5）Land

在 Land 攻击中，SYN 包的源地址和目标地址都被设置成某一个服务器地址，服务器收到这种 SYN 数据包时，将会向它自己发送 SYN-ACK 响应消息，然后服务器又发回 ACK 消息并创建一个空连接，每一个这样的连接都将保留直到超时，因此服务器会因消耗了大量的系统资源而出现崩溃或死机现象。

对于 Land 攻击，可以判断网络数据包的源地址和目的地址是否相同，如果相同，则丢弃该数据包，适当配置防火墙设备或路由器的过滤规则就可以防止这种攻击行为。

6）Smurf

Smurf 攻击是将 ICMP 数据包中的源 IP 设置成被攻击对象的 IP，目标 IP 则是中间媒介所在的网络中的广播地址，当中间媒介收到 ICMP 数据包时，会向源 IP(被攻击对象)发送 ICMP 应答包。当一个网络中的机器均对源 IP 发送 ICMM 应答包时，短时间内大量的数据流量将会导致网络的瘫痪。

对 Smurf 攻击的防御可以从两方面着手，为防止自己的网络被攻击，可以对欺骗 IP 包进行过滤，还可以过滤到 ICMP 数据包；为防止自己的网络成为 Smurf 攻击的中间媒介，可以关闭外部路由器或防火墙的广播地址特性。

7）电子邮件炸弹

“电子邮件炸弹”是最古老的匿名攻击之一，通过设置一台机器不断地、大量地向同一地址发送电子邮件，攻击者能够耗尽接收者的网络带宽。

对于这种攻击，可以对邮件地址进行配置，自动删除来自同一主机的过量或重复信息。

8）畸形消息

各类操作系统上的许多服务都存在此类问题，由于这些服务在处理信息之前没有进行适当的错误校验，在收到畸形消息时可能会导致系统崩溃。对于此种类型的攻击，唯一的解决办法就是打最新的服务补丁。

2. 利用型攻击

利用型攻击试图通过网络技术手段直接对用户主机或服务器进行控制的攻击，最常见的利用型攻击有 3 种：漏洞攻击、木马攻击和缓冲区溢出。

1）漏洞攻击

漏洞是信息系统在硬件、软件、协议的具体实现和系统安全策略等方面存在的缺陷和不足。漏洞的不足本身不对系统造成危害，但攻击者会通过扫描能够找到这些安全漏洞，使自己获取系统访问权限甚至控制权限，进行非法访问和破坏，这就是漏洞攻击。

漏洞来源主要有以下 3 个方面。

（1）操作系统或应用软件设计时的缺陷或编码产生的错误。

（2）业务在交互处理中的逻辑错误，一般与系统管理者有关。

（3）信息保存或传输时的口令验证密码比较简单，一般与用户有关。

目前来看，应用软件的漏洞占绝大多数，它远远超过了其他几类漏洞，这些漏洞如果被恶意利用，会对用户乃至社会造成很恶劣的影响。对于漏洞攻击，要从供应商与用户两方面进行。从供应商方面来说，在应用软件、网站、论坛等发布之前要对它们进行彻底调试，并定期进行更新弥补所存在的漏洞。从用户方面来说，安装杀毒软件和防火墙、关闭不用的端口、及时对存在漏洞的软件打补丁等。

2）木马攻击

木马全名为特洛伊木马（Trojan），它其实是一段程序代码，可以在感染的主机上运行进行破坏活动。

木马分为两种类型：密码窃取型木马和远程控制木马。密码窃取型木马一般利用独立的木马程序在感染主机上执行账号和密码的收集，将收集到的信息反馈给攻击者；远程控制木马包括客户端程序和服务器端程序两部分，客户端程序是运行在攻击者的操作系统上，服务端程序运行在目标主机上，攻击者通过客户端程序对感染木马的远程主机实施监视和控制。

木马主要通过网页浏览、电子邮件、软件下载、文档捆绑等途径进行传播，一旦用户的机器被种植了木马，攻击者就可以窃取用户的账号密码或者通过木马程序来控制用户的主机。

对于木马攻击的防御方法是，不打开任何可疑文件及网页，不执行任何来历不明的软件，常开杀毒软件和病毒防火墙，并且升级 IE 浏览器到最新版本。

3）缓冲区溢出

缓冲区是程序执行时，内存中暂时存放数据的地方，当程序将数据存放到缓冲区时，如果缓冲区没有足够的空间就会发生缓冲区溢出。正常情况下，缓冲区溢出对系统不会造成什么影响，但它为攻击者提供了可能。当攻击者向程序中植入了攻击代码，在发生缓冲区溢出时，溢出的数据会覆盖掉其他可执行程序的入口地址，使得该地址指向攻击代码，当被覆盖掉的程序被执行时，就会执行攻击代码，这就是缓冲区溢出攻击。

根据攻击代码的类型可将缓冲区溢出攻击分为两种类型：代码注入攻击和ROP(Return-Oriented Propramming)攻击。代码注入攻击是指攻击代码就是一段可执行的程序；ROP攻击是指攻击代码并不是一段可执行程序，而是一些预设的参数(如cmd参数)，攻击者经过巧妙构造会使程序用这些预设参数调用系统函数(如system()函数)，执行任意指令，甚至取得系统root权限。

对缓冲区溢出攻击的防御主要有以下途径。

(1) 如完善程序，在编写程序时设置缓冲区边界检查，对缓冲区的读写不能超出边界，一旦超出，程序就报错，不允许将溢出的内容写入缓冲区外的地址之中，这是最根本的防御措施。

(2) 设置堆栈不可执行，由于攻击代码大多是被注入堆栈中的，因此设置堆栈不具有可执行属性，则可以防止代码注入攻击，但这是一种较为被动的防御，它需要重新编译内核。

(3) 挖掘缓冲区溢出漏洞，检查操作系统，发现缓冲区溢出漏洞，及时定位安装补丁程序，让操作系统处于安全状态。

3. 信息收集型攻击

信息收集型攻击本身并不对目标主机造成危害，这种攻击被用来为进一步入侵获得有用的信息。信息收集型攻击主要包括扫描技术、利用信息服务、嗅探(Sniffer)和体系结构探测等方式，下面分别对这几种攻击进行讲解。

1) 扫描技术

扫描技术又可分为地址扫描、端口扫描、反响映射和慢速扫描。

(1) 地址扫描：地址扫描也称为ping扫描，通过地址扫描可以确定网络中某个主机是否在线。攻击者向多台主机发送ICMP ECHO包，如果主机在线，就会返回一个应答消息，攻击者就可以确定哪台主机在线。针对地址扫描，可以在防火墙上过滤掉ICMP应答消息。

(2) 端口扫描：攻击者利用端口扫描器软件向主机的不同端口上发送随机请求，如果主机对某个请求做出响应，攻击者就可以确定该端口是打开的并处理监听状态，进而会利用这个端口的漏洞发起攻击。对于端口扫描，可以配置防火墙检测并阻断扫描企图。

(3) 反响映射：反响映射类似于地址扫描，只是在反响映射中，攻击者向主机发送的是虚拟消息，虚拟消息类型包括RESET消息、SYN-ACK消息、DNS响应包等，收到这些虚假消息之后，主机会返回host unreachable应答消息，攻击者根据这一应答消息的特征判断出哪些主机存在。针对这种类型的攻击可以在防火墙中设置拒绝host unreachable ICMP应答，或者安装NAT和非路由代理服务器自动抵御这类攻击。

(4) 慢速扫描：慢速扫描就是攻击者以速度很慢的扫描软件来扫描一个范围内的端口和IP地址，相比传统的扫描方法，其速度很慢，难以被察觉。针对此类扫描可以购置昂贵的扫描侦测器或者分析入侵检测系统日志来确定主机或端口是否被扫描。

2) 利用信息服务

利用信息服务包括DNS域转换、Finger服务和LDAP服务。

(1) DNS域转换：攻击者利用DNS协议漏洞，可以对DNS服务器进行域转换操作，得到DNS服务器上的主机及IP信息。针对此类攻击可以设置防火墙拒绝域转换请求。

(2) Finger服务：Finger服务可以查询用户信息，这对攻击者来说是无价之宝，攻击者通过 Finger 服务轻松获取用户信息。针对此类攻击，可以设置防火墙过滤 Finger 服务请求，或者关闭 Finger 服务。

(3) LDAP 服务：LDAP 是一种轻量级目录访问协议，它的实施方案众多，而且可以根据需要定制，它很容易被攻击者滥用，攻击者通过 LDAP 协议窃取网络内部的系统信息和用户信息。针对此类攻击，可加强 LDAP 服务的访问验证，实施身份双向认证及密钥管理。

3) 嗅探

在网络飞速发展的今天，网络管理员借助网络嗅探器来抓取网络流量并对网络问题进行分析已是非常普遍的行为。但这也为攻击者提供了便利，攻击者可以利用网络嗅探器窃取用户信息，窃取通信主机的信息(如 IP、端口、协议等)，这对网络安全造成了极大威胁。针对网络嗅探行为可以采用网络分割技术、数据加密技术等措施来积极防御。

4) 体系结构探测

主机使用的操作系统不同，其可能存在的漏洞也有很大差异。攻击者使用网络扫描软件探测主机，通过主机返回的信息判断操作系统的类型，分析其可能存在的漏洞并采取不同的攻击措施。针对此种类型的攻击可以修改主机的相关资源信息以避免被攻击。

4. 假消息攻击

假消息攻击主要用于攻击目标配置不正确的主机，实现网络信息的伪造或替换。假消息攻击主要包括 DNS 高速缓存污染和伪造电子邮件。

(1) DNS 高速缓存污染：DNS 协议存在安全漏洞。DNS 服务器与其他服务器交换信息时不必进行身份验证。攻击者正是利用这一点，修改交换信息，将网域内的主机引向错误的服务器。针对此类攻击，可以在防火墙上拒绝更新的 DNS 通过。

(2) 伪造电子邮件：SMTP 协议存在安全漏洞，不对邮件发送者进行身份验证。攻击者正是利用这一点，向用户发送携带有害信息(如木马、包含恶意网站链接等)的邮件。针对此类攻击最主要就是确认邮件信息，另外还可以通过安装电子邮件证书等来防御。

8.2.2 常用的防御措施

对于各种各样的网络攻击的防御，首先要依靠技术手段，以技术治网，防御网络攻击常用的技术有以下几种。

1. 防火墙技术

防火墙技术是最基本的防御措施，它通过定义一组规则来过滤不合法的数据包。此外，防火墙还可以跟踪、监控已经放行的数据包，对数据包的流向进行记录，一旦发现问题，就会报警，把它们对网络和主机的危害降到最低。

如果因为规则定义不当等原因出现了安全问题，防火墙软件的记录文件还可以提供佐证，便于追踪线索。

2. 认证技术

认证技术就是确认信息发送和接收双方的身份，以保证双方都是可信的。除了身份认证，还包括数据源认证，确认数据来源是可信的，但它不保证数据是可信的。认证技术对开放环境中的信息安全起着非常重要的作用。

3. 访问控制技术

网络访问控制技术是网络安全防范和保护的核心策略,它的主要任务是保证网络资源不被非法使用和访问。

访问控制技术规定了主体对客体访问的限制,并在身份识别的基础上,根据身份对提出资源访问的请求加以控制。网络访问控制技术是对网络信息系统资源进行保护的重要措施,也是计算机系统中最重要和最基础的安全机制。

4. 数据加密技术

在计算机信息的传输过程中,存在着信息泄露的可能,因此需要通过对数据加密来防范。信息加密的目的是保护网内的数据、文件、口令和控制信息,保护网络会话的完整性。信息在整个传输过程中均受到保护,所以即使所有节点都被破坏也不会使信息泄露。

5. 安全协议通信

通过改进通信协议增加网络安全功能,是改善网络措施的又一条途径。目前所采用的技术包括SSH(远程登录安全协议)、SSL(安全套接字层)、PEM(保密增强式邮件)、PET(保密增强式远程登录)等。

6. 扫描网络安全漏洞

在主机部署漏洞扫描技术,它可以对主机、网络及应用系统定期进行扫描,如果发现新的安全漏洞,它会及时向管理员报告,使管理员能随时掌握系统当前存在的漏洞,从而有针对性地进行加固。漏洞扫描是自动检测远端或本地主机安全脆弱点的技术,这项技术的具体实现就是安全扫描程序。

除此之外,还有网络入侵检测、反病毒技术、计算机取证技术、虚拟局域网技术等都是常用的防御攻击手段。但是,再先进的技术总有破解的方法,而一旦陷入攻防循环之中,就有可能造成极大的损失。因此仅仅依靠技术手段是无法达到防御攻击的目的,还需要依靠安全法律法规和网络安全标准,综合治理才能确保一个安全稳定的网络环境。

8.3 防火墙

防御网络攻击、保障数据安全是非常重要的一项工作,防火墙作为公网与内网之间的保护屏障,在防御网络攻击、保护数据安全性方面起着至关重要的作用。

8.3.1 防火墙概述

防火墙也称为防护墙,是指隔离在本地网络与外界网络之间的一套防御系统、一种高级访问控制设备、置于不同网络安全域之间的一系列部件组合,也是不同网络安全域间通信流的唯一通道。防火墙能根据企业有关的安全政策控制(允许、拒绝、监视、记录)进出网络的访问行为,它在网络中的作用如图8-1所示。

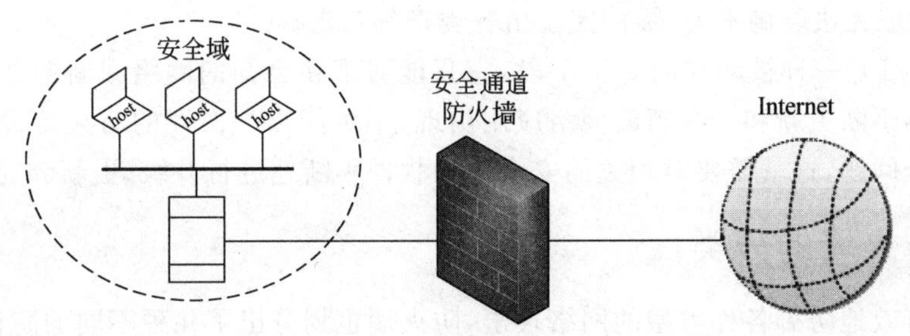

图 8-1　防火墙示意图

防火墙的物理载体可以是位于内部网或 Web 站点与 Internet 之间的一个路由器或一台计算机(通常称为堡垒主机),或是它们的组合。

防火墙如同一个安全门,控制并检查站点访问者,它一般可以起到以下作用。

- 过滤、筛选和屏蔽有害的信息和服务,保护内网中的网络服务。
- 防止攻击者接近防御设备。
- 实施安全策略,对网络通信进行访问控制。
- 对内外网之间的通信进行监控审计。
- 限制用户对特殊站点的访问。

防火墙假设内部网络和外部网络有一个明确的边界,而它就安装在边界位置,对内部网络进行保护。防火墙比较适合于相对独立的网络,例如,如果一个内部网络中的主机都可与 Internet 通信,而且主机还搭建了无线网络,手机等设备可以通过 4G 网络访问 Internet。在这样的环境下,防火墙就起不到有效的保护作用,因为内部网络与外部网络的通信渠道太多。

随着防火墙技术的发展,其功能越来越强大,但无论如何设计,总体来说,防火墙应该有如下 5 个方面的特征。

(1) 所有出站和入站的网络流量都必须经过防火墙。

(2) 只允许被授权的网络流量才能通过,不被授权的网络流量将被丢弃或拒绝。

(3) 防火墙本身不能被攻破。

(4) 可以与其他安全技术(如加密技术、入侵防御技术)结合使用,以增加自身功能,提供更强大的保护。

(5) 界面友好,方便用户设置防火墙规则。

虽然防火墙可以提高内部网的安全性,在网络安全体系中极为重要,但是它并不是网络中唯一的安全措施。除了上述特性,防火墙也存在一些不足和缺陷。

(1) 防火墙可以限制有害的网络服务,但有一些有用的网络服务会存在安全漏洞,它们也会被防火墙限制。例如,在前几章的学习过程中,在部署某些服务时总会要求关闭防火墙。

(2) 防火墙不能完全防止内部威胁,如用户操作失误而导致网络受到攻击。

(3) 防火墙无法防御通过防火墙以外的其他途径的攻击。

(4) 防火墙无法完全防御已感染病毒的软件或文件。因为病毒类型太多,操作系统也有多种,编码或压缩二进制文件的方法也各不相同,所以防火墙无法扫描每一个文件,查出其中潜在的病毒。

(5) 防火墙无法防御木马、缓冲区溢出等类型的攻击。

(6) 防火墙是一种被动式的防护手段,它只能对现在已知的网络威胁起作用。随着网络攻击手段的不断更新和一些新的网络应用出现,不可能靠一次性的防火墙设置来解决永久的网络安全问题,这就需要对相关的安全防护软件不断地进行升级、更新和完善。

8.3.2 防火墙的分类

为了更有效地防御各种类型的网络攻击,防火墙也划分出了几种不同的防御架构,从物理特性上可以将防火墙分为硬件防火墙与软件防火墙。

1. 硬件防火墙

硬件防火墙是一种专用的硬件设备,它通常通过网线连接在外部网络接口与内部网络之间。当有数据经过时,硬件防火墙会对数据进行检查,过滤掉非法数据,将相对安全的数据发送给后端的网络或服务器。由于硬件防火墙是基于硬件设备的,不需要像软件一样占用 CPU 资源,因此其效率较高。

硬件防火墙有两种结构:普通硬件级别的防火墙和芯片级别防火墙。普通硬件防火墙由 3 部分组成:标准计算机硬件平台、简化处理过的 UNIX 操作系统、防火墙软件。它的结构布局与操作系统类似,因此可能会存在安全漏洞;芯片防火墙则是采用专门设计的硬件平台,在该硬件平台上搭建专门开发的软件。相比于普通硬件级别的防火墙,芯片防火墙中搭建的是专门开发的软件而不是简化处理的操作系统,因此其安全性能更高。

2. 软件防火墙

软件防火墙是一段特殊程序,它安装在网关服务器或者个人计算机上。软件防火墙程序运行在 Ring0 级别的特殊驱动模块上,在系统接口与网络驱动程序接口(Network Driver Interface Specification,NDIS)之间构成一道逻辑防御体系。

软件防火墙工作在 NDIS 之后,NDIS 发送数据报文给软件防火墙,软件防火墙对这些数据进行检查,过滤掉有害的数据。相比于硬件防火墙,软件防火墙不需要更改硬件设备,安装部署比较简单,但由于它是软件,在运行时需要占用 CPU 资源,而且检查过滤数据时需要一定时间,因此软件防火墙的数据吞吐量比较小,在一些大流量的网络中,它的工作效率会下降。此外,软件防火墙可能会存在安全漏洞,带来安全隐患,因此软件防火墙并不是企业构建防御措施的首选。

8.3.3 防火墙技术

防火墙技术可以分为 3 种:包过滤技术、应用代理技术、状态检测防火墙。无论一个防火墙的实现多么复杂,都是在这 3 种技术的基础上进行的功能扩展。本节将针对这 3 种防火墙技术进行详细讲解。

1. 包过滤技术

包过滤技术是最早使用的一种防火墙技术,它的第一代模型是“静态包过滤”(Static Packet Filtering)。静态包过滤防火墙工作在网络层,是对基于 TCP/IP 协议的数据包的过滤。这种过滤技术工作在数据包进出的通道，设定过滤规则，当有数据报文通过时，它会分析数据包的包头信息，对包头中的源 IP、目的 IP、端口、协议类型、消息类型等信息进行分析，并与预先设定好的过滤规则进行核对，一旦发现数据包与规则匹配(即携带了"危险物品")就会丢弃数据包，如果没有匹配到过滤规则，则放行数据包。

静态过滤技术只能根据预先设定的规则进行判断，一旦有规则之外的有害数据包进入，这些规则就是毫无用处的，而且静态包过滤技术在设置时可能还会遇到一些冲突。例如，两个工作人员需要设置的规则有冲突，一个要阻止从某个 IP 发来的数据包，一个要接收从这个 IP 发来的数据包，这时静态包过滤技术就无法完成规则设置了。

为了解决静态包过滤技术的问题，后来出现了"动态包过滤"(Dynamic Packet Filtering)技术。动态包过滤技术工作在传输层，但本质上是对基于 TCP/IP 协议数据包的过滤。动态包过滤技术在静态包过滤技术和规则的基础上，会对已经放行的数据包进行跟踪，时刻监视该数据包是否会对系统构成威胁，一旦触发判断机制，防火墙会自动产生新的临时过滤规则或修改已经存在的过滤规则，再次对数据包进行过滤，从而阻止有害数据包的继续传输，其工作原理如图 8-2 所示。

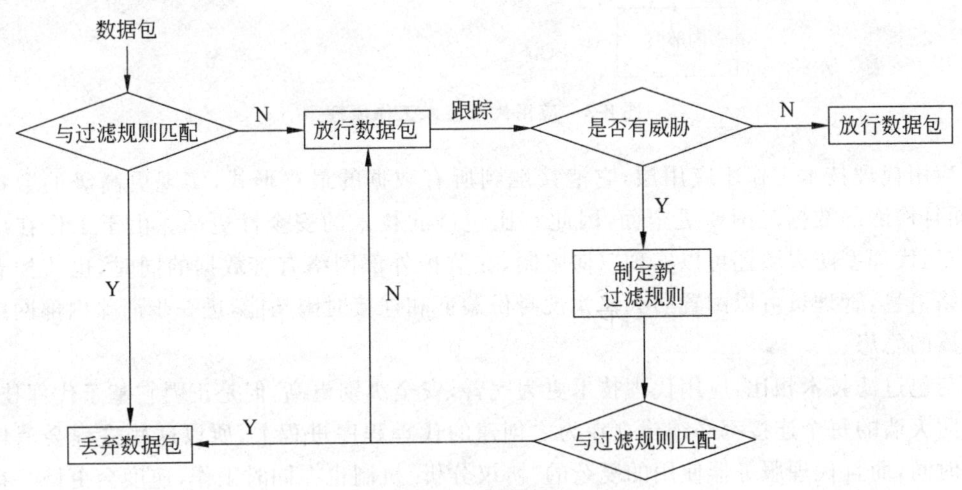

图 8-2　包过滤技术工作原理

与静态包过滤技术相比，动态包过滤技术需要消耗额外的资源和时间来提取数据包内容进行判断处理，因此其运行效率比静态包过滤技术要低，但现在静态包过滤技术已经退出市场，用户所使用的包过滤技术防火墙都是动态包过滤技术防火墙。利用包过滤技术建立的防火墙是当前使用最广泛的一种防火墙。目前，大多数的 Intranet 都采用了包过滤防火墙来保护 Intranet 不遭受来自 internet 的侵害。包过滤防火墙在管理良好的小规模网络上，能够正常发挥其作用，一般情况下，它常和其他设备(如堡垒主机等)联合使用。但它也有一些缺陷，即不能建立精细规则，而且它只能工作于网络层与传输层，对更高级协议的数据包无法检测。

2. 应用代理技术

由于包过滤技术无法提供完善的数据保护措施，而且一些特殊的数据包(如 SYN 洪水、ICMP 攻击等)仅仅使用过滤的方法并不能消除危害，因此人们研发出了应用代理技术

(Application Proxy),这种技术是使用一个代理设备作为中转,代理设备包含一个服务端、代理服务器、客户端。服务端接收来自用户的请求,调用自身的客户端模拟一个基于用户的连接请求到目标服务器,再把目标服务器返回的数据转发给用户,代理服务器类似于过滤器,它工作于服务端与客户端之间,对它们传送的数据包进行过滤,其工作原理如图 8-3 所示。

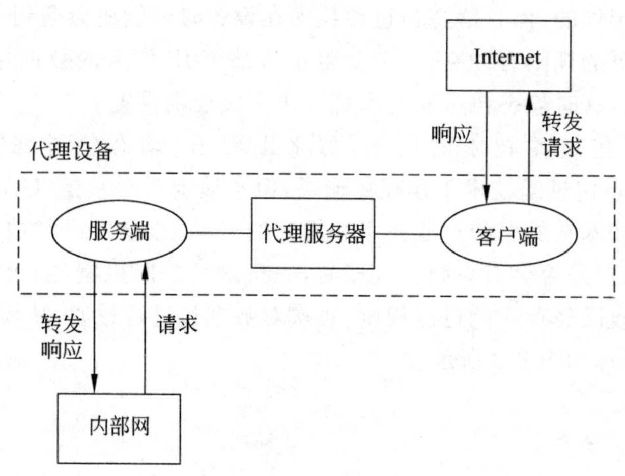

图 8-3　应用代理技术工作原理

应用代理技术工作于应用层,它能接触到所有数据的最终形式,实现更高级的数据检测,而且检测的数据范围要更全面,因此它比包过滤技术的安全性更高。由于工作在应用层,应用代理型防火墙还可以实现双向限制,在监控外部网络有害数据的同时,也监控着内部网络消息,管理员可以配置防火墙实现身份验证和连接时限功能,进一步消除内部网络信息泄露的隐患。

与包过滤技术相比,应用代理技术更为完善,安全级别更高,但是正因它基于代理技术,通过防火墙的每个连接都必须建立在为之创建的代理程序进程上,所以这些进程会消耗一定的时间,而且代理服务器使用的复杂的"协议分析"机制也在同时工作,速度会更慢。在网络吞吐量不是很大的情况下,并没有什么影响,但如果数据量比较大,这种类型的防火墙很快会成为整个网络的瓶颈,因此代理防火墙的普及远远不及包过滤防火墙。

3. 状态检测防火墙

状态检测防火墙是包过滤防火墙的优化,传统的包过滤防火墙只是通过检测数据包头的相关信息来决定是否允许数据流通,没有状态的概念,每个数据包都被视为独立的,和其他数据包没有关系。而状态检测技术采用的是一种基于连接的状态检测机制,将属于同一连接的所有数据包作为一个整体数据流,构成连接状态表,通过规则与状态表的共同配合,识别各个连接状态。与传统的包过滤防火墙过滤规则表相比,连接状态表具有更好的灵活性和安全性。

状态检测防火墙的结构是通过一个单独的模块来实现的,此模块主要由状态跟踪器、状态检测表与协议处理器构成。当数据包到达防火墙时,状态检测引擎会检测它是一个发起连接的初始数据包还是已有的连接,如果是一个新连接,它会将数据包的信息与防火墙规则做比较，匹配则放行，否则丢弃。如果是已有连接，状态检测引擎直接把数据包的信息与状态表中的会话记录进行比较，如果信息匹配则放行，否则丢弃。不管是放行还是丢弃，都不再去匹配规则检查。相比传统的包过滤防火墙，它的效率提高了很多，并且每个会话连接都有一个时间阈值，超过阈值，就从状态表中删除对应的会话记录。

与传统的包过滤防火相比，状态检测防火墙更安全、更高效、伸缩性、可扩展性也更好，应用范围更广。这种类型防火墙的缺点就是它无法检测应用数据，并且由于要处理许多连接，或者是有大量过滤网络通信的规则存在时，所有记录、测试和分析工作可能会造成网络连接的迟滞。

8.4　IDS

8.3 节学习了防火墙的概念、分类与防火墙实现技术，其实在计算机中，除了使用防火墙来保护本机安全之外，还有其他多种技术来配合防火墙工作，保证计算机的安全。例如，入侵检测系统（IDS）和入侵防御系统（IPS）等，本节学习入侵检测系统安全技术。

8.4.1　IDS 概述

IDS 是英文 Intrusion Detection Systems 的缩写，中文意思是"入侵检测系统"。美国国际计算机安全协会 ICSA 对入侵检测的定义是：通过从计算机网络或计算机系统中的若干关键点收集信息并对其进行分析，从中发现网络或系统中是否有违反安全策略的行为和遭到袭击的迹象的一种安全技术。

IDS 并没有防御功能，它只是起到监控作用，它的主要任务是监测并分析用户和系统活动，检查系统配置和漏洞，评估系统关键资源和数据的完整性，并且识别已知的攻击行为，统计分析异常行为。此外，它还可以对操作系统进行日志管理，并识别违反安全策略的用户活动。

IDS 是一个旁路监听设备，它不需要网络数据流经它，它只需要挂接在需要监视、审计的网络数据的流经链路上，收集这些数据，并对数据进行分析，从中找出入侵活动的特征，或者对监测到的行为进行响应。IDS 的工作过程可以分为数据收集、数据分析、结果处理 3 步。

1. 数据收集

入侵检测的第一步就是信息收集。收集信息由放置在不同网段的传感器或不同主机的代理来执行，收集内容包括系统和网络日志文件、网络流量、数据及用户活动的状态和行为、非正常的目录和文件改变、非正常的程序执行等。

2. 数据分析

数据分析由分析引擎完成，分析引擎是 IDS 的核心。从数据源提供的系统运行状态和活动记录信息中，它可以进行同步、整理、组织、分类以及各种类型的分析，提取信息中包含的系统活动特征或模式，用于判断行为的正常或异常。

通常，分析引擎的分析技术有 3 种：模式匹配、统计分析和完整性分析，前两种方法用于实时的入侵检测分析,而完整性分析用于事后分析。

3. 结果处理

结果处理模块主要提供与用户的交互,在适当的时候发出警报,控制台按照告警产生预先定义的响应采取相应措施,可以是重新配置路由器或防火墙、终止进程、切断连接、改变文件属性等,也可以只是简单的告警。

IDS的核心价值就在于通过对全网信息的收集、分析,了解信息系统的安全状况,进而指导信息系统安全建设目标以及安全策略的确立和调整。

8.4.2 IDS分类

IDS也可以根据不同的要求分为多种不同的种类,根据系统所监测的对象可以将IDS分为基于主机的IDS(HIDS)、基于网络的IDS(NIDS)、分布式IDS。

1. 基于主机的IDS(HIDS)

这类IDS主要用于保护一些重要的服务器,一般监视与分析系统的事件、安全日志以及syslog文件。一旦发现这些文件发生变化,IDS将比较新的日志记录与攻击特征是否匹配以确认新的更改是否是攻击行为。如果匹配,检测系统就向管理员发出入侵报警。

基于主机的IDS不需要额外的硬件支持,非常适合加密和交换环境,实时检测和应答。另外,它还可以针对不同系统的特点判断应用层的入侵事件,但判断应用层入侵会占用主机资源,给服务器产生额外的负担。

2. 基于网络的IDS(NIDS)

NIDS使用原始的网络分组数据包作为进行攻击分析的数据源,它利用一个网络适配器来实时监视和分析所有通过网络进行传输的通信,一旦检测到攻击,IDS应答模块通过通知、报警以及中断连接等方式来对攻击做出反应。

基于网络的IDS成本较低,攻击者转移证据很困难。NIDS是实时检测和应答,一旦发生恶意访问或攻击,基于网络的IDS检测可以随时发现它们,因此能够更快地做出反应,从而将入侵活动对系统的破坏减到最低,而且基于网络的IDS并不依赖主机的操作系统作为检测资源,这一点与基于主机的IDS是不同的。其不足之处是它只能监控经过本网段的活动,精确度不高,在交换环境下难以配置。

3. 分布式IDS

分布式IDS系统通常由数据采集器构件、入侵检测分析构件、应急处理构件和管理构件组成,如图8-4所示。

这些构件可以根据不同的情形进行组合。例如,数据采集构件和通信传输构件组合就产生出新的构件,这些新的构件能完成数据采集和传输的双重任务。所有这些构件组合起来就是一个分布式入侵检测系统。分布式入侵检测系统主要应用于以下几种情况。

(1) 系统弱点或漏洞分散在网络中各个主机上,它们可能被入侵者一起用来攻击网络。

(2) 入侵行为不再是单一行为,而是表现出相互协作入侵的特点。例如,分布式拒绝服

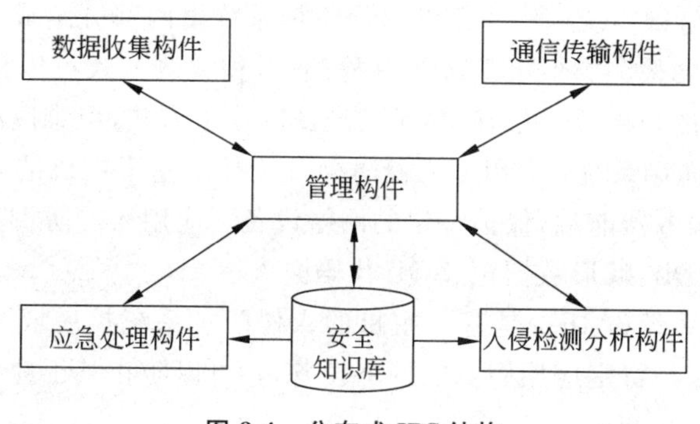

图 8-4　分布式 IDS 结构

务攻击。

(3) 入侵检测所依靠的数据来源分散化，收集原始检测数据变得困难。例如，在交换型网络中，监听网络数据包受到限制。

(4) 网络传输速度加快，网络流量大，信息处理原始的数据方式往往造成检测瓶颈，导致漏检的情况。

比较有效的检测系统大多采用多种数据源，把这 3 种入侵检测系统有层次地结合起来，通过对多种数据源的综合分析来得到更好的检测结果，达到互补的效果。

8.5　IPS

IPS 是英文 Intrusion Prevention System 的缩写，即入侵防御系统。IPS 是一种主动防御技术，它可以对网络数据进行检测，丢弃有害的网络数据从而阻止对内容网络的攻击，对网络带宽进行限流以阻止滥用报文的行为。

IPS 与传统的 IDS 有两点关键的区别：自动拦截和在线运行。IPS 系统对数据包进行检测，确定数据包的真正用途，然后决定是否允许数据包进入用户的网络。IPS 系统通常部署在数据转发的路径上，可以根据预先设定的安全策略，对流经的每个报文进行深度检测(协议分析跟踪、特征匹配、流量统计分析、事件关联分析等)，一旦发现隐藏于其中的网络攻击，可以根据该攻击的威胁级别立即采取抵御措施，这些措施包括(按照处理力度)：向管理中心告警、丢弃该报文、切断此次应用会话、切断此次 TCP 连接。

相对于 IDS 的被动检测及误报等问题，IPS 是一种比较主动、机智的防御系统。从功能上讲，作为并联在网络上的设备，IDS 需要与防火墙联动或发送 TCPreset 包来阻止攻击，而 IPS 本身就可以阻止入侵的流量。从技术上来说，IDS 误报与漏报现象严重，用户往往淹没在海量的报警信息中，而漏掉真正的报警。IPS 系统的误报效率则要低很多，它的拦截行为与其分析行为处在同一层次，能够更敏锐地捕捉入侵的流量，并能将危害切断在发生之前。此外，IPS 还具有高效地处理数据包的能力。

IPS 从技术上基本可以分为 3 类：网络型入侵防护系统(NIPS)、主机型入侵防护系统(HIPS)、应用型入侵防护系统(AIPS)。

(1) 网络型入侵防御系统——网络型入侵防御系统可以在线实时防御，但它检测不出特定类型的攻击，会产生误报。

（2）主机型入侵防御系统——主机型入侵防御系统由两部分组成：代理设备和数据管理器。它对网络数据的检测类似于 IDS 异常检测，这种检测方式可以预防攻击者对关键资源的攻击。此种系统的防御效果很好，易于发现新的攻击方式，但难以配置。

（3）应用型入侵防御系统：应用型入侵防御系统是由基于主机的入侵防御系统发展来的，通常部署在应用服务器前端，保护特定的网络设备。应用入侵防御系统可以防御多种类型的攻击，如缓冲区溢出、畸形数据包、SQL 代码嵌入等。

应用型入侵防护系统（AIPS）是基于主机的入侵防护系统扩展成为位于应用服务器之前的网络设备，用来保护特定应用服务的网络设备，它可以防止基于应用协议漏洞和设计缺陷的恶意攻击。

如果说防火墙是第一道防护门，IDS 是监控摄像，那么 IPS 就是一道安检门，所有经过的数据包都需要通过安检才能通行，它们的关系如图 8-5 所示。

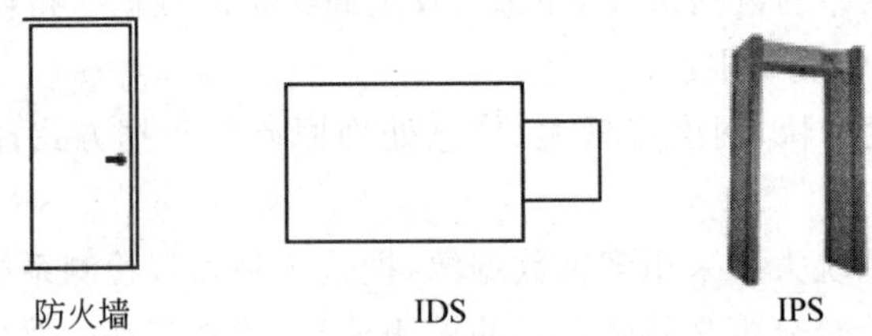

图 8-5　防火墙、IDS 与 IPS 的作用

传统的网络安全技术都是采用尽可能多的禁止策略来进行被动式的防御，但由于网络安全本身的复杂性，这种安全策略本身是不充分的，入侵检测技术与入侵防御技术作为一种积极主动的安全防范技术，提供了内部攻击、外部攻击和失误操作的实时保护，在网络系统受到危害之前拦截和响应入侵。它们是目前一种非常重要的动态安全技术，辅助防火墙进行防御工作，大大提高了系统的安全防护水平。

8.6　iptables

在早期的 Linux 操作系统中，默认使用的防火墙策略是 iptables，而在 CentOS 7 中，使用的是 firewalld 作为默认的防火墙策略。防火墙管理工具的配置思路是一样的，firewalld 的配置规则都源于 iptables，由于 iptables 在如今的企业中还占有较大比率，因此本书从 iptables 开始学习防火墙策略。

8.6.1　iptables 简介

在 Linux 中，iptables 是一款自带的防火墙管理工具，它分为两部分：一部分位于内核中，用来存放规则，称为 netfilter；一部分在用户空间中，用来定义规则，并将规则传递到内核中，在用户空间的这一部分就叫作 iptables，我们通常所说的 iptables 其实是包含了 netfilter 与 iptables 这两部分。

netfilter 将 iptables 定义的规则按功能分为 5 个部分。

（1）INPUT：数据包入口过滤，定义数据包由外部发往内部的规则。

（2）OUTPUT：数据包出口过滤，定义数据包由内部发往外部的规则。

(3) FORWARD：转发关卡过滤，数据包不进入用户空间，进行路由转发时的规则。

(4) PREROUTING：路由前过滤，数据包进来，还未查询路由表之前的规则，所有的数据包进来都要先由这个链进行处理。

(5) POSTROUTING：路由后过滤，查询完路由表，数据将要出去的规则，所有发送出去的数据包都要由这个链进行处理。

这 5 个部分，每一部分都称为一个规则链，存储在内核中不同的位置(过滤点)。配置防火墙就是添加、删除、修改这些规则。

在 iptables 中，不同功能的链又组成不同的表，这 5 个规则链共组成了 4 个表：filter 表(过滤规则表)、nat 表(地址转换规则表)、mangle 表(修改数据标记位规则表)和 raw 表(跟踪数据规则表)，每个规则表中又包含多个规则链，如图 8-6 所示。

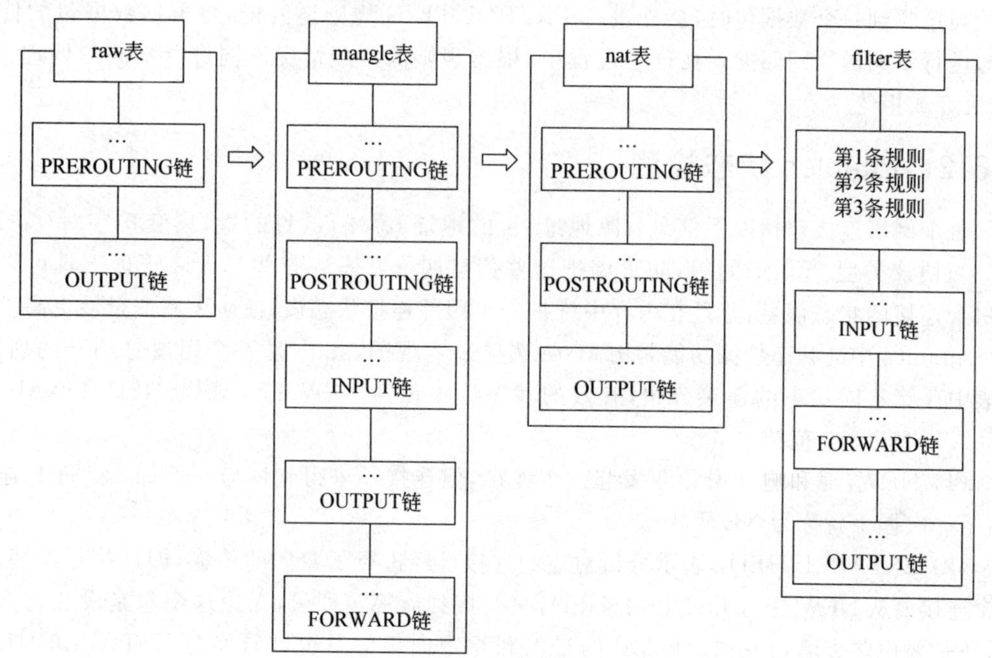

图 8-6　规则表

这 4 个规则表中包含的规则链及其作用如下所示。

(1) filter 表有 3 个链：INPUT、FORWARD、OUTPUT，它的作用是过滤数据包，对应的内核模块为 iptables_filter。

(2) nat 表有 3 个链：PREROUTING、POSTROUTING、OUTPUT，它用于网络地址转换(IP、端口)，对应的内核模块为 iptable_nat。

(3) mangle 表有 5 个链：PREROUTING、POSTROUTING、INPUT、OUTPUT、FORWARD，它用于修改数据包的服务类型，并且可以配置路由实现网络链路优化，对应的内核模块为 iptable_mangle。

(4) raw 表有两个链：OUTPUT、PREROUTING，它决定数据包是否被状态跟踪机制处理，对应的内核模块为 iptable_raw。

这些规则表、规则链共同组成了 iptables 数据包过滤系统，如图 8-7 所示。

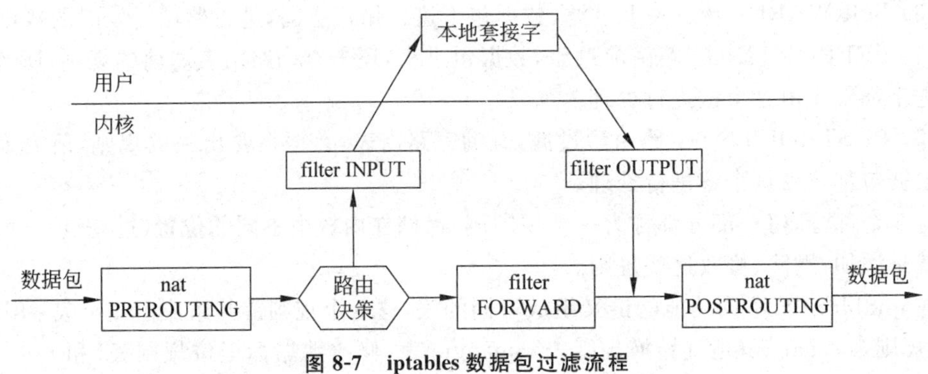

图 8-7　iptables 数据包过滤流程

当接收到一个数据包时，会先进行 PREROUTING 规则链匹配，再根据数据包的传输方向进行不同的规则匹配。在这个过程中，根据规则的匹配情况不同进行不同的处理：放行、丢弃或拒绝。

8.6.2　iptables 状态检测

每个网络连接包括以下信息：源地址、目的地址、源端口、目的端口、套接字对（socket pairs）、协议类型、超时时间等，防火墙把这些信息叫作状态。有些防火墙管理工具可以检测每个连接的状态信息，并且在内存中维护一个跟踪连接状态表，使防火墙安全性更高。

iptables 中的状态检测功能是由 state 选项来实现的，state 是一个用逗号隔开的列表，列表中存储不同状态的连接分组，有效的状态选项包括 NEW、ESTABLISHED、INVAILD、RELATED。

（1）NEW：表示这个分组正发起一个连接，但连接还未得到回应。例如，在 TCP 连接中，第一次握手就称为 NEW 状态。

（2）ESTABLISHED：表示分组对应的连接已经进行了双向的传输，即连接已经建立。一个连接要从 NEW 变为 ESTABLISHED，只要接到应答包即可，无论这个包是发往防火墙的，还是要由防火墙转发的。ICMP 的错误和重定向等信息也被看作是 ESTABLISHED，只要它们是用户所发出的信息的应答。

（3）INVAILD：表示分组对应的连接是未知的，说明数据包不能被识别属于哪个连接或没有任何状态。产生 INVAILD 状态的原因有很多，如内存溢出、收到未知连接的 ICMP 错误信息等都会产生此状态的连接，一般这种状态的数据包都会被丢弃。

（4）RELATED：表示分组要发起一个新的连接，但是这个连接和一个现有的连接有关。例如，FTP 的数据传输连接和控制连接之间就是 RELATED 关系。RELATED 是个比较麻烦的状态，当一个连接和某个已处于 ESTABLISHED 状态的连接有关系时，就被认为是 RELATED 状态了。换句话说，一个连接要想是 RELATED 状态，首先要有一个 ESTABLISHED 状态的连接，这个 ESTABLISHED 状态的连接再产生一个主连接之外的连接，这个新连接的状态就是 RELATED。

iptables 跟踪检测连接的状态信息，可以使防火墙更健壮有效。例如，以前的防火墙经常是打开 1024 以上的所有端口来放行应答的数据，但现在有了状态机制，就可以只开放那些有应答数据的端口，其他的端口都可以关闭掉，这样就增强了安全性。

8.6.3 iptables 的规则编写

管理员可以使用 iptables 命令添加、删除防火墙规则，iptables 命令的基本语法格式如下所示：

```
iptables [-t 表名] [命令选项] [链名] [规则匹配] [-j 目标动作]
```

下面对 iptables 命令中的每一个部分分别进行讲解。

(1) -t 指定需要维护的防火墙规则表，不使用-t 时，默认操作对象是 filter 表。

(2) 表名、链名指定 iptables 命令所操作的表和链。

(3) 命令选项指定管理 iptables 规则的方式，如插入、增加、删除、查看等，常用的命令选项及含义如表 8-1 所示。

表 8-1 iptables 命令常用的选项

选项	说　明
-A	在指定链的末尾添加一条新的规则
-D	删除指定链中的某一条规则，可以按规则序号和内容删除
-I	在指定链中插入一条新的规则，默认在第一行添加
-R	修改、替换指定链中的某一条规则，可以按规则序号和内容替换
-L	列出指定链中所有的规则进行查看
-F	清空防火墙规则
-N	新建一条用户自定义的规则链
-X	删除指定表中用户自定义的规则链
-P	设置指定链的默认策略
-Z	将所有表的所有链的字节和数据包计数器清零
-n	使用数字形式显示输出结果
-v	查看规则表详细信息
-V	查看版本
-h	获取帮助

(4) 规则匹配用于指定对符合什么规则的数据包进行处理，如拒绝来自某个 IP 的数据包、放行某种协议的数据包等。常用的规则匹配参数如表 8-2 所示。

表 8-2 iptables 命令常用的规则匹配参数

匹配参数	含　义
-P	匹配协议
-s	匹配源地址
-d	匹配目标地址

续表

匹配参数	含　义
-i	匹配入站网卡接口
-o	匹配出站网卡接口
--sport/sports	匹配源端口，--sports 可以进行多端口匹配
--dport/dports	匹配目标端口，--dports 可以进行多端口匹配
--src-range	匹配源地址范围
--dst-range	匹配目标地址范围
--mac-source	匹配目标地址范围
--state	匹配状态

(5) 目标动作用于指定数据包的处理方式，如放行、拒绝、丢弃、跳转等，iptables 常用的处理操作如下。

- ACCEPT：允许数据包通过。
- REJECT：拒绝数据包，返回数据包并通知对方，进行完此处理动作后，将不再匹配其他规则，直接中断过滤程序。
- DROP：丢弃数据包不予处理，不返回给对方也不通知对方，进行完此处理后，将不再匹配其他规则，直接中断过滤程序。
- REDIRECT：将数据包重新导向到另一个端口，进行完此处理操作后，数据包将会继续匹配其他规则。
- MASQUERADE：改写数据包来源 IP 为防火墙 IP，可以指定端口对应的范围，进行完此处理操作后，直接跳往下一个规则链(mangle：POSTROUTING)。
- LOG：将数据包相关信息记录在/var/log 中，进行完此处理操作后，将会继续匹配其他规则。
- SNAT：改写数据包来源 IP 为某特定 IP 或 IP 范围，可以指定端口对应的范围，进行完此处理操作后，将直接跳往下一个规则链(mangle：POSTROUTING)。
- DNAT：改写数据包目的 IP 地址为特定的 IP 地址或 IP 范围，可以指定端口对应的范围，然后将直接跳往下一个规则链(mangle：POSTROUTING)。
- QUEUE：中断过滤程序，将数据包放入队列，交给其他程序处理。
- RETURN：结束在目前规则链中的过滤程序，返回主规则链继续过滤，如果把自定义规则链看成是一个子程序，那么这个操作，就相当于提早结束子程序并返回到主程序中。
- MARK：将数据包标上某个代号，以便提供作为后续过滤的条件判断依据，进行完此处理操作后，将会继续匹配其他规则。

下面通过一组实例来演示如何使用 iptables 命令查看和定义过滤规则。

(1) 查看 filter 表的所有规则。

```
[root@localhost ~]# iptables -nL
Chain INPUT (policy ACCEPT)
```

```
target     prot opt source              destination
ACCEPT     udp  --  0.0.0.0/0           0.0.0.0/0           udp dpt: 53
ACCEPT     tcp  --  0.0.0.0/0           0.0.0.0/0           tcp dpt: 53
ACCEPT     udp  --  0.0.0.0/0           0.0.0.0/0           udp dpt: 67
ACCEPT     tcp  --  0.0.0.0/0           0.0.0.0/0           tcp dpt: 67
ACCEPT     all  --  0.0.0.0/0  0.0.0.0/0      ctstate RELATED,ESTABLISHED
```

由于执行结果内容较多,本书只截取一部分结果显示。上述命令中没有使用-t 指定表名,则默认查看 filter 表。

(2) 查看 nat 表的所有规则。

```
[root@localhost ~]# iptables -t nat -nL
Chain PREROUTING (policy ACCEPT)
target                    prot  opt  source       destination
PREROUTING_direct         all   --   0.0.0.0/0    0.0.0.0/0
PREROUTING_ZONES_SOURCE   all   --   0.0.0.0/0    0.0.0.0/0
PREROUTING_ZONES          all   --   0.0.0.0/0    0.0.0.0/0
```

此命令的执行结果也是截取一部分显示。在这个命令中使用了-t 指定了操作的表为 nat。

(3) 拒绝进入防火墙的所有 ICMP 协议数据包。

```
[root@localhost ~]# iptables -I INPUT -p icmp -j REJECT
```

(4) 向 filter 表插入一条新的入站规则,丢弃 192.168.175.139 主机发送给防火墙本机的所有数据包。

```
[root@localhost ~]# iptables -A INPUT -s 192.168.175.139 -j DROP
```

执行完这个命令后,凡是从 192.168.175.139 主机发送来的数据包都会被丢弃。

(5) 修改 filter 表中 INPUT 链的默认规则为接收数据包。

```
[root@localhost ~]# iptables -t filter -P INPUT ACCEPT
```

(6) 丢弃从外网接口(eth1) 进入防火墙本机的源地址为私网地址的数据包。

```
[root@localhost ~]# iptables -A INPUT -i eth1 -s 192.168.0.0/16 -j DROP
[root@localhost ~]# iptables -A INPUT -i eth1 -s 172.16.0.0/12 -j DROP
[root@localhost ~]# iptables -A INPUT -i eth1 -s 10.0.0.0/8 -j DROP
```

第一条命令中是 C 类私网地址;第二条命令中是 B 类私网地址;第三条命令中是 A 类私网地址。

8.7 firewalld

CentOS 7 集成了多款防火墙管理工具,其中 firewalld(Dynamic Firewall Manager of Linux system,Linux 系统的动态防火墙管理器)服务是默认的防火墙配置管理工具,本节将对 firewalld 进行详细讲解。

8.7.1 firewalld 简介

与传统的防火墙配置管理工具相比，firewalld 支持动态更新技术，并增加了区域(zone)的概念。所谓区域，是指 firewalld 预先准备了几套防火墙策略集合，用户可以根据不同的生产环境来选择不同的策略，从而实现防火墙策略之间的快速切换。在传统的防火墙配置中，用户需要频繁的手动设置防火墙策略规则，而现在只需单击鼠标就能自动切换，快速提升了防火墙的配置效率。

firewalld 常见的区域及相应的策略规则如表 8-3 所示。

表 8-3 firewalld 常见区域及相应策略

区 域	策 略
trusted	允许所有数据包
home	拒绝流入的流量，除非与流出的流量相关。若流量与 ssh、mdns、ipp-client、amba-client、dhcpv6-client 服务相关，则允许流量通过
internal	等同于 Home 区域
Work	拒绝流入的流量，除非与流出的流量相关，若流量与 ssh、ipp-client、dhcpv6-client 相关，则允许流量通过
public	拒绝流入的流量，除非与流出的流量相关，若流量与 ssh、dhcpv6-client 服务相关，则允许流量通过
external	拒绝流入的流量，除非与流出的流量相关，若流量与 ssh 服务相关，则允许流量通过
dmz	拒绝流入的流量，除非与流出的流量相关，若流量与 ssh 服务相关，则允许流量通过
block	拒绝流入的流量，除非与流出的流量相关(阻断)
drop	拒绝流入的流量，除非与流出的流量相关(丢弃)

在 CentOS 7 中，默认开启 firewalld 服务，读者可使用如下命令查看 firewalld 服务状态：

```
[root@localhost ~]# systemctl status firewalld
● firewalld.service-firewalld-dynamic firewall daemon
   Loaded: loaded (/usr/lib/systemd/system/firewalld. service; enabled; vendor preset:
enabled)
  Active: active (running) since 三 2018-01-03 16: 15: 38 CST; 1h 8min ago
  …//省略部分信息
```

在 Active 项看到 running，证明 firewalld 处于运行状态，使用 systemctl 命令可以对 firewalld 服务进行关闭、重启、开机启动等管理，相应的命令如下所示：

```
[root@localhost ~]# systemctl restart firewalld     #重启 firewalld 服务
[root@localhost ~]# systemctl stop firewalld        #关闭 firewalld 服务
[root@localhost ~]# systemctl enable firewalld      #开机启动 firewalld 服务
[root@localhost ~]# systemctl disable firewalld     #禁止 firewalld 服务开机启动
```

8.7.2　命令行管理方式

firewalld 使用 firewall-cmd 命令配置管理防火墙，其配置思路和 iptables 是一样的，只是参数大多是以长格式形式来提供的，常用的参数如表 8-4 所示。

表 8-4　firewalld-cmd 命令常用参数

参　　数	含　　义
--get-default-zone	查询默认的区域名称
--set-default-zone=区域名称	设置默认的区域，使其永久生效
--get-zones	显示可用的区域
--get--services	显示预先定义的服务
--get-active-zones	显示当前正在使用的区域与网卡名称
--add-source=	将源自此 IP 或子网的流量导向指定的区域
--remove-source	不再将源自此 IP 或子网的流量都导向某个指定区域
--add-service=服务名	设置默认区域允许该服务的流量
--add-port=端口号/协议	设置默认区域允许该端口的流量
--remove-service=服务名	设置默认区域不再允许该端口的流量
--add-interface=网卡名称	将源自该的所有流量都导向某个指定区域
--change-interface=网卡名称	将某个网卡与区域进行关联
--list-all	显示当前区域的配置参数、资源、端口以及服务等信息
--list-all-zones	显示所有区域的配置参数、资源、端口以及服务等信息
--reload	让“永久生效”的配置规则立即生效，并覆盖当前的配置规则
--panic-on	开启应急状况模式
--panic-off	关闭应急状况模式

firewalld 配置防火墙规则时有两个模式：运行时模式（Runtime）和永久模式（Permanent）。默认是运行时模式，即配置规则立即生效。当使用--permanent 参数时是永久模式，此模式下配置的规则需要重启系统才能生效。如果要使永久模式下配置的规则立即生效，则需要手动执行 firewalld-cmd -reload 命令。

下面使用 firewall-cmd 命令设置防火墙规则来演示其用法。首先查看 firewalld 服务当前所使用的区域。

```
[root@localhost ~]# firewall-cmd --get-default-zone
public
```

由输出结果可知，当前 firewalld 服务所使用的区域为 public，即允许所有的数据包。

查看当前区域的配置参数、资源、服务等信息。

```
[root@localhost ~]# firewall-cmd --list-all
public (active)
  target: default
  icmp-block-inversion: no
  interfaces: ens33
  sources:
  services: dhcpv6-client ftp https ssh
  ports:
  protocols:
  masquerade: no
  forward-ports:
  sourceports:
  icmp-blocks:
  rich rules:
```

查看 public 区域是否允许 SSH 协议和 FTP 协议的流量通过。

```
[root@localhost ~]# firewall-cmd --zone=public --query-service=ssh
yes
[root@localhost ~]# firewall-cmd --zone=public --query-service=ftp
no
```

由输出结果可知，public 区域允许 SSH 协议的流量通过，但不允许 FTP 协议的流量通过。现在将 FTP 协议的流量设置为永久允许，并立即生效，具体操作如下：

```
[root@localhost ~]# firewall-cmd --permanent --zone=public --add-service=ftp
                                                          #将 FTP 协议流量设置为永久允许
success
[root@localhost ~]# firewall-cmd-reload                   #设置立即生效
success
```

将在 firewalld 服务中访问 1024 端口的流量设置为允许，即通常所说的开放端口。仅限当前有效，具体操作如下：

```
[root@localhost ~]# firewall-cmd --zone=public --add-port=1024/tcp
success
[root@localhost ~]# firewall-cmd --zone=public --list-port
1024/tcp
```

firewalld 服务还有一种富规则(rich-rule)配置，富规则表示更细致、更详细的防火墙策略配置，它可以针对系统服务、端口号、源地址和目标地址等信息进行更有针对性的策略配置。例如，配置一条件富规则：拒绝 192.168.175.0/24 网段的所有用户访问本机的 ssh 服务(22 端口)。

```
[root@localhost ~]# firewall-cmd --zone=public --add-rich-rule='rule family="ipv4"
source address="192.168.175.0/24" service name="ssh" reject'
success
```

当使用另一台主机(IP 地址为 192.168.175.135) 通过 ssh 服务连接本机时，会被拒绝。

```
[root@agent ~]# ssh 192.168.175.149        #在 192.168.175.135 主机执行此命令
ssh: connect to host 192.168.175.149 port 22: Connection refused
```

firewalld 服务中，防火墙的配置规则与 iptables 很相似，关于其他一些规则配置，读者可以参考表 8-1 与表 8-2 来完成，此处不再赘述。

8.7.3 图形界面管理方式

firewalld 使用 firewall-config 进行图形界面的管理配置，firewall-config 图形管理几乎可以实现所有在命令行完成的操作，即使读者没有扎实的 Linux 命令基础，也可以通过它来配置防火墙。在命令行执行 firewall-config 命令会弹出如图 8-8 所示的防火墙配置界面。

图 8-8 防火墙配置界面

图 8-8 中标号处的含义如下所示。

① 选择运行时(Runtime)模式或永久(Permanent)模式。

② 可选的区域列表。

③ 常用的系统服务列表。

④ 当前正在使用的区域。

⑤ 管理当前被选中区域中的服务。

⑥ 管理当前被选中区域中的端口。

⑦ 管理当前被选中区域的协议。

⑧ 管理当前被选中区域的源端口。

⑨ 用于隐藏本机的网络地址，开启 IP 转发功能，仅适用于 IPv4。

⑩ firewall-config 工具的运行状态。

使用图形界面进行防火墙配置时，只要有内容被修改，它就自动进行保存，不必进行二次确认。下面通过配置防火墙规则来演示 firewalld 的图形界面管理。将当前区域中请求 https 服务的流量设置为允许，仅限当前有效，具体配置如图 8-9 所示。

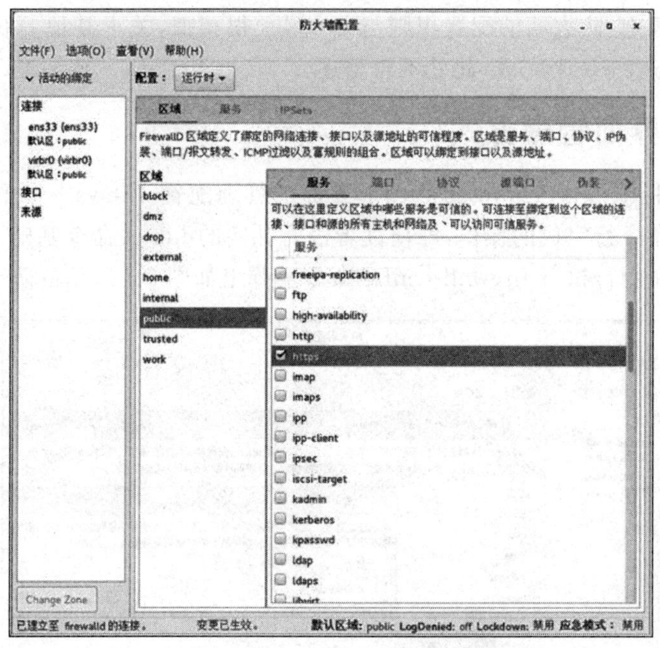

图 8-9　允许 https 服务流量

添加一条规则，使其允许 8080-9090 端口（TCP 协议）之间的流量，并将其设置为永久有效。配置步骤如下：单击⑥，然后单击左下角的"添加"按钮，在弹出的"端口和协议"界面中添加 8080-9090 端口，如图 8-10 所示。

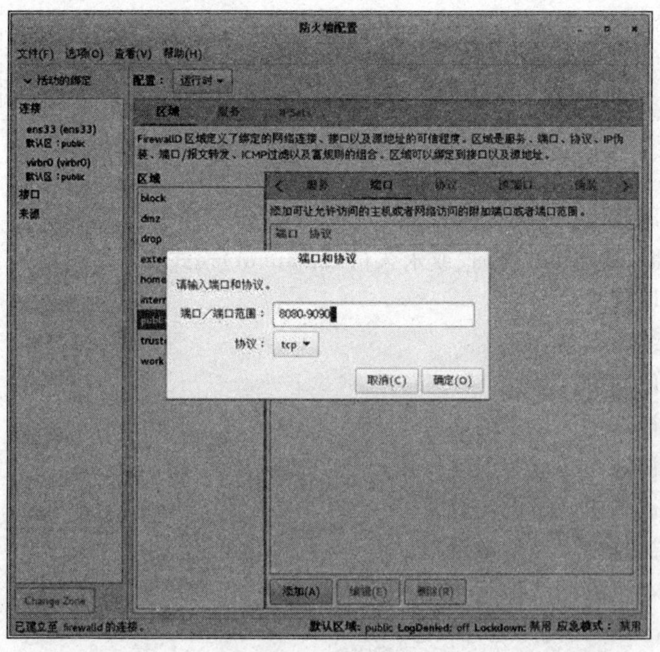

图 8-10　配置端口

单击图8-10中的“确定”按钮，返回防火墙配置界面。单击菜单中的“选项”按钮，在下拉菜单中单击“重载防火墙”命令让配置立即生效，如图8-11所示。

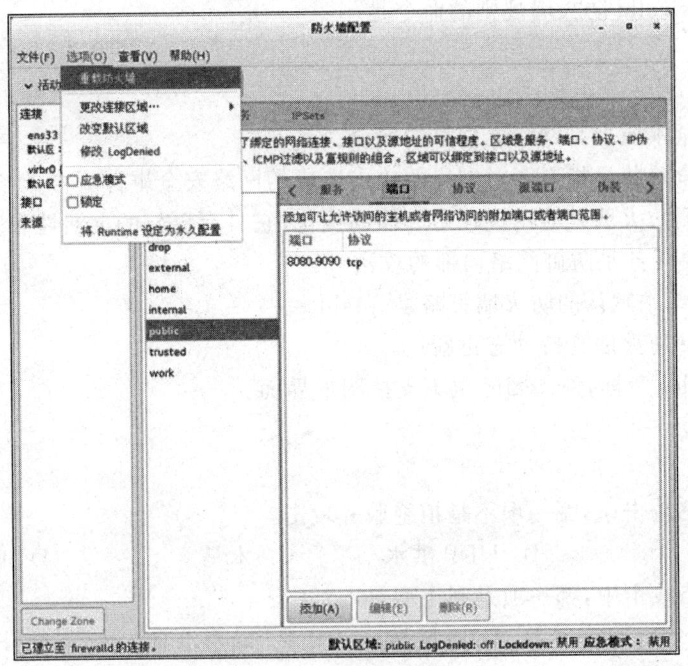

图8-11 重载防火墙

使用图形界面管理方式，原本很复杂的命令用图形化按钮所代替，设置规则也简单明了，大大提高了日常的运维效率。

8.8 本章小结

本章首先讲解了网络安全、防御与攻击，然后讲解了守护网络安全的防火墙、IDS/IPS，最后讲解了防火墙中比较重要的两个防火墙配置管理工具：iptables和firewalld，对于这两个管理工具，读者要理解其工作原理，掌握日常安全配置。经过本章的学习，读者应对网络环境的安全有一个大体的了解，并且了解如何使用简单的方法保护自己的计算机。

8.9 本章习题

一、填空题

1. 网络安全具有4个特征：________、________、________、________。
2. 网络攻击可分为4种：________、________、________、________。
3. 网络安全的第一道防线是________。
4. 从物理特性上可以将防火墙分为________和________。
5. 应用代理技术防火墙工作在________。

6. iptables 包含内核空间的________和用户空间的________两部分。
7. iptables 中的状态检测是由________来实现的。
8. 设置 firewalld 防火墙规则的命令是________。

二、判断题

1. 网络安全本质上是网络上信息的安全。 ( )
2. 网络安全威胁是指黑客对网络的攻击造成的网络安全事件。 ( )
3. 状态检测防火墙是应用代理防火墙的优化,它具有更好的灵活性和安全性。( )
4. IDS 主要任务是防御网络内部的攻击。 ( )
5. CentOS 7 中默认的防火墙策略是 iptables。 ( )
6. firewalld 防火墙支持动态更新。 ( )
7. 与 iptables 一样,firewalld 也不支持图形界面。 ( )

三、选择题

1. 下列网络攻击中,哪一项不是拒绝服务攻击?( )
   A. 泪滴　B. UDP 洪水　C. 木马　D. 电子邮件炸弹
2. 下列网络攻击中,哪一项是利用型攻击?( )
   A. 漏洞攻击　B. DNS 域转换　C. 畸形消息　D. Smurf 攻击
3. 下列选项中,哪一项不是防火墙的作用?( )
   A. 防止攻击者接近设备
   B. 实施安全策略,对网络通信进行访问控制
   C. 防止网络内部的攻击
   D. 屏蔽有害的网络服务
4. 关于包过滤技术,下列描述中哪项是错误的?( )
   A. 包过滤技术分为静态包过滤与动态包过滤
   B. 静态包过滤工作在传输层
   C. 动态包过滤技术可以对已经放行的数据包进行跟踪监视
   D. 动态包过滤技术不能检测传输层、网络层外的更高级协议数据包
5. 关于 IPS,下列描述中哪项是正确的?( )
   A. IPS 通常挂接在需要监视、审计的网络数据的流经链路上
   B. IPS 是一种主动防御技术
   C. 与 IDS 相比,IPS 的误报率较高
   D. IPS 分为网络型入侵防护系统和主机型入侵防护系统两类
6. 下列选项中,哪一项不是 iptables 的规则表?( )
   A. filter　B. nat　C. raw　D. input
7. 使用 iptables 设置防火墙规则,使本机可以访问本机,下面设置正确的是哪一项?( )
   A. iptables -A INPUT -s 127.0.0.1 -d 127.0.0.1 -j ACCEPT
   B. iptables -D INPUT -s 127.0.0.1 -d 127.0.0.1 -j ACCEPT

C. iptables -A INPUT -d 127.0.0.1 -d 127.0.0.1 -j ACCEPT

D. iptables -D INPUT -d 127.0.0.1 -d 127.0.0.1 -j ACCEPT

8. 使用 firewall-cmd 命令临时开放 ftp 服务，下列哪项命令是正确的？（　　）

A. firewall-cmd --add-service=ftp --permanent

B. firewall-cmd --set-service=ftp --permanent

C. firewall-cmd --add-service=ftp

D. firewall-cmd --set-service=ftp

四、简答题

1. 简述威胁网络安全的主要因素。
2. 简述缓冲区溢出的攻击原理。
3. 简述你对 iptables 规则表与规则链的理解。

第 9 章 KVM虚拟化技术

思政案例

学习目标

- 了解虚拟化的概念与分类
- 掌握 KVM 虚拟化实现的原理与架构
- 掌握 KVM 虚拟化环境的构建
- 掌握 KVM 虚拟化的核心配置
- 掌握 Libvirt 工具的使用

虚拟化是近年来颇为流行的一个新兴概念,但大多数人并不能确切说出虚拟化到底是什么。其实虚拟化就是一种资源优化利用的技术手段,随着虚拟化技术的发展,管理的设备越来越多,虚拟化技术对运维也越来越重要。本章就来学习一下虚拟化的相关知识以及主流的 KVM 虚拟化技术。

9.1 虚拟化简介

虚拟化技术的出现是为了优化利用资源,这种技术也有很多种,每种虚拟化技术都有各自的特点与优势。本节将简单介绍与虚拟化技术的概念和分类等相关的知识。

9.1.1 虚拟化概述

随着计算机硬件技术的发展,物理资源的容量越来越大而且价格越来越低,在既有的计算机元件架构下,不可避免地产生了计算机资源的闲置和浪费。用户可通过更新计算机元件以充分利用物理资源,但出于对稳定性和兼容性的考虑,频繁更新计算机元件并不现实,在这种情况下,虚拟化技术应运而生。

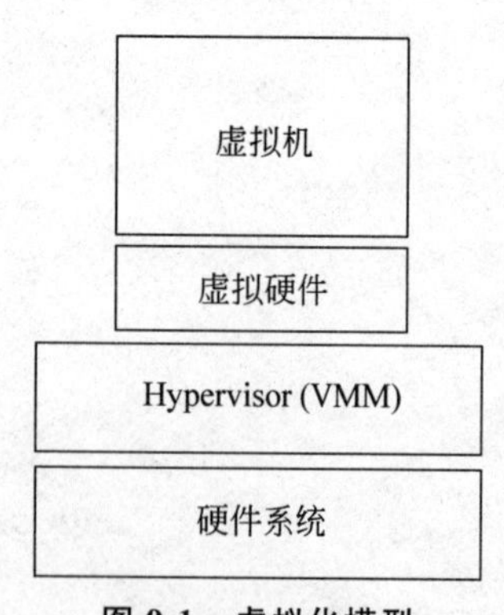

图 9-1 虚拟化模型

在计算机中,虚拟化(virtualization)是一种资源管理技术,它将计算机的各种实体资源,如服务器、网络、内存等抽象后呈现出来,打破实体结构间的不可突破的障碍,使用户可以比原本更好的组织方式来应用这些资源。这些资源的虚拟部分不受现有资源的架设方式、地域或物理组态所限制。

虚拟化技术又称为虚拟化解决方案,其模型如图 9-1 所示。

在虚拟化模型中,处于底层的是整个物理系统(硬件系统),主要包括处理器、内存和输入输出设备等。在物理系统之上,运行的是 Hypervisor。Hypervisor 称为虚拟机监控器

(Virtual Machine Monitor,VMM),用于管理真实的物理平台,生成虚拟环境,并为虚拟客户机提供对应的虚拟硬件平台。虚拟客户机指在虚拟硬件之上搭建的一个完整的计算机系统,它具有自己的"硬件系统",包括自己的处理器、内存、输入输出设备等。虚拟硬件系统中可以运行虚拟机自己的操作系统,如 Linux、Windows 等。

虚拟化通常具有以下 3 个特点。

(1) 虚拟的内容是服务器、网络、内存等。

(2) 虚拟出的物理资源有着统一的逻辑表示,这种逻辑表示能够给用户或被虚拟出的资源提供相同的功能。

(3) 虚拟化的资源不受物理资源的限制和约束。

虚拟化不仅可以提高物理资源的利用率,解决不同物理服务之间的兼容性问题,还可以降低硬件的采购成本与运行能耗。在虚拟化之前,一旦某个硬件损坏,对整个服务的影响是非常大的,但虚拟化之后,只需对一定的硬件资源进行冗余配置就可避免这种情况,而且将资源虚拟化之后,可以均衡各个服务器之间的负载。

9.1.2　软件虚拟化和硬件虚拟化

虚拟化的种类繁多,不同的标准可以将虚拟化分为不同的种类,按照虚拟化支持的层次划分,可以将虚拟化分为软件虚拟化和硬件虚拟化。

软件虚拟化也称为软件辅助的虚拟化,它通过软件的方法让客户机的特权指令陷入异常,从而触发宿主机进行虚拟化处理。硬件虚拟化也称为硬件辅助的虚拟化,它在 CPU 中加入了新的指令集和处理器运行模式,完成虚拟操作系统对硬件资源的直接使用。

1. 软件虚拟化

实现虚拟化过程中非常重要的一步就是虚拟化层能够直接截获对物理资源的访问,将其重新定位到虚拟资源中进行访问。软件虚拟化是通过软件辅助的方式来实现的。它通过软件截获客户对物理资源的访问,触发宿主机进行虚拟化处理,主要使用的技术是优先级压缩和二进制代码翻译。在软件虚拟化解决方案中,大部分客户机都通过 VMM 与硬件进行通信,然后由 VMM 来决定对系统上所有客户机的访问。

以常见的软件虚拟化工具 QEMU 为例,它通过软件模拟 x86 平台处理器的取指、解码和执行操作,客户机的指令实际上并不在物理平台直接执行。因为所有的指令都是通过软件模拟出来的,所以执行性能往往比较差,但是可以在同一平台上实现对不同架构平台的模拟。

我们熟悉的另外一个软件虚拟化工具 VMware,它采用动态二进制代码翻译技术,使用这种技术,客户机的指令将在真实的物理平台上直接运行。指令运行前它们会被 VMM 扫描,如果有超出 VMM 限制的指令,那么这些指令会被动态替换为可在真实的物理平台上直接运行的安全指令,或者替换为对 VMM 的软件调用。

软件虚拟化的方案有诸多优点,如成本低、部署简单、管理维护简单等,但它也有很多不足之处。例如,它是部署在操作系统之上的,会增加额外的开销;虚拟环境会受到机器硬件的限制,这是一个很大的缺陷。另外,在纯软件虚拟化方案中,软件层相当于操作系统所在的位置,虚拟化的操作系统相当于应用程序,软件虚拟化方案本身便会增加系统复杂性,随着系统复杂性的增加，软件虚拟化将会难以管理，且系统的安全性与可靠性也会随之降低。

2. **硬件虚拟化**

考虑到软件虚拟化技术的复杂性较高，且效率较低，因此有商家开始在硬件上“作文章”，尝试实现基于硬件的虚拟化。Intel 最先提供了支持虚拟化的芯片，在硬件虚拟化中，硬件可以直接虚拟化执行敏感指令，Intel 平台的 VT-x 和 AMD 平台的 AMD-V 技术都可提供硬件虚拟化功能。

相对于软件虚拟化，硬件虚拟化就是物理平台本身提供了对特殊指令的截获和重定向的支持，它并不依赖于操作系统，即不是在应用程序层面进行部署。

硬件虚拟化的典型代表就是 CPU 虚拟化，以 x86 平台为例，支持虚拟化的 x86 CPU 带有特别优化过的指令集来控制虚拟过程。通过这些指令集，VMM 很容易将客户机置于一种受限制的模式下运行，一旦客户机需要访问真实的物理资源，硬件会暂停客户机的运行，将控制权转交给 VMM，由 VMM 对指令进行处理。在某些情况下，VMM 还可以利用硬件的虚拟化增强机制，允许客户机对特定资源进行访问，由硬件直接重定向到 VMM 指定的虚拟资源中，这个过程不需要暂停客户机，也不需要 VMM 的参与。

虚拟化硬件提供了全新架构，支持操作系统直接在其上运行，不需要进行二进制翻译转换，减少了相关的性能开销，这就简化了 VMM 设计，使其性能更加强大。与软件虚拟化相比，硬件虚拟化在性能上有所提高，而且解决了虚拟环境受硬件限制的问题。但是，一个完善的硬件虚拟化解决方案往往需要 CPU、主板芯片组、软件等的支持，它的部署成本比软件虚拟化要高。

9.1.3 半虚拟化与全虚拟化

从虚拟平台的角度划分，可以将虚拟化分为半虚拟化和全虚拟化。半虚拟化是指在虚拟客户机操作系统中加入特定的虚拟化指令，使用这些指令可以直接通过 VMM 调用硬件资源，减少 VMM 层转换指令的性能开销。全虚拟化是指虚拟操作系统与底层硬件完全隔离，由中间的 VMM 层转化虚拟客户机操作系统对底层硬件的调用代码。

1. **半虚拟化**

半虚拟化(Para virtualization)也称为准虚拟化、类虚拟化。软件虚拟化没有硬件虚拟化支持，完全通过 VMM 实现对各个客户机的监控，如此可保证客户机之间彼此隔离和独立，但会增加软件复杂度和性能的损失。修改客户机内核可以降低这种损失，以此更好地与 VMM 协同工作。

半虚拟化技术不需要重新编译或捕获特权指令，其效率非常高，几乎能与物理机媲美。半虚拟化产品中最经典的是 XEN，XEN 适用于 BSD、Linux 及其他开源操作系统，而不适用于 Windows 等非开源操作系统，因为 Windows 系统不公开源码，无法修改其内核。但微软的 Hyper-V 所采用的技术与 XEN 类似，因此也可以把 Hyper-V 归为半虚拟化。

半虚拟化的架构精简，速度比较快，但是它需要对客户机操作系统内核进行修改，用户体验比较差。

2. 全虚拟化

全虚拟化(Full virtualization)是指 VMM 虚拟出的平台是现实中存在的平台，对于客户机操作系统来说，它并不知道自己是运行在虚拟平台上的。全虚拟化不需要对客户机操作系统做任何修改，就可以为客户机提供完整的虚拟 x86 平台，包括处理器、内存和外设，这是其他虚拟化技术所无法匹敌的。理论上，它支持运行任何可在真实物理平台上运行的操作系统，为虚拟机的配置提供了最大程度的灵活性。

全虚拟化的主要工作就是在客户机操作系统与硬件之间截获和处理那些对虚拟化敏感的特权指令，使客户机操作系统无须更改就能运行，其速度在不同的实现环境下也有所不同，但大都能满足用户的需求。全虚拟化是如今行业内最成熟、最常见的技术，IBM CP/CMS、Virtual Box、KVM 等产品都支持全虚拟化。

与半虚拟化相比，全虚拟化的客户机操作系统无须修改便可直接使用，但在截获和处理特权指令上会消耗一部分性能。另外，全虚拟化有一个限制，操作系统必须能够支持底层硬件。

现在的全虚拟化技术绝大部分都是硬件辅助的全虚拟化，如 Intel 的 VT-x 技术和 AMD 的 AMD-V 技术。在它们的处理器中，有 VMX root operation 和 VMX non-root operation 两种模式，两种模式都支持 Ring 0 ～ Ring 3 运行级别。VMX root operation 模式下软件的行为与在没有 VT-x 技术的处理器上的行为基本一致；而 VMX non-root operation 模式则有很大不同，最主要的区别是处理器在运行某些特殊指令或遇到某些事件(如外部中断或缺页异常)时，发生虚拟机退出(Virtual Machine exit)，处理器会挂起客户机，运行 VMM 去处理这些突发事件。

正常情况下，VMM 运行在 VMX root operation 模式下，客户机运行在 VMX non-root operation 模式下，但两种模式可以互相转换。运行在 VMX root operation 模式下的 VMM 通过显式调用 VMLAUNCH 或 VMRESUME 指令切换到 VMX non-root operation 模式，硬件自动加载客户机上下文，于是客户机启动运行，这种转换称为 VM entry(Virtual Machine entry，虚拟机启动)。若客户机在运行过程中遇到需要 VMM 处理的事件，如外部中断或缺页异常、硬件自动挂起客户机，则切换到 VMX root operation 模式，恢复 VMM 的运行，这种转换称为 VM exit。

硬件辅助的全虚拟化性能逐渐逼近半虚拟化，再加上全虚拟化不需要修改客户操作系统内核，俨然已成为当今虚拟化的发展趋势。

9.1.4 主流虚拟化产品

随着虚拟化技术的飞速发展，市场的虚拟化产品越来越多，应用也从最初的服务器扩展到了桌面领域。这些产品的功能大体类似，本节将对目前市场上的几款主流虚拟化产品进行简单介绍。

1. KVM

KVM 是 Kernel-based Virtual Machine 的简称，全称为基于内核的虚拟机，是一个开源的系统虚拟化模块，它于 2007 年 2 月被集成到 Linux 2.6.20 内核中，成为 Linux 内核的一部分。KVM 由 Qumranet 公司开发，为了简化 KVM 的开发流程，KVM 的开发人员并没有重新编写 Hypervisor，而是通过 Linux Kernel 加载新的模块使 Linux Kernel 具备了 Hypervisor 的功能，在完成了基本功能、动态迁移以及主要的性能优化之后，Qumranet 公司正式宣布 KVM 的诞生。

2008 年 9 月，Red Hat 公司收购了 Qumranet 公司，自此 Red Hat 公司有了自己的虚拟化解决方案，开始在自己的产品中用 KVM 替换之前的 XEN。KVM 目前在业界赢得了广泛的支持，Red Hat 与 IBM 公司建立了合作关系，将 KVM 推向了企业级应用领域。这两家公司还为企业级虚拟项目管理器、IBM Tivoli 以及 IBM Director 开发新的应用接口，以解决云技术引入、数据中心自动化、虚拟存储及网络、虚拟化项目案例保障与设备管理方面的各种问题。KVM 项目建立了包括 Eucalyptus、Red Hat、SUSE、IBM、HP、Intel 等成员的虚拟化联盟(OVA)，旨在促进 KVM 开源虚拟化技术的推广及应用。

KVM 作为一个较新的虚拟化产品，诞生不久便被 Linux 社区接纳，成为随 Linux 内核发布的轻量型模块。与 Linux 的集成，使 KVM 可以直接获益于最新的 Linux 内核开发成果，如更好的进程调试支持、更广泛的物理硬件平台的驱动、更高的代码质量等。作为较新的虚拟化解决方案，KVM 需要成熟的工具来管理 KVM 服务器和客户机。如今，随着 libvirt、virt-manager 等工具和 OpenStack 等云计算平台逐渐完善，KVM 管理工具在易用性方面的劣势已经逐渐被克服。另外，KVM 可以改进虚拟网络的支持、虚拟存储支持、增加安全性、高可用性、容错性、电源管理、HPC/实时支持、虚拟 CPU 可伸缩性等方面。

2. XEN

XEN 是由剑桥大学计算机实验室开发的一个开源项目，是一个直接运行在计算机硬件之上、用以替代操作系统的软件层。它能够在计算机硬件上并发地运行多个客户操作系统，和平台结合得极为紧密，以高性能、低消耗著称。

XEN 构建于开源的虚拟机管理程序之上，结合使用半虚拟化和硬件协助的虚拟化，这种协作支持开发一个较简单的虚拟机管理程序来提供高度优化的性能。相比于其他虚拟化解决方案，XEN 具有以下优势。

- 提供了复杂的工作负载平衡功能，可捕获 CPU、内存、磁盘 I/O 和网络 I/O 数据。
- 利用一种独特的存储集成功能，可直接利用来自 HP、Dell 等公司的存储产品。
- XEN 服务器还包含多核心处理器支持、实时迁移、集中化多服务管理、实时性能监控等功能。

XEN 的这些性能优势使它应用非常广泛。其常用的应用领域有以下几个方面。

(1) 服务器应用整合。在一台物理主机上虚拟出多台服务器，以安装多个不同的应用，充分利用服务器的物理性能，灵活实现服务器的应用迁移。

(2) 群集运算。和单独管理每个物理主机相比较，虚拟机管理更加灵活，同时在负载均衡方面，更易于控制和隔离。

(3) 多操作系统配置。在低成本的 Linux 平台上搭建多个应用系统开发平台，进行开发和测试，这样可以节省大量开发成本，加快开发速率。

XEN 作为一个开发最早的虚拟化方案，对各种虚拟化功能的支持相对完善。作为一个独立维护的微内核，XEN 功能明确，更容易接纳专门针对虚拟化所做的功能和优化。但是

XEN 难以配置使用,会占用相对较大的空间,而且过于依赖 0 号虚拟机。另外,它直接运行在物理硬件之上,开发和调试相应都比较困难。

3. VMware

VMware 公司创建于 1998 年,VM 为 Virtual Machine 的缩写。早在 20 世纪 90 年代,VMware 就率先对 x86 平台进行了虚拟化,现在 VMware 已成为 x86 虚拟化领域的全球领导者。

VMware 是业界产品覆盖面最广的,其技术能够简化 IT 架构,优化运维,提高企业效率。VMware 的虚拟化包括数据中心虚拟化、桌面虚拟化和虚拟化的企业级应用。下面简单介绍几款 VMware 产品。

1) VMware vSphere 和 VMware vSphere with Operations Management

VMware vSphere 是业界领先且最可靠的虚拟化平台,通过提供简化的客户体验、全面的内置安全性和通用应用平台推动数字化转型。vSphere 提供高度可用且恢复能力强的按需基础架构,这对于任何理想的云计算环境而言都是理想的基础平台。

VMware vSphere with Operations Management 旨在通过提供更出色的洞察力和信息技术来帮助满足用户独特的业务需求。它能够在一个管理界面实现从应用到存储的智能运维,从而帮助用户提高性能并避免中断。此外,它还能够按用户的要求安全实现工作负载安置自动化和资源优化,从而帮助用户留出时间以集中精力去执行具有战略意义的任务,同时利用预置的可自定义模板增强控制力。

2) VMware Workstation

VMware Workstation 属于个人桌面,是 VMware 第一个面市的产品,是运行于台式机和工作站上的虚拟化软件。该产品最早采用二进制翻译技术,在 x86 CPU 虚拟化未出现之前,为客户提供纯粹的基于软件的全虚拟化解决方案。后来 VMware 公司投入大量资源,对二进制翻译技术进行优化,大大提高了该产品的性能。VMware Workstation 和 KVM 一样,需要在宿主操作系统上运行。

VMware 起步较早,其产品优势也比较明显。例如,功能丰富,大部分的虚拟化功能都有相应的 VMware 产品与之对应;配置和使用方便,VMware 开发非常易于使用的配置工具和用户界面;稳定,适合企业使用。

4. Hyper-V

Hyper-V 是微软公司提出的一种系统管理程序虚拟化技术,能够实现桌面虚拟化。它的主要作用是创建、运行、管理、调试虚拟机,并提供硬件资源的虚拟化。Hyper-V 是一个底层的虚拟机程序,其结构有 3 层:硬件、Hyper-V、虚拟机。Hyper-V 本身非常精巧,代码简单,且不包含任何第三方驱动,所以安全可靠,执行效率高,可以充分利用硬件资源,进而使虚拟机系统性能非常接近真实的操作系统性能。

Hyper-V 基于 Hypervisor 设计,能很好地支持 Linux 操作系统,但由于 Hyper-V 是微软公司的虚拟化产品,所以它在 Windows 下配置和使用更加方便。

以上介绍的 4 种产品是目前市场上的主流虚拟化产品,当然,市场上还有很多其他虚拟化产品,有兴趣的读者可以自己查阅相关资料进行学习。尽管每种产品解决方案的功能都大体类似,但作为使用者,还是要针对自己的需求选择合适的产品。

9.2 KVM 虚拟化原理与架构

9.1 节介绍了虚拟化的概念、分类以及几款主流的虚拟化产品。在主流产品使用的虚拟化技术中,KVM 是 Red Hat 公司大力支持的虚拟化技术,因此本章主要学习 KVM 虚拟化技术。在学习 KVM 虚拟化原理与架构之前,需要先学习系统虚拟化原理,下面将对系统虚拟化原理和 KVM 虚拟化原理与架构分别进行讲解。

9.2.1 系统虚拟化原理

系统虚拟化的核心思想是通过虚拟化技术将一台物理计算机系统虚拟化为一台或多台虚拟计算机系统。在这个虚拟化的过程中,需要用到多种虚拟化技术,同时涉及 CPU 虚拟化、内存虚拟化、I/O 虚拟化等。

通常,虚拟环境包括硬件、VMM 和虚拟机。在实际运行环境中,操作系统直接运行在硬件之上,管理着底层物理硬件,构成一个完整的计算机系统。当系统虚拟化之后,在虚拟环境里,每一个虚拟机都通过自己的虚拟硬件来实现一个完整独立的虚拟环境。通过虚拟化层的模拟,虚拟机中的操作系统认为自己是独占一个系统,而事实上,VMM 占用着物理机操作系统,成为物理硬件的真实管理者,向上层的软件提供虚拟的硬件平台。虚拟机运行在虚拟平台之上,管理着虚拟的物理硬件。使用虚拟化技术,多个操作系统可以在一台物理机上互不影响同时运行,每个虚拟机中的操作系统可以完全不同。

虚拟机是物理机高效隔离的复制,它具有 3 个特征:同质、高效、资源受控。所谓同质,是指虚拟机的运行环境和物理机的运行环境本质上是相同的,但在表现上会有一些差异。例如,虚拟机中的 CPU 与物理机中的 CPU 必须是相同的类型,但它们的个数可以不同。高效是指虚拟机的运行性能要和物理机性能接近。这就要求大多数的指令需要直接在硬件上执行,而只有少量指令需要通过 VMM 处理或模拟。资源受控是指 VMM 需要对系统资源有完全控制能力和管理权限,包括资源的分配、监控和回收。

如果一个系统可以虚拟出具备这 3 个特征的虚拟机,那么这个系统是可以虚拟化的,否则系统是不可以虚拟化的。要进一步判断系统虚拟化的条件,则需要了解两个概念:特权指令和敏感指令。

特权指令是指系统中操作和管理资源的关键系统资源的指令。现代计算机体系结构一般都提供了两个或两个以上的特权级,进而使系统软件和应用软件能够彼此分离。特权指令只能在最高特权级上正确运行,如果在非最高特权级上运行,则会引发异常使 CPU 陷入最高特权级,进而将特权指令交由系统软件处理。在不同的特权级上,指令的执行效果不同,但不是所有的特权指令都会引发异常。假如一个 x86 平台的用户违反规范,在用户态修改 EFLAGS 寄存器的中断开头位,该修改将不会产生任何效果,也不会异常陷入,而是直接被硬件忽视掉。

敏感指令是虚拟化技术中的概念,它是指操作特权资源的指令。敏感指令包括修改虚拟机的运行模式或下面物理机的状态、读/写敏感的寄存器或内存(如时钟或者中断寄存器)、访问存储保护系统/内存系统或是地址重定位系统等的所有 I/O 指令。由此可见,特权指令都是敏感指令,但敏感指令并不都是特权指令。

为了使 VMM 可以完全控制系统资源,敏感指令应当设置为必须在 VMM 的监控审查下进行。如果一个系统上的所有敏感指令都是特权指令,就可以按如下方法实现一个虚拟环境:将 VMM 运行在系统的最高特权级上,将客户机操作系统运行在非最高特权级上,当客户机操作系统因执行敏感指令(此时即为特权指令)而陷入 VMM 时,VMM 模拟执行引起异常的敏感指令,这种方法被称为"陷入再模拟"。

由上述讲解可知,判断一个系统是否可虚拟化,其核心就在于该系统对敏感指令的支持上。如果系统上所有敏感指令都是特权指令,则它是可虚拟化的。如果它无法支持在所有的敏感指令上触发异常,则不是一个可虚拟化的结构,这样的结构称为"虚拟化漏洞"。

虽然虚拟化漏洞可以采用一些办法来避免,如采用模拟的方式来实现虚拟化,保证所有指令(包括敏感指令)的执行都受到 VMM 的监督审查等,但由于 VMM 对每条指令不区别对待,因而性能太差。因此,既要填补虚拟化漏洞,又要虚拟化的性能,就只能采取一些辅助手段,如直接在硬件层面填补虚拟化漏洞,或通过软件的办法避免虚拟机中使用到无法陷入的敏感指令。这些方法不仅保证了敏感指令的执行受到 VMM 监督审查,而且保证了非敏感指令可以不经过 VMM 而直接执行,使得虚拟机的性能大大提升。

9.2.2　KVM 虚拟化原理与架构

KVM 是基于硬件的全虚拟化解决方案,在 KVM 中,虚拟机其实就是一个 Linux 进程,由 CPU 进行调度运行。虚拟机的每个虚拟 CPU 就是一个 Linux 线程,这使得 KVM 能够使用 Linux 内核已有的功能。

KVM 模块是 KVM 虚拟机的核心部分,其主要功能包括初始化 CPU 硬件、打开虚拟化模式、将虚拟客户机运行在虚拟机模式下、对虚拟客户机的运行提供一定的支持。KVM 的基本架构如图 9-2 所示。

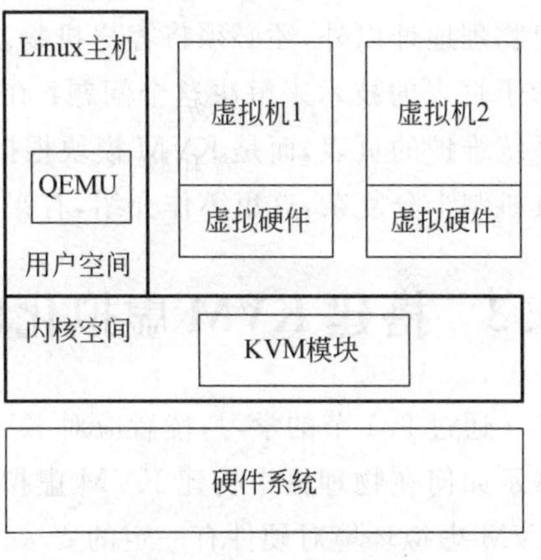

图 9-2　KVM 基本架构

在 KVM 架构中,最底层的是硬件系统,包括处理器、内存、输入输出设备等。在硬件系统之上就是 Linux 操作系统,KVM 是 Linux 内核的一个模块,再向上就是基于 Linux 的应用程序,同时也包括基于 KVM 模块虚拟出来的客户机。

在 KVM 虚拟化过程中,KVM 模块首先会检测当前系统的 CPU,确保其支持虚拟化(因为 KVM 是基于硬件的虚拟化,所以 CPU 必须支持虚拟化技术);然后打开 CPU 控制寄存器 CR4 中的控制虚拟化的开关,通过执行特定的指令将宿主机操作系统置于虚拟模式中;之后创建特殊设备文件/dev/kvm,并等待来自用户空间的命令。例如,是否创建客户机,创建什么样的客户机;最后用户空间程序使用工具进行创建、管理、关闭虚拟客户机等操作。

注意,KVM 本身不执行任何模拟,用户空间程序(如 QEMU)通过/dev/kvm 接口设置一个客户机虚拟服务器地址空间,向它提供模拟 I/O,并将它的运行过程与结果映射回宿主机的显示屏，以完成整个虚拟过程。

虚拟化完成之后，虚拟机的创建和运行是由 KVM 模块和用户空间的 QEMU 相互配合完成的。KVM 模块与 QEMU 的通信接口主要是一系列针对/dev/kvm 文件的 IOCTL（驱动程序中管理 I/O 设备的函数）调用。KVM 模块加载之初，只存在/dev/kvm 文件，针对该文件最重要的 IOCTL 调用是“创建虚拟机”，这个调用可以理解为 KVM 为了某个特定的虚拟客户机创建对应的内核数据结构。同时，KVM 还会返回一个文件句柄来代表所创建的虚拟机。针对该文件句柄的 IOCTL 调用可以实现对虚拟机的管理，如创建用户空间虚拟地址和客户机物理地址及真实内在物理地址的映射关系。同样，KVM 模块会为每一个创建出来的虚拟处理器生成对应的文件句柄，对虚拟处理器相应的文件句柄进行相应的 IOCTL 调用，就可以对虚拟处理器进行管理。

针对虚拟处理器最重要的 IOCTL 调用是“执行虚拟处理器”。通过它，用户空间准备好的虚拟机在 KVM 模块的支持下，被置于虚拟模式中的 non-root 模式下，开始执行二进制指令。在非根模式下，所有敏感的二进制指令都会被处理器捕捉到，处理器在保存现场之后自动切换到根模式，由 KVM 决定如何进一步处理。

除了处理器虚拟化，内存虚拟化也是由 KVM 模块实现的。内存虚拟化往往是一个虚拟机实现中代码量最大、最复杂的部分。处理器中的内存管理单元（MMU）是通过页表形式将程序运行的虚拟地址转换成物理内在地址。在虚拟机模式下，内存管理单元的页表则必须在一次查询的时候完成两次地址转换，除了要将客户机程序的虚拟地址转换成为客户机物理地址以外，还必须将客户机物理地址转换成为真实物理地址。KVM 模块开始使用影子页表的技术来解决这个问题：在客户机运行时，处理器使用的页表并不是客户机操作系统维护的页表，而是 KVM 模块根据这个页表维护的另外一套影子页表。关于影子页表，其机制十分复杂，这里不作介绍，有兴趣的读者可自行查阅相关材料。

9.3 搭建 KVM 虚拟化环境

通过 9.1 节的学习，读者应对 KVM 虚拟化的原理与架构有了一定的认识，本节内容将展示如何在物理机中构建 KVM 虚拟化环境。因为 KVM 是基于硬件的虚拟化，所以构建 KVM 虚拟环境对硬件有一定的要求。下面先对 KVM 对硬件环境的要求进行讲解。

9.3.1 硬件环境要求

KVM 最初的开发是在 x86 和 x86-64 架构上的 Linux 系统中进行的，虽然现在 KVM 可被移植到多种不同的处理器架构之上，如 Intel 和 HP 的 IA64（安腾）架构、IBM 的 S/390 架构，但 x86-64 架构对 KVM 的功能支持是最完善的。因此本书采用基于 Intel x86-64 架构的处理器作为基本的硬件环境。

在 x86-64 架构的处理器中，KVM 必需的硬件虚拟化技术为 Intel 的 Intel VT 或者 AMD-V，现在较为流行的针对服务器和桌面的 Intel 处理器多数都是支持 Intel VT 技术的。处理器不仅需要在硬件上支持 VT 技术，还需要在 BIOS 中开启其功能，否则 KVM 无法使用，目前流行的服务器和部分桌面处理器的 BIOS 中 VT 功能默认都是开启的。

在安装KVM虚拟机之前，必须要安装一个Linux操作系统作为宿主机，本书使用的CentOS是在VMware中虚拟的操作系统，以此作为KVM虚拟机的宿主机，并在该宿主机中安装KVM虚拟机。虽然在实际工作中不会这样操作，但在学习环境中没有什么影响。当然，读者也可以在物理机上安装Linux操作系统，并以物理机中的操作系统为宿主机，再构建KVM虚拟环境。

需要说明的是，部署KVM虚拟化要确保宿主机有至少6GB的磁盘空间与2GB的内存空间，否则会因为空间不足而无法成功部署。

9.3.2 KVM的安装配置

在安装之前，首先查看CentOS 7是否支持虚拟化，在CentOS 7操作系统的开启界面，单击"设备"下的"处理器"，如图9-3所示。

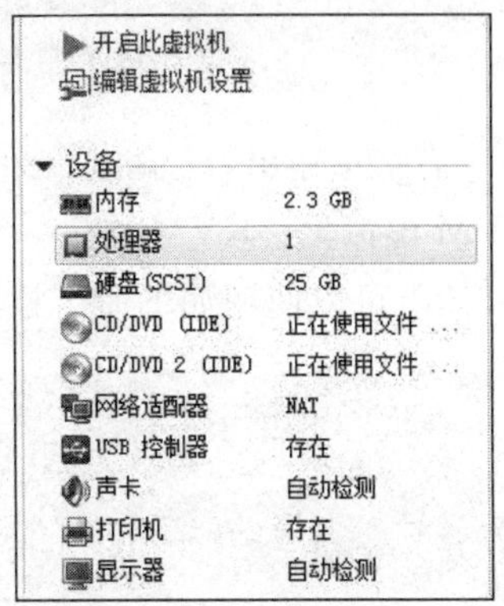

图9-3 CenOS 7开启界面

之后会弹出虚拟机设置界面，如图9-4所示。

图9-4右侧有两个选项"虚拟化Intel VT-x/EPT或AMD-V/RVI"和"虚拟化CPU性能计数器"，证明CentOS 7虚拟桌面是支持KVM虚拟化的。选中这两个复选框，然后开启操作系统。开启操作系统之后，使用如下命令查看服务器是否支持KVM虚拟化。

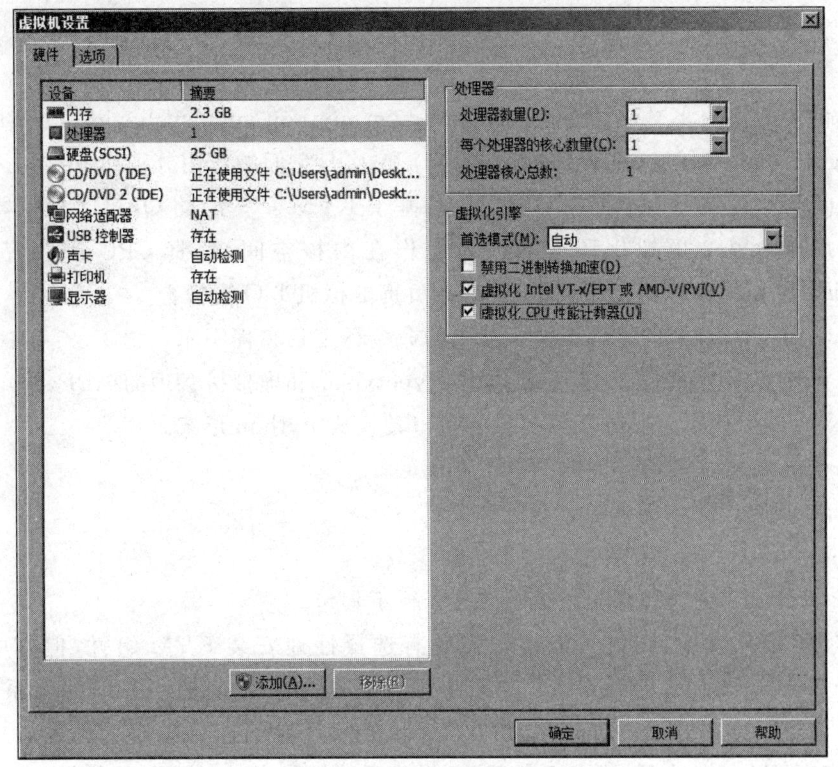

图9-4 虚拟机设置界面

```
[root@master ~]# cat /proc/cpuinfo | grep vmx
flags: fpu vme de pse tsc msr pae mce cx8 apic sep mtrr pge mca cmov pat pse36 clflush dts mmx
fxsr sse sse2 ss syscall nx pdpelgb rdtscp lm constant_tsc arch_perfmon pebs bts nopl
xtopology tsc_reliable nonstop_tsc aperfmperf eagerfpu pni pclmulqdq vmx ssse3 fma cx16 pcid
sse4_1 sse4_2 x2apic movbe popcnt tsc_deadline_timer aes xsave avx f16c rdrand hypervisor lahf
_lm abm arat pln pts dtherm tpr_shadow vnmi ept vpid fsgsbase tsc_adjust bmi1 avx2 smep bmi2
invpcid xsaveopt
```

有信息输出,且输出结果中包含 vmx(Intel)或 svm(AMD)字样,就表明服务器支持 KVM 虚拟化。KVM 作为一个模块已被加载到内核中,因此,不需要再额外安装 KVM 模块,读者可以使用如下命令检测 KVM 模块:

```
[root@master ~]# lsmod | grep kvm
kvm_intel          170181     0
kvm                554609     1 kvm_intel
irqbypass          13503      1 kvm
```

以上结果中输出了两个模块: kvm_intel 和 kvm。其中,kvm_intel 模块是与硬件相关的模块,kvm 模块和硬件平台无关,它用于实现虚拟化核心基础架构。在构建 KVM 虚拟环境时,这两个模块都要加载。确定环境支持 KVM 虚拟之后方可安装 KVM 组件,具体命令如下:

```
[root@localhost ~]yum -y install qemu-kvm python-virtinst libvirt libvirt-python virt-manager libguestfs-tools bridge-utils virt-install
```

以上命令安装的 KVM 组件包括 qemu-kvm、python-virtinst、libvirt、libvirt-python、virt-manager、libguestfs-tools、bridge-utils、virt-install,它们的作用分别如下。

- qemu-kvm: 主要包含 KVM 内模块和基于 KVM 重构后的 QEMU 模拟器。KVM 模块作为整个虚拟化环境的核心工作在内核空间,负责 CPU 和内存的调度。QEMU 作为模拟器工作在用户空间,负责虚拟机 I/O 模拟。
- python-virtinst: 创建虚拟机所需要的命令行工具和程序库。
- libvirt: 虚拟机管理工具,它提供了 Hypervisor 和虚拟机管理的 API。
- libvirt-python: 将其他工具提供的接口转换成 Python 形式。
- virt-manager: 图形界面的 KVM 管理工具。
- libguestfs-tools: 虚拟机磁盘管理工具。
- bridge-utils: 创建和管理桥接设备的工具。
- virt-install: 创建和克隆虚拟机的命令行工具包。

在实际运维环境中,用户可以根据需要有选择性地安装 KVM 组件,但其中,qemu-kvm、libvirt、bridge-utils、virt-install 这 4 个组件是必须要安装的。各组件关系如图 9-5 所示。

安装完 KVM 组件之后,准备 CentOS 7 操作系统镜像文件,使用 dd 命令将该镜像文件保存到在/home/iso 目录下,具体操作如下:

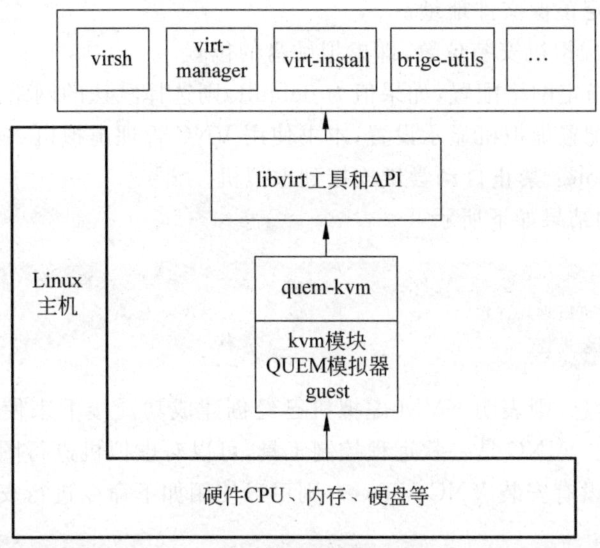

图 9-5　KVM 组件关系图

```
[root@localhost ~]# dd if=/dev/cdrom of=/home/iso
记录了 8554496+0 的读入
记录了 8554496+0 的写出
4379901952 字节(4.4 GB)已复制,41.8065 秒, 105 MB/s
```

dd 命令用于将/dev/cdrom 驱动设备文件内容复制到/home/iso 中。/dev/cdrom 设备就是我们安装的 CentOS 7 镜像文件。复制完成之后,创建虚拟文件存放的目录,具体命令如下:

```
[root@localhost ~]# mkdir -p /home/kvm-bak
```

将创建的 KVM 虚拟机存放在/home/kvm-bak 目录下,然后在这个目录下创建虚拟硬盘,具体操作如下:

```
[root@localhost ~]#  qemu-img create -f qcow2 /home/kvm-bak/kvm.img8G
Formatting '/home/kvm-bak/kvm.img', fmt=qcow2 size=8589934592 encryption=off cluster_size
=65536 lazy_refcounts=off
```

创建虚拟硬盘之后,就可以创建虚拟机了,创建虚拟机使用 virt-install 命令,该命令在安装 KVM 组件时已被成功安装。使用 virt-install 安装 KVM 虚拟机的命令如下:

```
[root@localhost ~]# virt-install --name CentOSKvm --virt-type kvm --ram 1024 --cdrom=/
home/iso --disk /home/kvm-bak/kvm.img --network default --graphics vnc,listen=0.0.0.0 -
-noautoconsole
```

在该命令中,各参数的含义分别如下。

- --name:指定虚拟名字,本书创建 KVM 虚拟机名字为 CentOSKvm。
- --virt-type:指定虚拟机类型。
- --ram:指定虚拟机内存大小。

- --cdrom：指定镜像文件地址。
- --disk：指定虚拟机安装位置，即虚拟硬盘的位置。
- --network：指定网络配置，如果值为 default，则选择默认的网络配置。
- --graphics：配置虚拟机显示设置，本书使用 VNC 管理虚拟机。
- --noautoconsole：禁止自动尝试连接到虚拟机。

以上命令执行的结果如下所示：

```
开始安装…
域安装仍在进行。您可以重新连接
到控制台以便完成安装进程。
```

若输出这样的信息，则表明 KVM 虚拟机已经创建成功。接下来使用 VNC Viewer 客户端连接到该虚拟机。VNC 是一款远程控制工具，可以对虚拟机进行图形化管理。如果读者的 CentOS 7 主机没有安装 VNC Viewer，则可以使用如下命令进行安装：

```
[root@localhost ~]# yum -y install vnc
```

安装完成之后，在"应用程序"→"互联网"中可以看到 TigerVNC Viewer 图标，如图 9-6 所示。

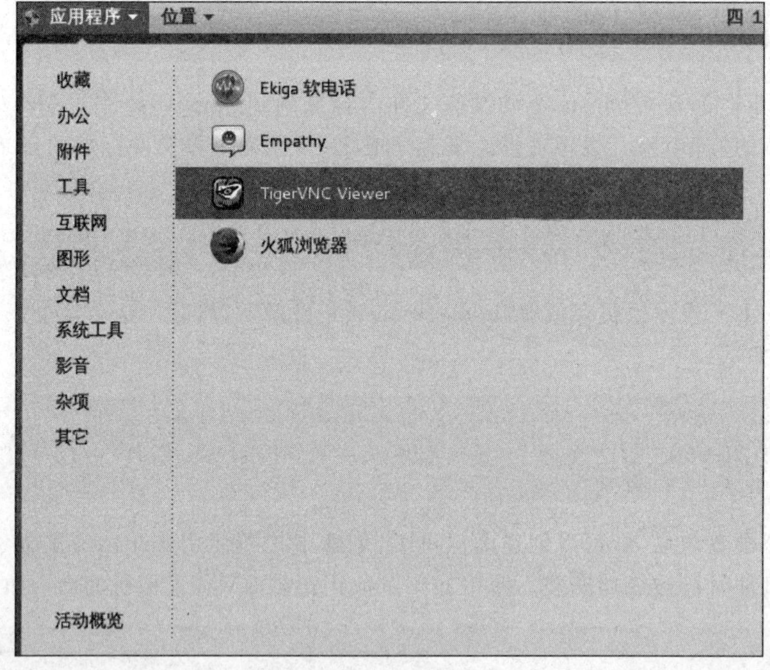

图 9-6 VNC Viewer

打开 VNC 客户端，会弹出一个连接窗口，如图 9-7 所示。

在该窗口中，VNC 服务器中需要输入 VNC 服务器的 IP 地址，即创建的宿主机 CentOSKvm 的 IP 地址。输入 IP 地址，单击"连接"按钮，进入安装配置界面，如图 9-8 所示。

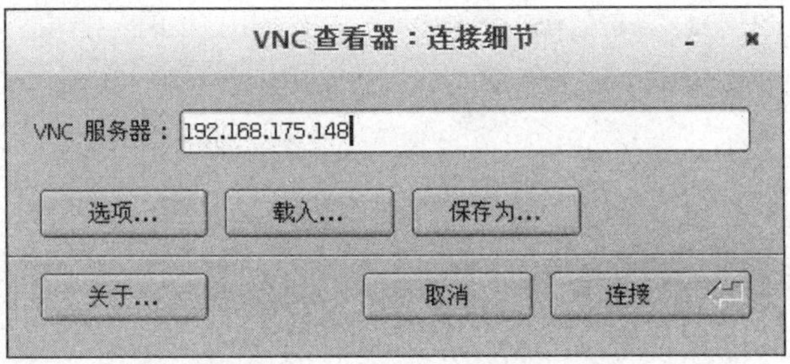

VNC 查看器：连接细节

VNC 服务器：192.168.175.148

选项...　载入...　保存为...

关于...　取消　连接

图 9-7　VCN 连接窗口

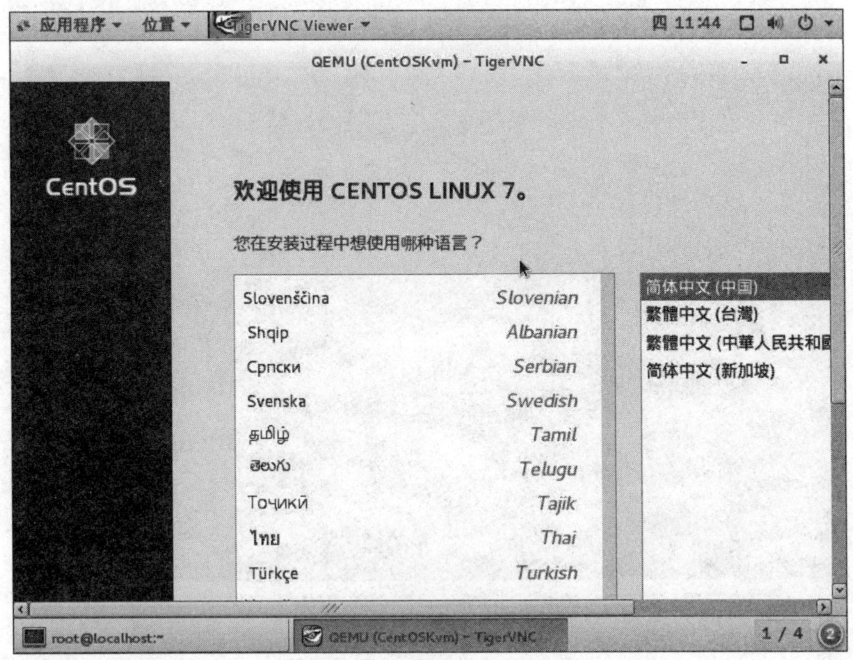

图 9-8　安装配置界面

接下来的过程就是安装 CentOS 7，此处不再赘述。需要注意的是，在安装时读者也可以选择最小安装来节省存储空间。安装完成之后，需要重启系统，但因为 VNC 需要连接开启的虚拟机，所以它不会重启成功，需要手动启动。在手动重启之前，读者可以在宿主机上查看 CentOSKvm 虚拟机的状态，具体操作如下：

```
[root@localhost ~]# virsh list
 Id    名称                           状态
----------------------------------------------------
 -     CentOSKvm                      关闭
```

上述命令中的 virsh 是属于 Libvirt 的一个命令工具，此命令将在 9.5.3 节详细讲解。在此处，virsh 命令用于查看虚拟机状态，由输出结果可知，这个时候虚拟机 CentOSKvm 处于关闭状态，我们可以使用如下命令启动它，启动之后再次查看虚拟机状态，具体操作如下：

```
[root@localhost ~]# virsh start CentOSKvm
域 CentOSKvm 已开始

[root@localhost ~]# virsh list
Id    名称                         状态
----------------------------------------------------
2     CentOSKvm                    running
```

由输出结果可知，虚拟机 CentOSKvm 已经启动成功。使用 VNC 可以连接到该虚拟机，如图 9-9 所示。

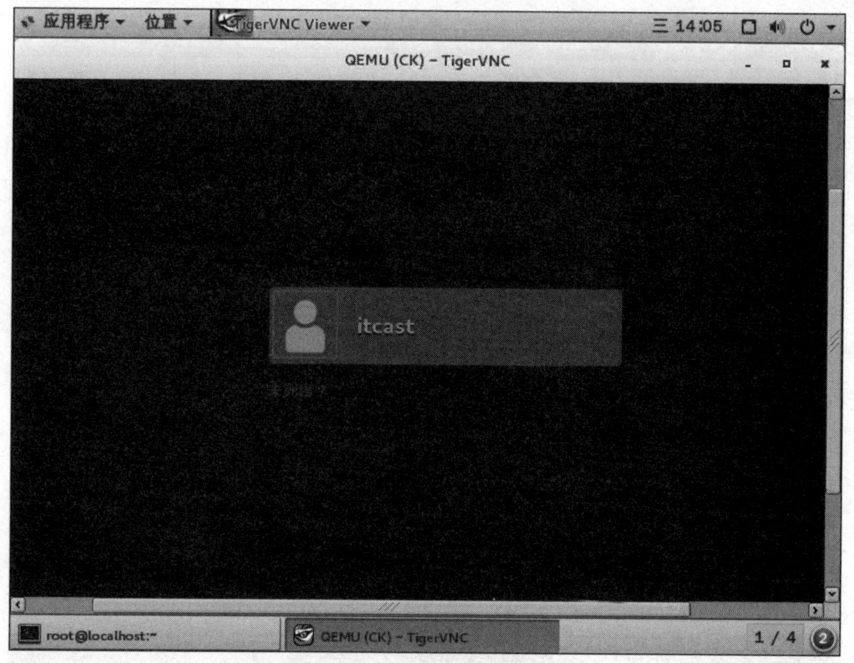

图 9-9 CentOSKvm 登录界面

至此，KVM 虚拟机 CentOSKvm 安装完成。

9.4 KVM 核心配置

一个完整的计算机系统，包含 CPU、内存、网络等几个部分，用户可对这些部分进行配置。本节主要学习 KVM 的两个核心配置：CPU 配置和内存配置。

9.4.1 CPU 配置中的基本概念

CPU 是计算机的核心，负责处理、运算计算机内部的所有数据。KVM 虚拟机中的 CPU 是由 QEMU 模拟的，开启 KVM 虚拟机时，指令的执行将由硬件处理器的模拟化功能(如 Intel VT-x 和 AMD SVM)来辅助执行。

在配置 CPU 之前，需要先了解几个与 CPU 虚拟化相关的概念。

1. SMP

SMP(Symmetric Multi-Processor)即对称多处理器,它是一种 CPU 结构,采用这种结构的计算机中包含多个 CPU,这些 CPU 之间没有区别,系统将任务对称地分布于多个 CPU 之上,各 CPU 共享且可平等地访问内存、总线或计算机中的其他资源。与非对称多处理结构相比,SMP 极大地提高了整个系统的数据处理能力,它真正实现了多个进程的并行执行,也实现了单个进程中多个线程的并行执行。

但遗憾的是,也正因为 SMP 结构中资源共享的特性,尤其是内存的共享,使得该结构的扩展能力非常有限,随着 CPU 数量的增加,内存访问的冲突也会增加,进而造成 CPU 资源的浪费,大大降低 CPU 的有效使用率。实验表明,当 SMP 结构中包含 2～4 个 CPU 时,CPU 的利用率最高。

2. vCPU

vCPU(virtual CPU)即虚拟处理器,常见于硬件虚拟化过程,用于在单 CPU 上模拟多 CPU 并行。硬件虚拟化采用 vCPU 描述符来描述虚拟 CPU,vCPU 描述符本质是一个结构体。vCPU 一般可以划分为两部分:一部分是 VMCS 结构(Virtual Machine Control Structure,虚拟机控制结构),其中存储的是由硬件使用和更新的内容,主要是虚拟寄存器;另一部分除了 VMCS 结构,由 VMM 使用和更新的内容。vCPU 结构体的组成如图 9-10 所示。

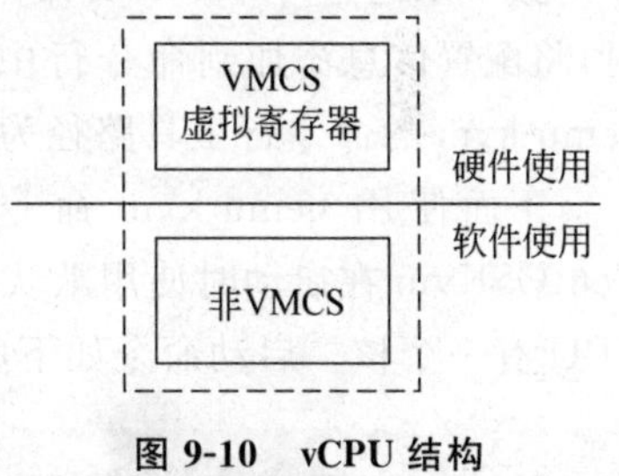

图 9-10 vCPU 结构

在具体实现中,VMM 创建客户机时,首先要为客户机创建 vCPU,然后再由 VMM 来调度运行 vCPU。整个客户机的运行实际上可以看作 VMM 调度不同的 vCPU 实现数据的运算和处理功能。

3. 客户模式

物理主机的 CPU 一般有两种工作模式:内核模式与用户模式。而在 KVM 虚拟环境中,为了支持 vCPU,增加了第三种模式:客户模式。KVM 内核模块是用户模式与客户模式之间的桥梁,工作在用户模式中 QEMU 会通过 IOCTL 命令来运行虚拟机,KVM 内核模块接收到该请求后,先做一些准备工作,如将 vCPU 上下文加载到 VMCS,然后驱动 CPU 进入客户模式,开始执行客户机代码。

vCPU 在 3 种模式下的分工如下。

(1) 用户模式:由 QEMU 处理 I/O 的模拟管理。

(2) 内核模式:负责将 CPU 切换到客户模式,执行客户机代码,并在 CPU 退出客户模式时退出。

(3) 客户模式:主要执行客户机中的大部分指令,I/O 和一些特权指令除外(它们会使 CPU 退出客户模式)。

9.4.2 CPU 配置

学习完 SMP、vCPU、客户模式这几个概念，下面进行 CPU 基本参数的设置，配置 CPU 需要使用-smp 选项，该选项指定配置的 CPU 以 SMP 结构运行。-smp 选项所使用的参数如下所示：

```
-smp [cpus=]n[,maxcpus=cpus][,cores=cores][,threads=threads][,sockets=sockets]
```

主要参数说明如下。

- cpus：设置客户机中逻辑 CPU 的数量(默认值是 1)。
- maxcpus：设置客户机中最大 CPU 的数量，最多支持 255 个 CPU，其中包含启动时处于下线状态的 CPU 数目。
- cores：设置 CPU socket 上的 core 数量(默认值是 1)。
- threads：设置在一个 CPU core 上线程的数量。
- sockets：设置客户机中看到的总 socket 的数量。

接下来通过 qemu-kvm 命令演示如何为客户机配置 CPU，通过此命令配置客户机信息时，将配置信息添加到命令行中，这样客户机启动时就会以命令行中的信息进行初始化，qemu-kvm 的命令行工具路径为/usr/libexec/qemu-kvm，使用时要加上该路径。

下面使用 qemu-kvm 命令启动客户机 CentOSKvm，在启动时先不进行配置，即 CentOSKvm 在启动时使用默认配置信息进行初始化，默认客户机只有一个逻辑 CPU，每个 CPU 有一个核。启动命令如下所示：

```
[root@localhost ~]# /usr/libexec/qemu-kvm -hda /home/kvm-bak/kvm.img -vnc :1
```

以上启动命令中的-hda 表示从之后的磁盘文件中启动客户机；-vnc：1 选项表示 VNC 管理客户机时使用 5901 端口。VNC 管理客户机默认使用 5900 端口，如果此端口被占用或因其他原因无法连接成功，则可以使用-vnc：1 选项表示使用 5901 端口；同理，-vnc：2 表示使用 5902 端口。启动之后，使用 VNC 连接到客户机，如图 9-11 所示。

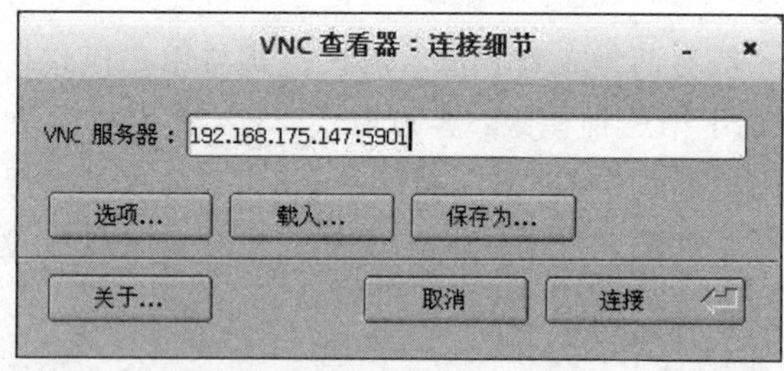

图 9-11 使用 VNC 连接客户机

VNC 在连接客户机时需要加上 qemu-kvm 命令中指定的端口号，连接之后可以进入到客户机启动界面进行登录。在客户机中可以使用 cat /proc/cupinfo 命令查看它的 CPU 情况，该命令运行的结果如图 9-12 所示。

在图 9-12 中，siblings 选项(表示 CPU 个数)和 cpu cores 选项(表示每个 CPU 的 core 个数)的值都是 1，它们使用了默认值。虚拟 CPU 信息存储在/sys/devices/system/cpu/目

```
root@localhost:~
文件(F) 编辑(E) 查看(V) 搜索(S) 终端(T) 帮助(H)
[root@localhost ~]# cat /proc/cpuinfo
processor       : 0
vendor_id       : GenuineIntel
cpu family      : 6
model           : 13
model name      : QEMU Virtual CPU version 1.5.3
stepping        : 3
microcode       : 0x1
cpu MHz         : 3591.728
cache size      : 4096 KB
physical id     : 0
siblings        : 1
core id         : 0
cpu cores       : 1
apicid          : 0
initial apicid  : 0
fpu             : yes
fpu_exception   : yes
cpuid level     : 4
wp              : yes
flags           : fpu de pse tsc msr pae mce cx8 apic sep mtrr pge mca cmov pse3
6 clflush mmx fxsr sse sse2 syscall nx lm rep_good nopl pni cx16 hypervisor lahf
_lm abm
```

图 9-12　CentOSKvm 的 CPU 配置信息

录下，读者可以到此目录下查看虚拟 CPU 信息，具体命令如下：

```
[root@localhost ~]# ls /sys/devices/system/cpu/
```

该命令的执行结果如图 9-13 所示。

```
root@localhost:~
文件(F) 编辑(E) 查看(V) 搜索(S) 终端(T) 帮助(H)
[root@localhost ~]# ls /sys/devices/system/cpu/
cpu0     isolated   microcode  nohz_full  online    power    uevent
cpuidle  kernel_max modalias   offline    possible  present
[root@localhost ~]#
```

图 9-13　cpu0

在图 9-13 中，cpu0 为存储 vCPU 信息的目录，如果有多个 vCPU，则/sys/devices/system/cpu/目录下会有多个编号依次为 cpu0、cpu1、cpu2、……的目录。

读者还可以进入 QEMU monitor 查看 CentOSKvm 的 CPU 配置情况，在 CentOSKvm 中使用快捷键 Ctrl＋Alt＋2 进入 QEMU monitor 界面(Ctrl＋Alt＋1 快捷键用于返回主界面)，QEMU monitor 界面如图 9-14 所示。

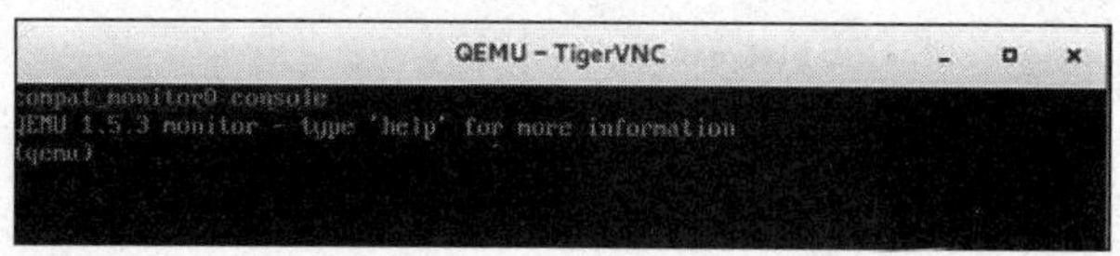

图 9-14　QEMU monitor 界面

在 QEMU monitor 中使用 info cpus 命令查看 CentOSKvm 的 CPU 状态，如图 9-15 所示。

```
QEMU - TigerVNC
compat_monitor0 console
QEMU 1.5.3 monitor - type 'help' for more information
(qemu) info cpus
* CPU #0: pc=0x00000000000fb8fb thread_id=5129
(qemu)
```

图 9-15　CentOSKvm 的 CPU 状态

由图 9-15 可知,CentOSKvm 客户机中只有一个 CPU(vCPU),其编号为 0,与图 9-14 中的 cpu0 相对应。在图 9-15 中,cpu0 对应的线程 ID 为 5129,前面学习过,每个 KVM 虚拟机都是一个 qemu 进程,每个 vCPU 是进程中的一个线程。在此次启动中,只有一个 vCPU,因此只产生一个线程。在宿主机中可以通过 ps 命令来查看 qemu 进程是否包含此线程,具体操作如下:

```
[root@localhost ~]# ps -efL | grep qemu
root     5125   3553   5125  0     4 11:46 pts/0     00:00:01 /usr/libexec/qemu-kvm -m 1024 -hda
/home/kvm-bak/kvm.img -vnc :1
root     5125   3553   5126  0     4 11:46 pts/0     00:00:00 /usr/libexec/qemu-kvm -m 1024 -hda
/home/kvm-bak/kvm.img -vnc :1
root     5125   3553   5129  94    4 11:46 pts/0     00:02:23 /usr/libexec/qemu-kvm -m 1024 -hda
/home/kvm-bak/kvm.img -vnc :1
root     5125   3553   5131  0     4 11:46 pts/0     00:00:00 /usr/libexec/qemu-kvm -m 1024 -hda
/home/kvm-bak/kvm.img -vnc :1
root     5204   5156   5204  0     1 11:49 pts/1     00:00:00 grep --color=auto qemu
```

由输出结果可知,qemu 进程中确实有一个 ID 为 5129 的线程。qemu 进程中有很多线程,包括主线程、vCPU 线程、I/O 线程、工作线程(如 vnc)等,读者在这里只需要确认它包含 vCPU 线程即可。

下面配置一个具有 8 个逻辑 CPU 的虚拟机,配置信息如下:sockets=2,cores=2,threads=2,它表示有两个 CPU socket,每个 CPU socket 上有两个核,每个核运行两个线程。将配置信息添加到 qemu-kvm 命令行,命令如下所示:

```
[root@localhost ~]#  /usr/libexec/qemu-kvm -m 1024 -smp 8,sockets=2,cores=2,threads=2 -hda
/home/kvm-bak/kvm.img -vnc :1
```

在以上命令中,-smp 8 表示这 8 个逻辑 CPU 使用的是 SMP 系统架构。客户机启动成功之后,使用 VNC 连接客户机,在客户机中,可以使用 lscpu 命令查看 CPU 信息,结果如图 9-16 所示。

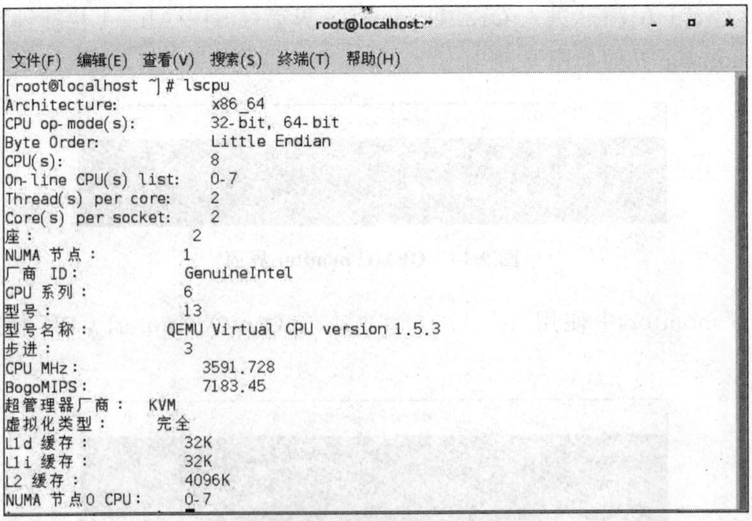

```
root@localhost:~
文件(F)  编辑(E)  查看(V)  搜索(S)  终端(T)  帮助(H)
[root@localhost ~]# lscpu
Architecture:          x86_64
CPU op-mode(s):        32-bit, 64-bit
Byte Order:            Little Endian
CPU(s):                8
On-line CPU(s) list:   0-7
Thread(s) per core:    2
Core(s) per socket:    2
座:                 2
NUMA 节点:          1
厂商 ID:            GenuineIntel
CPU 系列:           6
型号:               13
型号名称:         QEMU Virtual CPU version 1.5.3
步进:               3
CPU MHz:               3591.728
BogoMIPS:              7183.45
超管理器厂商:     KVM
虚拟化类型:       完全
L1d 缓存:           32K
L1i 缓存:           32K
L2 缓存:            4096K
NUMA 节点0 CPU:     0-7
```

图 9-16 8 个逻辑 CPU 的配置

在图 9-16 中，CPU(s)值为 8，Thread(s) per core 值为 2，Core(s) per core 值为 2，与启动命令中配置的信息是一样的。进入/sys/devices/system/cpu 目录，可观察到其中有名为 cpu0～cpu7 的 8 个目录。

注意：由于 KVM 虚拟机是搭建在另一个虚拟环境下，无法实现复制粘贴功能，因此本书在演示 CentOSKvm 虚拟机的命令、代码时均以截图形式展示。

进入 QEMU monitor 中，使用 info cpus 命令查看 CPU 的信息，结果如图 9-17 所示。

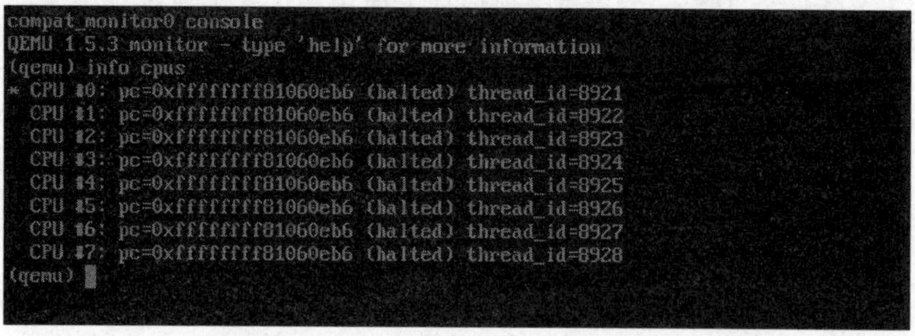

```
compat_monitor0 console
QEMU 1.5.3 monitor - type 'help' for more information
(qemu) info cpus
* CPU #0: pc=0xffffffff81060eb6 (halted) thread_id=8921
  CPU #1: pc=0xffffffff81060eb6 (halted) thread_id=8922
  CPU #2: pc=0xffffffff81060eb6 (halted) thread_id=8923
  CPU #3: pc=0xffffffff81060eb6 (halted) thread_id=8924
  CPU #4: pc=0xffffffff81060eb6 (halted) thread_id=8925
  CPU #5: pc=0xffffffff81060eb6 (halted) thread_id=8926
  CPU #6: pc=0xffffffff81060eb6 (halted) thread_id=8927
  CPU #7: pc=0xffffffff81060eb6 (halted) thread_id=8928
(qemu)
```

图 9-17　CentOSKvm 的 8 个逻辑 CPU

由图 9-17 可知，CentOSKvm 有 8 个逻辑 CPU，编号为 0～7，对应的线程 ID 为 8921～8928。在宿主机中使用 ps 命令查看 qemu 进程，命令与输出结果如下所示：

```
[root@localhost ~]# ps -efL | grep qemu
root      8917  3553  8917  0   10 16:08 pts/0     00:00:09 /usr/libexec/qemu-kvm -m 1024 -smp 8,
sockets=2,cores=2,threads=2 -hda /home/kvm-bak/kvm.img -vnc :1
root      8917  3553  8921  15  10 16:08 pts/0     00:14:16 /usr/libexec/qemu-kvm -m 1024 -smp 8,
sockets=2,cores=2,threads=2 -hda /home/kvm-bak/kvm.img -vnc :1
root      8917  3553  8922  0   10 16:08 pts/0     00:00:34 /usr/libexec/qemu-kvm -m 1024 -smp 8,
sockets=2,cores=2,threads=2 -hda /home/kvm-bak/kvm.img -vnc :1
root      8917  3553  8923  0   10 16:08 pts/0     00:00:31 /usr/libexec/qemu-kvm -m 1024 -smp 8,
sockets=2,cores=2,threads=2 -hda /home/kvm-bak/kvm.img -vnc :1
root      8917  3553  8924  0   10 16:08 pts/0     00:00:35 /usr/libexec/qemu-kvm -m 1024 -smp 8,
sockets=2,cores=2,threads=2 -hda /home/kvm-bak/kvm.img -vnc :1
root      8917  3553  8925  0   10 16:08 pts/0     00:00:29 /usr/libexec/qemu-kvm -m 1024 -smp 8,
sockets=2,cores=2,threads=2 -hda /home/kvm-bak/kvm.img -vnc :1
root      8917  3553  8926  0   10 16:08 pts/0     00:00:31 /usr/libexec/qemu-kvm -m 1024 -smp 8,
sockets=2,cores=2,threads=2 -hda /home/kvm-bak/kvm.img -vnc :1
root      8917  3553  8927  0   10 16:08 pts/0     00:00:20 /usr/libexec/qemu-kvm -m 1024 -smp 8,
sockets=2,cores=2,threads=2 -hda /home/kvm-bak/kvm.img -vnc :1
root      8917  3553  8928  0   10 16:08 pts/0     00:00:25 /usr/libexec/qemu-kvm -m 1024 -smp 8,
sockets=2,cores=2,threads=2 -hda /home/kvm-bak/kvm.img -vnc :1
root      8917  3553  8930  0   10 16:08 pts/0     00:00:07 /usr/libexec/qemu-kvm -m 1024 -smp 8,
sockets=2,cores=2,threads=2 -hda /home/kvm-bak/kvm.img -vnc :1
root      10393 10345 10393 0   1 17:39 pts/1      00:00:00 grep --color=auto qemu
```

由输出结果可知，qemu 进程产生了 8 个对应的 vCPU 线程。

注意：在配置 KVM 虚拟机的 CPU 时，并不是 vCPU 越多越好，因为线程切换会耗费大量的时间，应该根据负载需要分配最少数目的 vCPU。原则上客户机中的 vCPU 数量不应超过宿主机上的物理 CPU 的内核总数。

9.4.3 内存虚拟化

一个操作系统对物理内存有两点基本要求：物理地址从 0 开始、内存地址连续。在虚拟环境中，VMM 通过一定的技术使得模拟出来的内存符合客户机操作系统对内存的两点基本要求，这个模拟过程就是内存虚拟化。

在虚拟化环境中，客户机应用程序使用的内存地址是虚拟化的地址，即客户机虚拟地址(Guest Virtual Address，GVA)。客户机虚拟地址中使用的指令无法直接发送到系统总线，需要将这个地址转换成实际的物理地址，即宿主机物理地址(Host Physical Address，HPA)。传统的影子页表(Shadow Page Tables)在技术上直接完成了从 GVA 到 HPA 的转换，但是其缺点也是比较明显的：首先，影子页表实现非常复杂，导致其开发、调度和维护都比较困难；其次，影子页表的内存开销也比较大，因为需要为每个客户机进程对应的页表都维护一个影子页表。

为了解决影子页表所产生的问题，KVM 虚拟化在转换的过程中引入了一层新的地址空间，即客户机物理地址(Guest Physical Address，GPA)，它先实现从 GVA 到 GPA 的转换，再借助 Intel 平台的 EPT 技术实现从 GPA 到 HPA 的转换。总而言之，KVM 中的内存虚拟化需要经过两次地址转换才能实现。

EPT 属于 Intel 的硬件虚拟化技术，它是针对内存管理单元(MMU)的虚拟化扩展。目前，EPT 作为 CPU 的一个特性已经被加入到 CPU 硬件中了。在 Linux 操作系统中，可以通过查看/proc/meminfo 文件信息确定系统是否支持 EPT 功能。

```
[root@localhost ~]# grep ept /proc/cpuinfo
fpu_exception: yes
flags: fpu vme de pse tsc msr pae mce cx8 apic sep mtrr pge mca cmov pat pse36 clflush dts mmx fxsr sse
sse2 ss syscall nx pdpe1gb rdtscp lm constant_tsc arch_perfmon pebs bts nopl xtopology tsc_reliable
nonstop_tsc aperfmperf eagerfpu pni pclmulqdq vmx ssse3 fma cx16 pcid sse4_1 sse4_2 x2apic movbe
popcnt tsc_deadline_timer aes xsave avx f16c rdrand hypervisor lahf_lm abm arat pln pts dtherm tpr_
shadow vnmi ept vpid fsgsbase tsc_adjust bmi1 avx2 smep bmi2 invpcid xsaveopt
```

由输出结果可知，系统支持 EPT 技术，那么 kvm_intel 模块被加载时会默认打开此项功能，KVM 在进行内存虚拟化时就默认使用 EPT 技术。

KVM 虚拟化中的两次转换地址都是由 CPU 硬件来自动完成的，其转换效率非常高。另外，EPT 只需要维护一张 EPT 页表，不需要像影子页表那样为每个客户机进程都维护一张影子页表，这大大减少了内存的开销。

注意： 如果是 AMD 平台，则使用的是 NPT(Nested Page Tables)技术，它的虚拟化过程类似于 EPT。

9.4.4 内存配置

除了 CPU 虚拟化，另一个关键的虚拟化就是内存，设置内存可以使用-m 选项。例如，在启动 CentOSKvm 客户机时，设置其内存大小为 1024MB，具体命令如下：

```
[root@itcast ~]#  /usr/libexec/qemu-kvm -m 1024 -hda /home/kvm-bak/kvm.img -vnc :1
```

如果在启动时不设置内存大小，则内存大小默认是 128MB，若是有此默认值，客户机会因内存空间较小而启动缓慢甚至启动失败，因此在启动时一般都会为客户机设置内存，内存的默认单位是 MB，但也可以指定为 GB。以上命令将内存设置为 1024MB。

可以通过/proc/meminfo 文件查看内存使用情况，这个动态更新的虚拟文件会列出客户机所有的内存使用情况。具体命令为 cat/proc/meminfo，运行结果如图 9-18 所示。

```
root@localhost:~
文件(F) 编辑(E) 查看(V) 搜索(S) 终端(T) 帮助(H)
[root@localhost ~]# cat /proc/meminfo
MemTotal:        1016536 kB
MemFree:           67540 kB
MemAvailable:     330488 kB
Buffers:               0 kB
Cached:           384264 kB
SwapCached:           64 kB
Active:           414572 kB
Inactive:         407240 kB
Active(anon):     237240 kB
Inactive(anon):   208336 kB
Active(file):     177332 kB
Inactive(file):   198904 kB
Unevictable:           0 kB
Mlocked:               0 kB
SwapTotal:        839676 kB
SwapFree:         839104 kB
Dirty:                48 kB
Writeback:             0 kB
AnonPages:        437512 kB
Mapped:            67724 kB
Shmem:              8028 kB
Slab:              63960 kB
SReclaimable:      29000 kB
SUnreclaim:        34960 kB
KernelStack:        5744 kB
PageTables:        26204 kB
NFS_Unstable:          0 kB
Bounce:                0 kB
WritebackTmp:          0 kB
CommitLimit:     1347944 kB
Committed_AS:    2774192 kB
VmallocTotal:   34359738367 kB
VmallocUsed:        9044 kB
VmallocChunk:   34359726536 kB
```

图 9-18 CentOSKvm 内存使用情况

在图 9-18 中，MemTotal 大小为 1 016 536KB(约合 992MB)，比设定的 1024MB 要小，这是因为显示的是实际能够使用的内存；free 表示剩余内存，大小为 67 540KB(约合 65MB)。

除了查看/proc/meminfo 文件，还可以使用 free -m 命令来查看内存的使用情况，此命令是一个快速查看内存的方法，它是对/proc/meminfo 文件信息的一个概述，具体操作如图 9-19 所示。

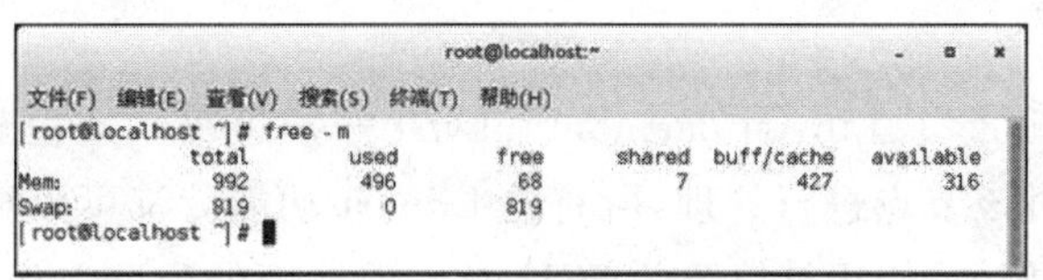
root@localhost:~
文件(F) 编辑(E) 查看(V) 搜索(S) 终端(T) 帮助(H)
[root@localhost ~]# free -m
total used free shared buff/cache available
Mem: 992 496 68 7 427 316
Swap: 819 0 819
[root@localhost ~]#

图 9-19 free 命令查看内存使用情况

在图 9-19 中，total 表示总计内存大小为 992MB，free 大小为 68MB，与/proc/meminfo 文件信息基本一致。

9.5 Libvirt

要学习 KVM 虚拟化技术，就必须学习它所使用的管理工具——Libvirt。Libvirt 包含一套免费、开源、支持 Linux 下主流虚拟化工具的 C 函数库。目前，它所支持的虚拟化技术包含 KVM、XEN、QEMU、VirtualBox 等,可以说主流的虚拟化技术它都支持。本节就来学习 Libvirt 以及如何使用 Libcirt 管理 KVM 虚拟机。

9.5.1 Libvirt 概述

Libvirt 包含一个守护进程(libvirtd)、一个命令行管理工具(vrish)和一套 API,它不仅能提供对虚拟客户机的管理,也提供了对虚拟化网络和存储的管理,是目前使用最广泛的虚拟化管理工具。

Libvirt 支持多种 Hypervisor,为不同的 Hpervisor 提供了不同的驱动。但对上层管理工具而言,Libvirt 屏蔽了底层各种 Hypervisor 的细节,为上层管理工具提供了一个统一、稳定的 API,因此通过 Libvirt 这个中间适配层,用户空间的管理工具可以管理多种不同的 Hypervisor 及其上运行的虚拟客户机。

学习 Libvirt 需要了解两个概念:域(Domain)和节点(Node)。域是指在 Hypervisor 上运行的一个虚拟客户机;节点通常指一个物理机器,在这个物理机上可以运行多个虚拟客户机,除此之外,Hypervisor 和域都运行在节点上。域、节点、Hypervisor 三者之间的关系如图 9-20 所示。

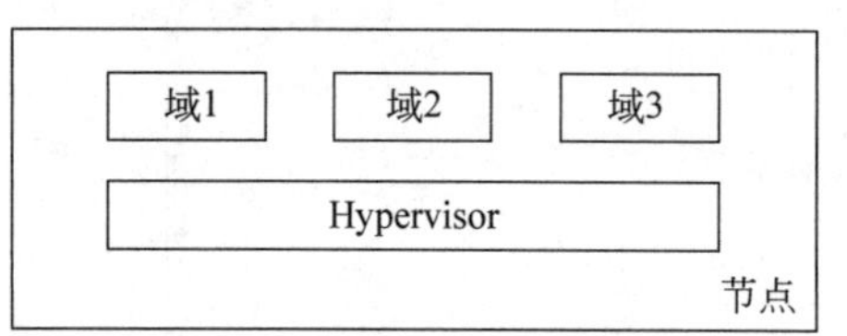

图 9-20 域、节点、Hypervisor 关系图

Libvirt 的核心思想是:通过一种单一的方式实现多种虚拟化技术和 Hypervisor 的管理。它的管理功能主要包括虚拟机管理、远程节点管理、存储管理、网络接口管理、虚拟 NAT 和基于路由的网络管理 5 个部分。下面对这 5 个部分分别进行讲解。

1. 虚拟机管理

虚拟机管理包含对节点上各虚拟机的管理(如启动、停止、保存、恢复、迁移等)和对多种设备(如磁盘、网卡、内存和 CPU)的热插拔操作等。

2. 远程节点管理

只要物理节点上运行了 Libvirt daemon(Libvirt 守护进程),远程节点的管理程序就可以连接到该节点,并对该节点进行管理,所有的 Libvirt 功能就都可以被使用。Libvirt 支持多种远程网络传输。例如,使用最简单的 SSH 时不需要额外配置工作,若 example. com 节点上运行了 Libvirt,而且该节点允许 SSH 访问,就可以在远程的主机上使用 virsh 命令连接到 example. com 节点,从而管理 example. com 节点上的虚拟机。

3. 存储管理

只要主机运行了 Libvirt daemon,便可通过 Libvirt 管理不同类型的存储设备,包括创建不同格式的文件映像、挂载 NFS、列出现有的 LVM 卷组、创建新 LVM 卷组和逻辑卷、对未处理过的磁盘设备分区、挂载 iSCSI 共享等。因为 Libvirt 支持远程连接,所以这些操作都可以通过远程管理实现。

4. 网络接口管理

只要主机运行了 Libvirt daemon，便可通过 Libvirt 管理物理和逻辑的网络接口，如列出现有的网络接口、配置网络接口、创建虚拟网络接口，以及桥接、vlan 管理和关联设备等。

5. 虚拟 NAT 和基于路由的网络管理

任何运行了 Libvirt daemon 的主机都可以通过 Libvirt 管理和创建虚拟网络。Libvirt 创建的虚拟网络使用防火墙规则作为路由器规则，让虚拟机可以透明地访问主机的网络。

按照前面对 Libvirt 的讲解，可以将 Libvirt 分成接口层、抽象驱动层、虚拟化层 3 层，如图 9-21 所示。

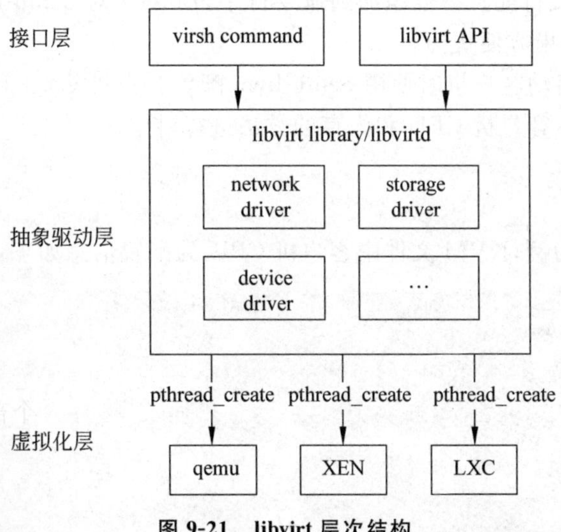

图 9-21　libvirt 层次结构

在接口层，virsh 命令或 API 创建虚拟机；在抽象驱动层，virsh 命令调用 Libvirt 提供统一接口；在虚拟化层，调用底层的相应虚拟化技术的接口。例如 dirver＝qemu，那么此处调用 qemu 注册到抽象层上的函数为 qemuDomainCreateXML()；最后，拼装 Shell 命令并执行。

通过这个执行过程可以发现，Libvirt 通过 4 步将最底层的命令进行了封装，给应用程序开发人员提供了统一的、易用的接口。

9.5.2　Libvirt 域的 XML 配置文件

在使用 Libvirt 管理 KVM 虚拟机时，KVM 虚拟机的配置信息，包括客户机（域）的配置、CPU 特性、内存大小、宿主机网络配置、客户机的磁盘存储配置等，都被保存在目录/etc/libvirt/qemu/下的 XML 文件中，该文件的文件名为客户机的主机名.kml。以查看客户机 CentOSKvm 的 XML 文件 CentOSKvm.xml 为例，具体操作如下：

```
[root@localhost ~]# cat /etc/libvirt/qemu/CentOSKvm.xml
<domain type='kvm'>
  <name>CentOSKvm</name>
  <uuid>1e11757c-e146-49e9-b8c4-6eee1776365c</uuid>
```

```
  <memory unit='KiB'>1048576< /memory>
  <currentMemory unit='KiB'>1048576</currentMemory>
…                                 //中间部分内容省略
</domain>
```

观察以上命令打印出的配置信息，可知 XML 文件中所有的有效配置都在<domain>标签之间，<domain>标签用来配置域，这表明 XML 配置文件是一个包含域信息的配置文件。

XML 文件是 Libvirt 管理虚拟机的基础，在启动客户机时，Libvirt 会读取此文件，将文件中的配置参数经过转换传递给 qemu-kvm 命令来完成客户机的启动。在此，读者要明白，通过 Libvirt 启动客户机时，其实在内部还是调用 qemu-kvm 命令来完成启动的。相比于使用 qemu-kvm 命令直接将配置参数添加到命令行中，Libvirt 对 qemu-kvm 命令及参数进行了封装，用户使用起来更方便快捷。

9.4 节中讲解了启动客户机时使用 qemu-kvm 配置客户机 CPU 和内存的方法，这里将对通过 XML 文件配置客户机 CPU 和内存的方法进行讲解。

1. CPU 配置

以 CentOSKvm 为例，KVM 文件中客户机 CPU 的配置信息如下：

```
<vcpu placement='static'>1</vcpu>
  <os>
    <type arch='x86_64' machine='pc-i440fx-rhel7.0.0'>hvm</type>
    <boot dev='hd'/>
  </os>
  <features>
    <acpi/>
    <apic/>
  </features>
  <cpu mode='custom' match='exact' check='partial'>
    <model fallback='allow'>Haswell-noTSX</model>
  </cpu>
…
```

以上配置信息中主要包含 3 个标签：vcpu、os 和 features，这 3 个标签的功能分别如下。

- <vcpu>标签：用于设置客户机中 vCPU 的数量，此处表示客户机 CentOSKvm 中有 1 个 vCPU。
- <os>标签：用于定义客户机系统类型及客户机设备的启动顺序。其中，<type>标签的配置表示客户机的类型：系统架构是 x86_64；机器类型是 pc-i440fx-rhel7.0.0；客户机类型是 hvm(Hardware Virtual Machine，硬件虚拟机)。<boot>标签用于设置客户机启动时的设备顺序，在这里只有硬盘(hd)设备。
- <features>标签：表示 Hypervisor 为客户机打开或关闭其他硬件的特性，这里打开了 ACPI(电源管理接口)、APIC(中断控制器)两个特性。

2. 内存配置

配置内存的代码段如下所示：

```
<memory unit='KiB'>1048576</memory>
<currentMemory unit='KiB'>1048576</currentMemory>
```

内存配置中主要包含两个标签，它们的功能分别如下所示。

- <memory>标签：表示客户机最大可使用的内存，unit 属性表示内存单位为 KB，此处 CentOSKvm 的内存大小为 1 048 576KB，即 1GB。
- <currentMemory>标签：表示客户机启动时使用的内存，大小也是 1GB。

使用 qemu-kvm 命令时一般设置两者是相同的值。

9.5.3 virsh

virsh 是 Libvirt 提供的一个命令行管理工具，它通过调用 Libvirt API 实现对虚拟机的管理。在使用时，直接执行 virsh 程序可获得一个特殊的 Shell——virsh，具体操作如下：

```
[root@localhost ~]# virsh
欢迎使用 virsh,虚拟化的交互式终端。

输入: 'help' 来获得命令的帮助信息
      'quit'退出

virsh #
```

在这个 Shell 里面可以直接执行 virsh 的常用命令实现与本地 Libvirt 交互，也可以通过 connect 命令连接远程的 Libvirt 与之交互。

virsh 有很多命令和功能，其命令大致可以分为 5 类：域管理命令、宿主机和 Hypervisor 管理命令、网络管理命令、存储管理命令、其他命令。因为在虚拟化管理中域管理命令、宿主机管理命令与 Hypervisor 管理命令使用较多，所以本节主要讲解如下 3 种命令。

1. 域管理命令

virsh 最重要的功能是对域(客户机)的管理，常用的域管理命令如表 9-1 所示。

表 9-1 域管理常用命令

命 令	功 能
list	列出当前节点上的所有运行的客户机
start	开启一个客户机
shutdown	关闭一个客户机
suspend	挂起一个客户机
resume	唤醒一个客户机
reboot	重启一个客户机，在客户机内部重启，但不显示关机
destory	销毁一个客户机(相当于物理机突然断电，可能损坏域文件)
undefine	解除一个客户机标志(删除客户机)

续表

命　令	功　　能
domstate	获取一个客户机的运行状态
dominfo	获取一个客户机的基本信息
dommemstat	获取一个客户机的内存使用情况
setmem	设置一个客户机的内存大小
vcpuinfo	获取一个客户机的 vCPU 基本信息
setvcpus	设置一个客户机的 vCPU 个数
vncdisplay	获取一个客户机的 VNC 连接 IP 和端口
create<. xml>	根据相应 XML 文件创建一个客户机
console	连接到一个客户机的控制台

下面以 CentOSKvm 客户机为例，演示域管理命令的使用。首先使用 list 命令查看都有哪些客户机在运行，具体操作如下：

```
virsh # list
Id    名称                                     状态
------------------------------------------------------------
```

由输出结果可知，此时没有在运行的客户机。使用 start 命令启动 CentOSKvm，然后分别查看其内存、设置其内存大小、查看主机信息等，具体操作如下：

```
virsh # start CentOSKvm                    #启动 CentOSKvm 客户机
域 CentOSKvm 已开始

virsh # dommemstat CentOSKvm               #查看 CentOSKvm 内存
actual 1048576
last_update 1514451769
rss 610980

virsh # setmem CentOSKvm 1536              #设置 CentOSKvm 的内存大小为 1.5GB

virsh # dommemstat CentOSKvm               #再次查看 CentOSKvm 内存
actual 145248
last_update 1514451769
rss 185576

virsh # dominfo CentOSKvm                  #查看 CentOSKvm 基本信息
Id:             2
名称:         CentOSKvm
UUID:           ada9c7fc-e131-4123-bf38-e0eba9196d89
OS 类型:       hvm
状态:          running
CPU:            1
CPU 时间:      88.8s
```

```
最大内存: 1048576 KiB
使用的内存: 145248 KiB
持久:          是
自动启动: 禁用
管理的保存: 否
安全性模式: none
安全性 DOI: 0

virsh # suspend CentOSKvm                    #挂起 CentOSkvm 客户机
域 CentOSKvm 被挂起

virsh # list                                 #挂起之后,再次使用 list 命令查看运行情况
Id 名称                          状态
-------------------------------------------------------
2     CentOSKvm 暂停

virsh # resume CentOSKvm                     #唤醒 CentOSKvm
域 CentOSKvm 被重新恢复

virsh # shutdown CentOSKvm                   #关闭 CentOSKvm
域 CentOSKvm 被关闭
```

在启动 CentOSKvm 客户机之后,演示了几个域管理命令的使用,其他命令读者可以自行练习使用。

2. 宿主机管理命令和 Hypervisor 管理命令

除了管理客户机,virsh 也可以管理宿主机和 Hypervisor。常用宿主机管理命令和 Hypervisor 管理命令如表 9-2 所示。

表 9-2　常用宿主机管理命令和 Hypervisor 管理命令

命　令	功　　能
version	显示 Libvirt 与 Hypervisor 的版本信息
nodeinfo	显示节点的基本信息
hostname	显示当前节点的主机名
capabilities	显示节点宿主机和客户机的架构和特性
uri	显示当前链接的 URI

宿主机和 Hypervisor 管理命令的用法与域管理命令的用法一样。例如,查看 Libvirt 和 Hypervisor 的版本信息、节点信息等,具体操作如下:

```
virsh # version                              #显示 Libvirt 与 Hypervisor 版本信息
根据库编译: libvirt 3.2.0
使用库: libvirt 3.2.0
使用的 API: QEMU 3.2.0
运行管理程序: QEMU 1.5.3
```

```
virsh # nodeinfo                          #节点信息
CPU 型号：        x86_64
CPU:              1
CPU 频率：        3591 MHz
CPU socket:       1
每个 socket 的内核数：1
每个内核的线程数：1
NUMA 单元：       1
内存大小：      2579956 KiB

virsh # hostname                          #主机名
localhost.localdomain
```

除了这两类管理命令，网络管理命令、存储管理命令也比较重要，但它们的用法与以上两类管理命令相似，读者可使用 man virsh 或 virsh -help 命令来查看其他命令的功能及用法，此处不再赘述。

9.5.4 virt-manager

virt-manager 全称为 Virtual Machine Manager，是由 Red Hat 公司使用 Python 语言开发的一个开源的图形化虚拟机管理工具。由于底层使用 Libvirt 对各类 Hypervisor 进行管理，因此在使用 virt-manager 管理虚拟机之前必须要安装 Libvirt。

virt-manager 通过简洁友好的界面给用户提供了丰富的虚拟化管理功能，其功能包括以下 4 个方面。

(1) 创建、编辑、启动或停止虚拟机。

(2) 查看并控制每个虚拟机的控制台。

(3) 查看虚拟机的性能以及使用率。

(4) 查看正在运行的虚拟机主控端的实时性能及使用率。

本书在 9.3.2 节介绍安装 KVM 组件时已经安装了 virt-manager，如果读者没安装，可以使用 yum -y install virt-manager 命令进行安装。安装完成之后，在“应用程序”→“系统工具”中可以看到“虚拟系统管理器”，如图 9-22 所示。

打开虚拟系统管理器会弹出 virt-manager 管理界面，如图 9-23 所示。

由图 9-23 可知，此刻正在运行的客户机是 CentOSKvm，右边是客户机 CPU 使用率图表。在如图 9-23 所示的图形界面中可以完成客户机的多种管理，本节主要学习 virt-manager 常用的管理操作、创建虚拟机、修改虚拟机配置等。

1. 管理客户机

在图 9-23 中，客户机 CentOSKvm 正在运行当中，使用上面的一排工具按钮可以实现关闭、暂停客户机等操作。其中▷按钮用于启动客户机；⏸按钮用于暂停和恢复客户机；■按钮用于关闭客户机；▼按钮是下拉按钮，单击该按钮会出现一个下拉列表框，其中包括“重启”“关机”“强制重启”“强制关机”和“保存”5 项。除此之外，选中要操作的客户机后右击也可以实现暂停、关机等操作。

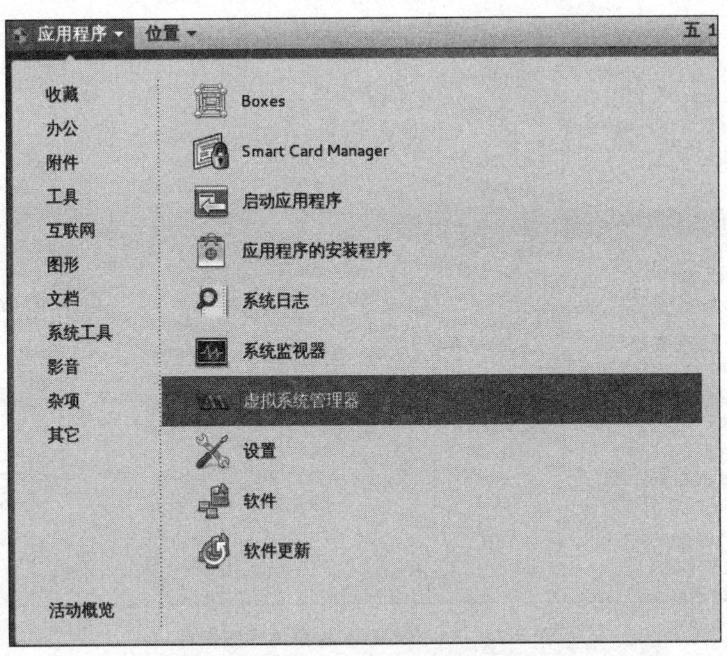

图 9-22 虚拟系统管理器

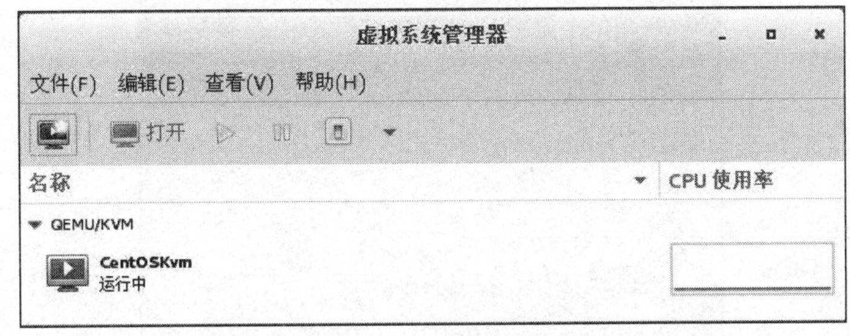

图 9-23 virt-manager 管理界面

2. 查看客户机的详细配置

在图 9-23 中，选中 CentOSKvm 客户机，双击进入其详细界面，然后单击菜单栏中的"查看"→"详情"命令，会弹出 CentOSKvm 客户的详细配置界面，如图 9-24 所示。

在图 9-24 中，可以看到 CentOSKvm 的详细配置信息，包括描述信息、性能、CPU、内存、磁盘、键盘鼠标、网卡、VNC 显示等。这里的详细设置与客户机的 XML 文件是相对应的，它们最终都会在 XML 文件中表现出来。对处于运行状态的客户机进行的设置需要在客户机重启之后才能生效。相比于直接编辑 XML 文件，这种界面设置的方式显然更直观。

3. 创建客户机

在如图 9-24 所示的界面中，单击"文件"→"新建虚拟机"命令可以创建一个新的虚拟客户机，也可以单击"文件"下的小电脑图标来创建新的虚拟机。单击之后会弹出一个生成新虚拟机的界面，如图 9-25 所示。

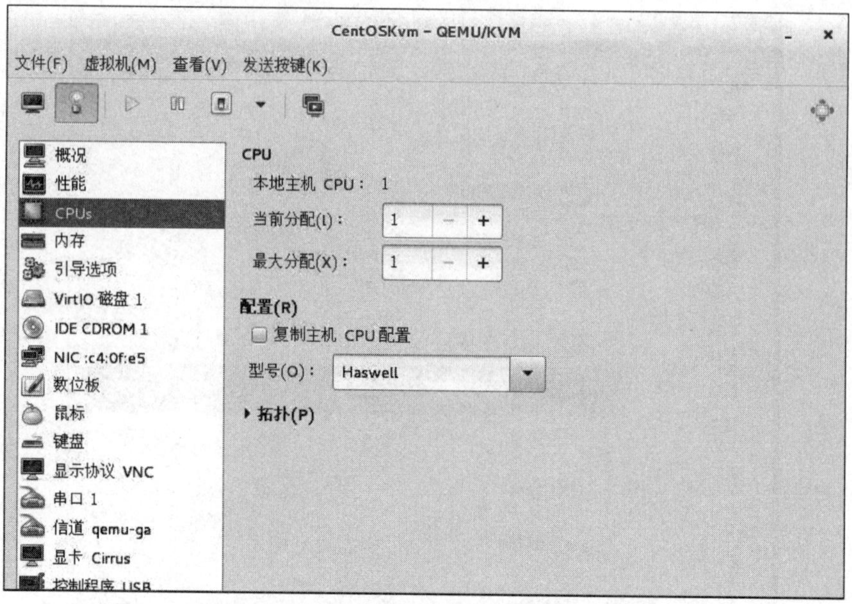

图 9-24　CentOSKvm 客户的详细配置

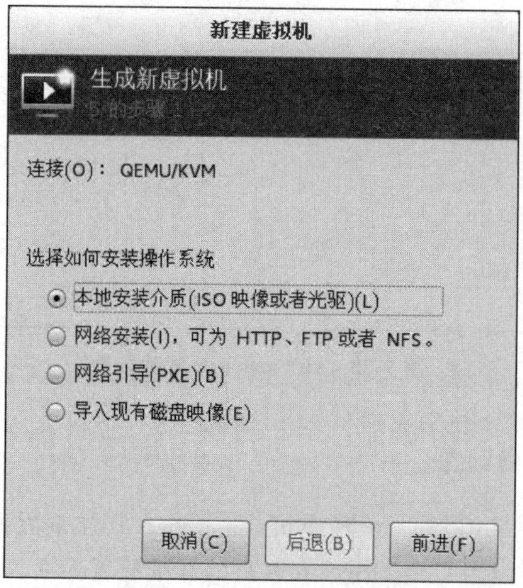

图 9-25　生成新虚拟机界面

在图 9-25 中，可选择操作系统的安装方式，选中“本地安装介质（ISO 映像或者光驱）”单选按钮，然后单击“前进”按钮，根据向导进行一些设置，包括客户机名称、类型、版本、CPU 个数、内存大小等，设置完成之后，单击“完成”按钮进入普通的安装流程。由于普通安装流程设置步骤较多，本书不再逐一给出截图，有兴趣的读者可自行尝试安装配置。

除了这些基本功能，virt-manager 还有其他很多功能，如连接 Hypervisor（本地和远程）、动态迁移虚拟机、对宿主机和客户机资源进行监控等。由于篇幅有限，本书将不再讲述其他功能，有兴趣的读者可以进一步学习。

9.6　本章小结

本章主要讲解了 KVM 虚拟化技术，包括 KVM 虚拟化的原理与架构、搭建 KVM 虚拟化环境、KVM 虚拟化的核心配置，最后讲解了 Libvirt 管理工具的原理与使用。KVM 虚拟化是 Red Hat 公司主力支持的虚拟化技术，因此掌握 KVM 虚拟化技术对学习运维知识、从事运维工作都大有裨益。

9.7　本章习题

一、填空题

1. 软件虚拟化主要使用的技术是________和________。
2. 虚拟化产品________更适用于 Windows 操作系统。
3. 虚拟机具有 3 个特征：________、________、________。
4. KVM 是基于硬件的________解决方案。
5. VMM 在创建客户机时，先要为客户机创建________。
6. KVM 虚拟化内存默认大小为________。
7. Libvirt 在启动客户机时会读取相应的________文件。
8. Libvirt 提供了________命令用于在命令行管理虚拟机。

二、判断题

1. 虚拟化是一种资源管理技术，它的目的是提高资源利用率。（　　）
2. 硬件虚拟化不依赖操作系统，而是硬件本身支持对特殊指令的截获和重定向。（　　）
3. 半虚拟化需要对客户机操作系统内核进行修改。（　　）
4. KVM 作为一个模块被集成到了 Linux 内核中。（　　）
5. 采用 SMP 结构的计算机，多个 CPU 会平等地共享计算机资源。（　　）
6. KVM 虚拟机在启动时默认有两个逻辑 CPU。（　　）
7. 在配置 KVM 虚拟机的 CPU 时，vCPU 越多，效率越高。（　　）
8. Libvirt 是 KVM 虚拟化的专用管理工具。（　　）

三、选择题

1. 关于虚拟化，下列哪项描述是正确的？（　　）

   A. 虚拟化技术中，虚拟出的资源还是会受到物理资源的限制

   B. 服务器不可以被虚拟化

   C. 虚拟出的物理资源有统一的逻辑表示

   D. 虚拟化无法解决物理服务之间的兼容性

2. 关于 KVM 虚拟化，下列描述中哪项是错误的？（ ）
   A. KVM 是基于硬件的全虚拟化解决方案
   B. 在 KVM 虚拟化中，虚拟机就是一个 Linux 进程
   C. KVM 虚拟机的创建和运行是由 KVM 模块和用户空间的 QEMU 相互配合完成的
   D. 服务器与内存的虚拟化并不是由 KVM 模块实现的
3. 关于 KVM 虚拟环境的搭建，下列哪项描述是错误的？（ ）
   A. KVM 虚拟化需要硬件虚拟化技术的支持
   B. 内核中的 KVM 模块和硬件平台相关
   C. 主机环境不支持 KVM 虚拟化也可以安装 KVM 组件
   D. KVM 组件中的 virt-install 命令用于创建和克隆虚拟机的命令行工具包
4. 要配置一个具有 8 个逻辑 CPU 的虚拟机，下列哪个选项中命令是正确的？（ ）
   A. /usr/libexec/qemu-kvm -m 1024 -smp 8，sockets＝2，cores＝2，threads＝2 -hda /home/kvm-bak/kvm.img -vnc ：1
   B. /usr/libexec/qemu-kvm -m 1024 -smp 8，sockets＝4，cores＝2，threads＝2 -hda /home/kvm-bak/kvm.img -vnc ：1
   C. /usr/libexec/qemu-kvm -m 1024 -smp 8，sockets＝2，cores＝4，threads＝2 -hda /home/kvm-bak/kvm.img -vnc ：1
   D. /usr/libexec/qemu-kvm -m 1024 -smp 8，sockets＝2cores＝2，threads8 -hda /home/kvm-bak/kvm.img -vnc ：1
5. 关于 KVM 内存虚拟化，下列哪项描述是错误的？（ ）
   A. 在虚拟化环境中，客户机应用程序使用的内存地址是虚拟化的地址
   B. 客户机虚拟地址中使用的指令可以直接发送到系统总线
   C. KVM 内存虚拟化的实现需要经过两次地址转换
   D. KVM 虚拟化中的两次转换地址都是由 CPU 硬件来自动完成的
6. 关于 Libvirt，下列哪项描述是错误的？（ ）
   A. Libvirt 实质上是一套用 C 语言开的 API
   B. Libvirt 支持多种 Hypervisor
   C. Libvirt 启动客户机时，内部调用的是 qemu-kvm 命令
   D. virsh 命令可以管理虚拟机却无法管理宿主机
7. 下面哪一项不是 Libvirt 的功能？（ ）
   A. 创建虚拟机　　B. 虚拟机管理
   C. 存储管理　　D. 远程节点管理

四、简答题

1. 简述半虚拟化与全虚拟化及它们之间的不同。
2. 简述 KVM 虚拟化原理。